KB261419

건축설계와 인테리어 디자인을 위한

CAD BLOCK 모음집

이근호 저

CAD BLOCK 소스 수록

일진사

책머리에 ...

'디자인'하면 뭔가 창의적이고 새로운 것이라는 느낌이 떠오르지만, 좋은 디자인을 위해서는 더 많이 배우고 다른 사람과 생각을 공유하는 것이 중요하다는 것을 또한 느낍니다.

사실 저는 설계기사 시절 손이 느리다는 소리를 많이 들었습니다. 제가 봐도 답답했으니까요. 그때부터 시간 날 때마다 틈틈이 미리 그려 놓는 방법을 생각 했지요. 짬짬이, 그런데 나중에는 양이 많아져서 복잡하기만 하지 막상 사용하려니 소스가 어디 있는지 찾다가 시간을 다 보내게 되었습니다. 결국 정리를 시작할 수밖에 없게 되었지요. 그러다 문득 힘들게 정리한 자료를 책으로 만들면 나뿐만 아니라 모두가 쉽게 작업을 할 수 있겠다는 생각이 들었습니다.

카테고리별로 모아서 자료를 정리하고, 자주 쓰거나 성격이 비슷한 소스끼리 한데 묶어놓고, 앞쪽에 배치해서 쉽게 사용할 수 있도록 하나 하나 신경써서 구성하였습니다.

또한, 디자인을 하다보면 치수와 규정이 신경이 쓰이는데, 휴먼 스케일과 규정도 넣어서 적정한 스케일에 맞추어 작업을 진행할 수 있도록 하였습니다.

파는 목적의 책 보다는 유용하게 사용할 수 있는 책을 내고 싶어 실무자의 입장에서 책을 쓰게 되었는데 애써 만든 이 책이 도움이 되었으면 합니다.

끝으로, 이 책이 나오기까지 힘을 보태주신 부모님과 영원한 동반자 아내 윤희정, 발을 들여놓기까지 교수 이주혜, 친구 관희·정명·근주·병구 여러분께 감사드립니다.

I thank God for me to be here today

저자 씀

BLOCK

■ remarks

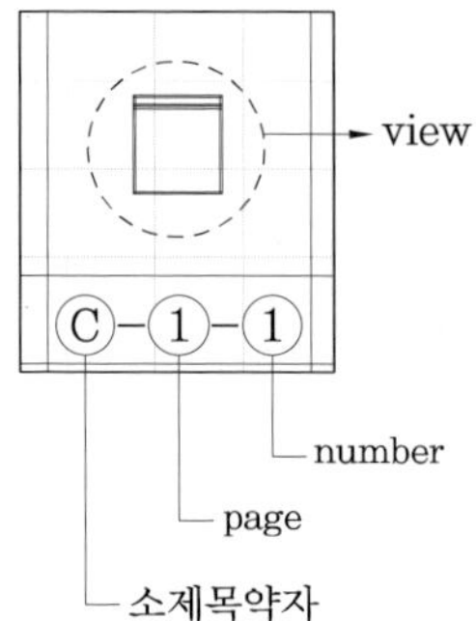

■ view

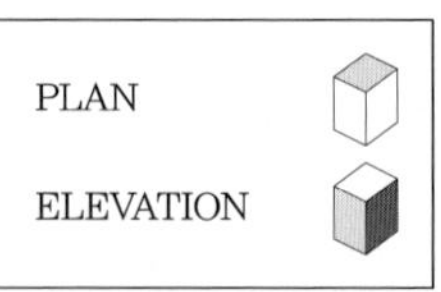

■ direction

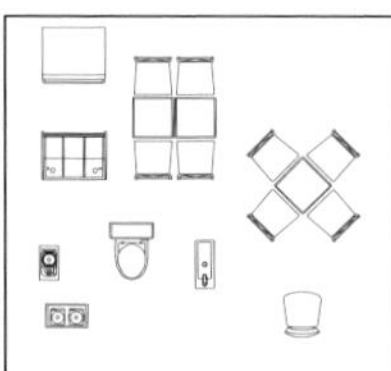

책을 이용하여 손쉽게 CAD 및 design 작업을 할 수 있도록 하였습니다.

사용방법
1. CD를 삽입하여 책에 코드와 같은 그림을 확인합니다.
2. CAD or illustrator에 작업면에 붙여 넣으면 됩니다.
3. Ctrl+C 복사 후 Ctrl+V 를 하면 됩니다.

■ 이 책의 소스 사용

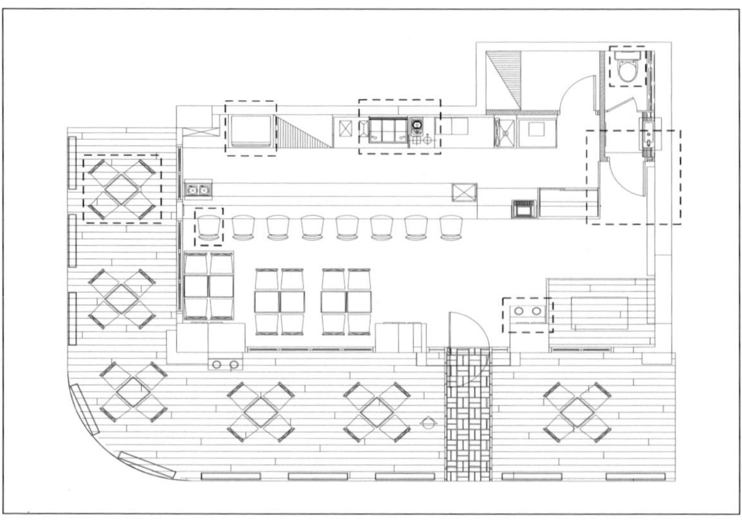

차 례 

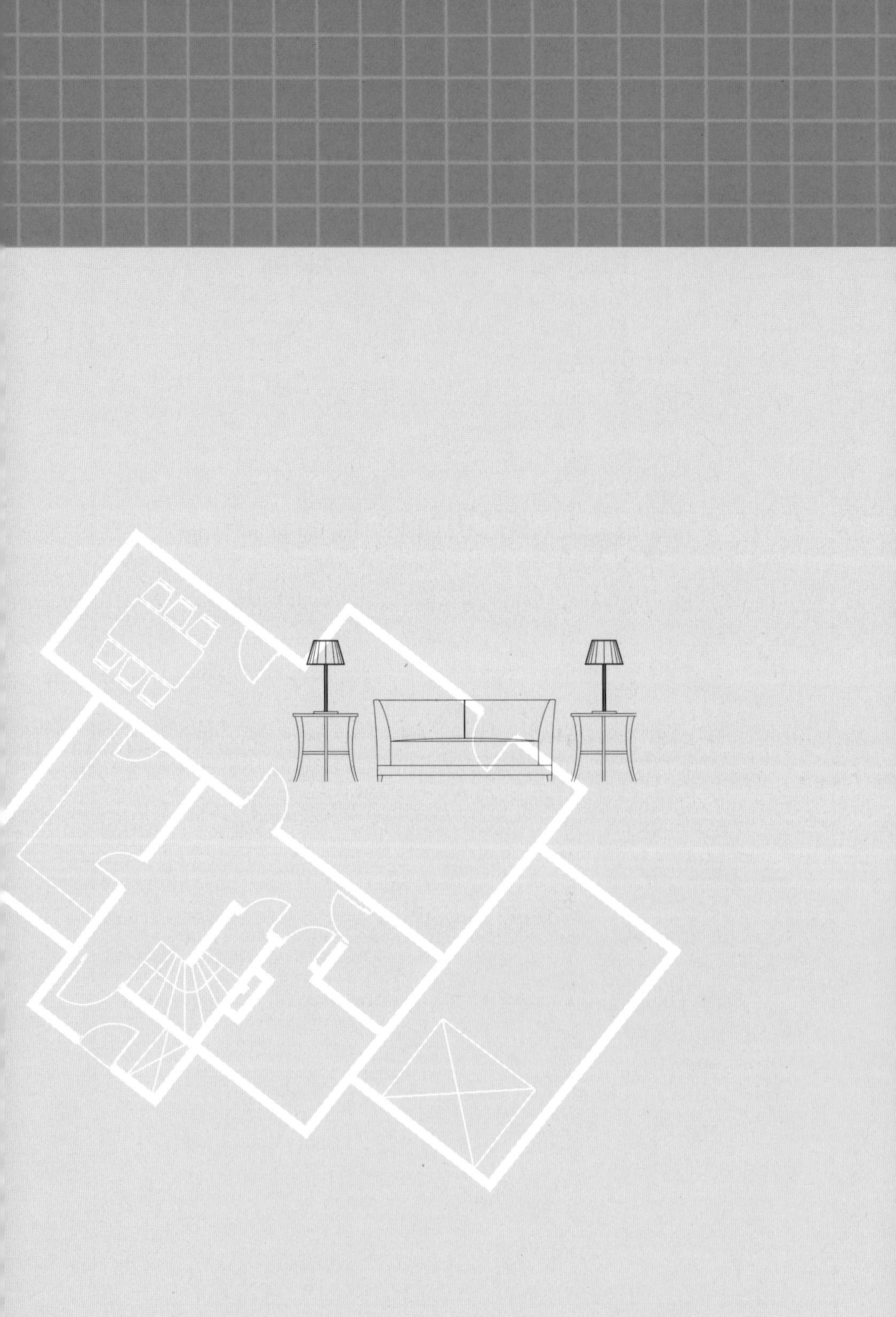

furniture

BLOCK

※출처 국제표준원
60~69세 364
50~59세 372
30~34세 379
15세 365
10세 300
5세 239
어깨너비
앉은 눈높이
498
622
755
781
759
743
5세
10세
15세
30~34세
60~69세
50~59세
앉은 무릎높이
474
479
491
502
427
319
50~59세
60~69세
30~34세
15세
10세
5세
앉은 엉덩이너비
221 5세
271 10세
339 15세
348 30~34세
345 60~69세
339 50~59세

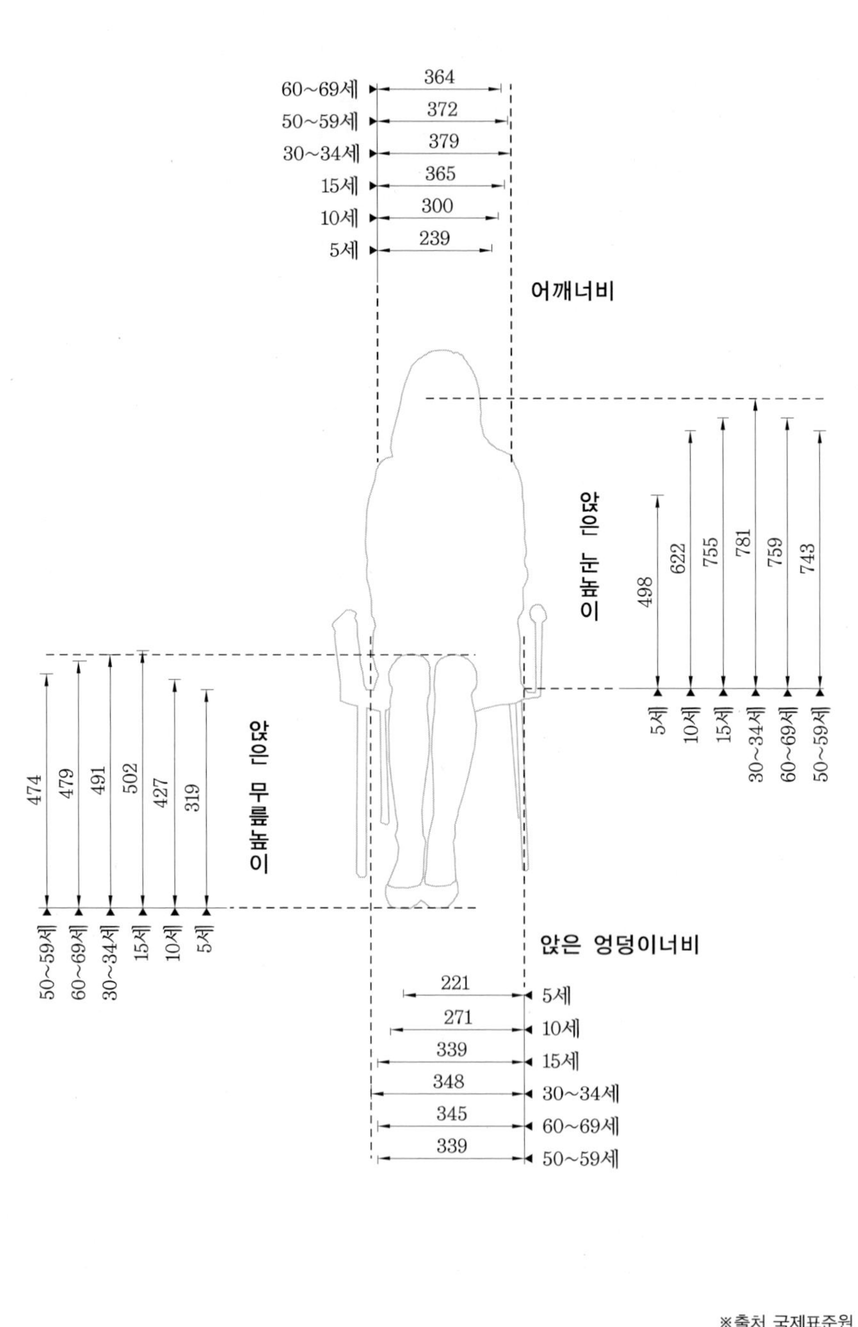

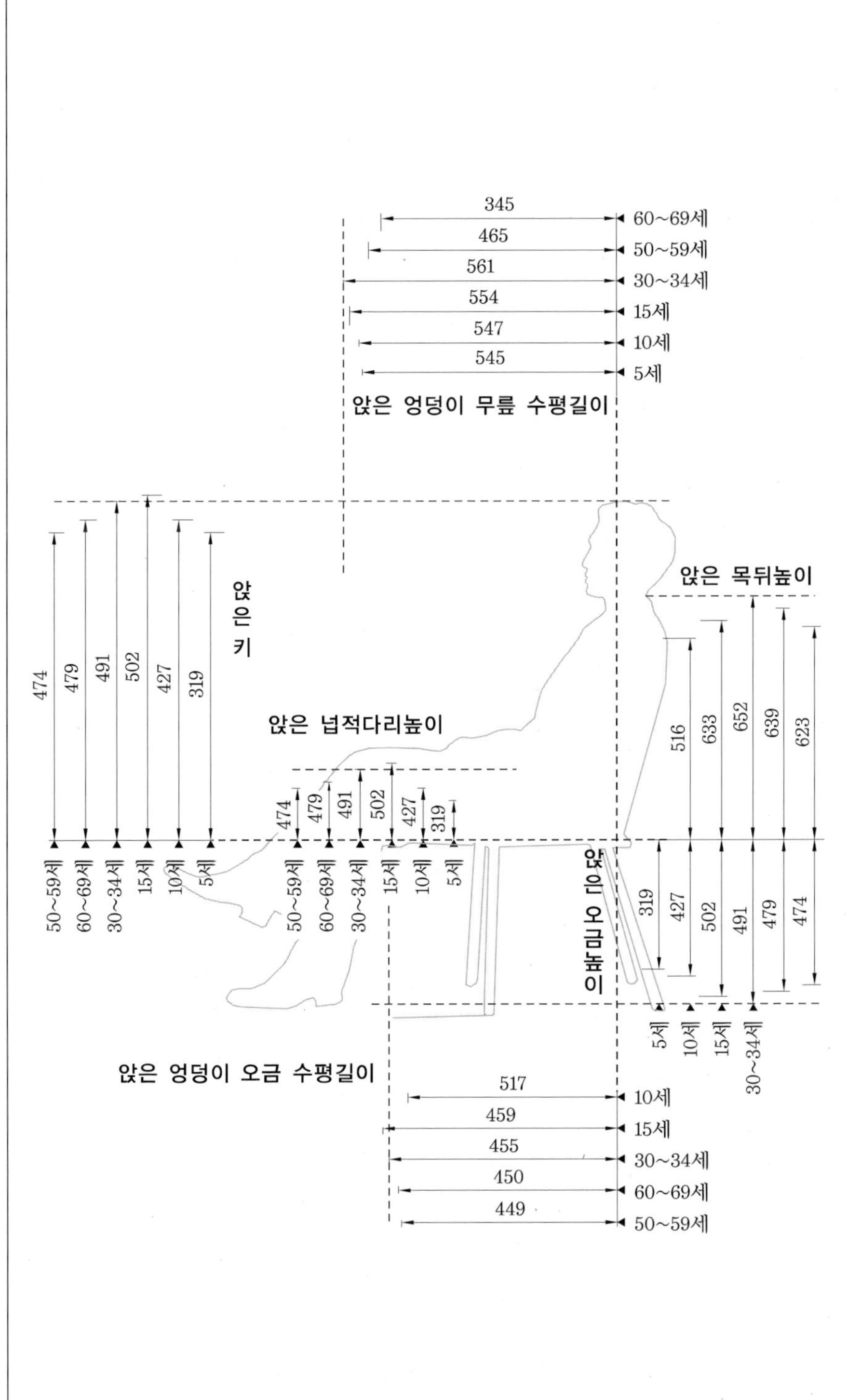
345
465
561
554
547
545
60~69세
50~59세
30~34세
15세
10세
5세
앉은 엉덩이 무릎 수평길이
앉은 키
앉은 목뒤높이
앉은 넙적다리높이
474
479
491
502
427
319
50~59세
60~69세
30~34세
15세
10세
5세
474
479
491
502
427
319
50~59세
60~69세
30~34세
15세
10세
5세
516
633
652
639
623
앉은 오금높이
319
427
502
491
479
474
5세
10세
15세
30~34세
앉은 엉덩이 오금 수평길이
517
459
455
450
449
10세
15세
30~34세
60~69세
50~59세
BLOCK

f-10-1	f-10-2	f-10-3	f-10-4	f-10-5	f-10-6	f-10-7	f-10-8	f-10-9
f-10-10	f-10-11	f-10-12	f-10-13	f-10-14	f-10-15	f-10-16	f-10-17	f-10-18
f-10-19								
f-10-20	f-10-21	f-10-22	f-10-23	f-10-24	f-10-25	f-10-26	f-10-27	f-10-28
f-10-29	f-10-30	f-10-31	f-10-32	f-10-33	f-10-34	f-10-35	f-10-36	f-10-37
f-10-38								
f-10-39	f-10-40	f-10-41	f-10-42	f-10-43	f-10-44	f-10-45	f-10-46	f-10-47
f-10-48	f-10-49	f-10-50	f-10-51	f-10-52	f-10-53	f-10-54	f-10-55	f-10-56
f-10-57								
f-10-58	f-10-59	f-10-60	f-10-61	f-10-62	f-10-63	f-10-64	f-10-65	f-10-66
f-10-67	f-10-68	f-10-69	f-10-70	f-10-71	f-10-72	f-10-73	f-10-74	f-10-75
f-10-76								
f-10-77	f-10-78	f-10-79	f-10-80	f-10-81	f-10-82	f-10-83	f-10-84	f-10-85
f-10-86	f-10-87	f-10-88	f-10-89	f-10-90	f-10-91	f-10-92	f-10-93	f-10-94
f-10-95								
f-10-96	f-10-97	f-10-98	f-10-99	f-10-100	f-10-101	f-10-102	f-10-103	f-10-104
f-10-105	f-10-106	f-10-107	f-10-108	f-10-109	f-10-110	f-10-111	f-10-112	f-10-113
f-10-114								

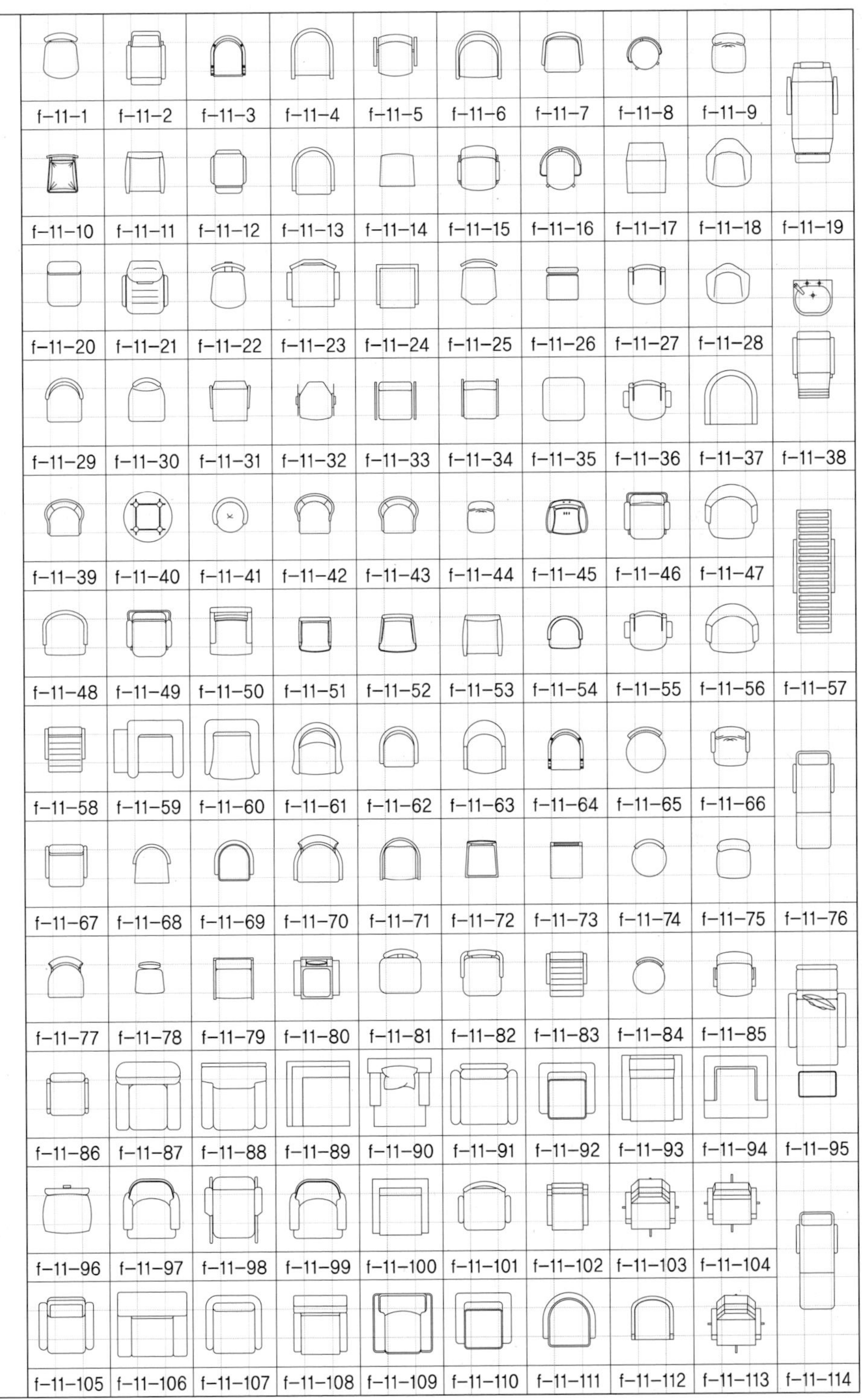

f-11-1	f-11-2	f-11-3	f-11-4	f-11-5	f-11-6	f-11-7	f-11-8	f-11-9	
f-11-10	f-11-11	f-11-12	f-11-13	f-11-14	f-11-15	f-11-16	f-11-17	f-11-18	f-11-19
f-11-20	f-11-21	f-11-22	f-11-23	f-11-24	f-11-25	f-11-26	f-11-27	f-11-28	
f-11-29	f-11-30	f-11-31	f-11-32	f-11-33	f-11-34	f-11-35	f-11-36	f-11-37	f-11-38
f-11-39	f-11-40	f-11-41	f-11-42	f-11-43	f-11-44	f-11-45	f-11-46	f-11-47	
f-11-48	f-11-49	f-11-50	f-11-51	f-11-52	f-11-53	f-11-54	f-11-55	f-11-56	f-11-57
f-11-58	f-11-59	f-11-60	f-11-61	f-11-62	f-11-63	f-11-64	f-11-65	f-11-66	
f-11-67	f-11-68	f-11-69	f-11-70	f-11-71	f-11-72	f-11-73	f-11-74	f-11-75	f-11-76
f-11-77	f-11-78	f-11-79	f-11-80	f-11-81	f-11-82	f-11-83	f-11-84	f-11-85	
f-11-86	f-11-87	f-11-88	f-11-89	f-11-90	f-11-91	f-11-92	f-11-93	f-11-94	f-11-95
f-11-96	f-11-97	f-11-98	f-11-99	f-11-100	f-11-101	f-11-102	f-11-103	f-11-104	
f-11-105	f-11-106	f-11-107	f-11-108	f-11-109	f-11-110	f-11-111	f-11-112	f-11-113	f-11-114

BLOCK

f–12–1	f–12–2	f–12–3	f–12–4	f–12–5	f–12–6	f–12–7	f–12–8		
f–12–9	f–12–10	f–12–11	f–12–12	f–12–13	f–12–14	f–12–15	f–12–16	f–12–17	f–12–18
f–12–19	f–12–20	f–12–21	f–12–22	f–12–23	f–12–24	f–12–25	f–12–26		
f–12–27	f–12–28	f–12–29	f–12–30	f–12–31	f–12–32	f–12–33	f–12–34	f–12–35	f–12–36
f–12–37	f–12–38	f–12–39	f–12–40	f–12–41	f–12–42	f–12–43	f–12–44		
f–12–45	f–12–46	f–12–47	f–12–48	f–12–49	f–12–50	f–12–51	f–12–52	f–12–53	f–12–54
f–12–55	f–12–56	f–12–57	f–12–58	f–12–59	f–12–60	f–12–61	f–12–62		
f–12–63	f–12–64	f–12–65	f–12–66	f–12–67	f–12–68	f–12–69	f–12–70	f–12–71	f–12–72
f–12–73	f–12–74	f–12–75	f–12–76	f–12–77	f–12–78	f–12–79	f–12–80		
f–12–81	f–12–82	f–12–83	f–12–84	f–12–85	f–12–86	f–12–87	f–12–88	f–12–89	f–12–90
f–12–91	f–12–92	f–12–93	f–12–94	f–12–95	f–12–96	f–12–97	f–12–98		
f–12–99	f–12–100	f–12–101	f–12–102	f–12–103	f–12–104	f–12–105	f–12–106	f–12–107	f–12–108

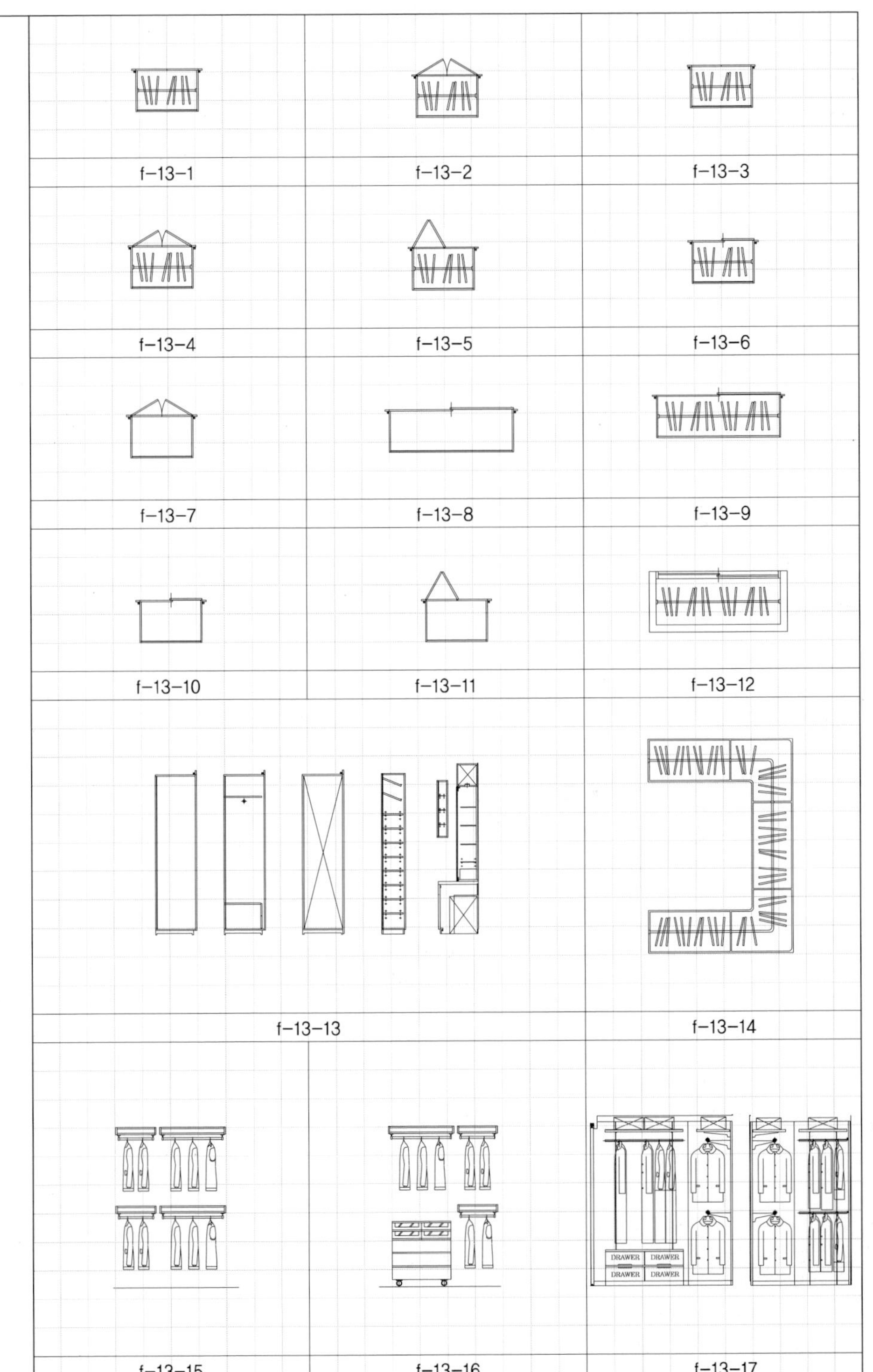

f-13-1

f-13-2

f-13-3

f-13-4

f-13-5

f-13-6

f-13-7

f-13-8

f-13-9

f-13-10

f-13-11

f-13-12

f-13-13

f-13-14

f-13-15

f-13-16

f-13-17

BLOCK

BLOCK

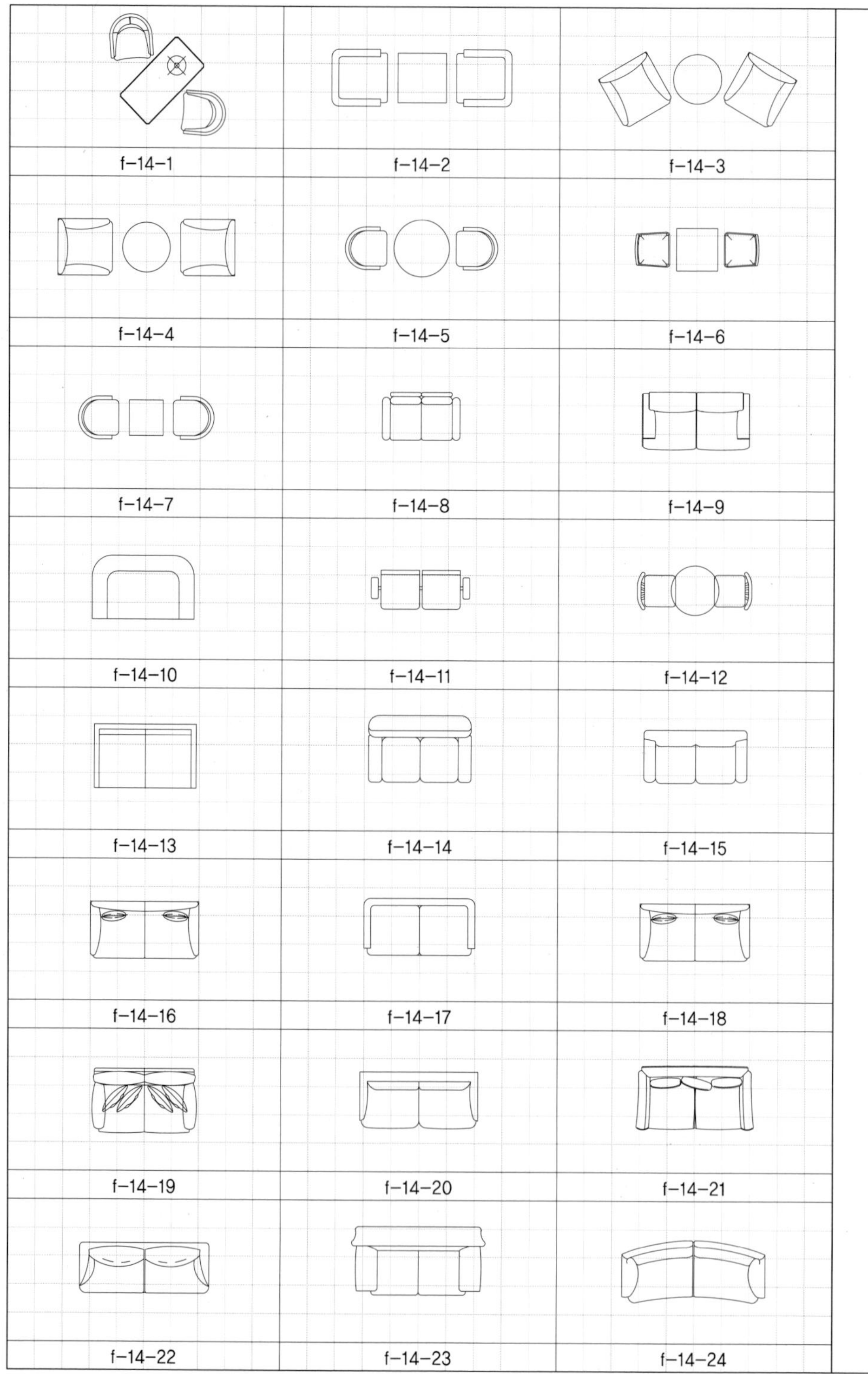

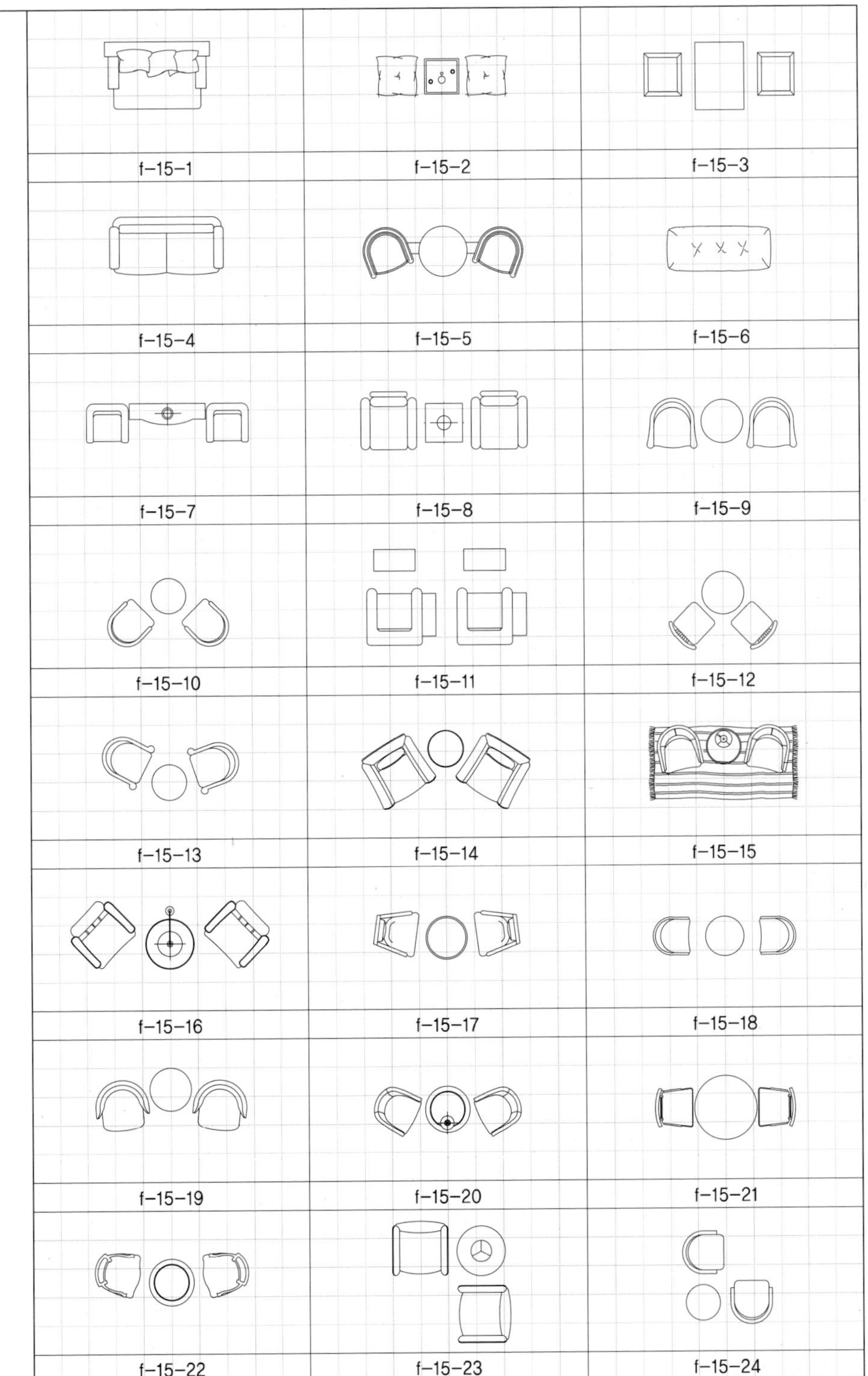

f−15−1	f−15−2	f−15−3
f−15−4	f−15−5	f−15−6
f−15−7	f−15−8	f−15−9
f−15−10	f−15−11	f−15−12
f−15−13	f−15−14	f−15−15
f−15−16	f−15−17	f−15−18
f−15−19	f−15−20	f−15−21
f−15−22	f−15−23	f−15−24

f—14—1
f—14—2
f—14—3
f—14—4
f—14—5
f—14—6
f—14—7
f—14—8
f—14—9
f—14—10
f—14—11
f—14—12
f—14—13
f—14—14
f—14—15
f—14—16
f—14—17
f—14—18
f—14—19
f—14—20
f—14—21
f—14—22
f—14—23
f—14—24

BLOCK

f-16-1	f-16-2	f-16-3
f-16-4	f-16-5	f-16-6
f-16-7	f-16-8	f-16-9
f-16-10	f-16-11	f-16-12
f-16-13	f-16-14	f-16-15
f-16-16	f-16-17	f-16-18
f-16-19	f-16-20	f-16-21
f-16-22	f-16-23	f-16-24

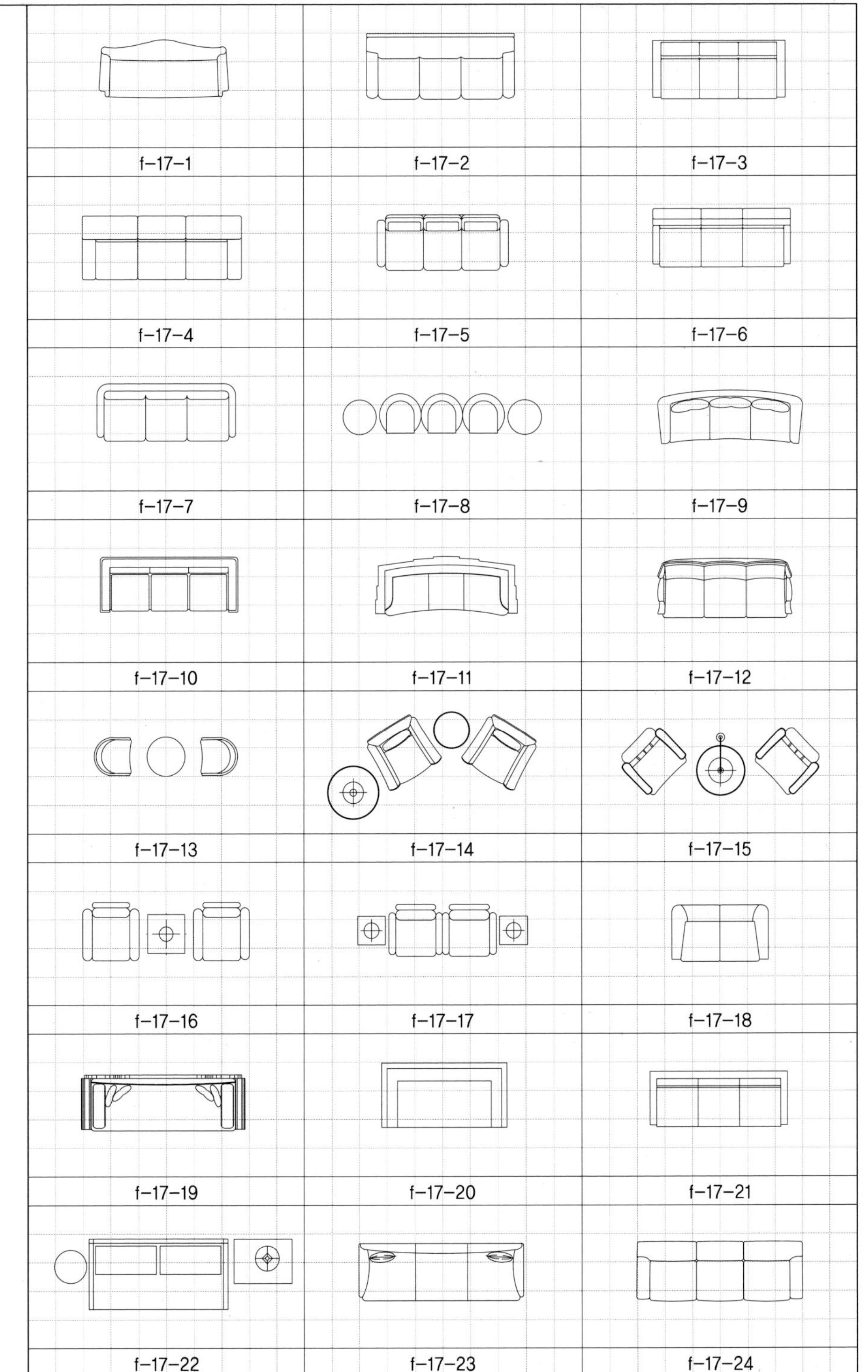

f-17-1
f-17-2
f-17-3
f-17-4
f-17-5
f-17-6
f-17-7
f-17-8
f-17-9
f-17-10
f-17-11
f-17-12
f-17-13
f-17-14
f-17-15
f-17-16
f-17-17
f-17-18
f-17-19
f-17-20
f-17-21
f-17-22
f-17-23
f-17-24
BLOCK

BLOCK

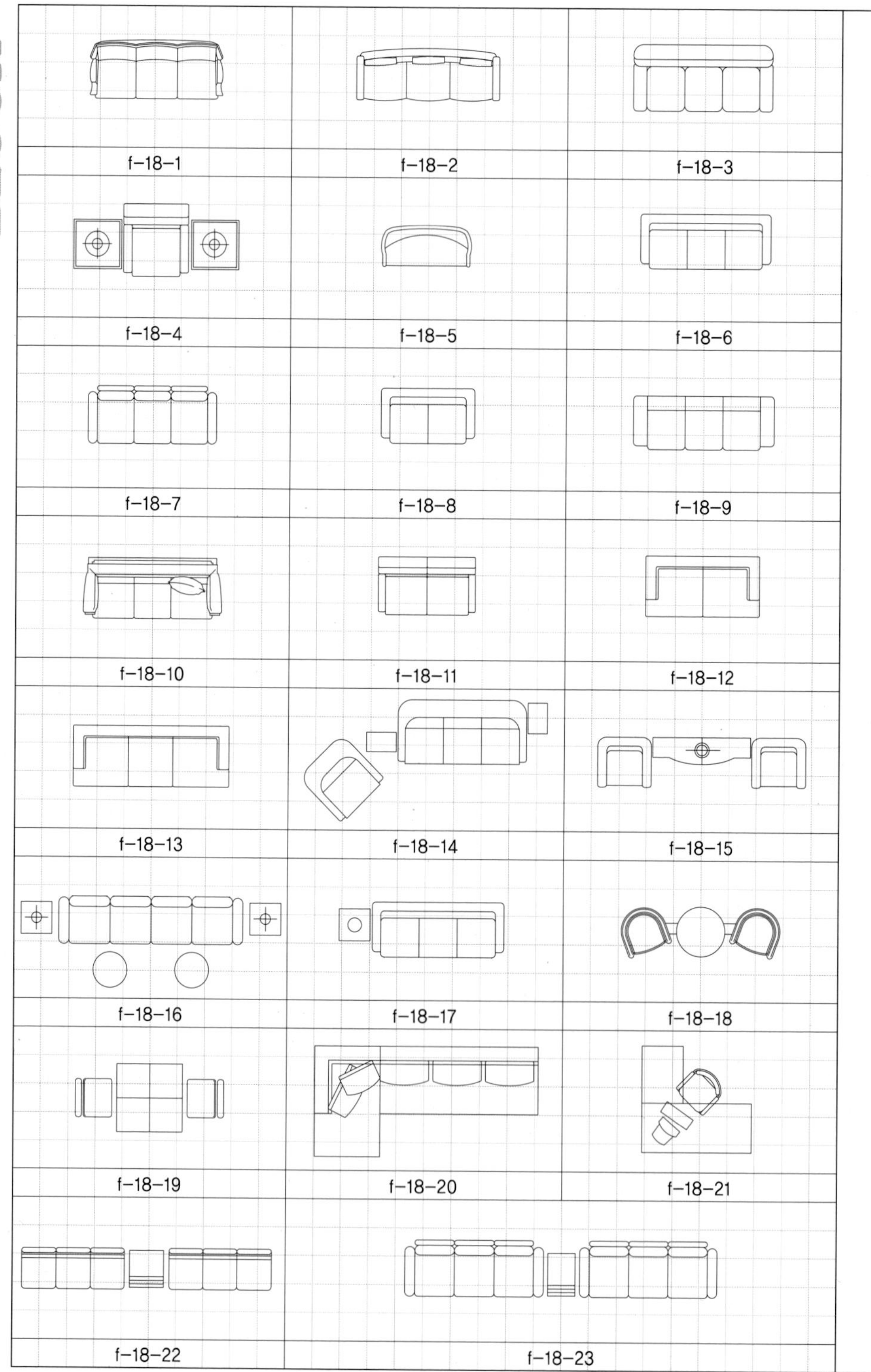

f-18-1

f-18-2

f-18-3

f-18-4

f-18-5

f-18-6

f-18-7

f-18-8

f-18-9

f-18-10

f-18-11

f-18-12

f-18-13

f-18-14

f-18-15

f-18-16

f-18-17

f-18-18

f-18-19

f-18-20

f-18-21

f-18-22

f-18-23

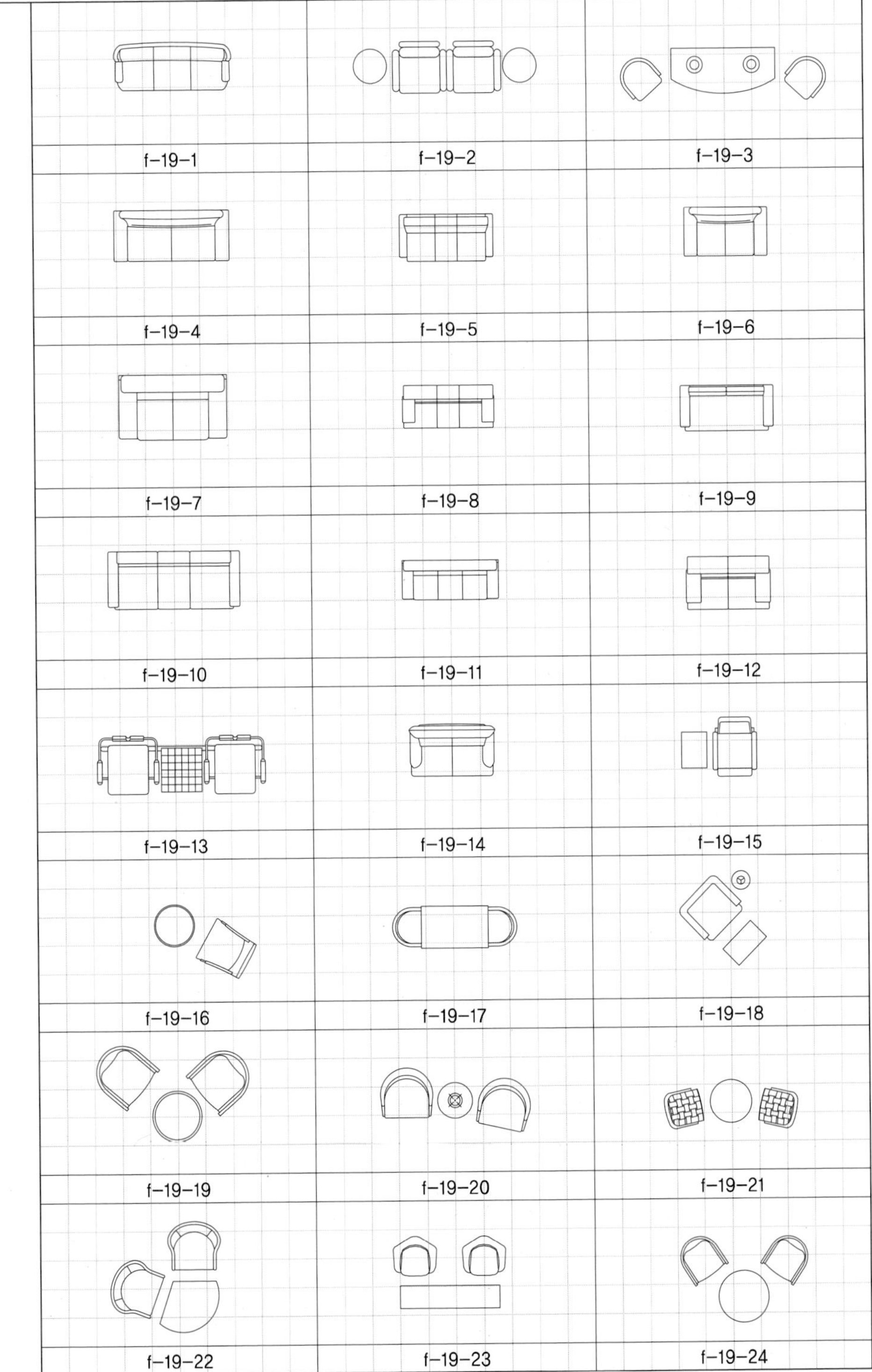

f—19—1	f—19—2	f—19—3
f—19—4	f—19—5	f—19—6
f—19—7	f—19—8	f—19—9
f—19—10	f—19—11	f—19—12
f—19—13	f—19—14	f—19—15
f—19—16	f—19—17	f—19—18
f—19—19	f—19—20	f—19—21
f—19—22	f—19—23	f—19—24

BLOCK

BLOCK

f-20-1
f-20-2
f-20-3
f-20-4
f-20-5
f-20-6
f-20-7
f-20-8
f-20-9
f-20-10
f-20-11
f-20-12

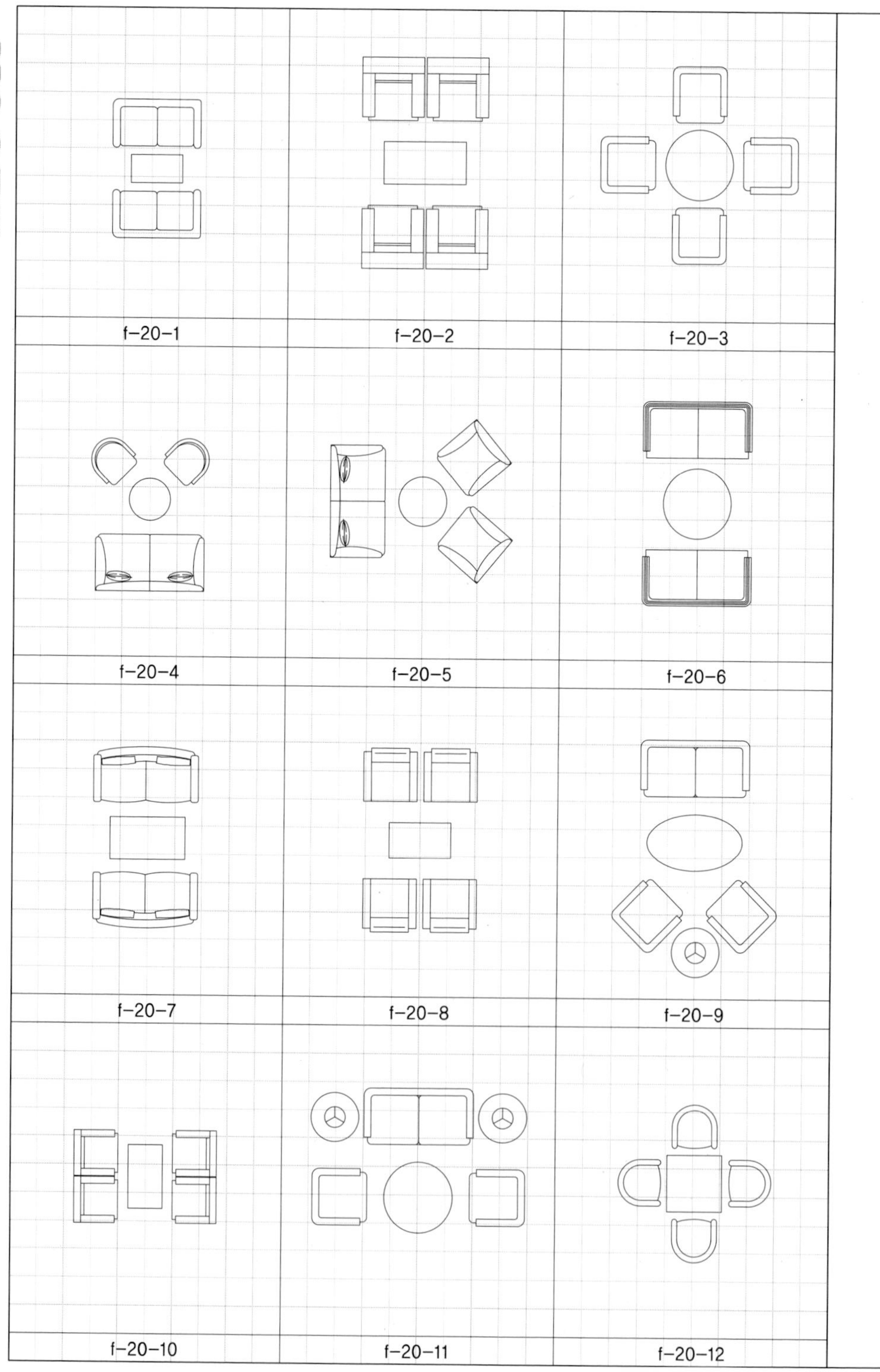

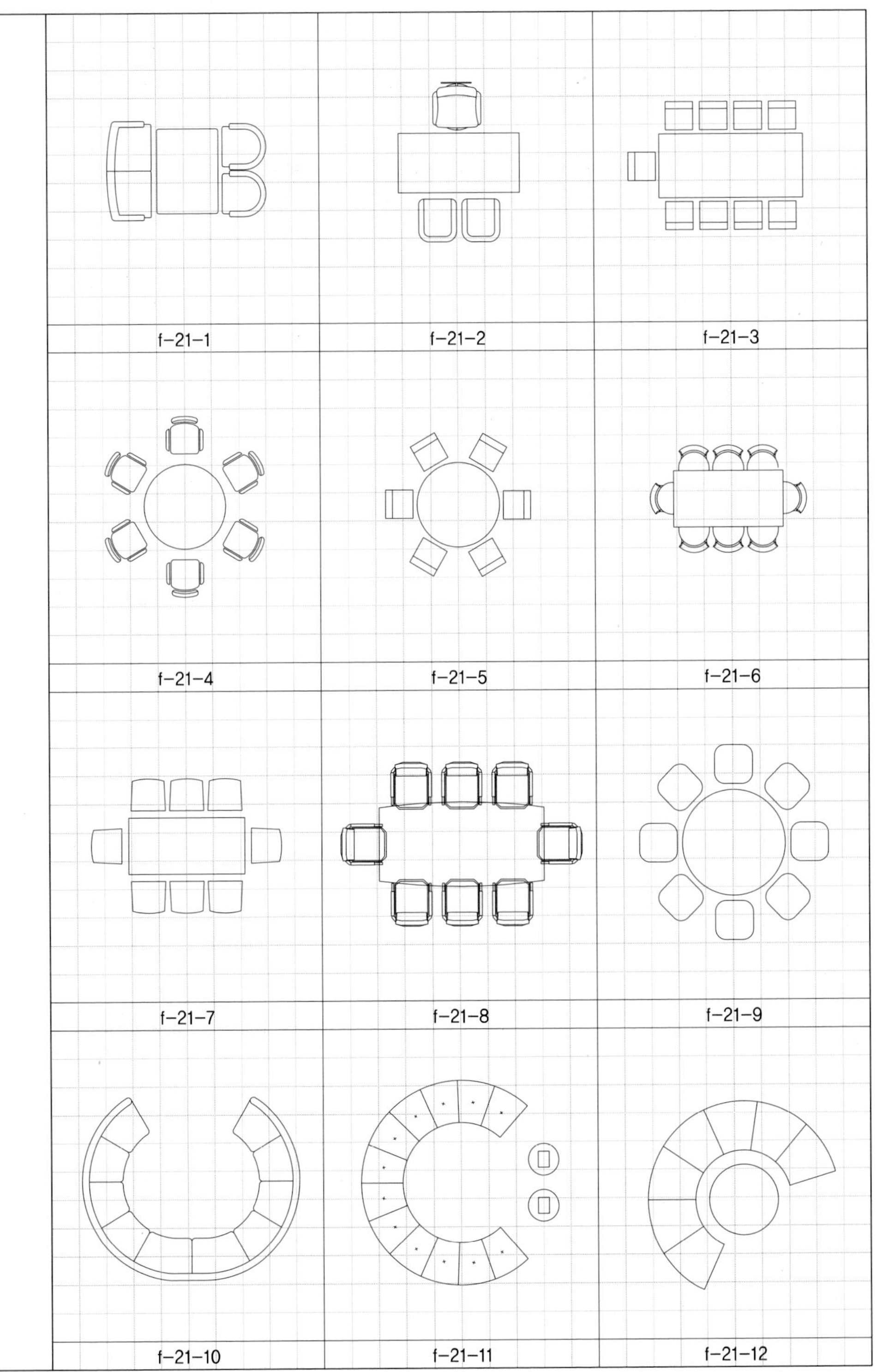

f−21−1

f−21−2

f−21−3

f−21−4

f−21−5

f−21−6

f−21−7

f−21−8

f−21−9

f−21−10

f−21−11

f−21−12

BLOCK

BLOCK

f-22-1
f-22-2
f-22-3
f-22-4
f-22-5
f-22-6
f-22-7
f-22-8
f-22-9
f-22-10
f-22-11
f-22-12
f-22-13
f-22-14
f-22-15
f-22-16
f-22-17
f-22-18
f-22-19
f-22-20
f-22-21
f-22-22
f-22-23
f-22-24
f-22-25
f-22-26
f-22-27
f-22-28
f-22-29
f-22-30
f-22-31
f-22-32
f-22-33
f-22-34
f-22-35
f-22-36
f-22-37
f-22-38
f-22-39
f-22-40

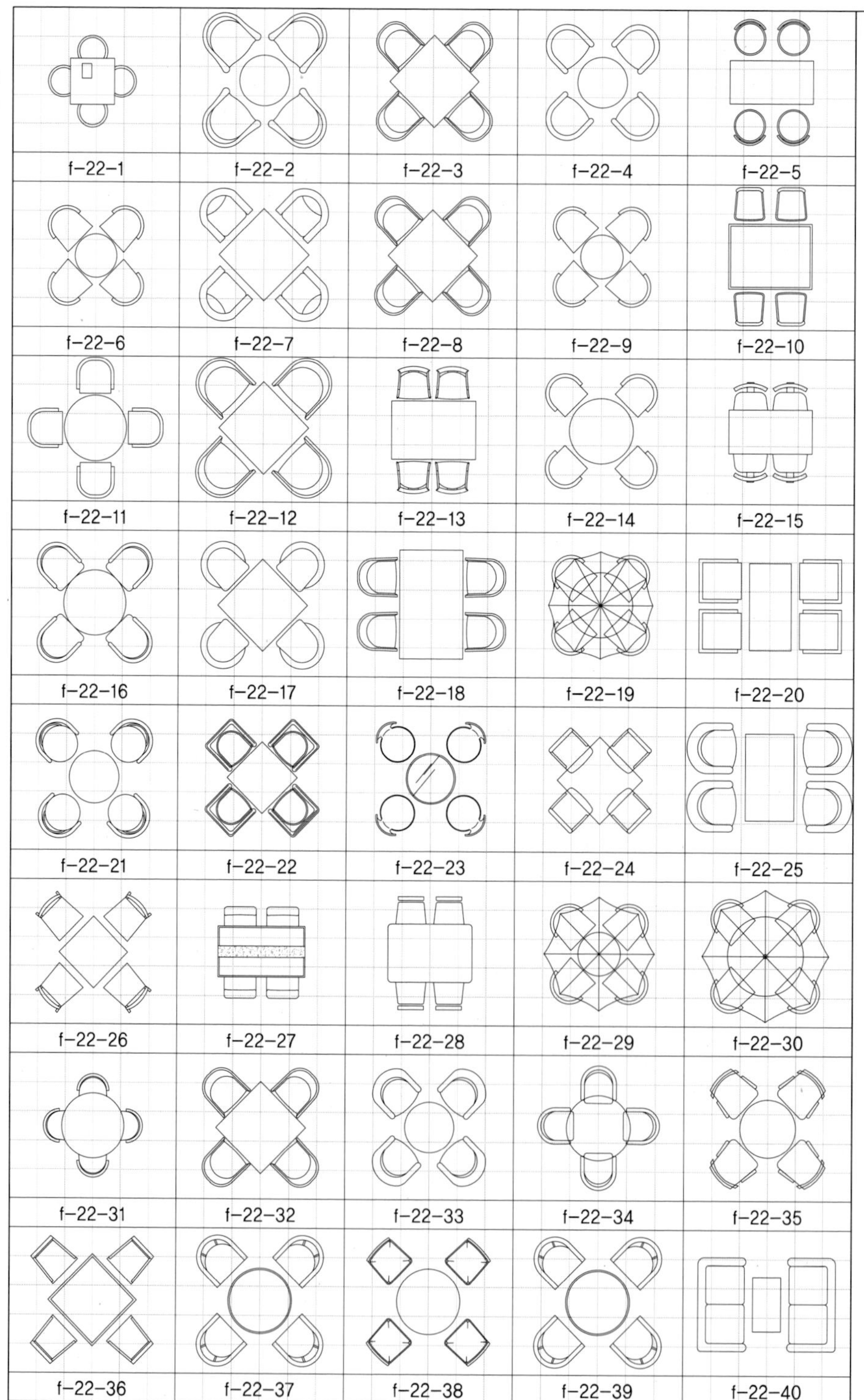

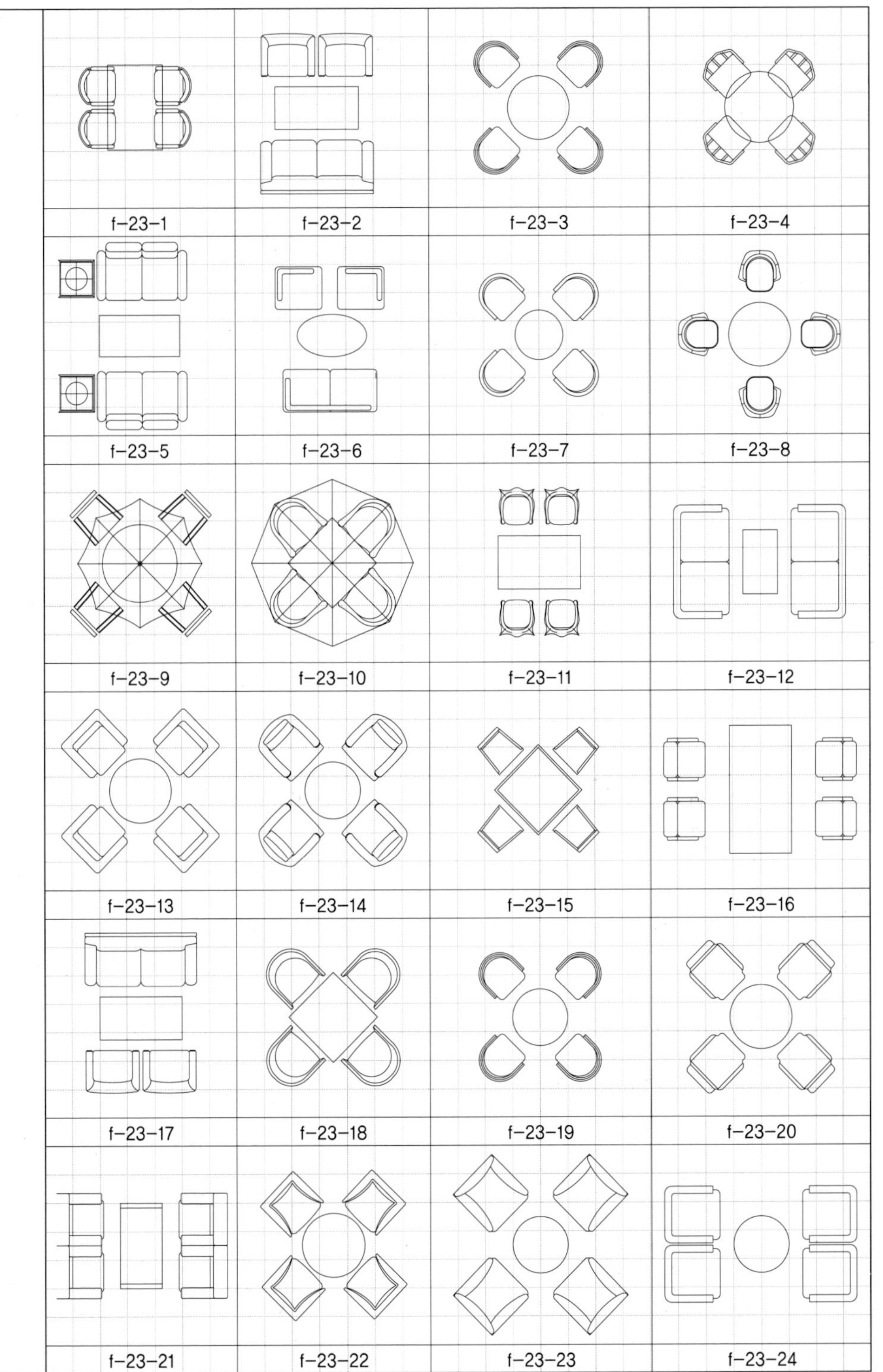

f-23-1	f-23-2	f-23-3	f-23-4
f-23-5	f-23-6	f-23-7	f-23-8
f-23-9	f-23-10	f-23-11	f-23-12
f-23-13	f-23-14	f-23-15	f-23-16
f-23-17	f-23-18	f-23-19	f-23-20
f-23-21	f-23-22	f-23-23	f-23-24

BLOCK

BLOCK

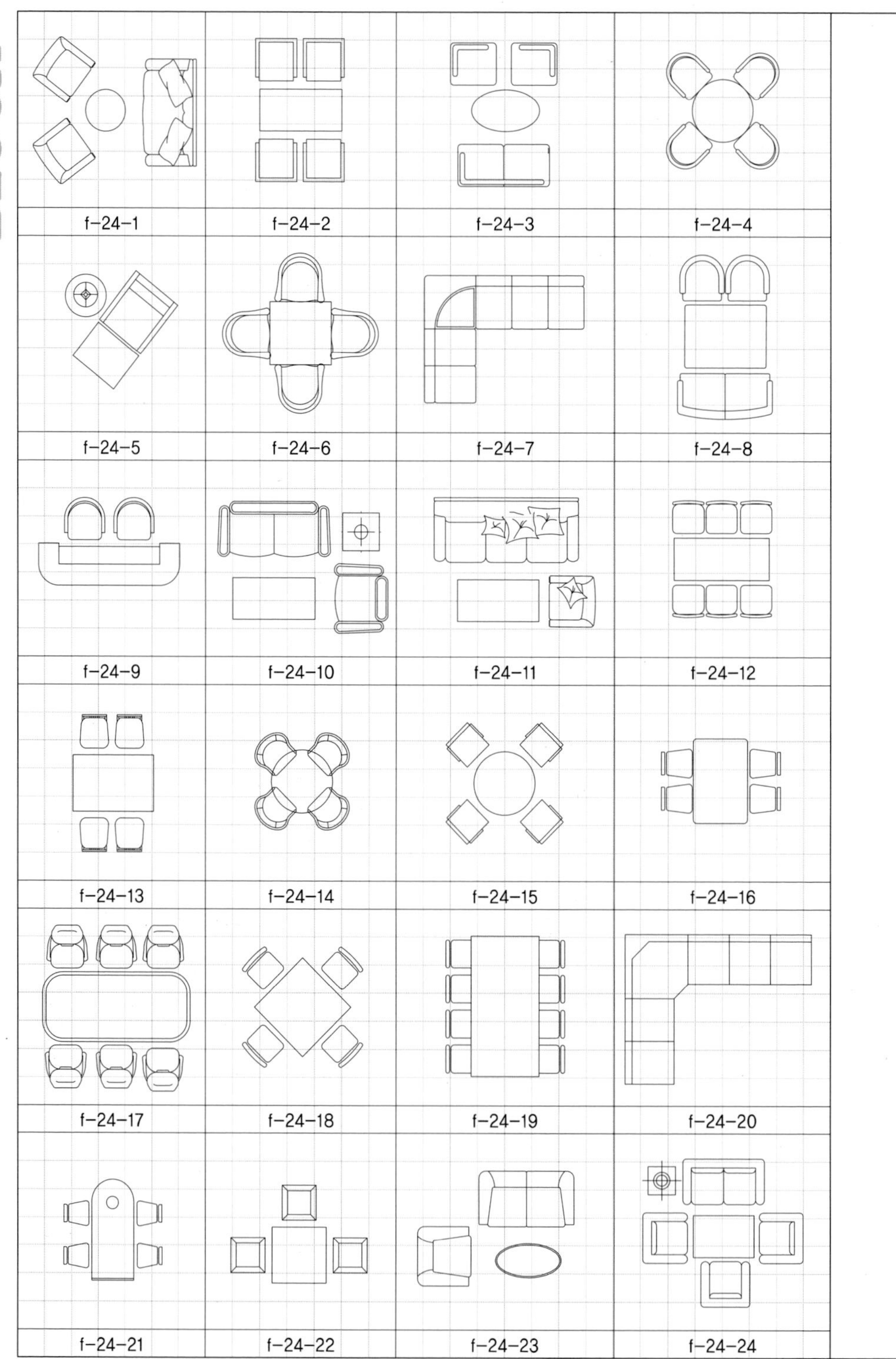

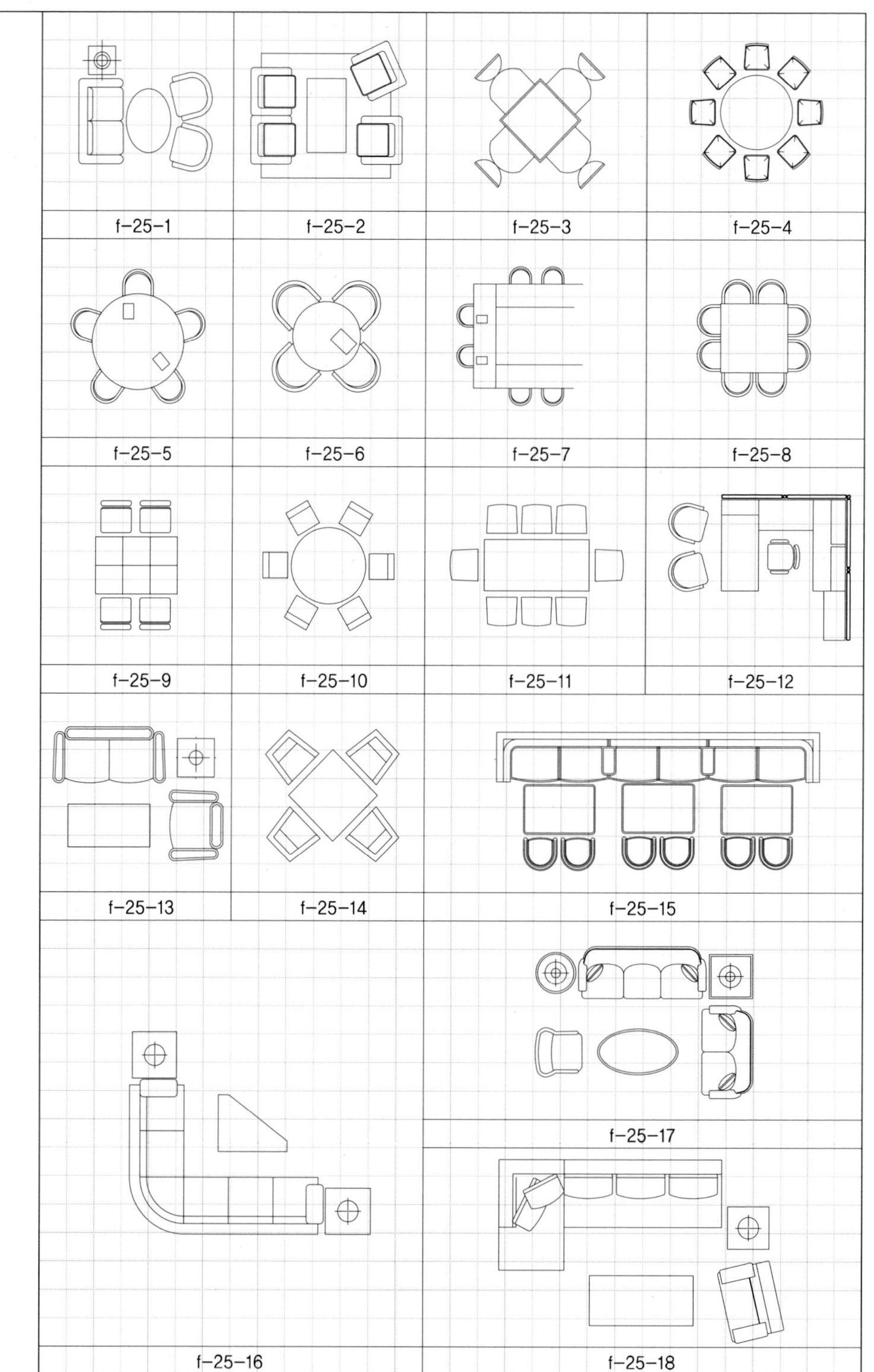

f-25-1	f-25-2	f-25-3	f-25-4
f-25-5	f-25-6	f-25-7	f-25-8
f-25-9	f-25-10	f-25-11	f-25-12
f-25-13	f-25-14	f-25-15	
f-25-16		f-25-17	
		f-25-18	

BLOCK

BLOCK

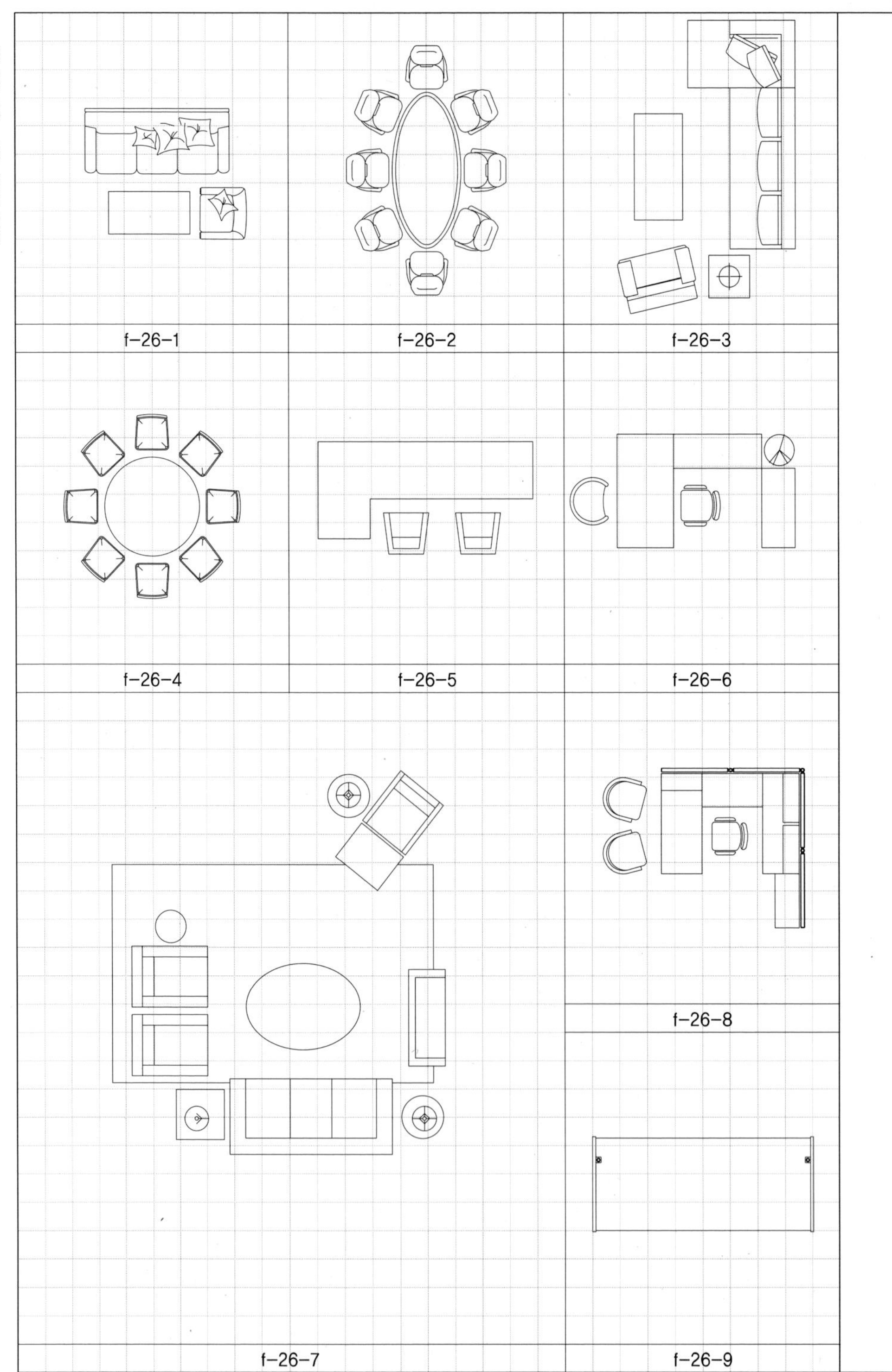

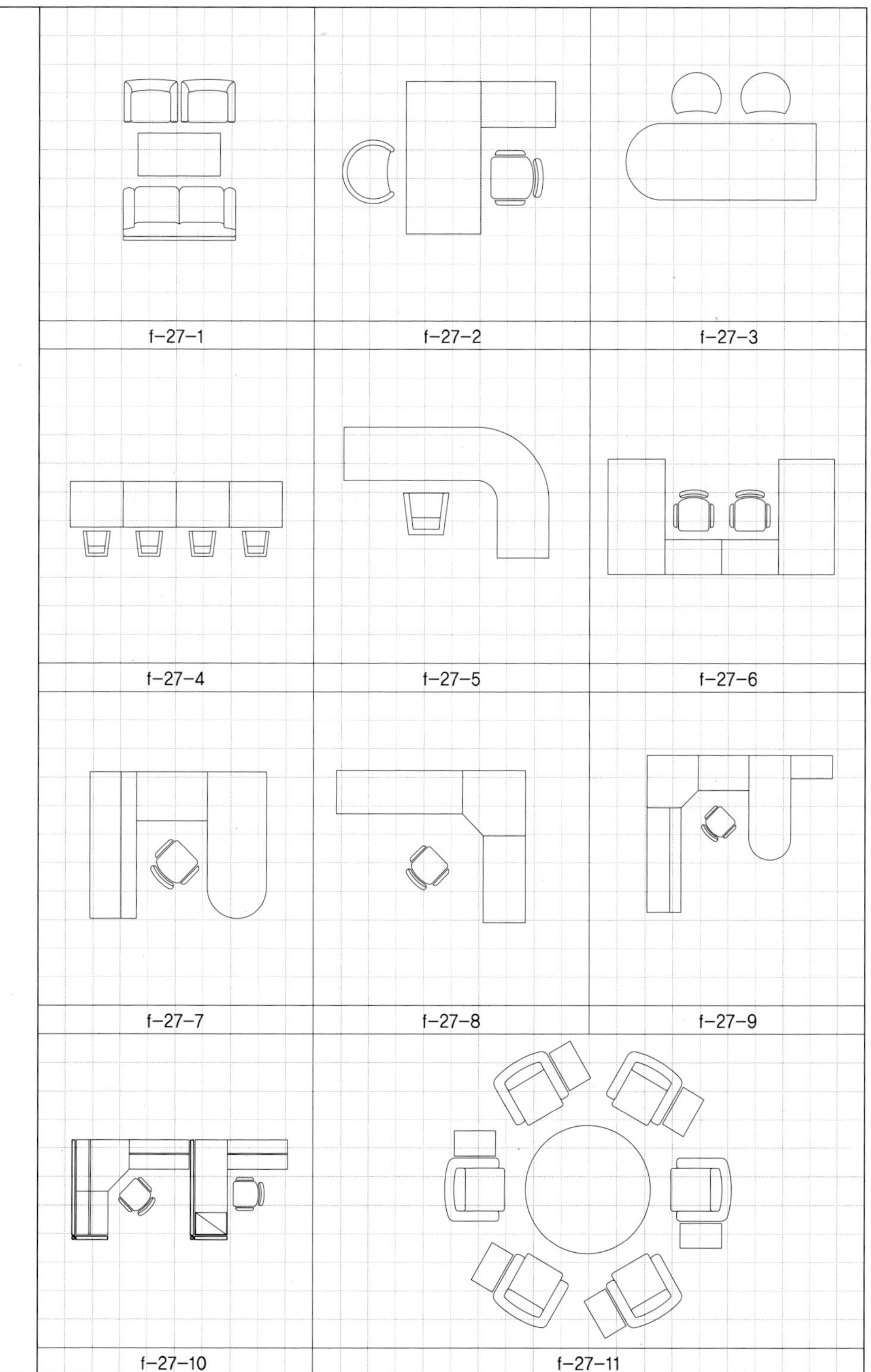

f-27-1
f-27-2
f-27-3
f-27-4
f-27-5
f-27-6
f-27-7
f-27-8
f-27-9
f-27-10
f-27-11
BLOCK

BLOCK

f-28-1
f-28-2
f-28-3
f-28-4
f-28-5
f-28-6
f-28-7
f-28-8
f-28-9
f-28-10
f-28-11
f-28-12
f-28-13
f-28-14
f-28-15
f-28-16
f-28-17

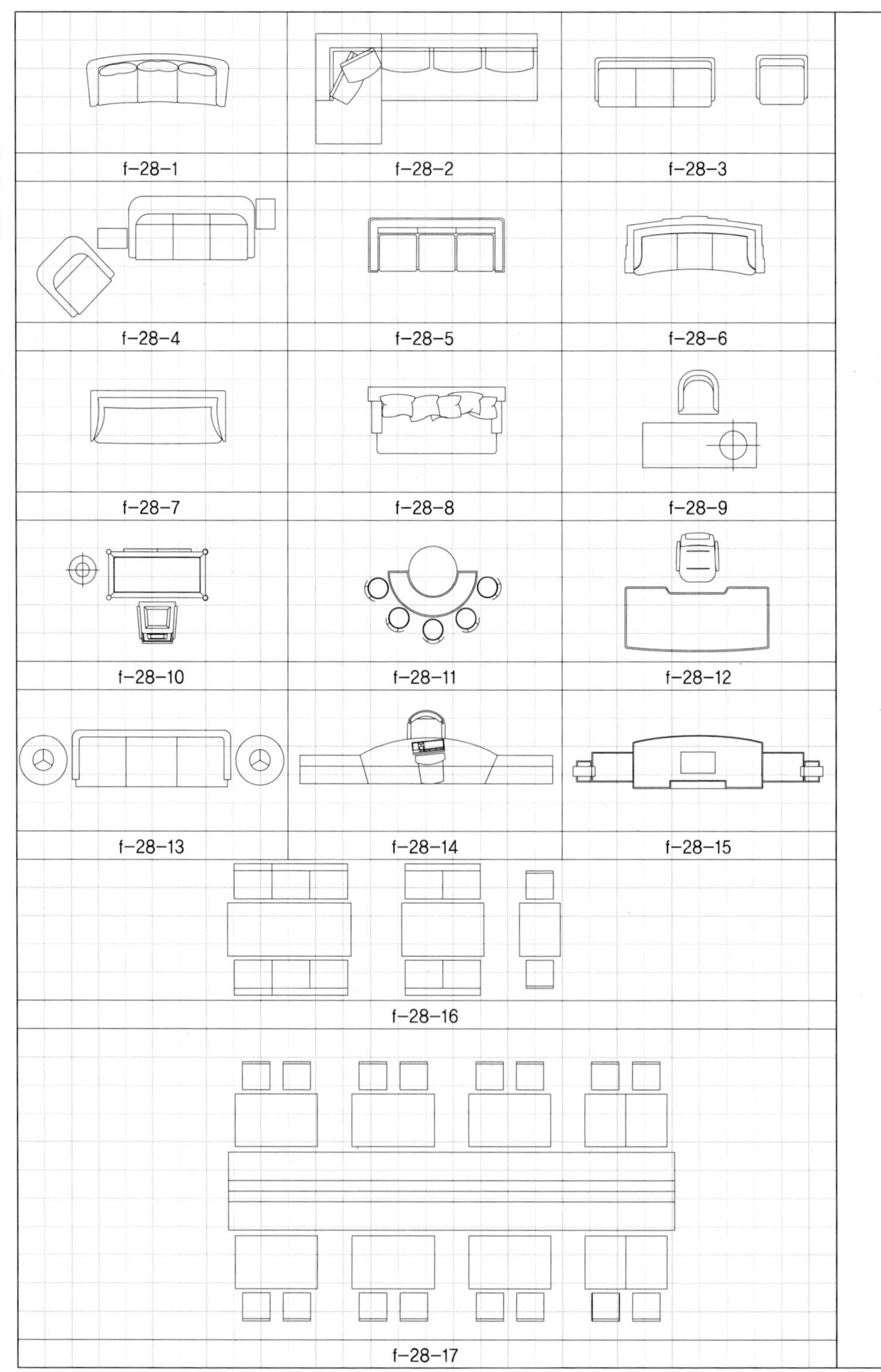

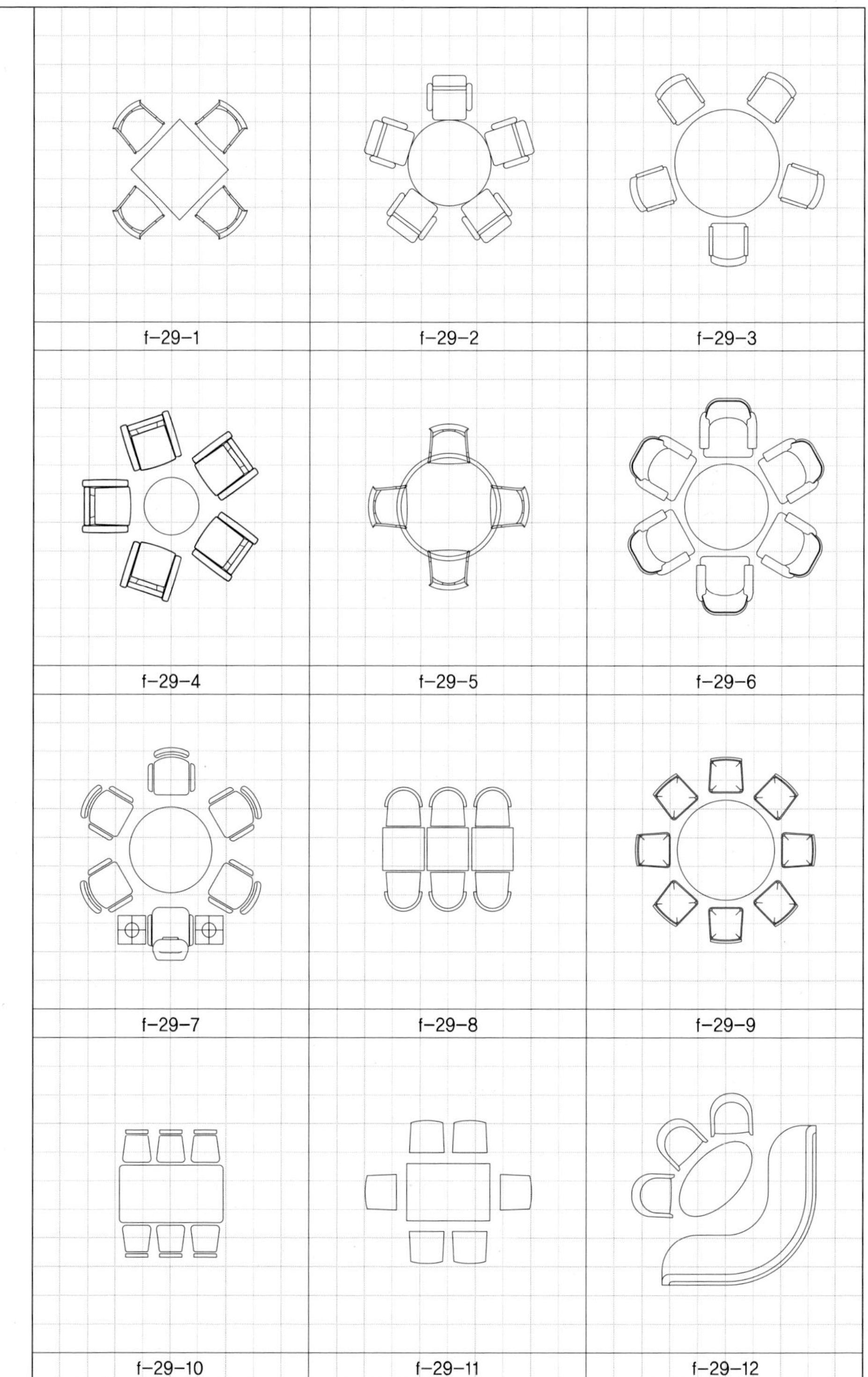

f-29-1	f-29-2	f-29-3
f-29-4	f-29-5	f-29-6
f-29-7	f-29-8	f-29-9
f-29-10	f-29-11	f-29-12

BLOCK

BLOCK

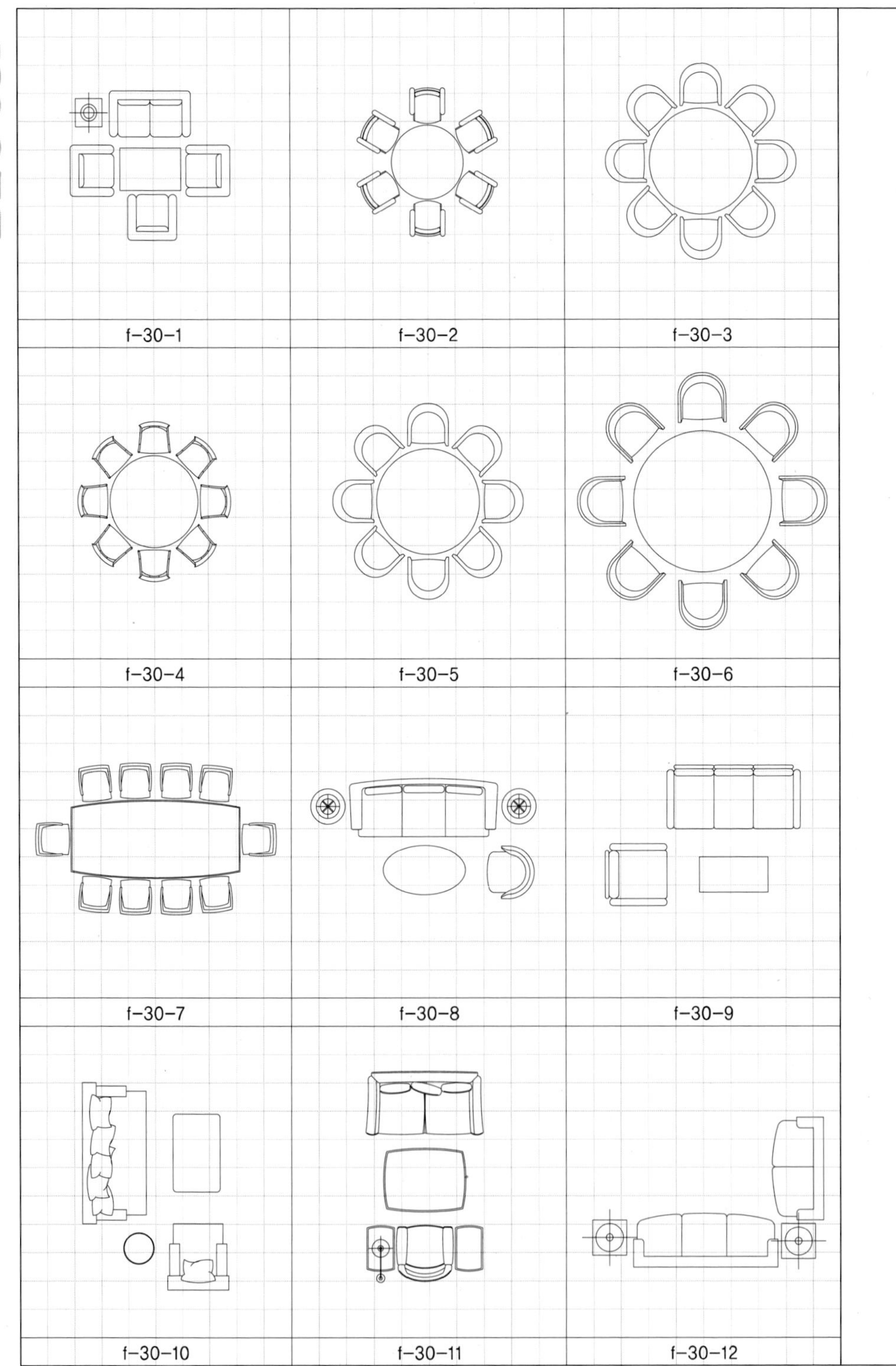

f-30-1	f-30-2	f-30-3
f-30-4	f-30-5	f-30-6
f-30-7	f-30-8	f-30-9
f-30-10	f-30-11	f-30-12

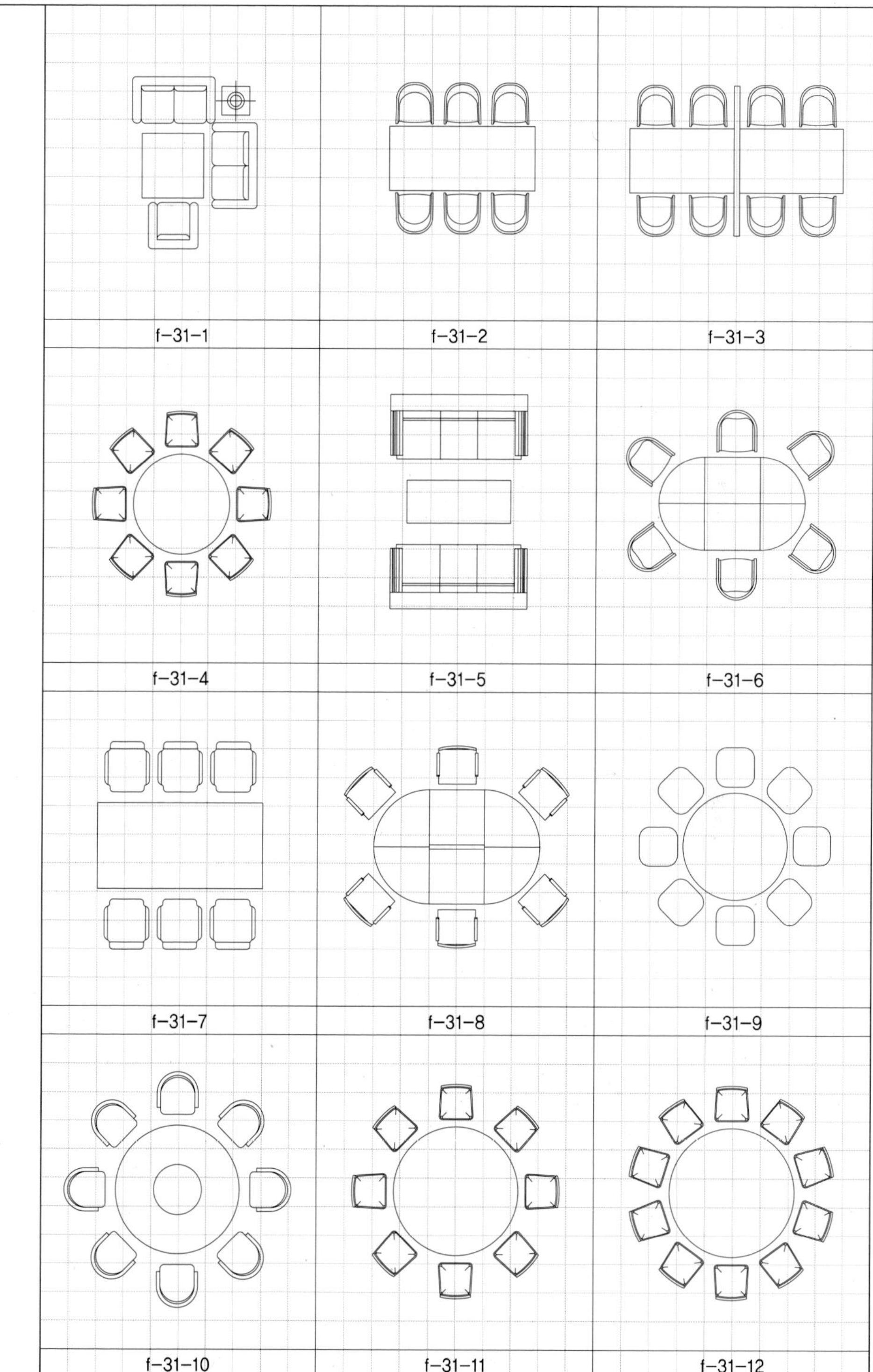

f-31-1
f-31-2
f-31-3
f-31-4
f-31-5
f-31-6
f-31-7
f-31-8
f-31-9
f-31-10
f-31-11
f-31-12
BLOCK

BLOCK

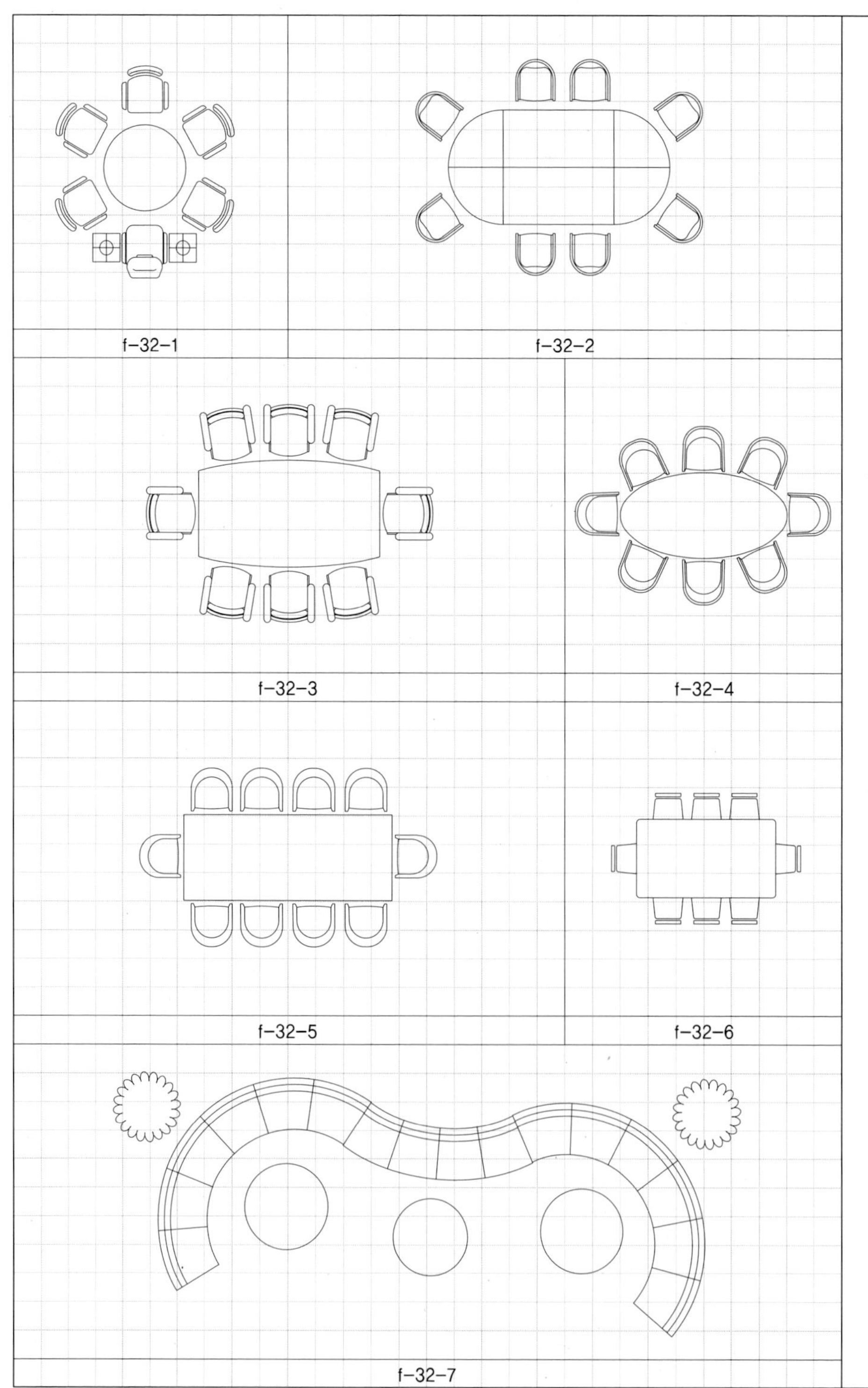

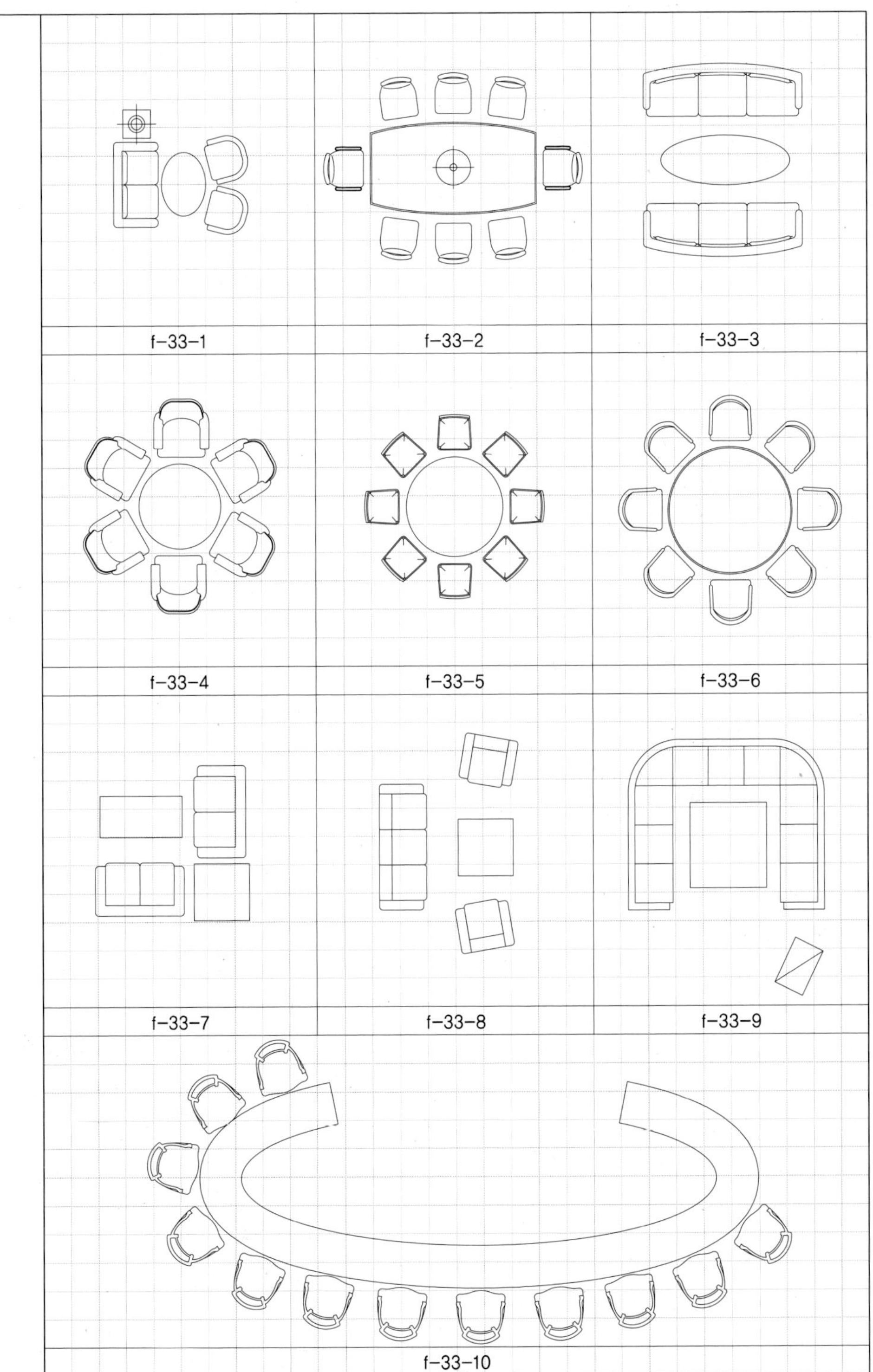

f-33-1   f-33-2   f-33-3

f-33-4   f-33-5   f-33-6

f-33-7   f-33-8   f-33-9

f-33-10

BLOCK

BLOCK

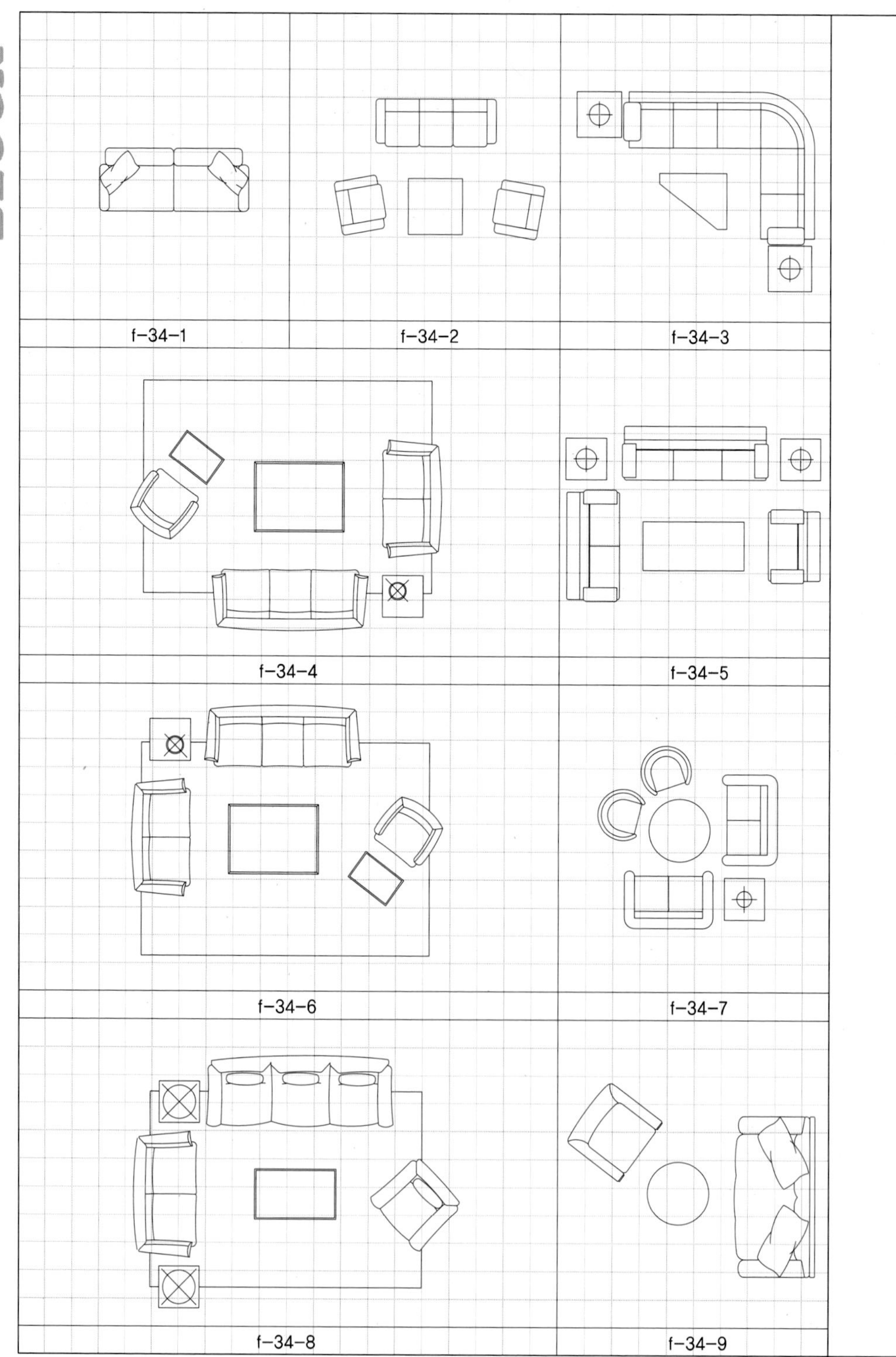

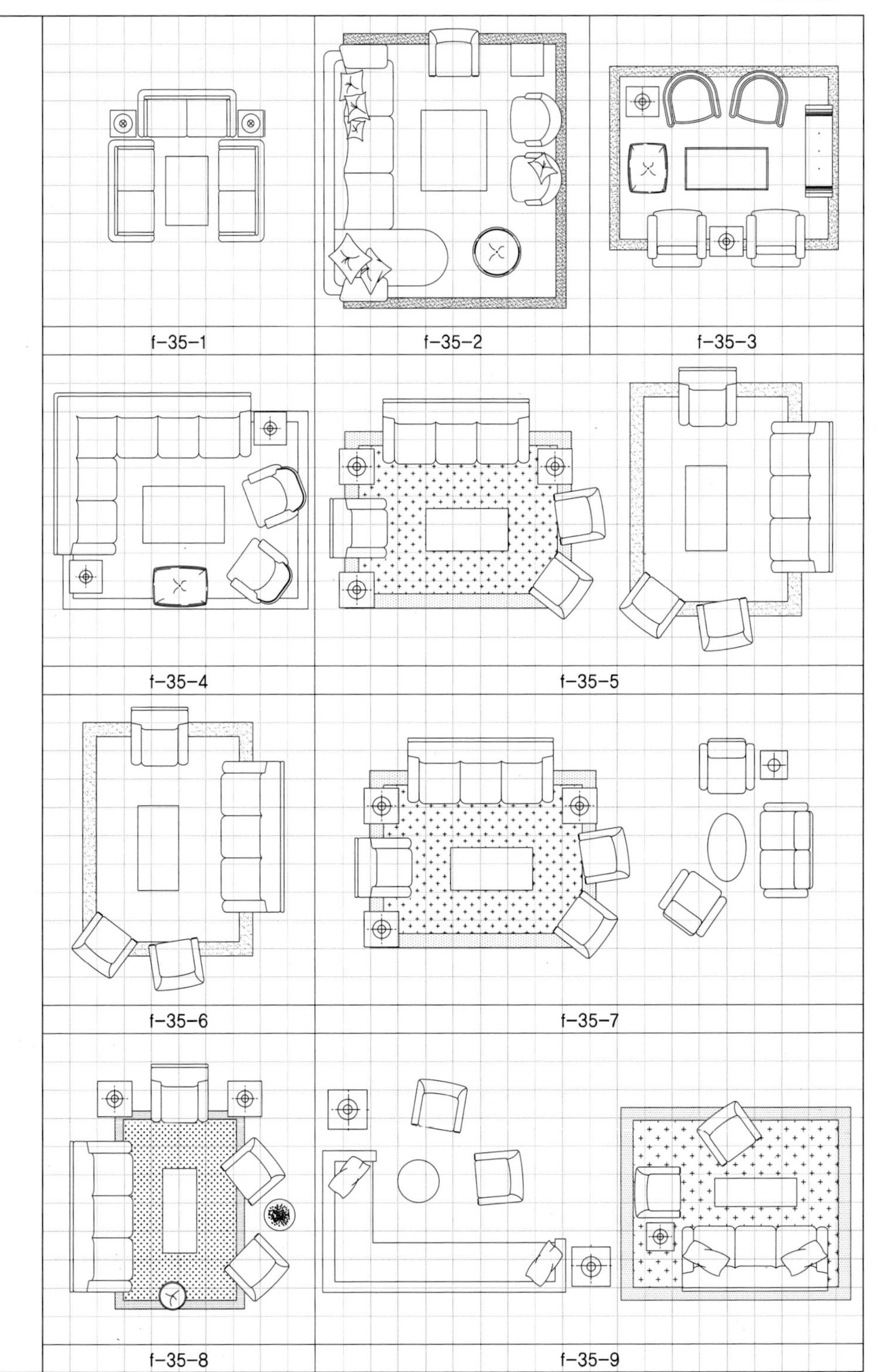
f-35-1
f-35-2
f-35-3
f-35-4
f-35-5
f-35-6
f-35-7
f-35-8
f-35-9
BLOCK

BLOCK

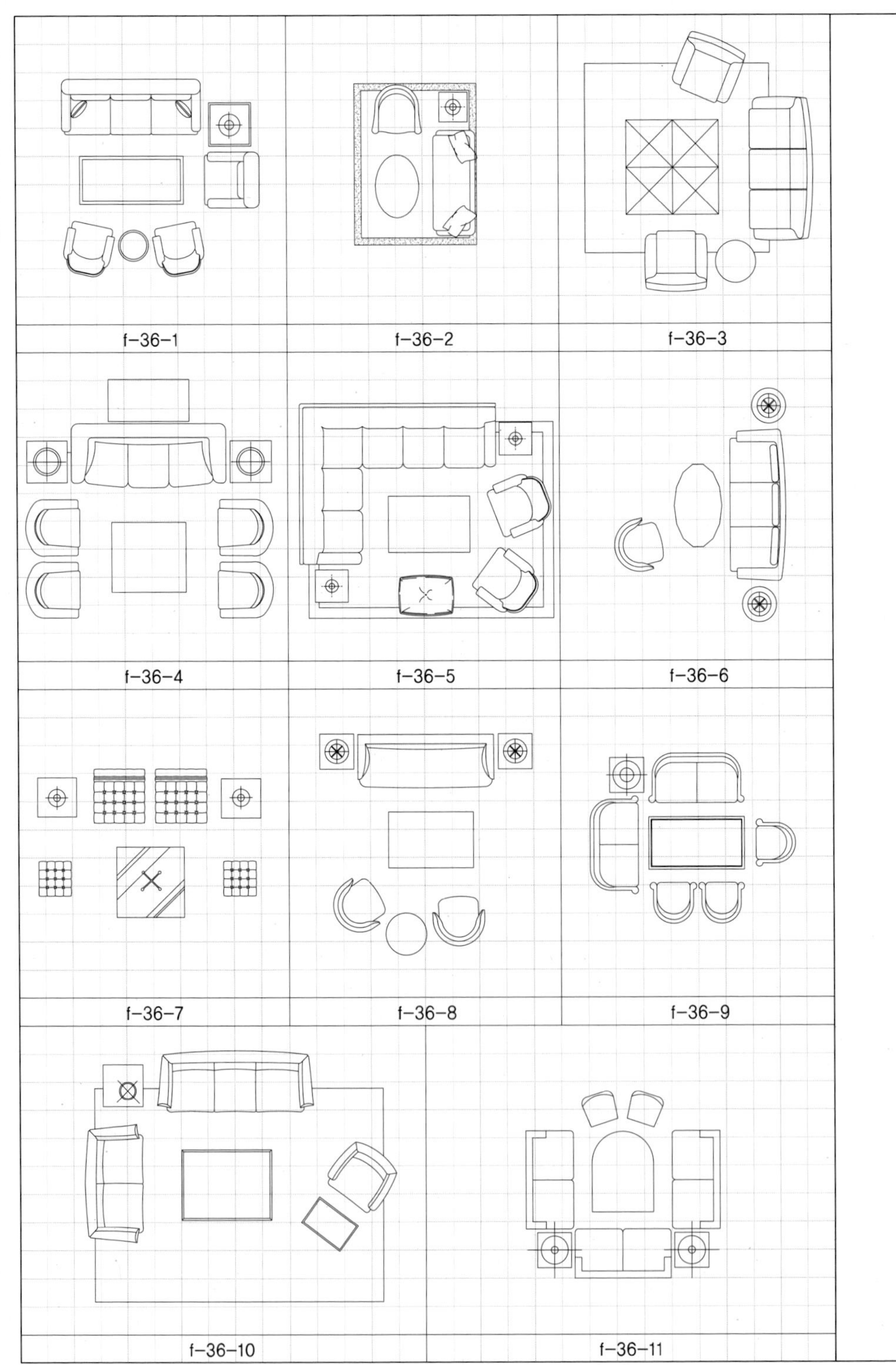

f-36-1	f-36-2	f-36-3
f-36-4	f-36-5	f-36-6
f-36-7	f-36-8	f-36-9
f-36-10	f-36-11	

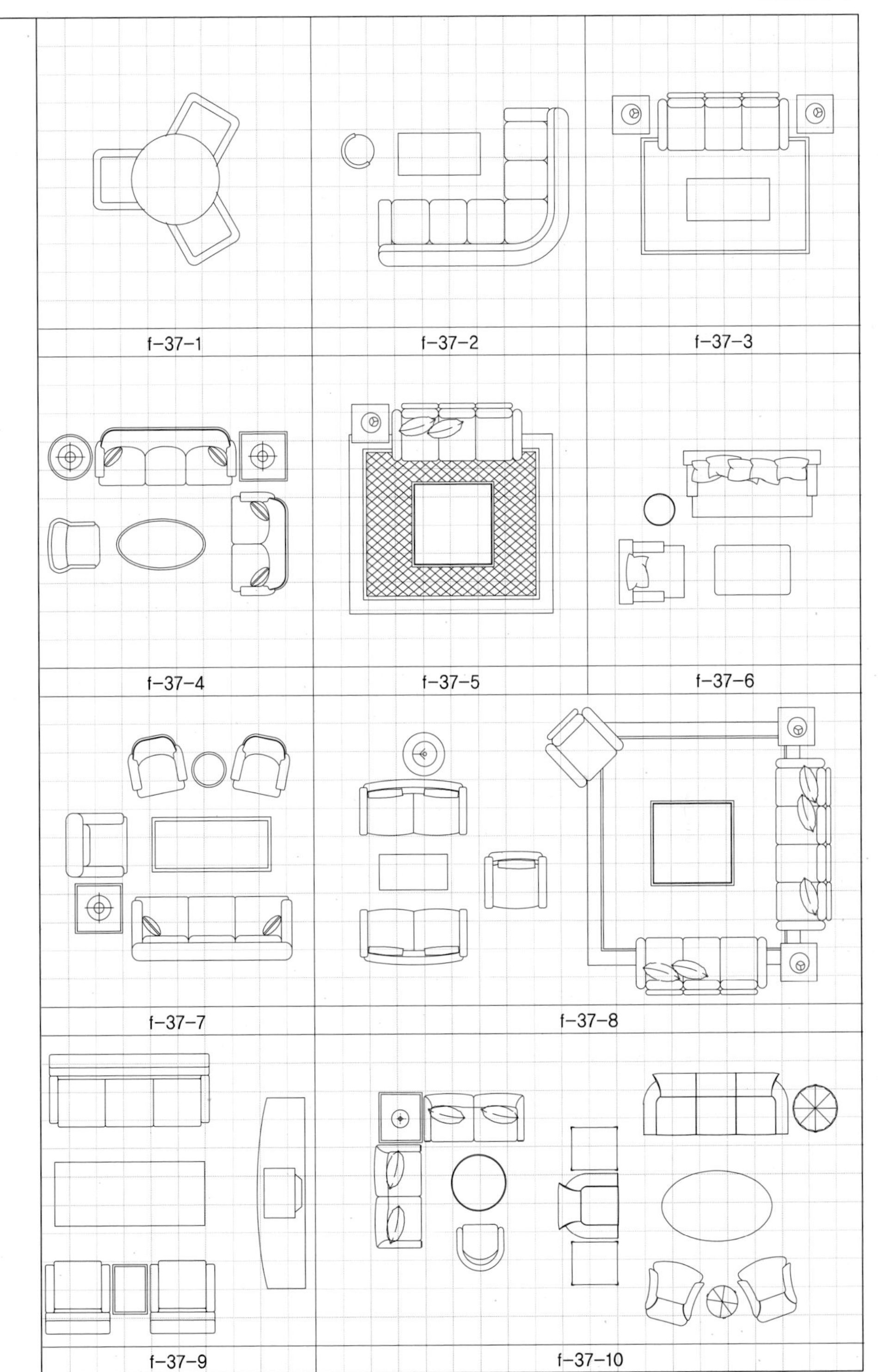

f-37-1
f-37-2
f-37-3
f-37-4
f-37-5
f-37-6
f-37-7
f-37-8
f-37-9
f-37-10
BLOCK

BLOCK

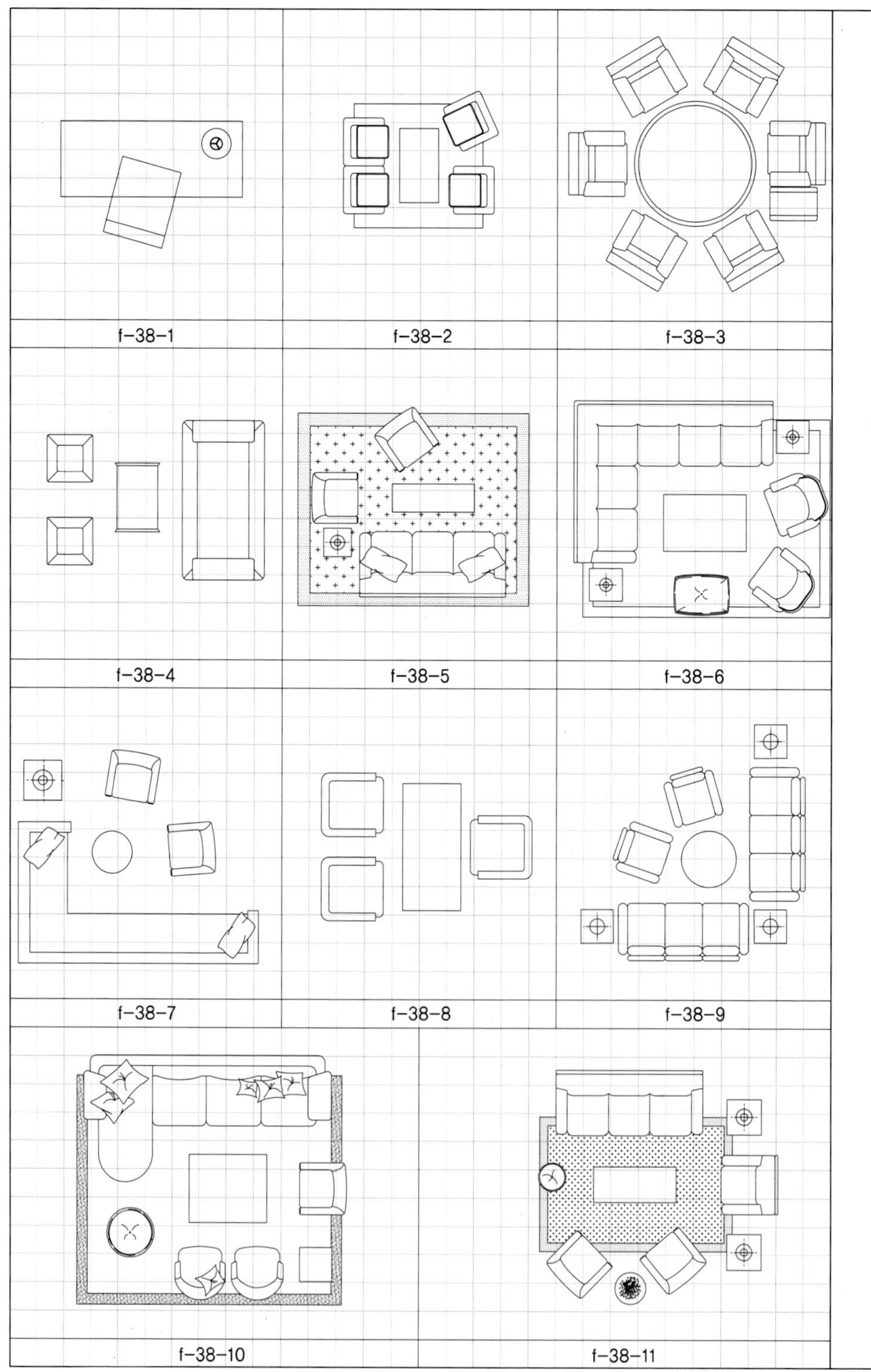

f-38-1

f-38-2

f-38-3

f-38-4

f-38-5

f-38-6

f-38-7

f-38-8

f-38-9

f-38-10

f-38-11

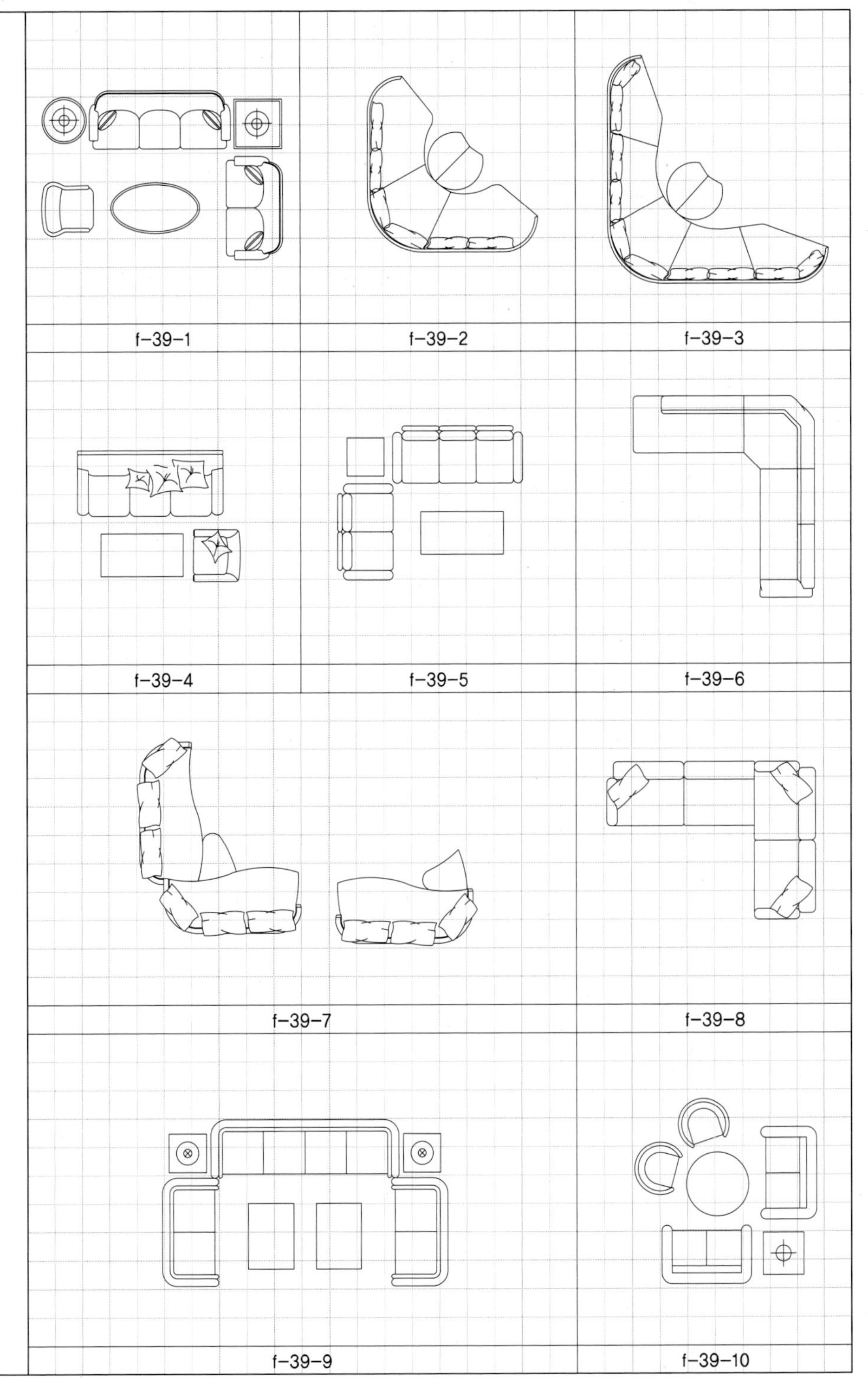

f-39-1

f-39-2

f-39-3

f-39-4

f-39-5

f-39-6

f-39-7

f-39-8

f-39-9

f-39-10

BLOCK

BLOCK

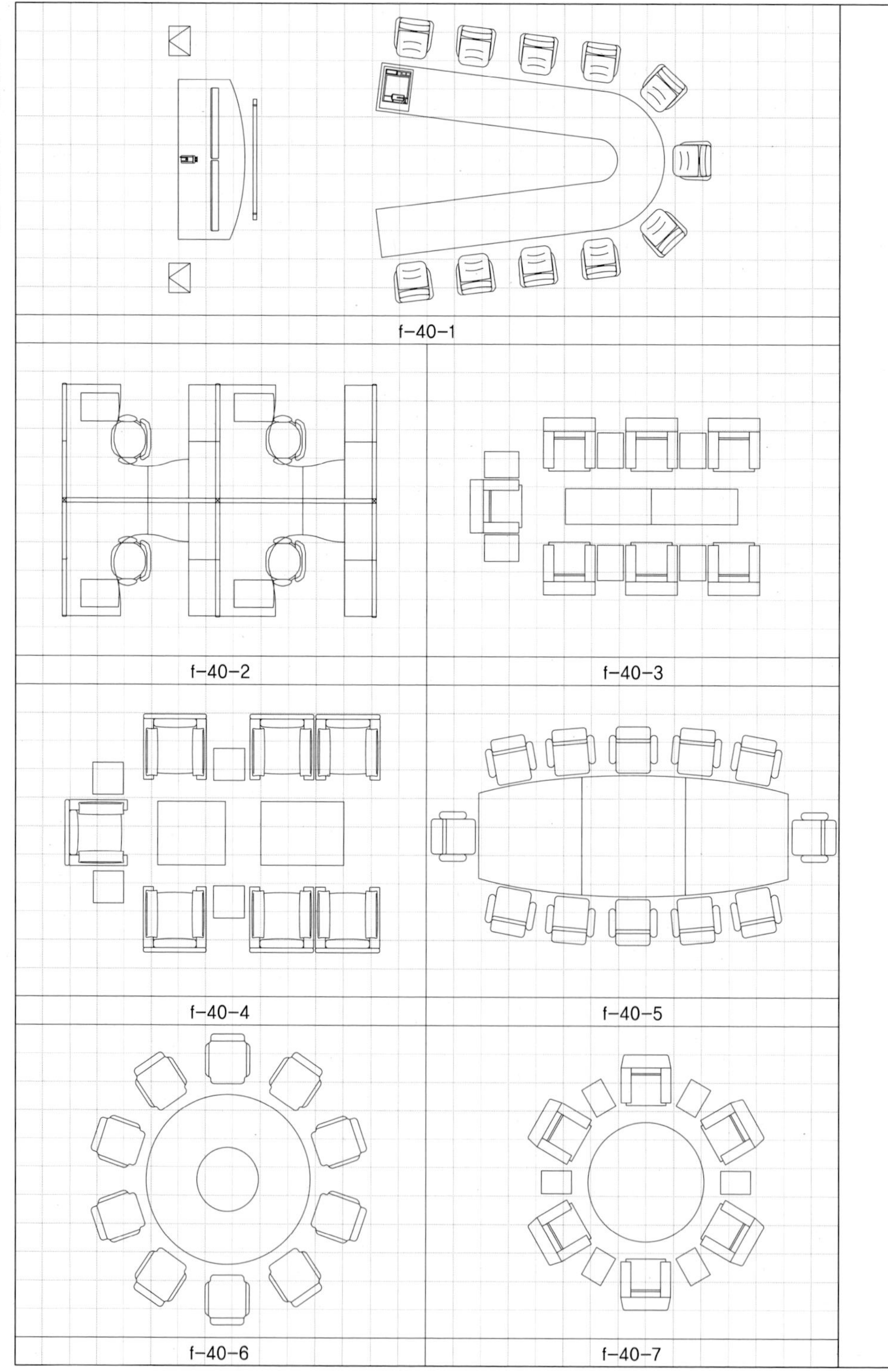

f-40-1

f-40-2

f-40-3

f-40-4

f-40-5

f-40-6

f-40-7

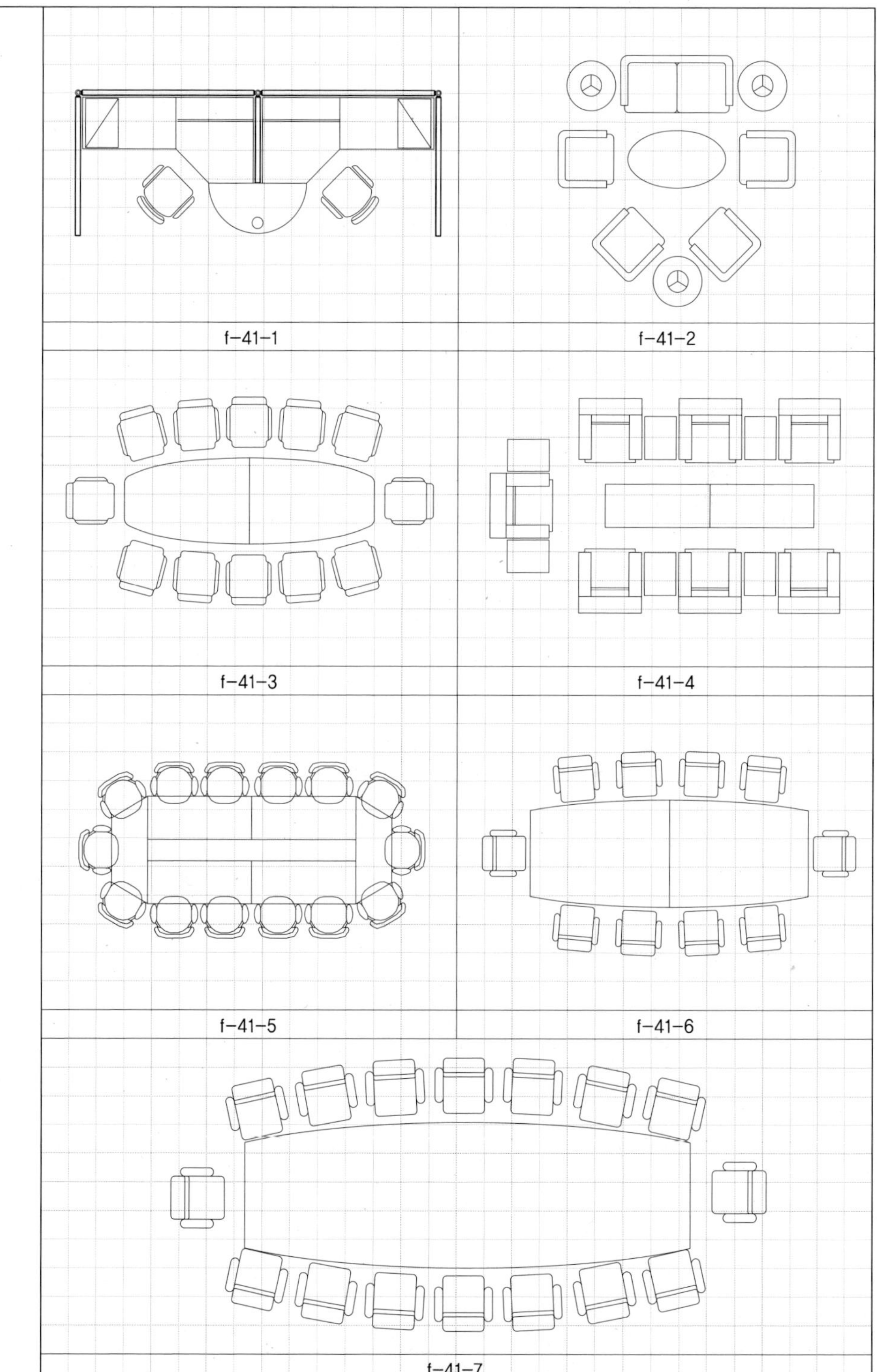

f-41-1
f-41-2
f-41-3
f-41-4
f-41-5
f-41-6
f-41-7
BLOCK

BLOCK

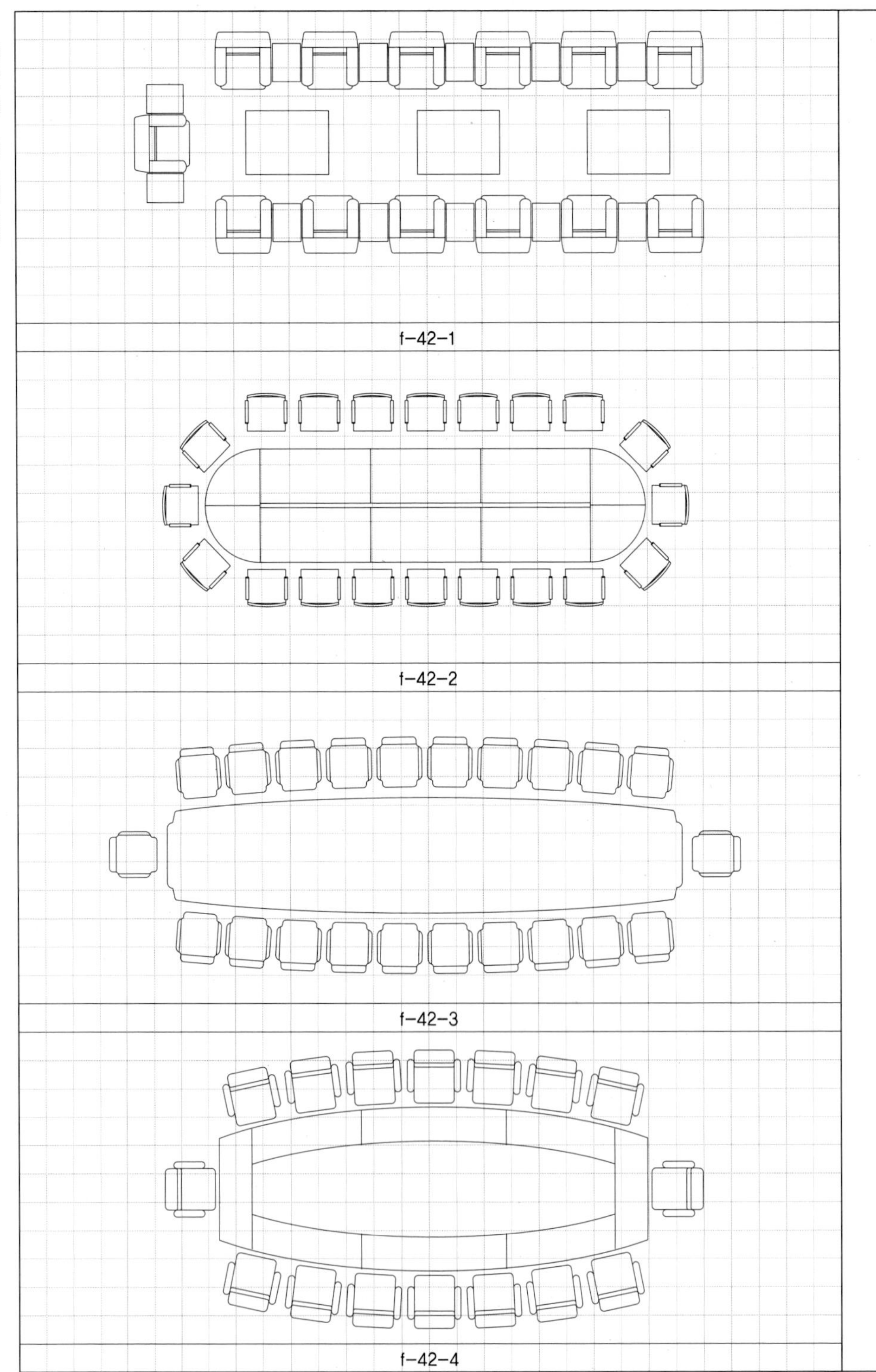

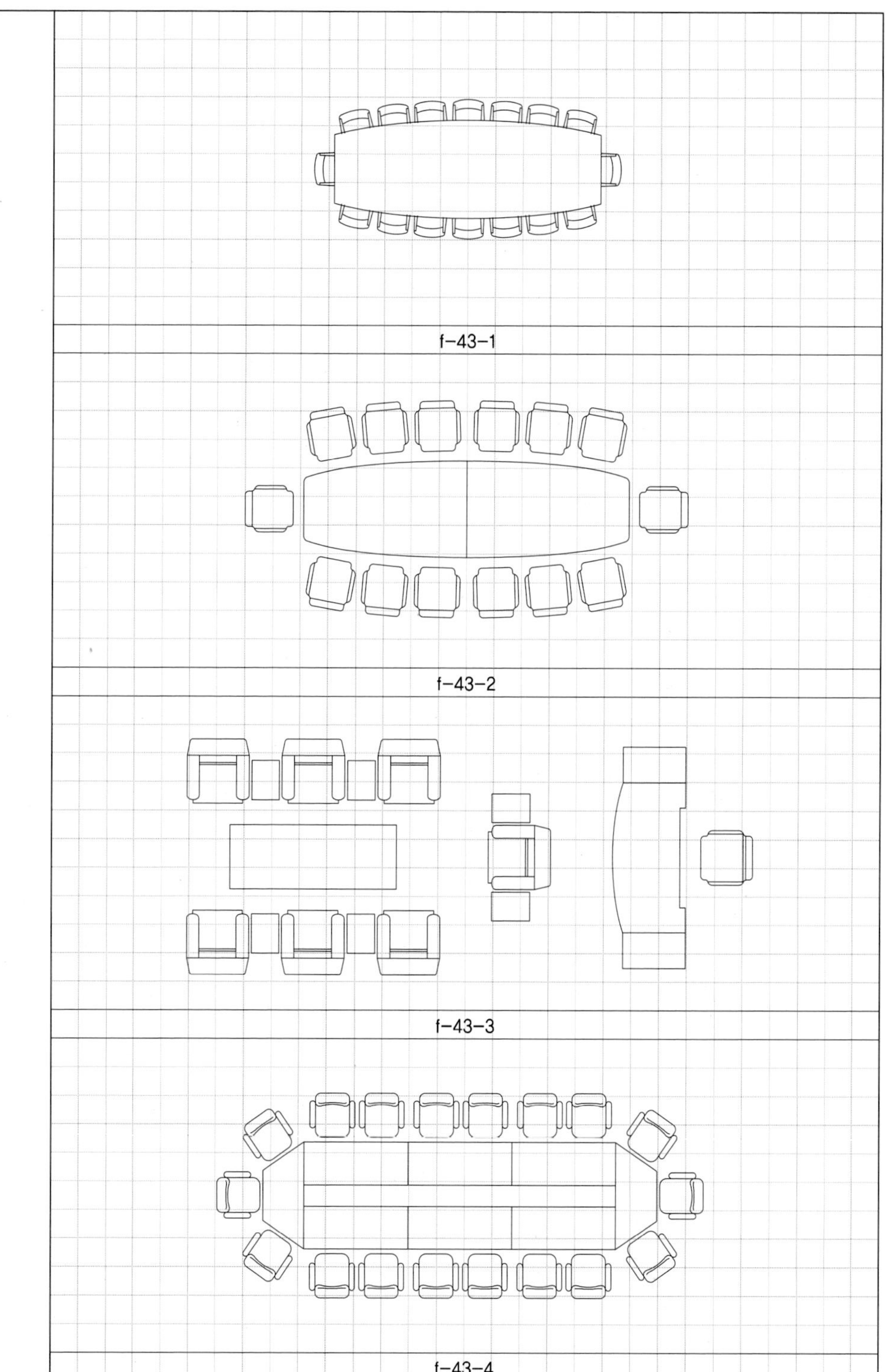

f-43-1
f-43-2
f-43-3
f-43-4

BLOCK

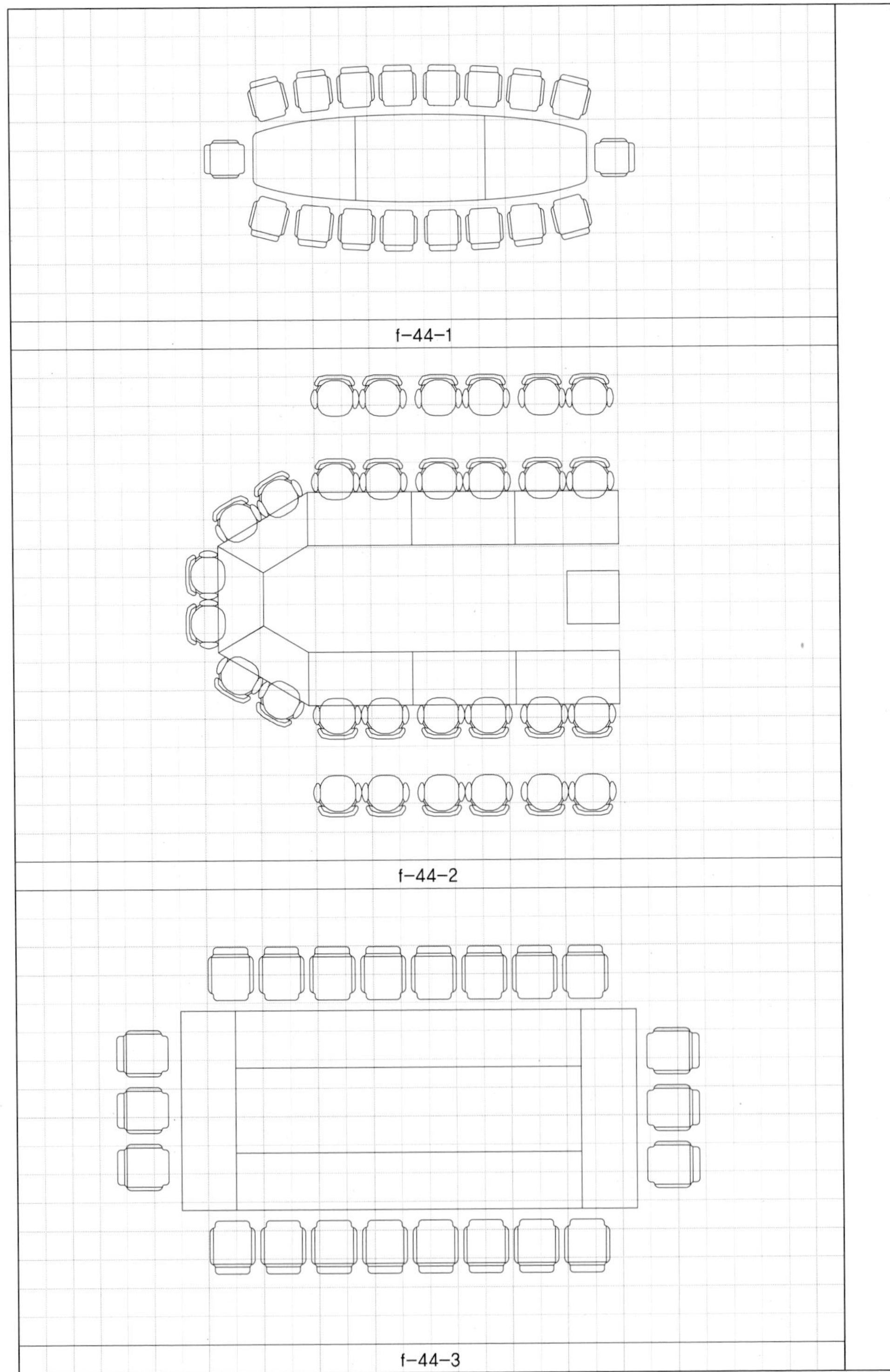

f-44-1

f-44-2

f-44-3

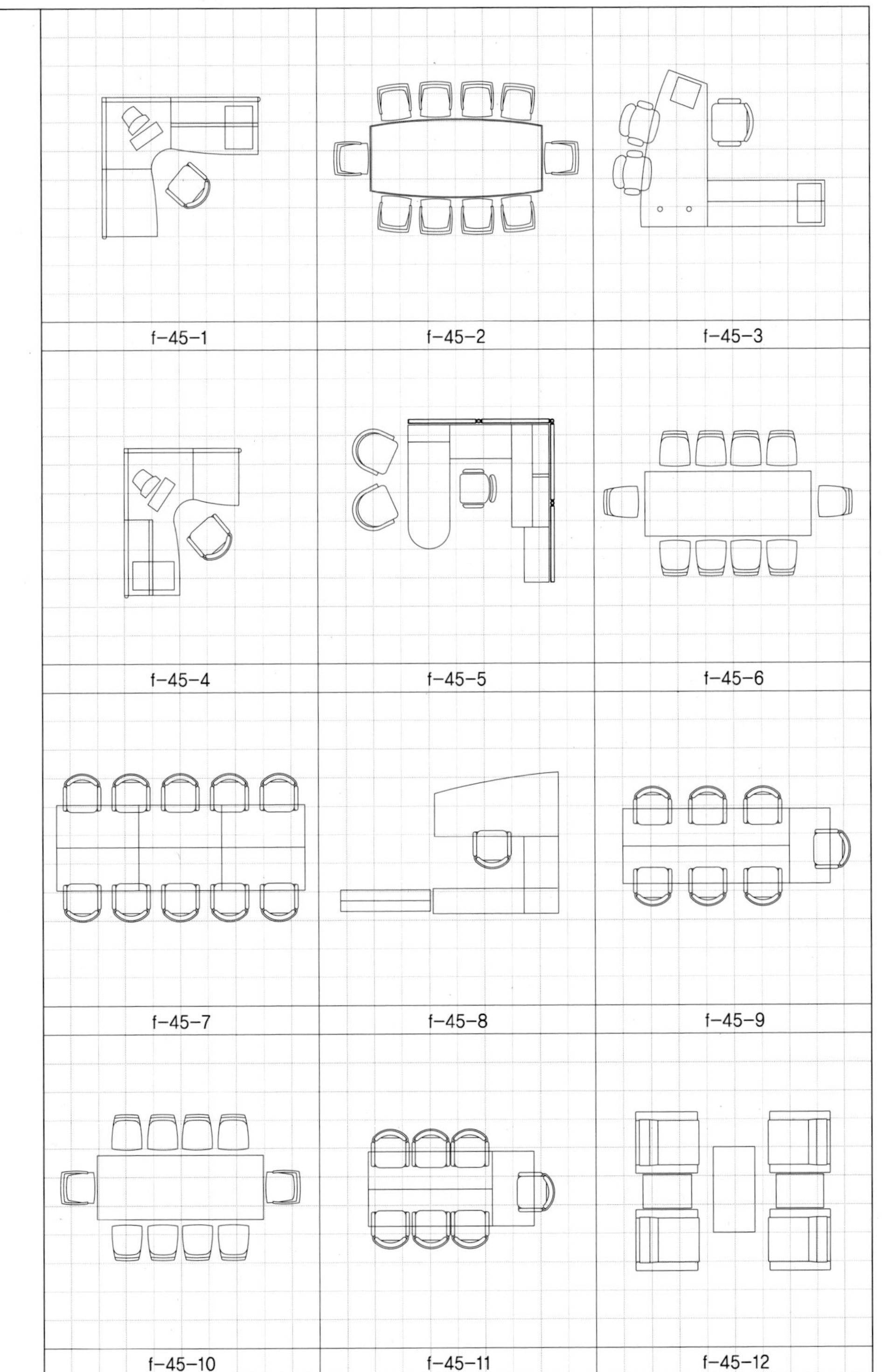

f-45-1
f-45-2
f-45-3
f-45-4
f-45-5
f-45-6
f-45-7
f-45-8
f-45-9
f-45-10
f-45-11
f-45-12
BLOCK

BLOCK

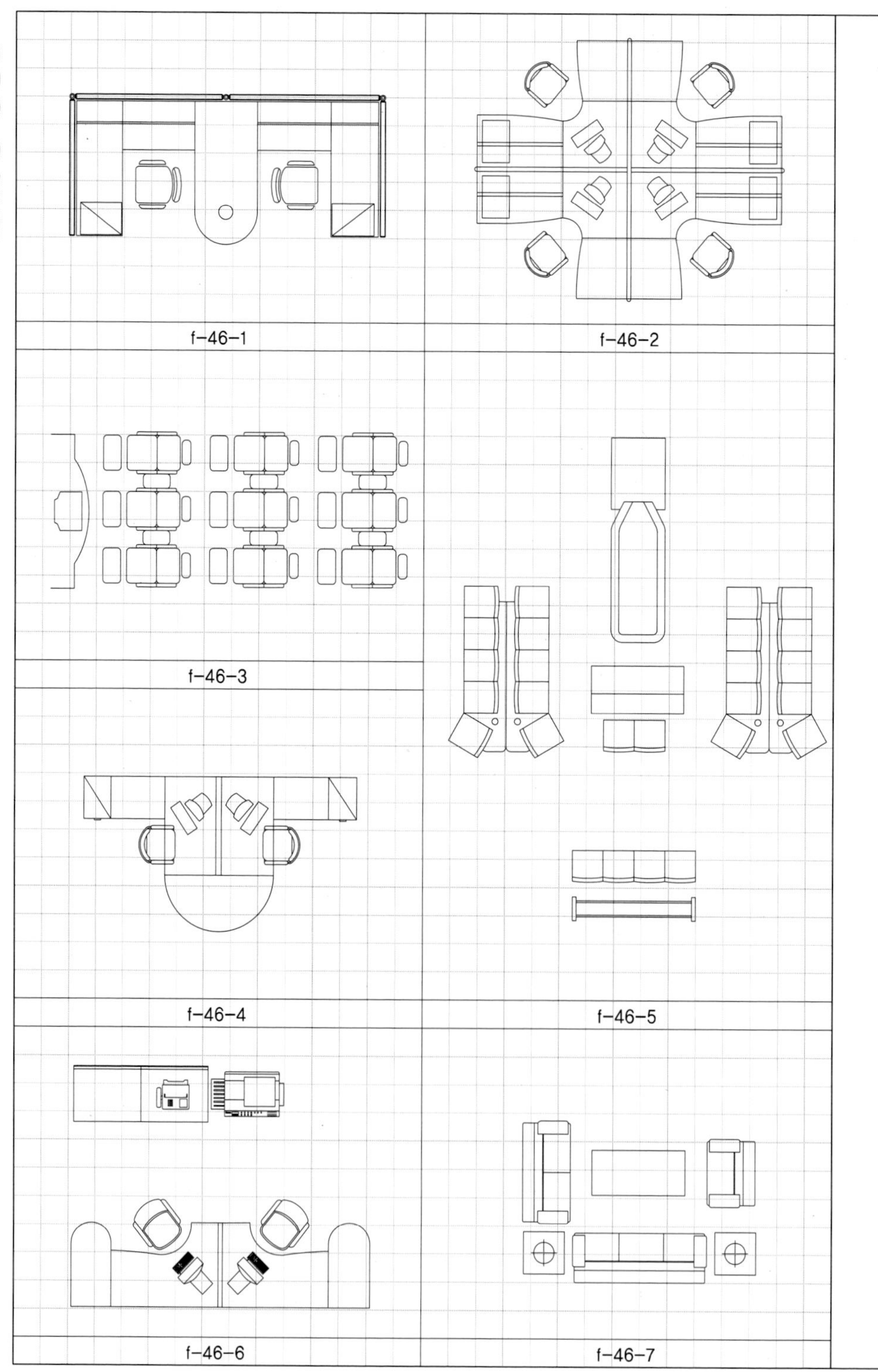

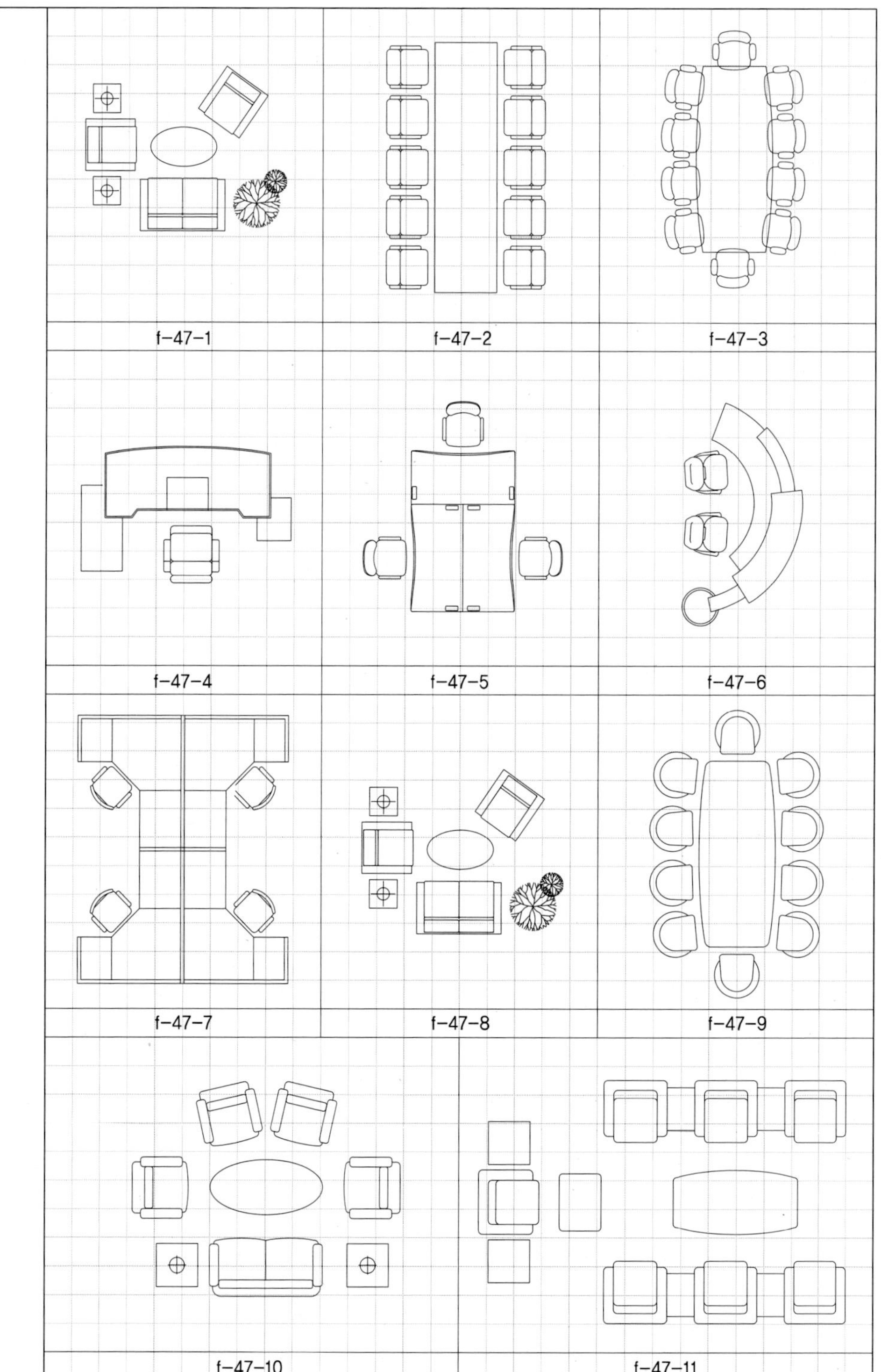

BLOCK

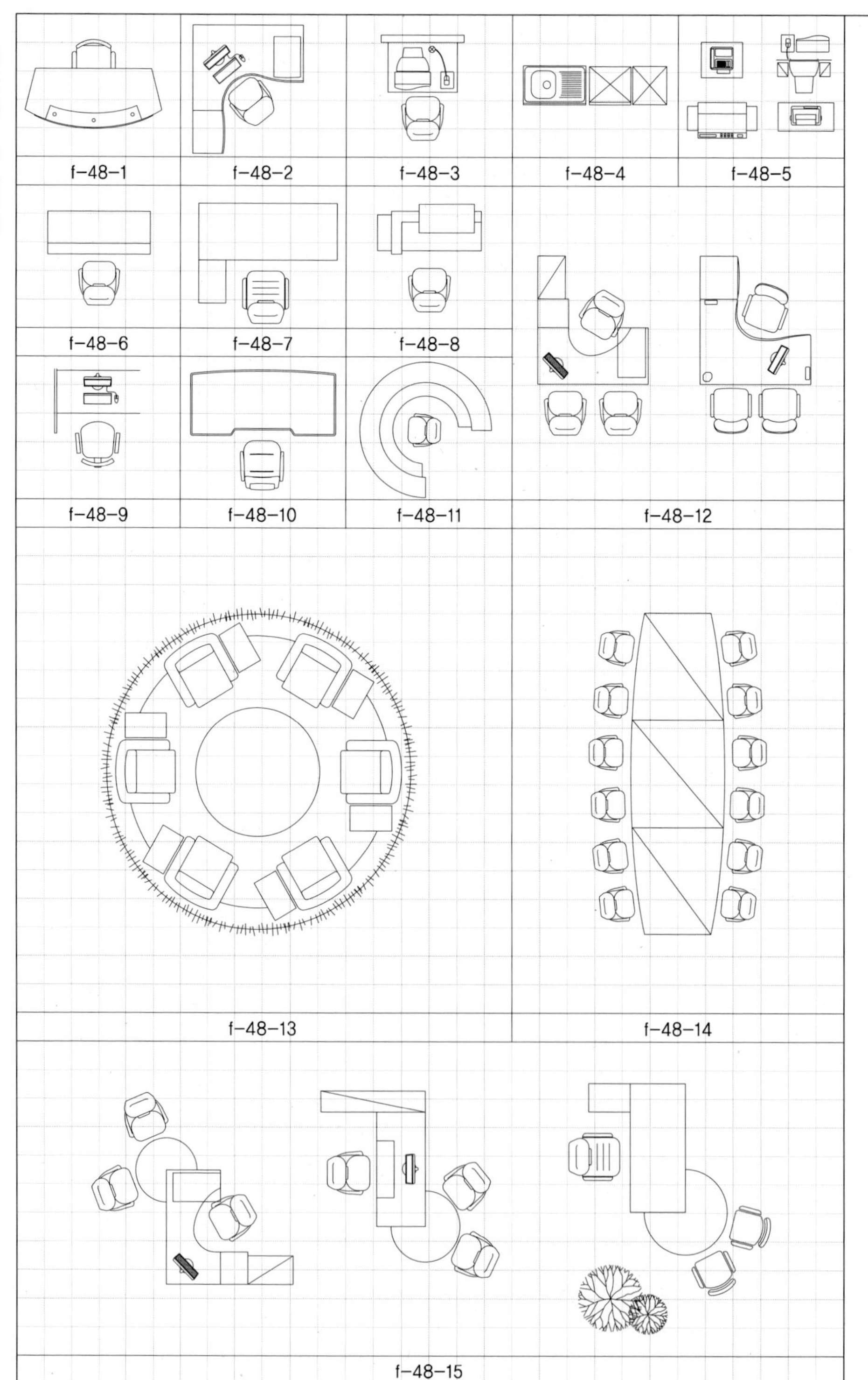

BLOCK
f-48-1
f-48-2
f-48-3
f-48-4
f-48-5
f-48-6
f-48-7
f-48-8
f-48-9
f-48-10
f-48-11
f-48-12
f-48-13
f-48-14
f-48-15

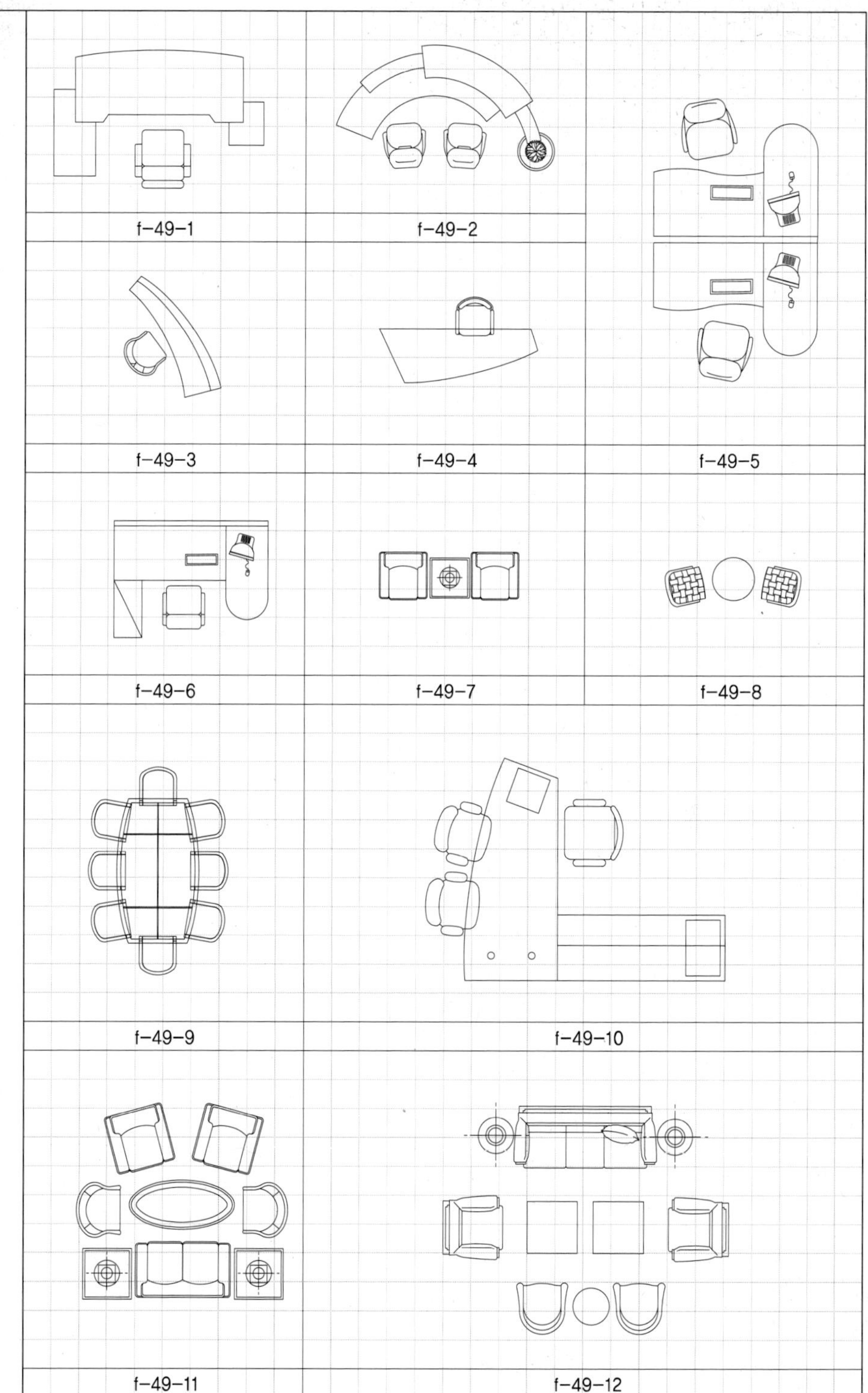

f-49-1
f-49-2
f-49-3
f-49-4
f-49-5
f-49-6
f-49-7
f-49-8
f-49-9
f-49-10
f-49-11
f-49-12
BLOCK

BLOCK

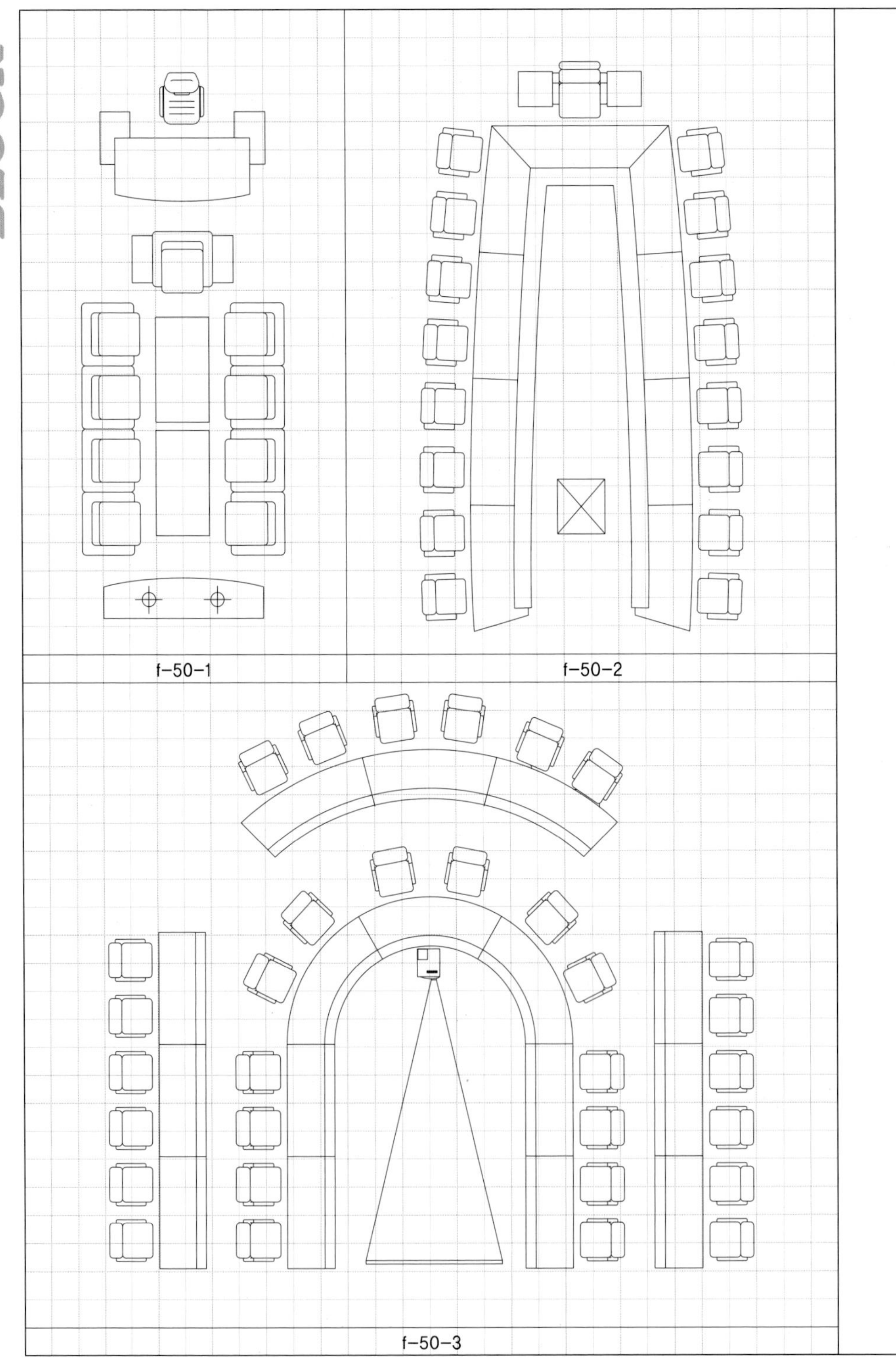

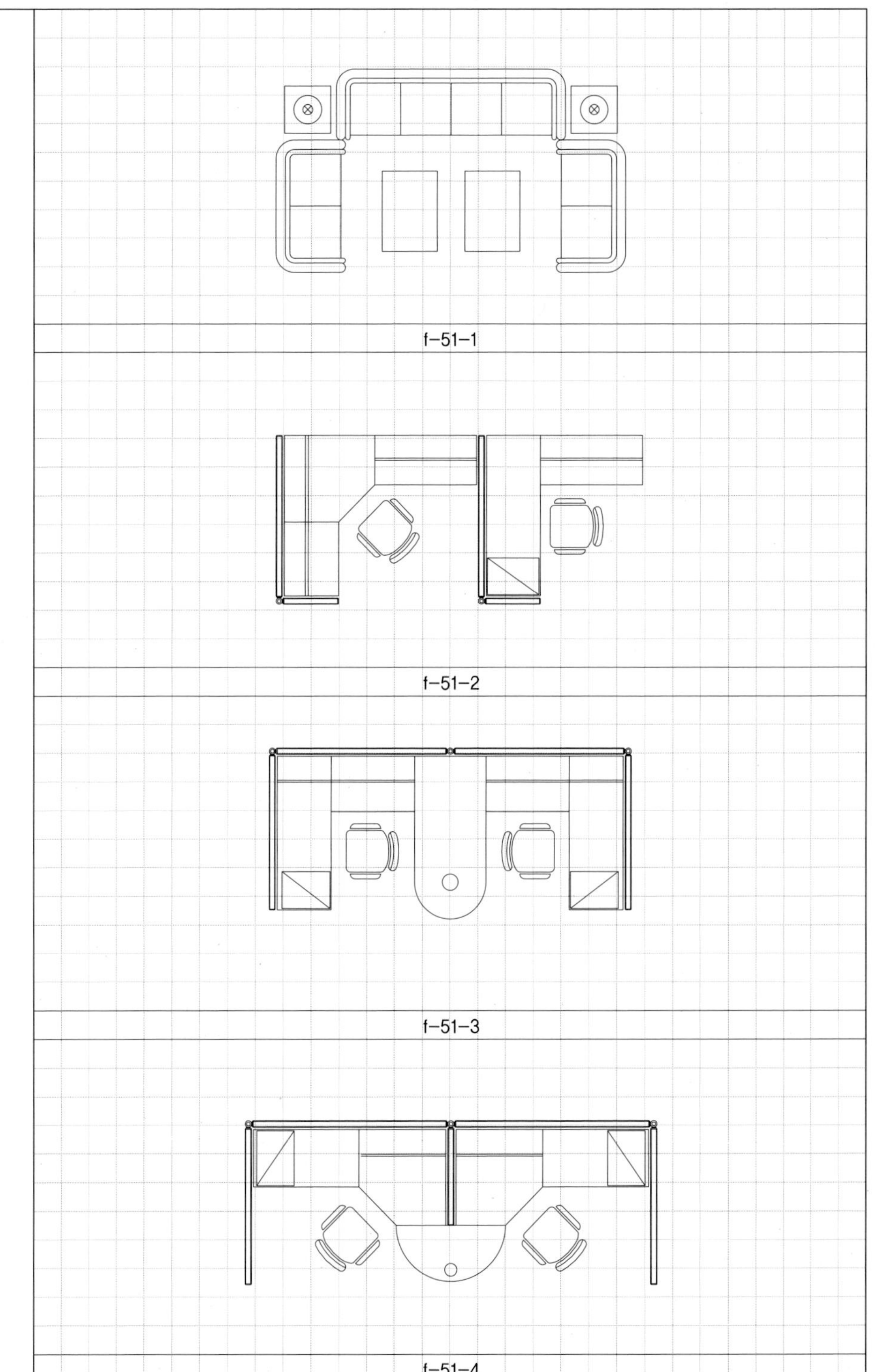

f—51—1
f—51—2
f—51—3
f—51—4

BLOCK

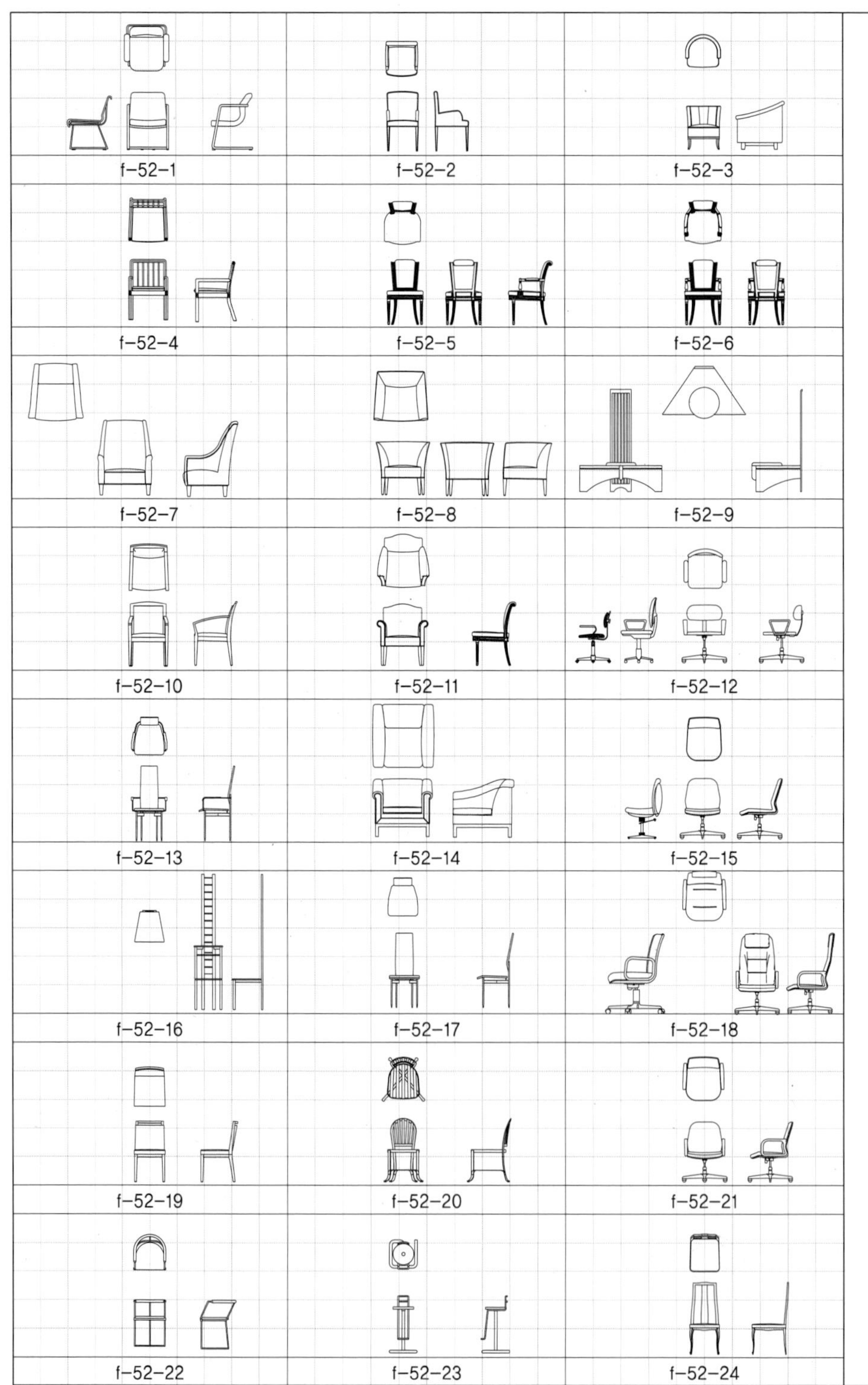

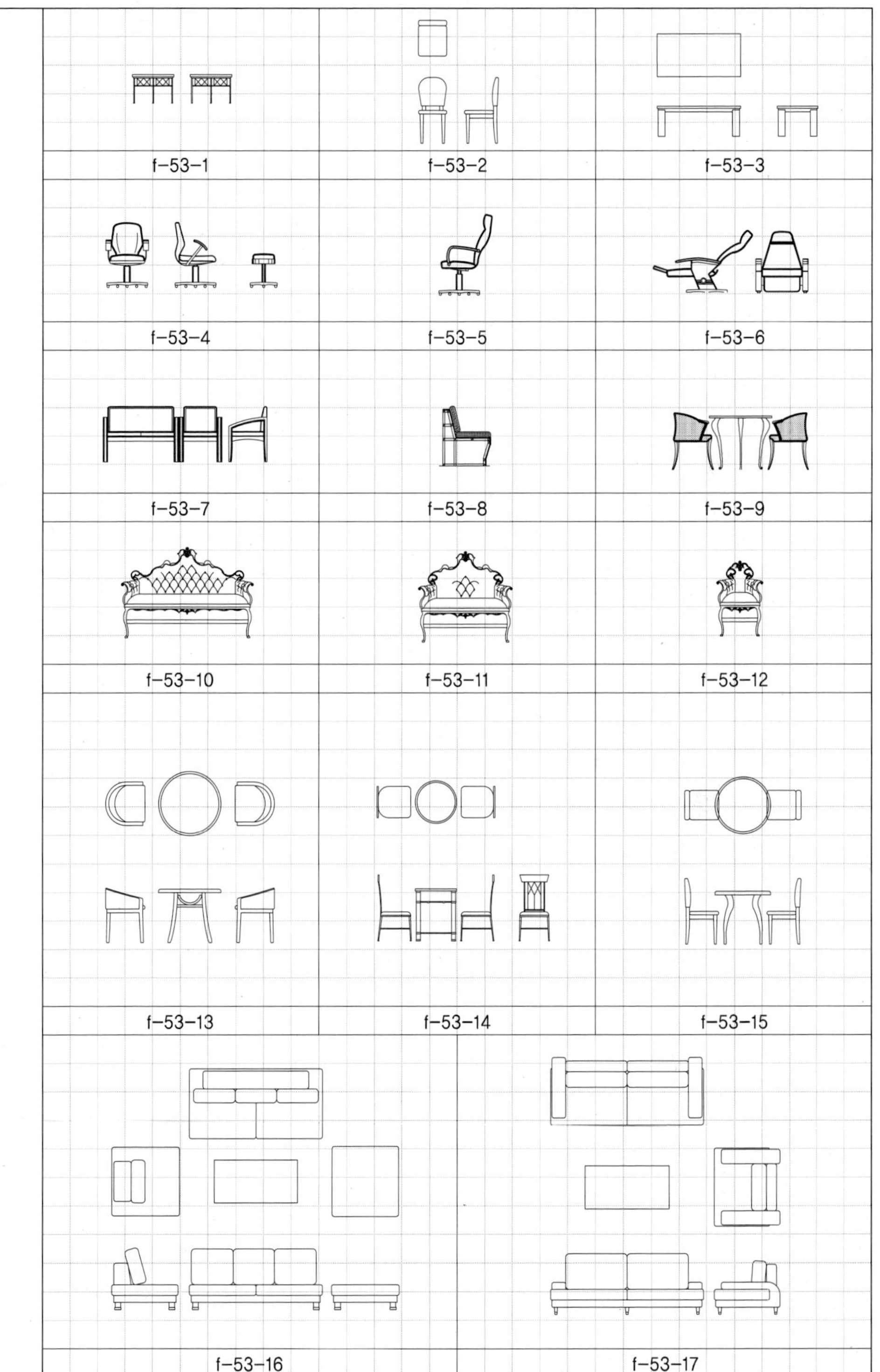

f—53—1
f—53—2
f—53—3
f—53—4
f—53—5
f—53—6
f—53—7
f—53—8
f—53—9
f—53—10
f—53—11
f—53—12
f—53—13
f—53—14
f—53—15
f—53—16
f—53—17
BLOCK

f-52-1
f-52-2
f-52-3
f-52-4
f-52-5
f-52-6
f-52-7
f-52-8
f-52-9
f-52-10
f-52-11
f-52-12
f-52-13
f-52-14
f-52-15
f-52-16
f-52-17
f-52-18
f-52-19
f-52-20
f-52-21
f-52-22
f-52-23
f-52-24

BLOCK

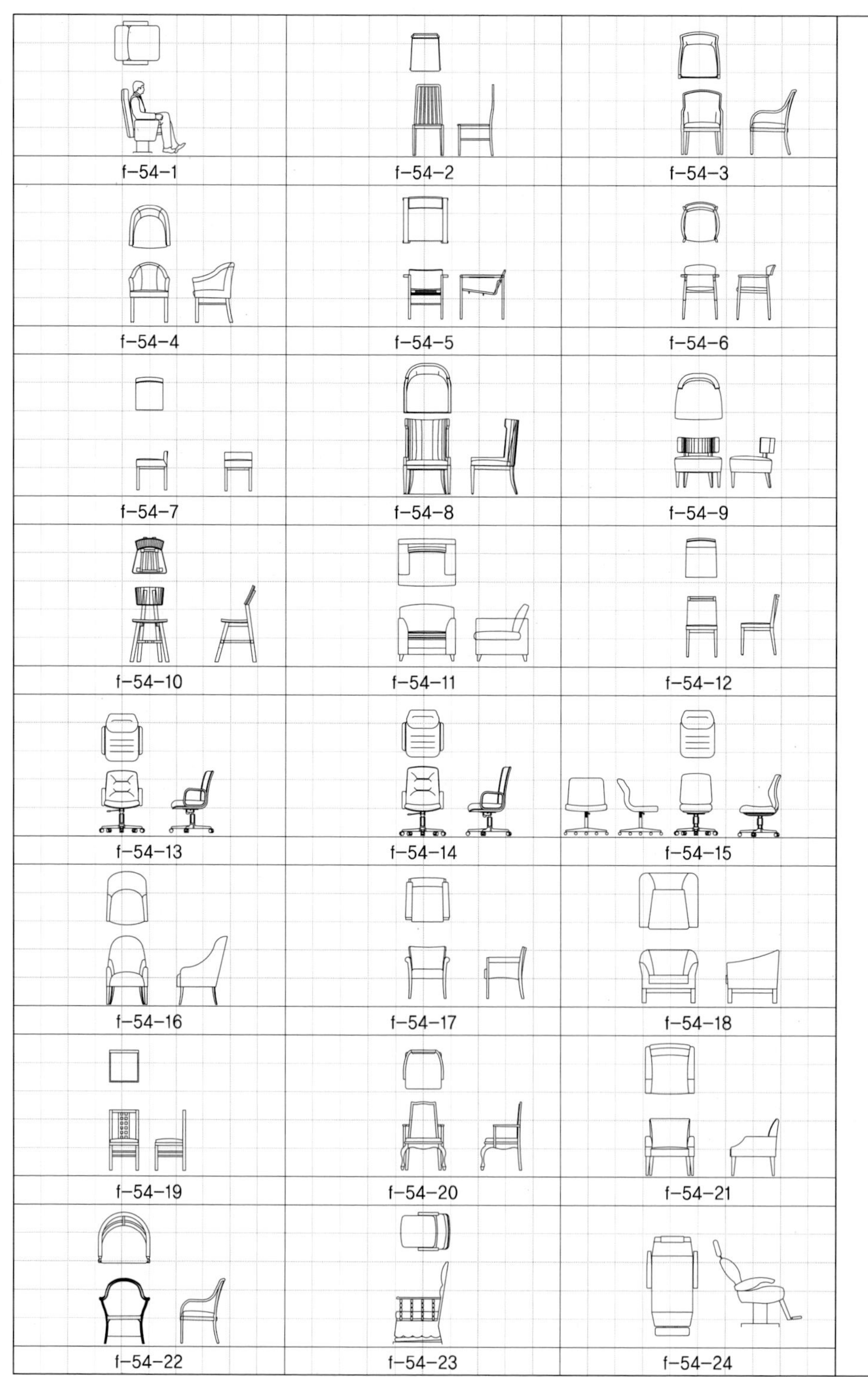

f-55-1　　f-55-2　　f-55-3
f-55-4　　f-55-5　　f-55-6
f-55-7　　f-55-8　　f-55-9
f-55-10　　f-55-11　　f-55-12
f-55-13　　f-55-14　　f-55-15
f-55-16　　f-55-17　　f-55-18
f-55-19　　f-55-20　　f-55-21
f-55-22　　f-55-23　　f-55-24

BLOCK

BLOCK

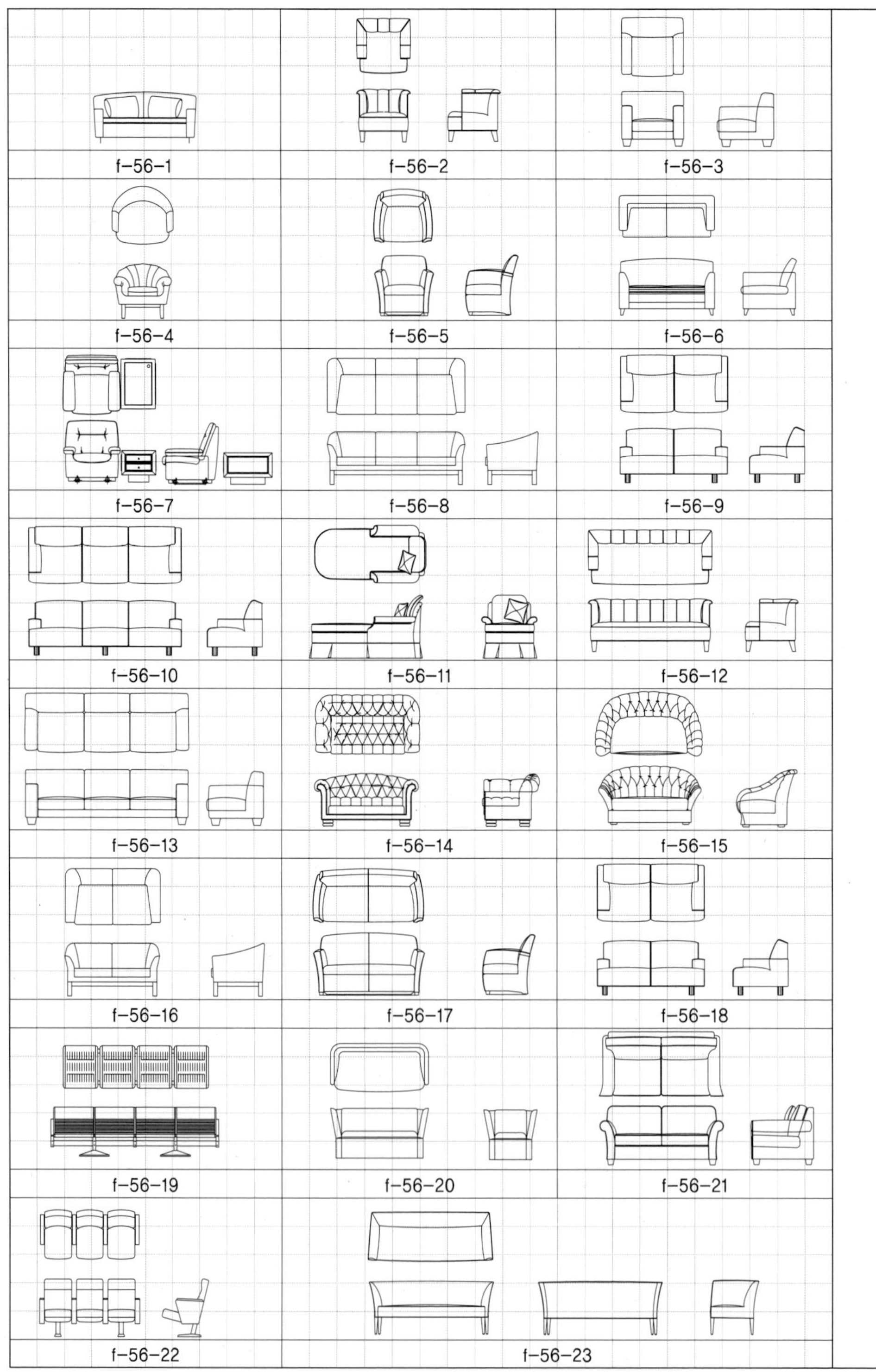

f-56-1	f-56-2	f-56-3
f-56-4	f-56-5	f-56-6
f-56-7	f-56-8	f-56-9
f-56-10	f-56-11	f-56-12
f-56-13	f-56-14	f-56-15
f-56-16	f-56-17	f-56-18
f-56-19	f-56-20	f-56-21
f-56-22	f-56-23	

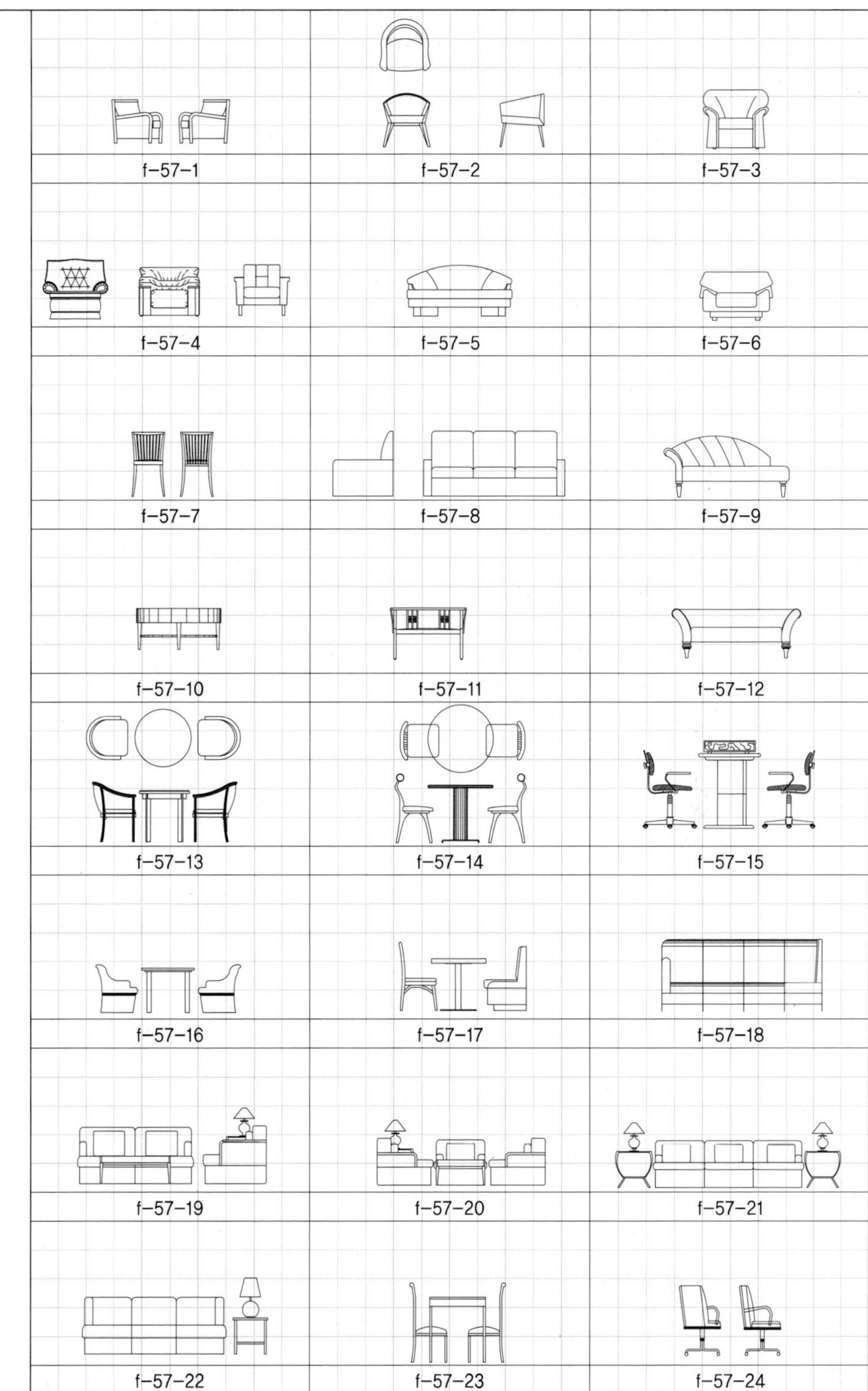

f-57-1	f-57-2	f-57-3
f-57-4	f-57-5	f-57-6
f-57-7	f-57-8	f-57-9
f-57-10	f-57-11	f-57-12
f-57-13	f-57-14	f-57-15
f-57-16	f-57-17	f-57-18
f-57-19	f-57-20	f-57-21
f-57-22	f-57-23	f-57-24

BLOCK

BLOCK

f-58-1	f-58-2	f-58-3
f-58-4	f-58-5	f-58-6
f-58-7	f-58-8	f-58-9
f-58-10	f-58-11	f-58-12
f-58-13	f-58-14	f-58-15
f-58-16	f-58-17	f-58-18
f-58-19	f-57-20	f-57-21
f-58-22	f-58-23	f-58-24

f-59-1
f-59-2
f-59-3
f-59-4
f-59-5
f-59-6
f-59-7
f-59-8
f-59-9
f-59-10
f-59-11
f-59-12
f-59-13
f-59-14
f-59-15
f-59-16
f-59-17
f-59-18
f-59-19
f-59-20
f-59-21

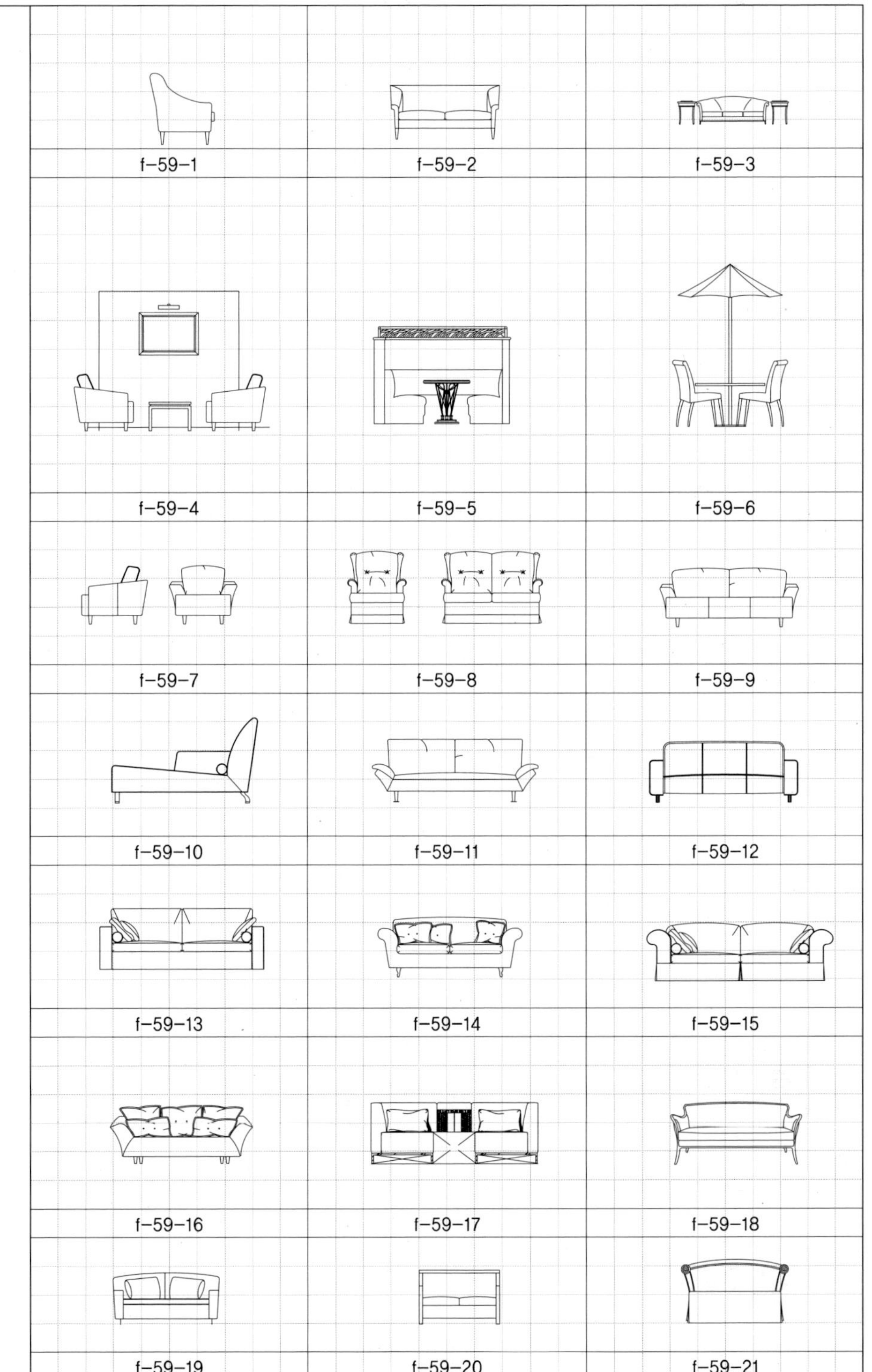

BLOCK

BLOCK

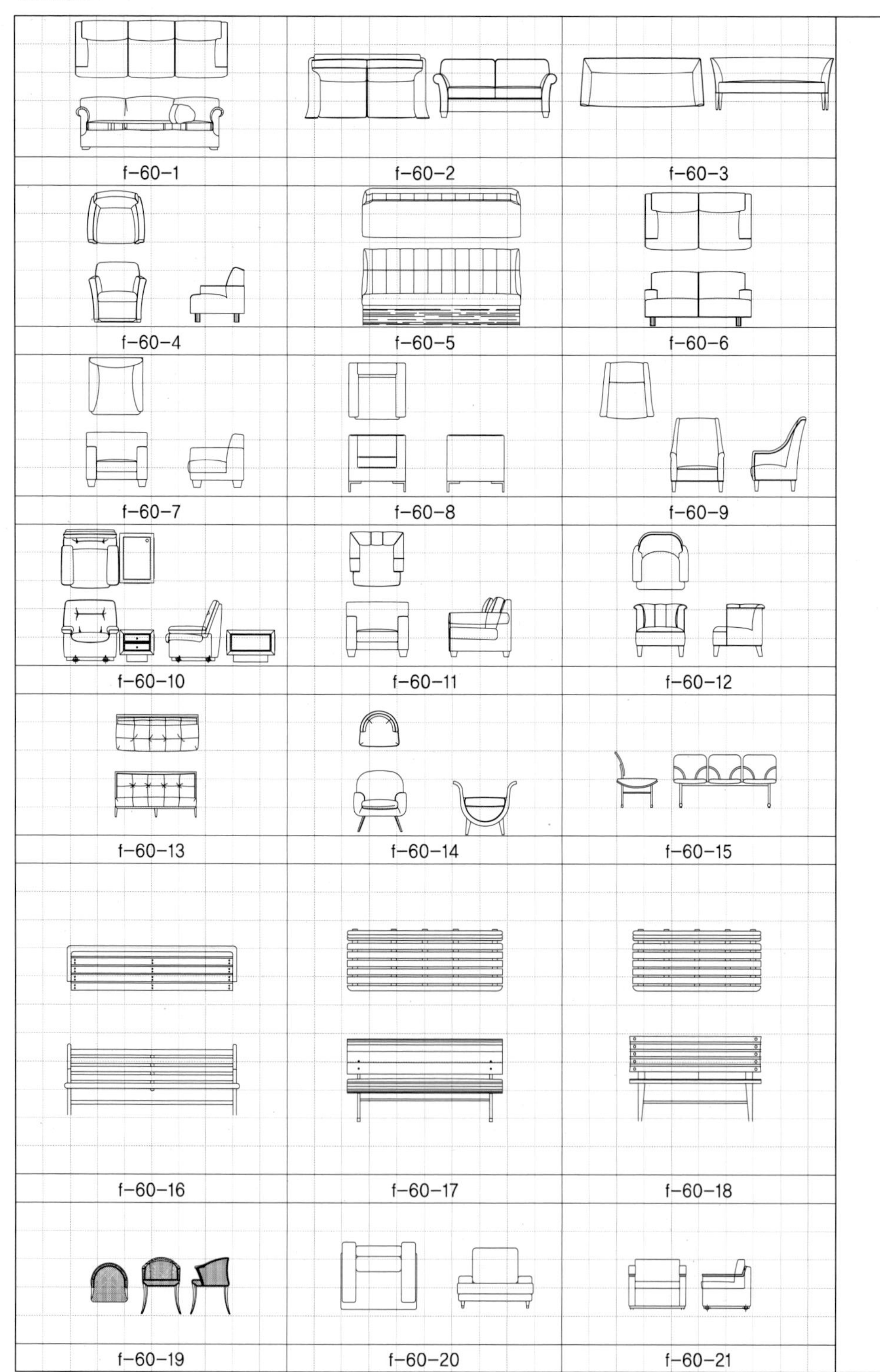

f−60−1	f−60−2	f−60−3
f−60−4	f−60−5	f−60−6
f−60−7	f−60−8	f−60−9
f−60−10	f−60−11	f−60−12
f−60−13	f−60−14	f−60−15
f−60−16	f−60−17	f−60−18
f−60−19	f−60−20	f−60−21

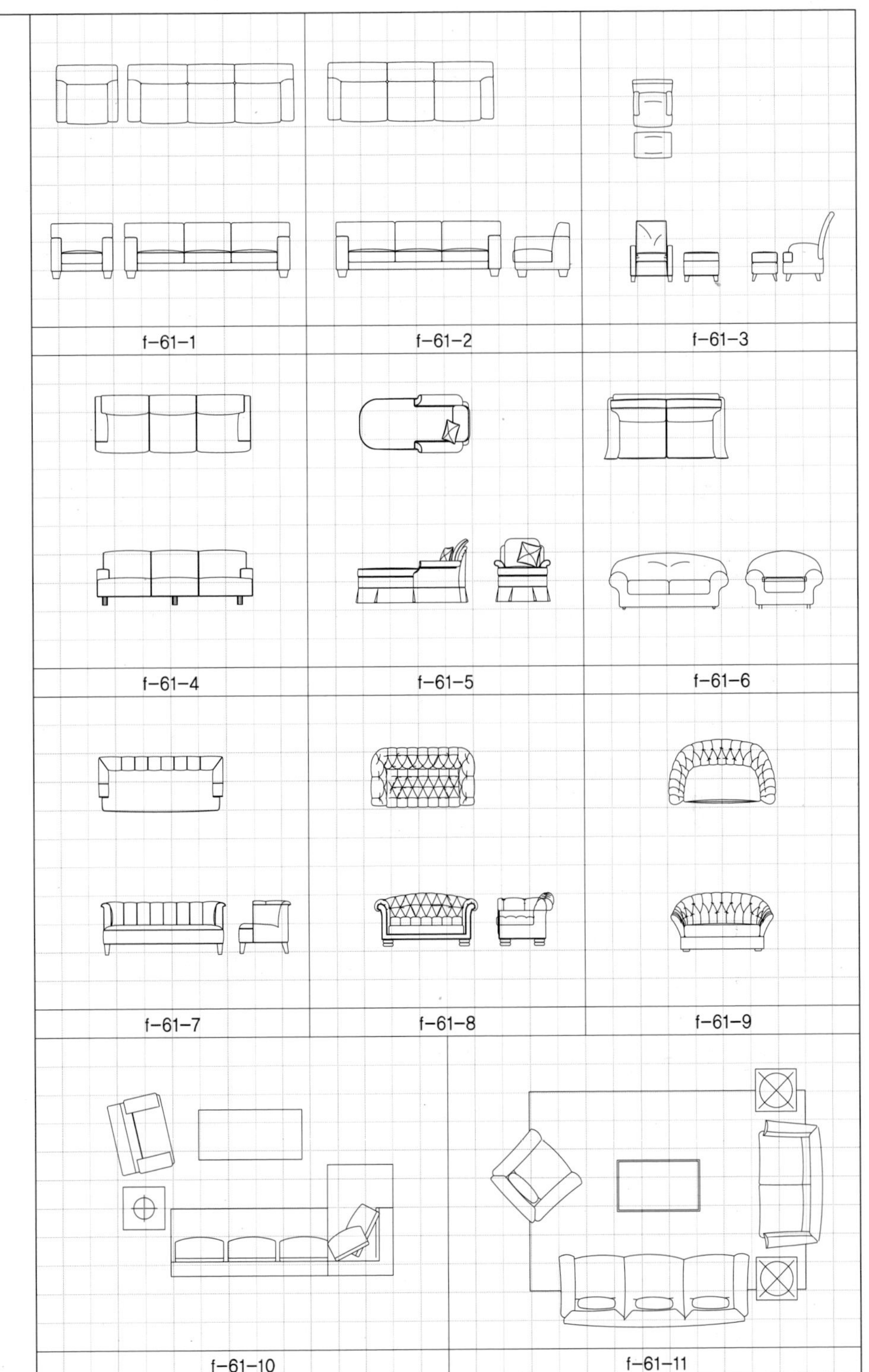

f-61-1

f-61-2

f-61-3

f-61-4

f-61-5

f-61-6

f-61-7

f-61-8

f-61-9

f-61-10

f-61-11

BLOCK

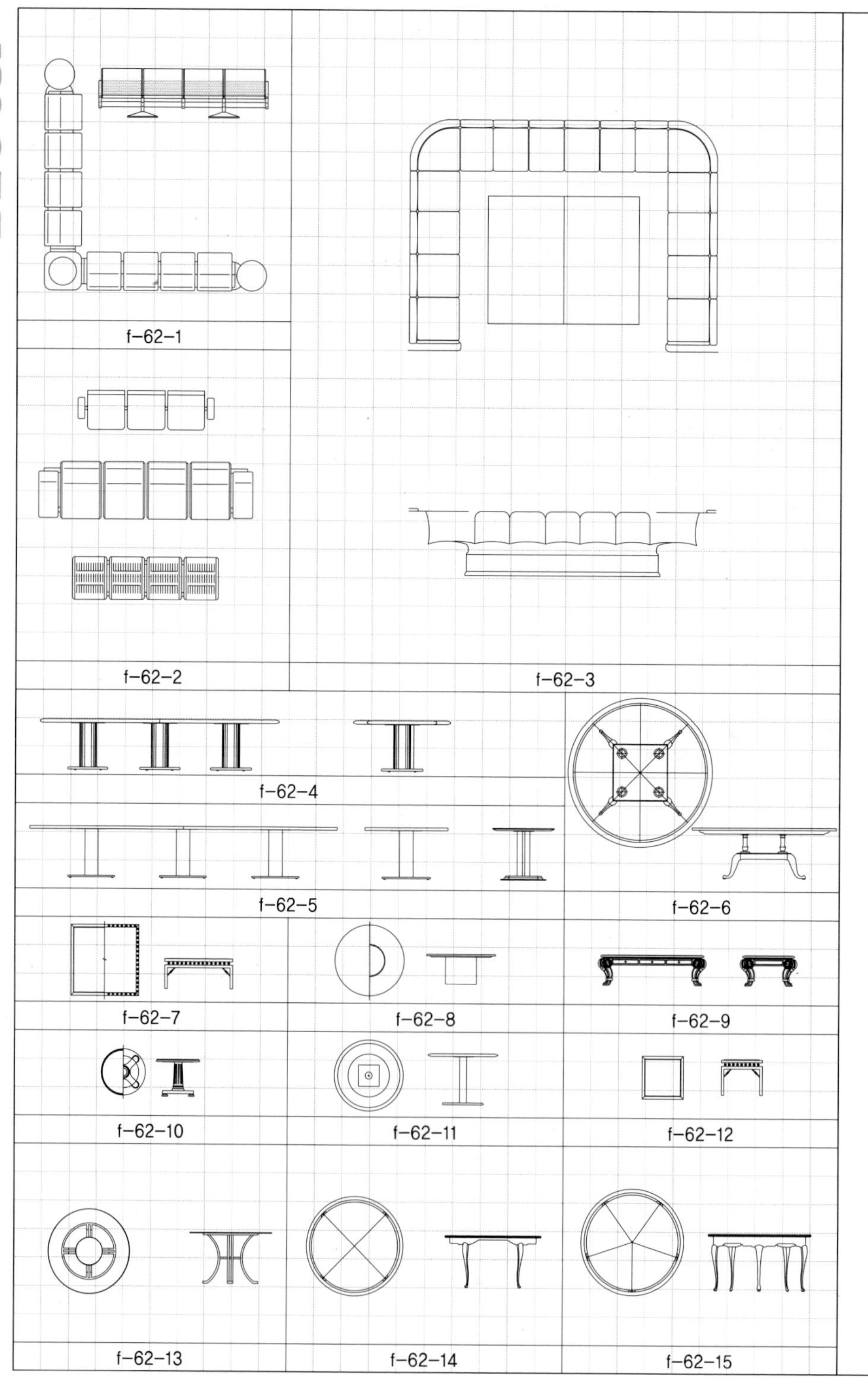

f-62-1

f-62-2

f-62-3

f-62-4

f-62-5

f-62-6

f-62-7

f-62-8

f-62-9

f-62-10

f-62-11

f-62-12

f-62-13

f-62-14

f-62-15

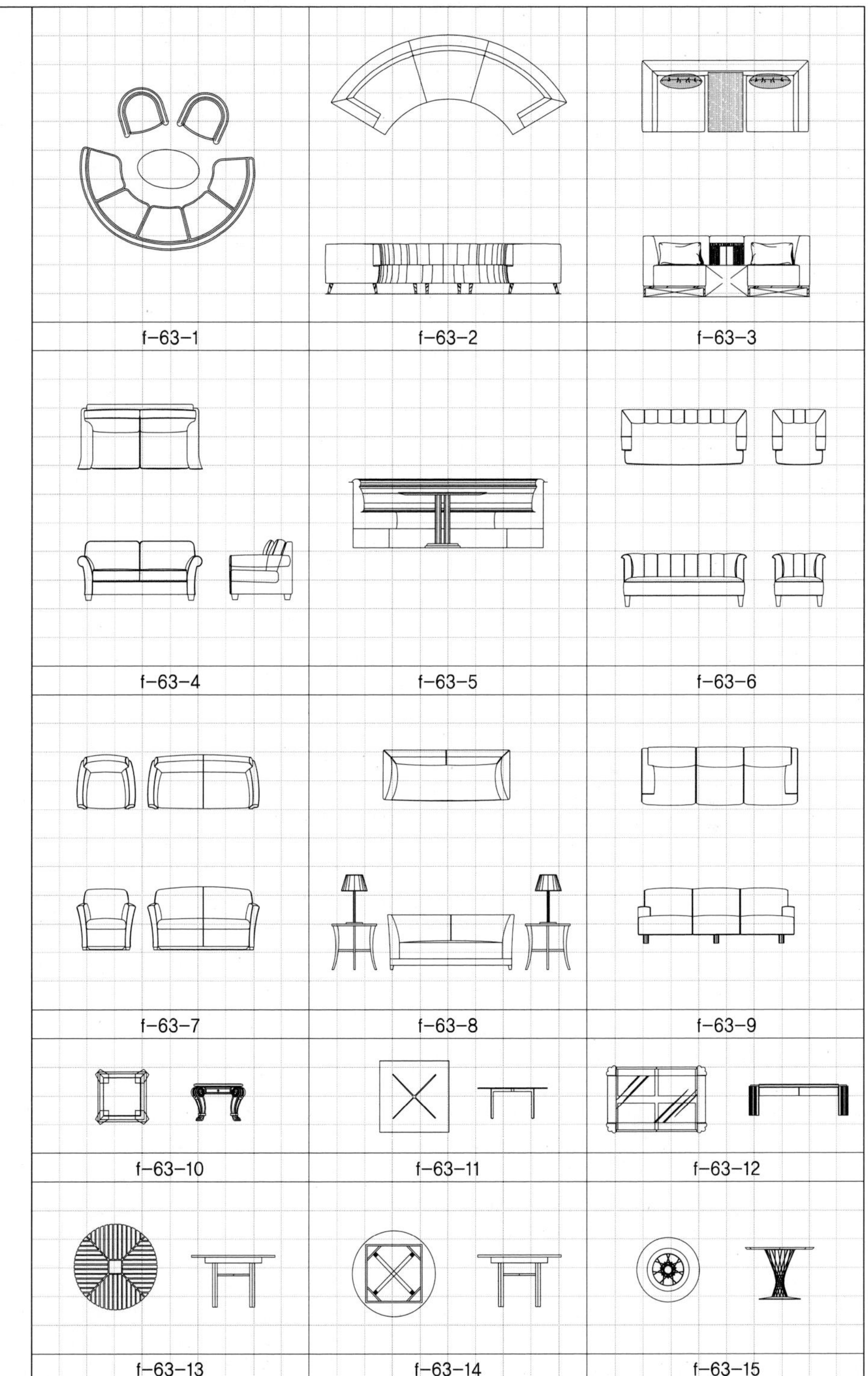

f-63-1
f-63-2
f-63-3
f-63-4
f-63-5
f-63-6
f-63-7
f-63-8
f-63-9
f-63-10
f-63-11
f-63-12
f-63-13
f-63-14
f-63-15
BLOCK

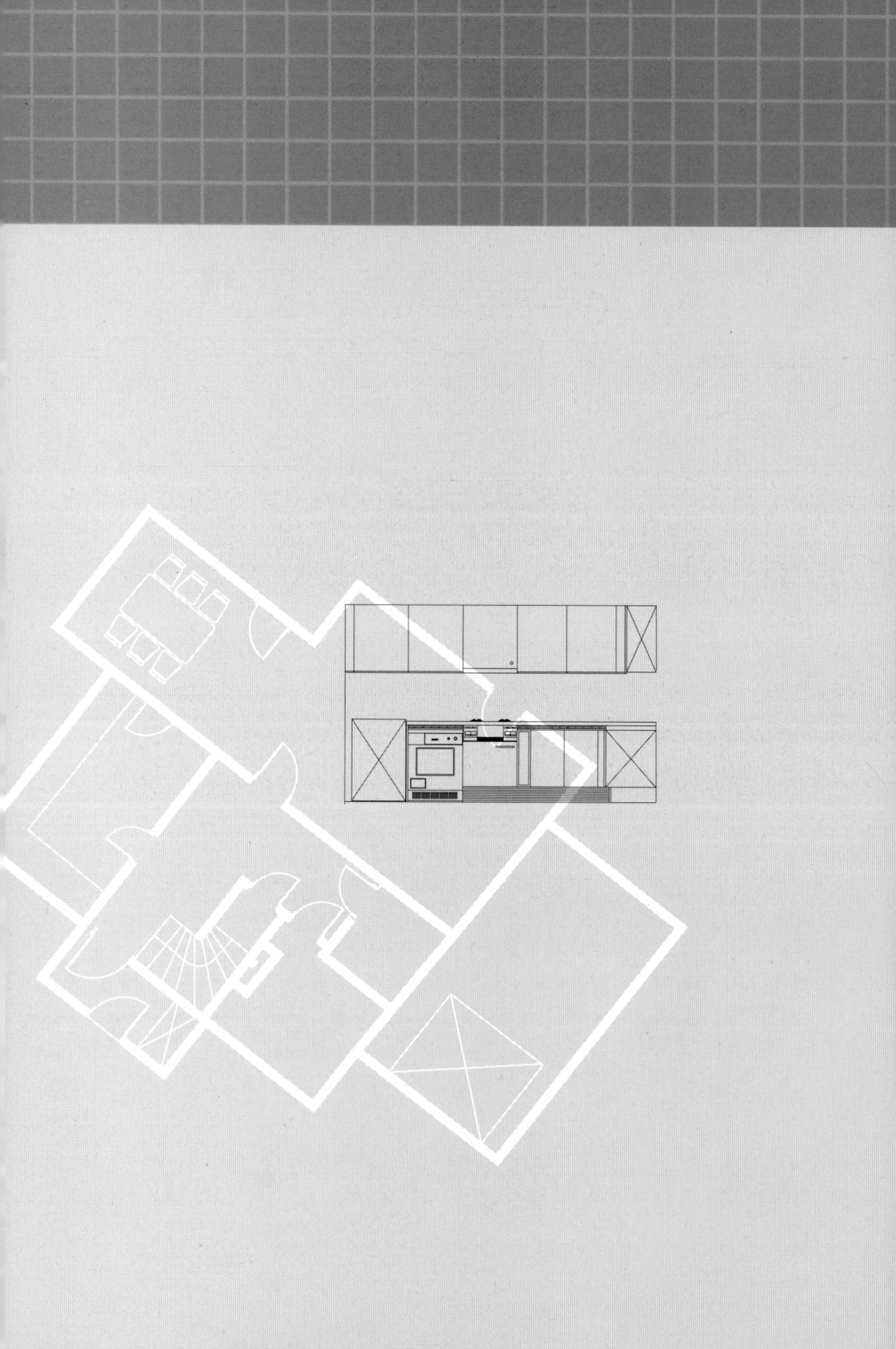

kitchen

BLOCK

■ 신장

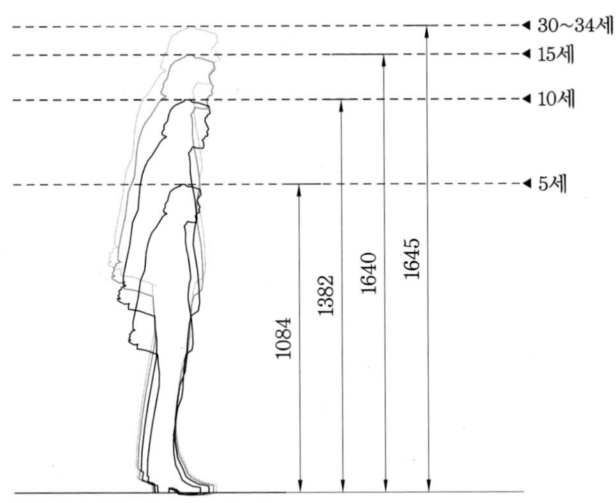

※출처 국제표준원

■ 굽힌 팔꿈치 높이

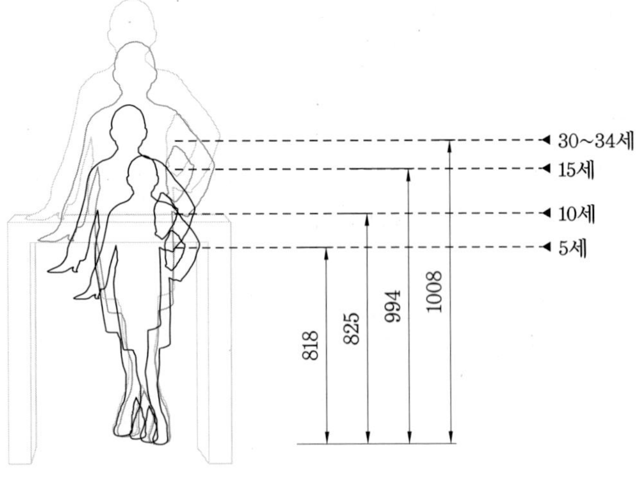

※출처 국제표준원

■ 젖가슴 두께
239 ◀ 50~59세
218 ◀ 30~34세
199 ◀ 15세
166 ◀ 10세
■ 배꼽 수준
허리 높이
◀ 15세
◀ 30~34세
◀ 10세
◀ 5세
608
825
977
961

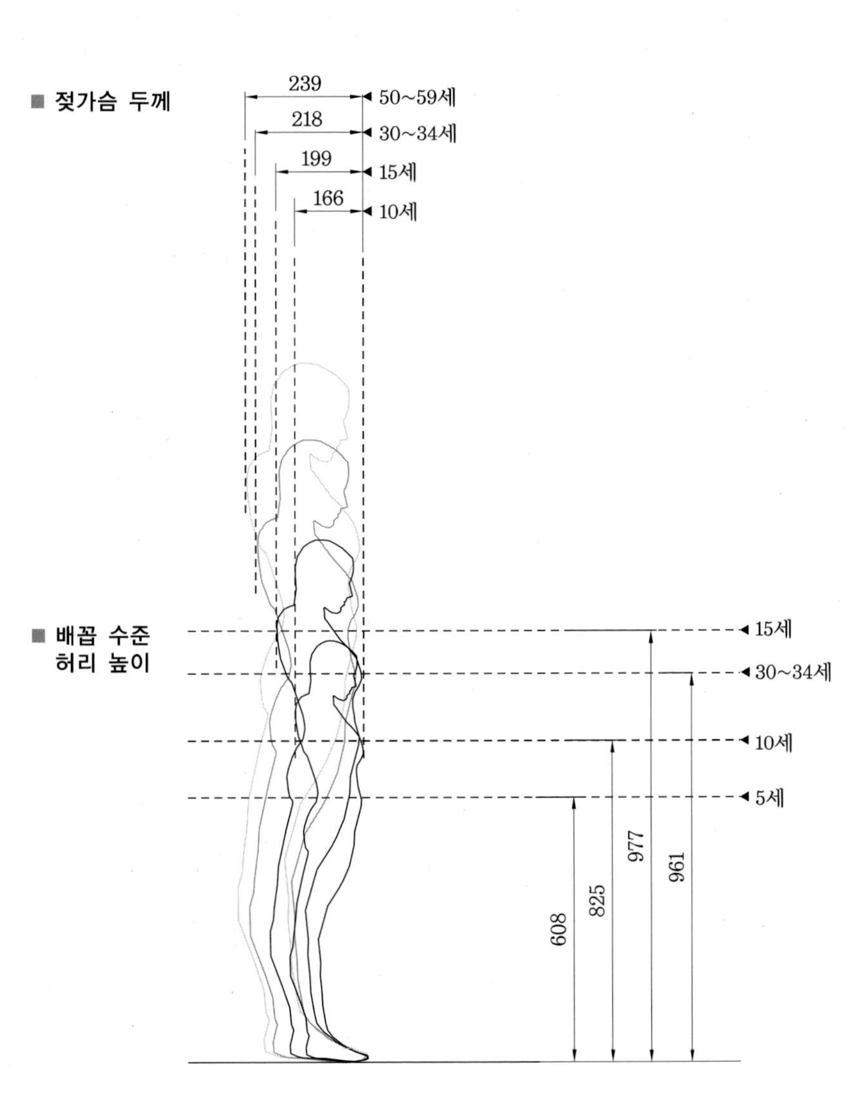

BLOCK

BLOCK

k-68-1	k-68-2	k-68-3	k-68-4	k-68-5
k-68-6	k-68-7	k-68-8	k-68-9	k-68-10
k-68-11	k-68-12	k-68-13	k-68-14	k-68-15
k-68-16	k-68-17	k-68-18	k-68-19	k-68-20
k-68-21	k-68-22	k-68-23	k-68-24	k-68-25
k-68-26	k-68-27	k-68-28	k-68-29	k-68-30
k-68-31	k-68-32	k-68-33	k-68-34	k-68-35
k-68-36	k-68-37	k-68-38	k-68-39	k-68-40
k-68-41	k-68-42	k-68-43	k-68-44	k-68-45
k-68-46	k-68-47	k-68-48	k-68-49	k-68-50
k-68-51	k-68-52	k-68-53	k-68-54	k-68-55
k-68-56	k-68-57	k-68-58	k-68-59	k-68-60

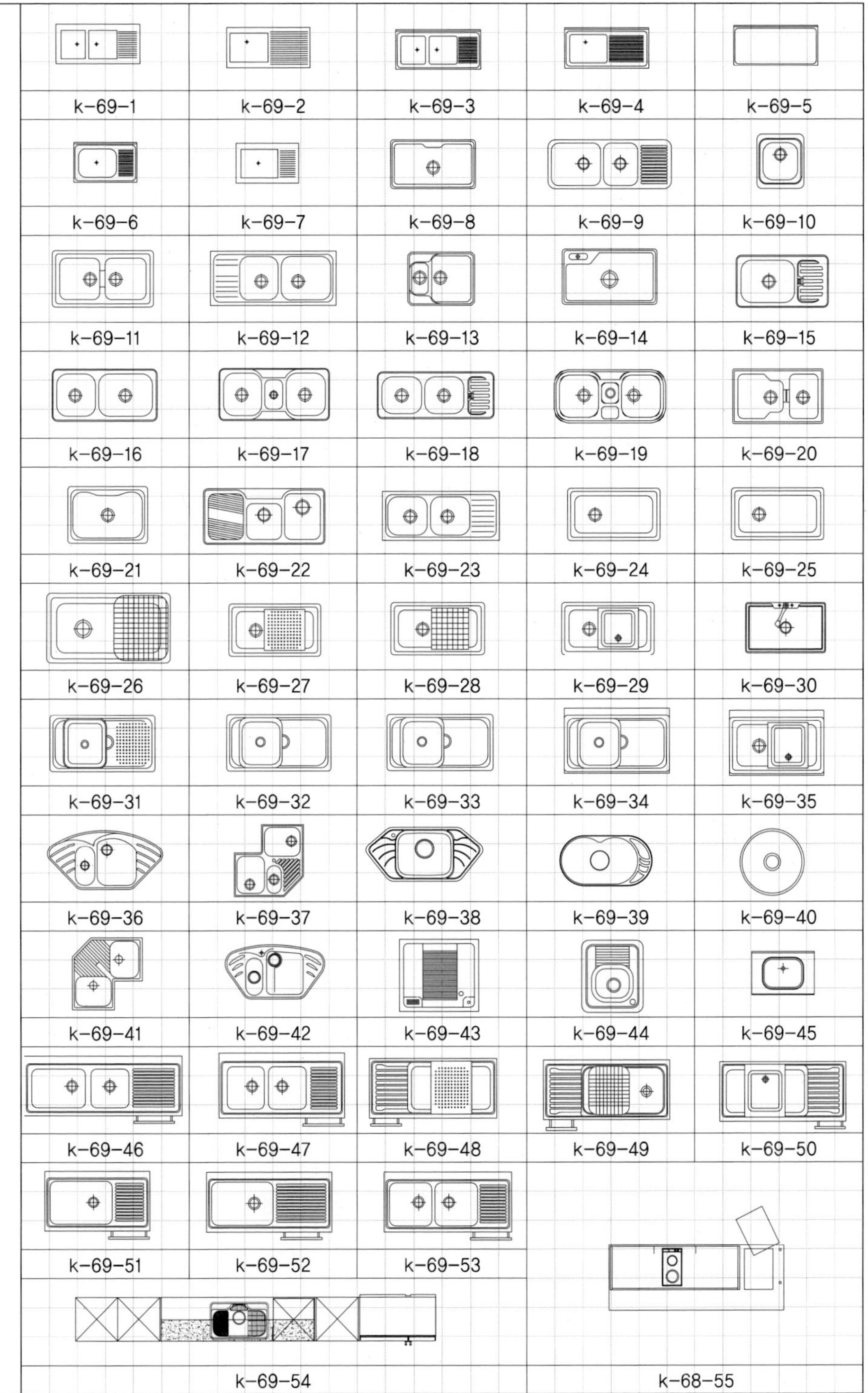

k-69-1	k-69-2	k-69-3	k-69-4	k-69-5
k-69-6	k-69-7	k-69-8	k-69-9	k-69-10
k-69-11	k-69-12	k-69-13	k-69-14	k-69-15
k-69-16	k-69-17	k-69-18	k-69-19	k-69-20
k-69-21	k-69-22	k-69-23	k-69-24	k-69-25
k-69-26	k-69-27	k-69-28	k-69-29	k-69-30
k-69-31	k-69-32	k-69-33	k-69-34	k-69-35
k-69-36	k-69-37	k-69-38	k-69-39	k-69-40
k-69-41	k-69-42	k-69-43	k-69-44	k-69-45
k-69-46	k-69-47	k-69-48	k-69-49	k-69-50
k-69-51	k-69-52	k-69-53		

k-69-54

k-68-55

BLOCK

BLOCK

k-70-1
k-70-2
k-70-2
k-70-3
k-70-4
k-70-5
k-70-6
k-70-7
k-70-8
k-70-9
k-70-10
k-70-11
k-70-12
k-70-13
k-70-14
k-70-16
k-70-17
k-70-15
k-70-18
k-70-19
k-70-20
k-70-21
k-70-22
k-70-23
k-70-24
k-70-25

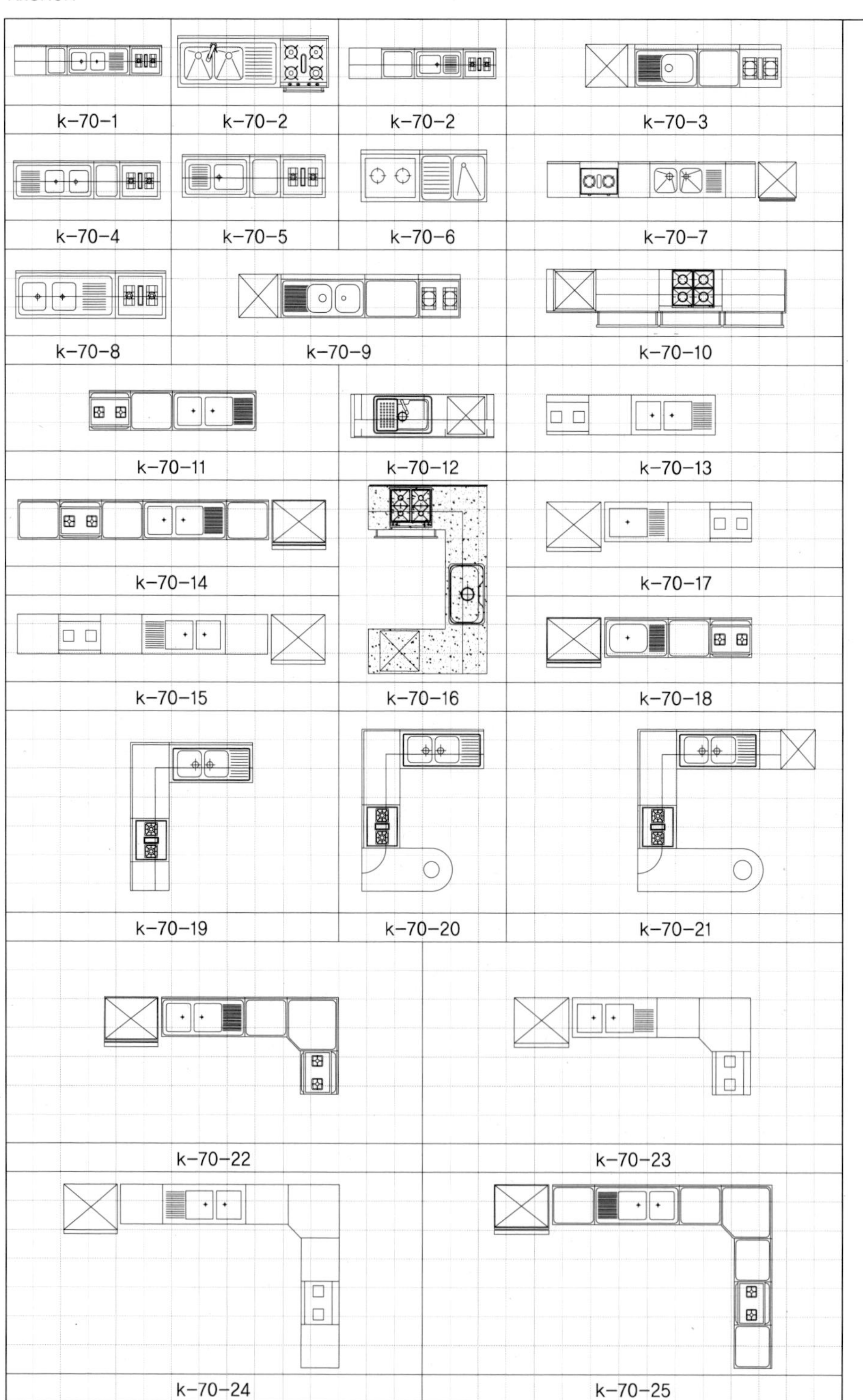

k-71-1	k-71-2	k-71-3	k-71-4	k-71-5	k-71-6	k-71-7	k-71-8	k-71-9	k-71-10
k-71-11	k-71-12	k-71-13	k-71-14	k-71-15	k-71-16	k-71-17	k-71-18	k-71-19	k-71-20
k-71-21	k-71-22	k-71-23	k-71-24	k-71-25	k-71-26	k-71-27	k-71-28	k-71-29	k-71-30
k-71-31	k-71-32	k-71-33	k-71-34	k-71-35	k-71-36	k-71-37	k-71-38	k-71-39	k-71-40
k-71-41	k-71-42	k-71-43	k-71-44	k-71-45	k-71-46	k-71-47	k-71-48	k-71-49	k-71-50
k-71-51	k-71-52	k-71-53	k-71-54	k-71-55	k-71-56	k-71-57		k-71-58	
k-71-59	k-71-60	k-71-61	k-71-62	k-71-63	k-71-64	k-71-65	k-71-66	k-71-67	k-71-68
k-71-69	k-71-70	k-71-71	k-71-72	k-71-73	k-71-74	k-71-75	k-71-76	k-71-77	k-71-78
k-71-79		k-71-80		k-71-81		k-71-82	k-71-83		k-71-84

BLOCK

BLOCK

k-72-1	k-72-2	k-72-3	k-72-4	k-72-5
k-72-6	k-72-7	k-72-8	k-72-9	k-72-10
k-72-11	k-72-12	k-72-13	k-72-14	k-72-15
k-72-16	k-72-17	k-72-18	k-72-19	k-72-20
k-72-21	k-72-22	k-72-23	k-72-24	k-72-25
k-72-26	k-72-27	k-72-28	k-72-29	k-72-30
k-72-31	k-72-32	k-72-33	k-72-34	k-72-35
k-72-36	k-72-37	k-72-38	k-72-39	k-72-40
k-72-41	k-72-42	k-72-43	k-72-44	k-72-45
k-72-46	k-72-47	k-72-48		
k-72-49		k-72-50		k-72-51

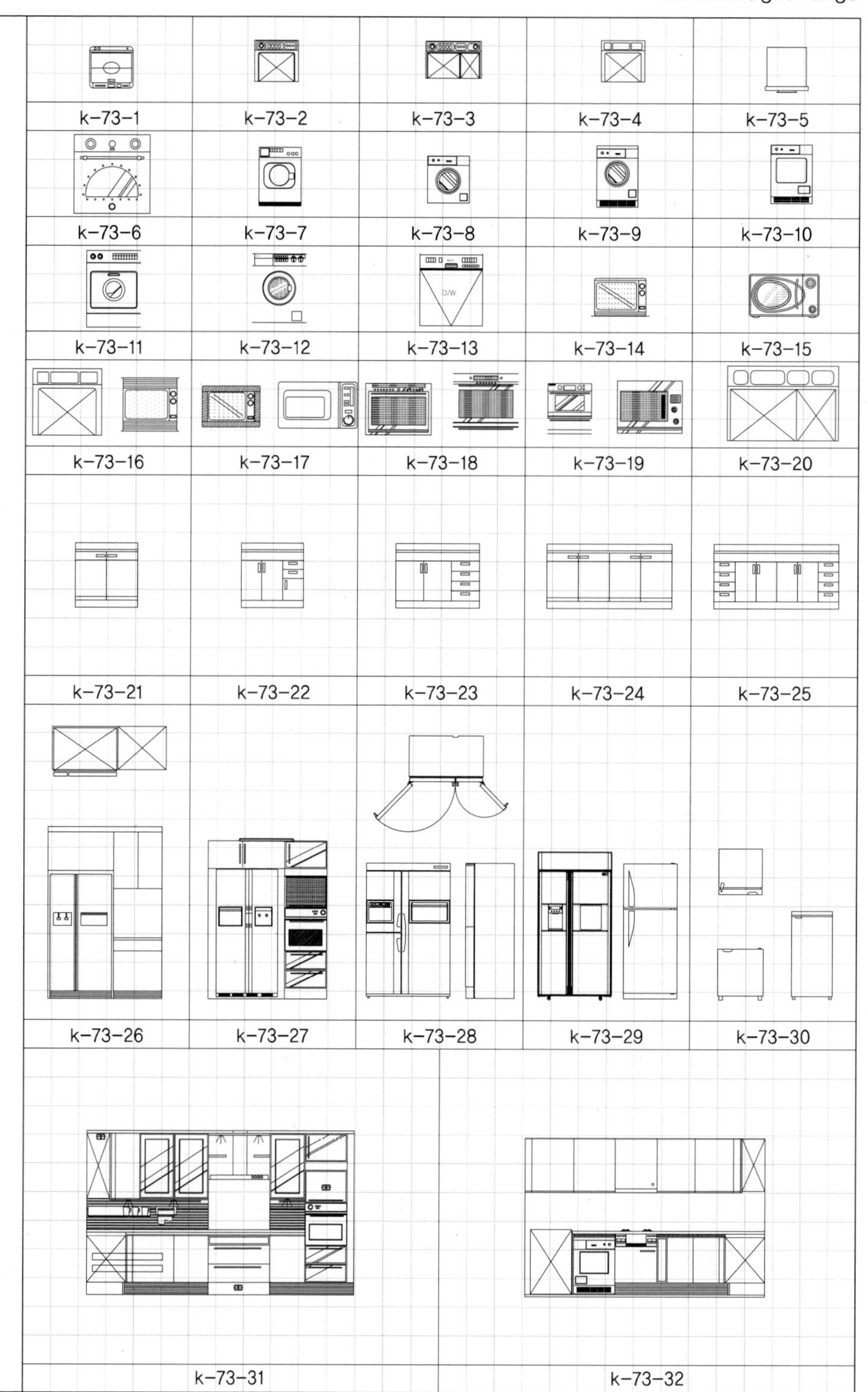

k-73-1
k-73-2
k-73-3
k-73-4
k-73-5
k-73-6
k-73-7
k-73-8
k-73-9
k-73-10
k-73-11
k-73-12
k-73-13
k-73-14
k-73-15
k-73-16
k-73-17
k-73-18
k-73-19
k-73-20
k-73-21
k-73-22
k-73-23
k-73-24
k-73-25
k-73-26
k-73-27
k-73-28
k-73-29
k-73-30
k-73-31
k-73-32

BLOCK

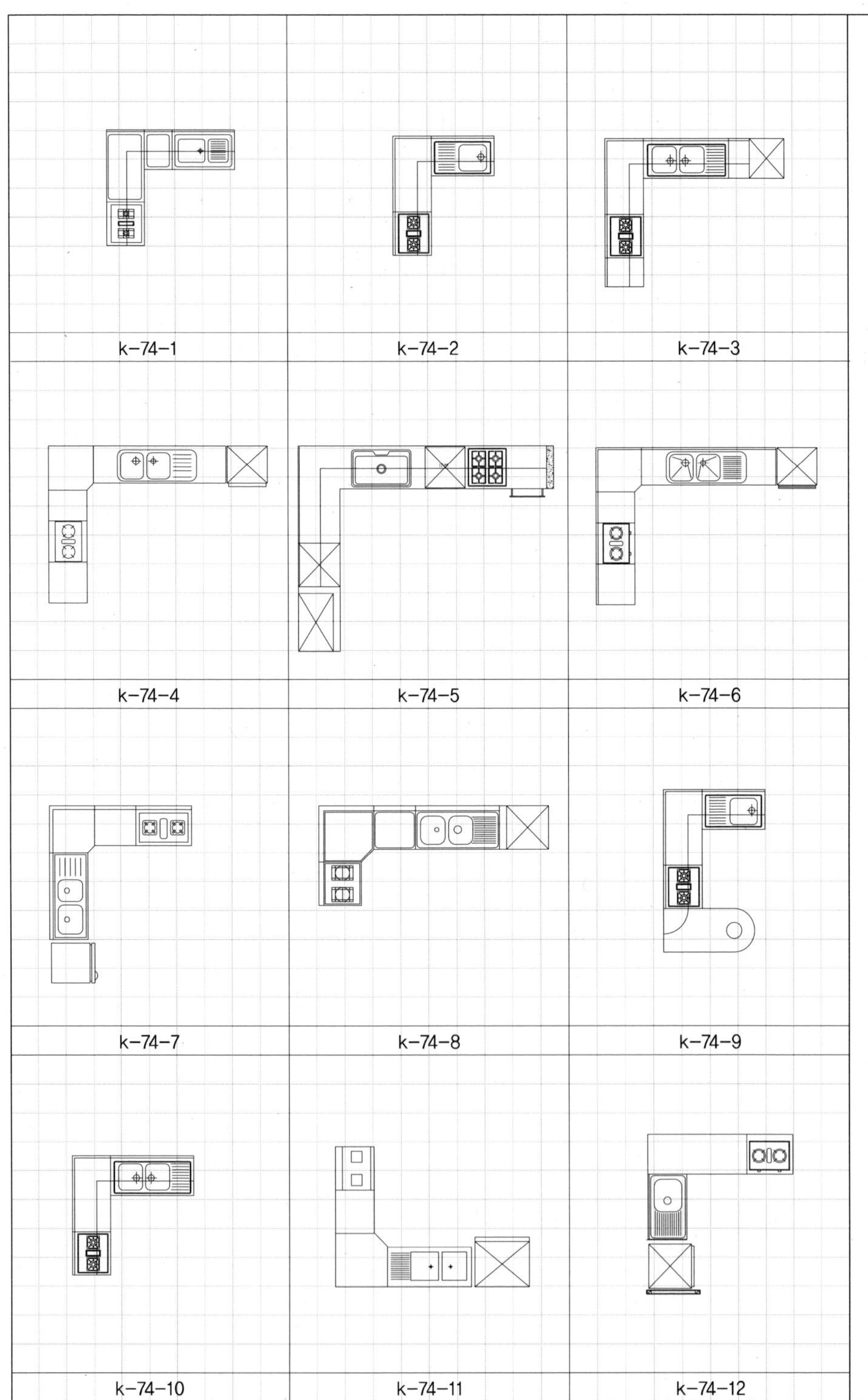

k-74-1	k-74-2	k-74-3
k-74-4	k-74-5	k-74-6
k-74-7	k-74-8	k-74-9
k-74-10	k-74-11	k-74-12

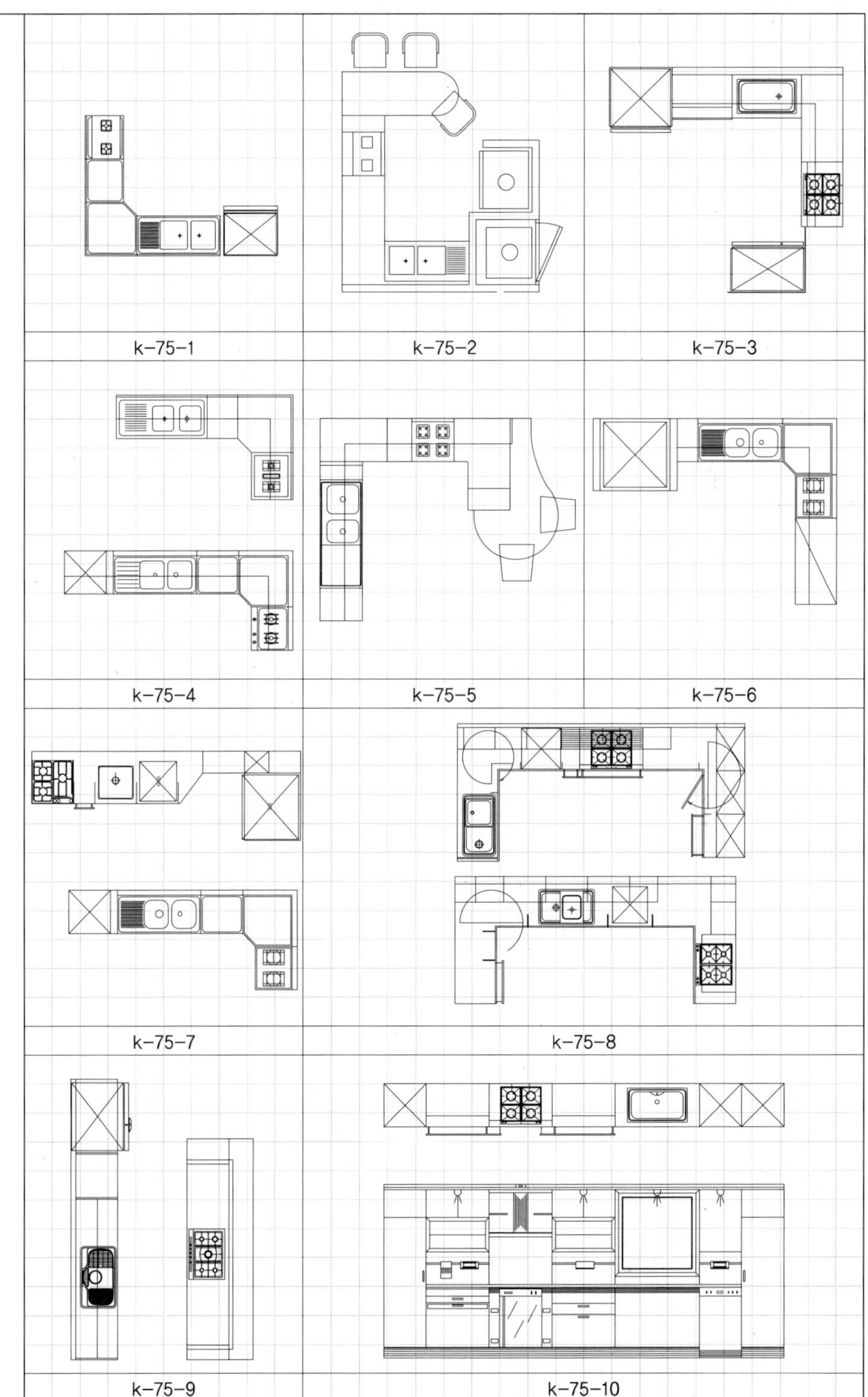

k-75-1

k-75-2

k-75-3

k-75-4

k-75-5

k-75-6

k-75-7

k-75-8

k-75-9

k-75-10

BLOCK

BLOCK

k-76-1	k-76-2	k-76-3	k-76-4	k-76-5
k-76-6	k-76-7	k-76-8	k-76-9	k-76-10
k-76-11	k-76-12	k-76-13	k-76-14	k-76-15
k-76-16	k-76-17	k-76-18	k-76-19	k-76-20
k-76-21	k-76-22	k-76-23	k-76-24	k-76-25
k-76-26	k-76-27	k-76-28	k-76-29	k-76-30
k-76-31	k-76-32	k-76-33	k-76-34	k-76-35
k-76-36	k-76-37	k-76-38	k-76-39	k-76-40

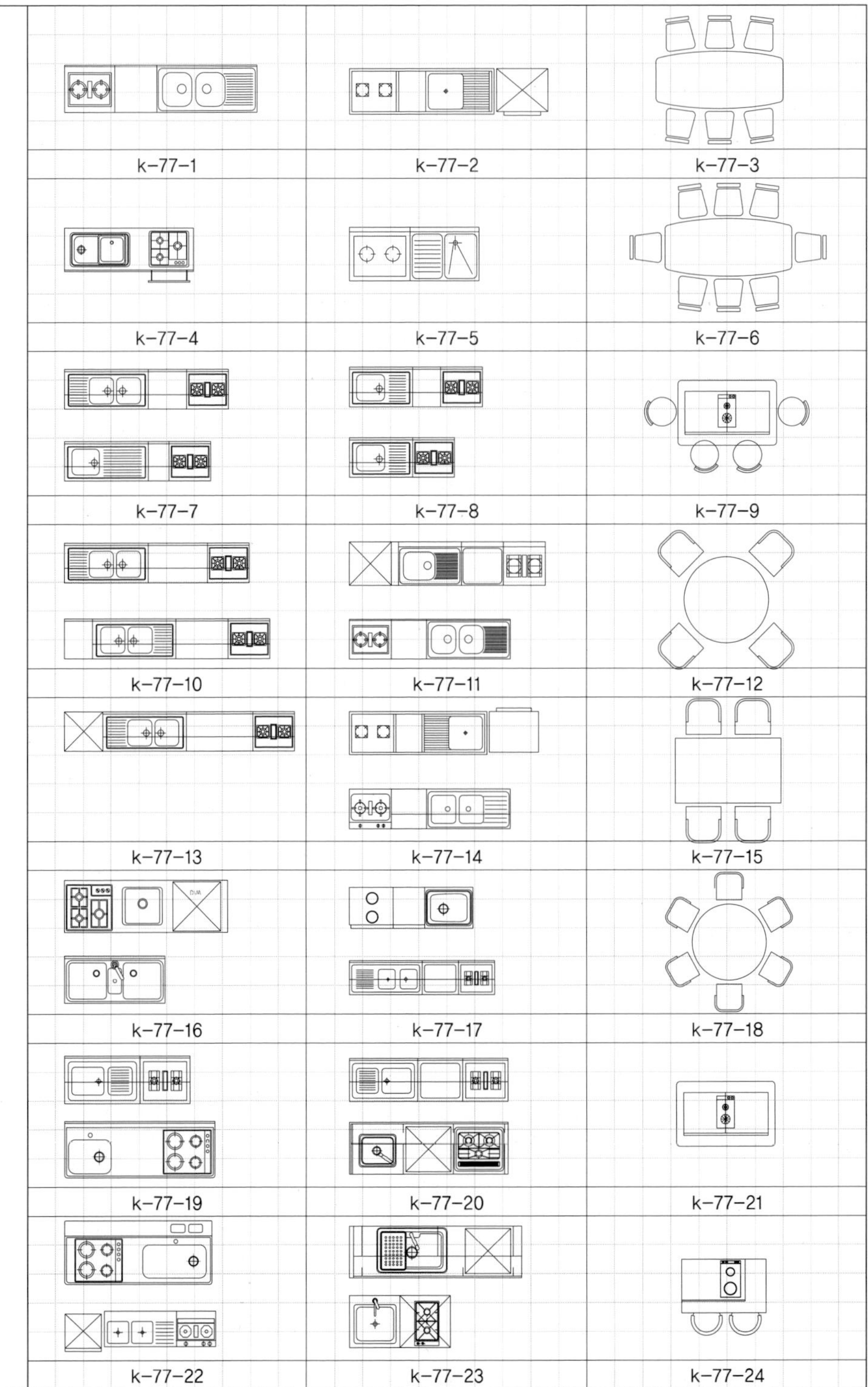

k-77-1	k-77-2	k-77-3
k-77-4	k-77-5	k-77-6
k-77-7	k-77-8	k-77-9
k-77-10	k-77-11	k-77-12
k-77-13	k-77-14	k-77-15
k-77-16	k-77-17	k-77-18
k-77-19	k-77-20	k-77-21
k-77-22	k-77-23	k-77-24

BLOCK

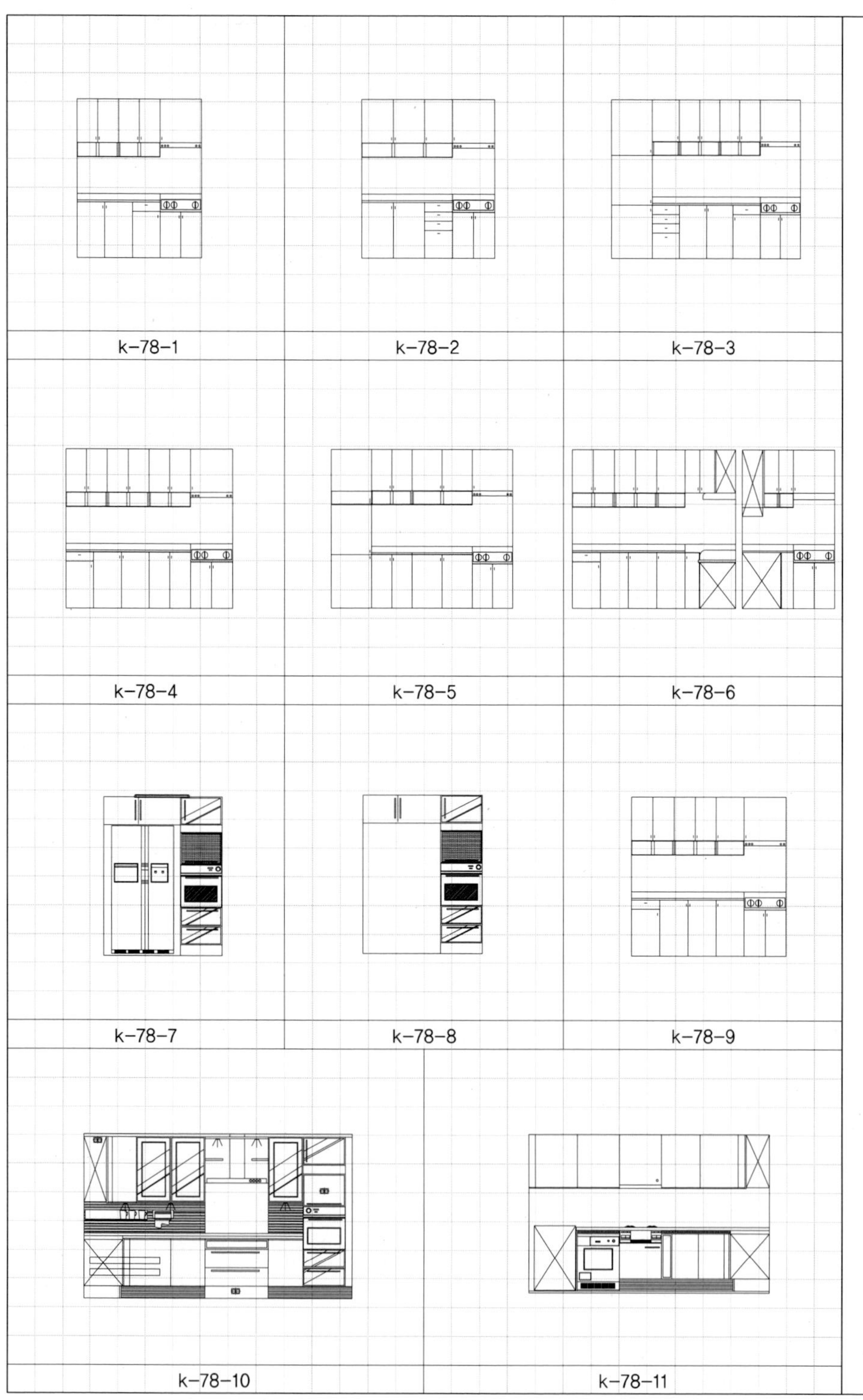

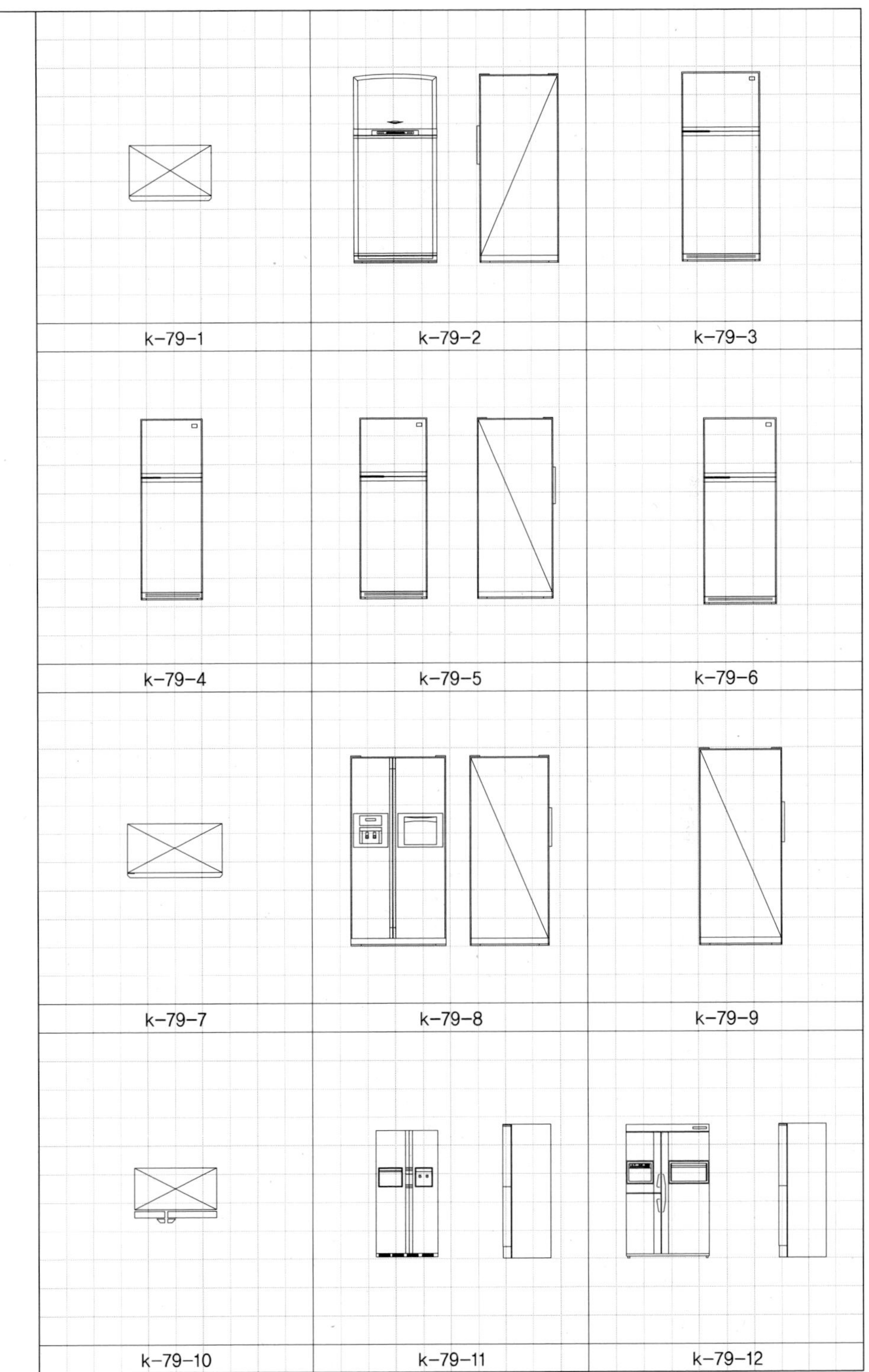

k-79-1
k-79-2
k-79-3
k-79-4
k-79-5
k-79-6
k-79-7
k-79-8
k-79-9
k-79-10
k-79-11
k-79-12
BLOCK

BLOCK

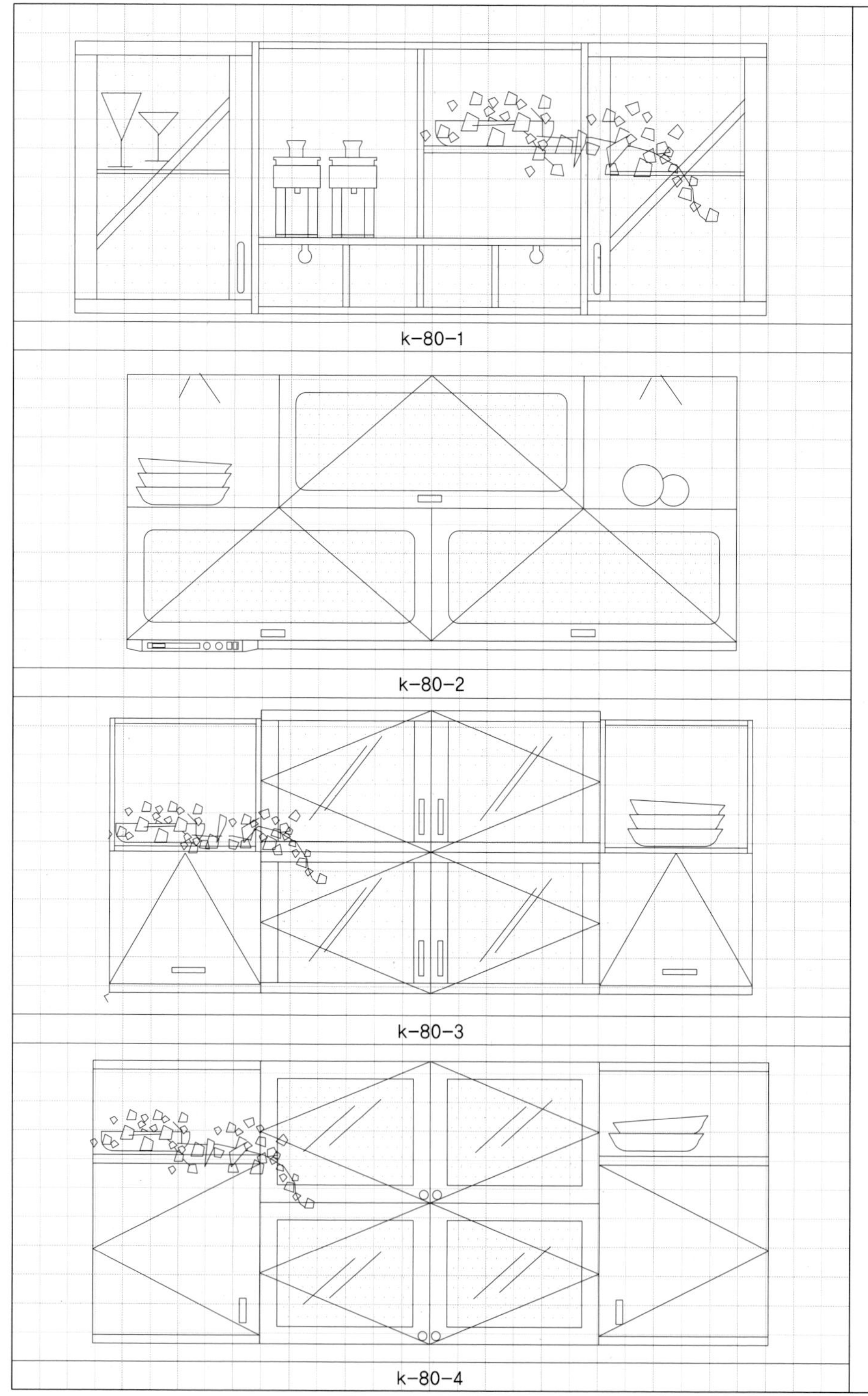

k-80-1

k-80-2

k-80-3

k-80-4

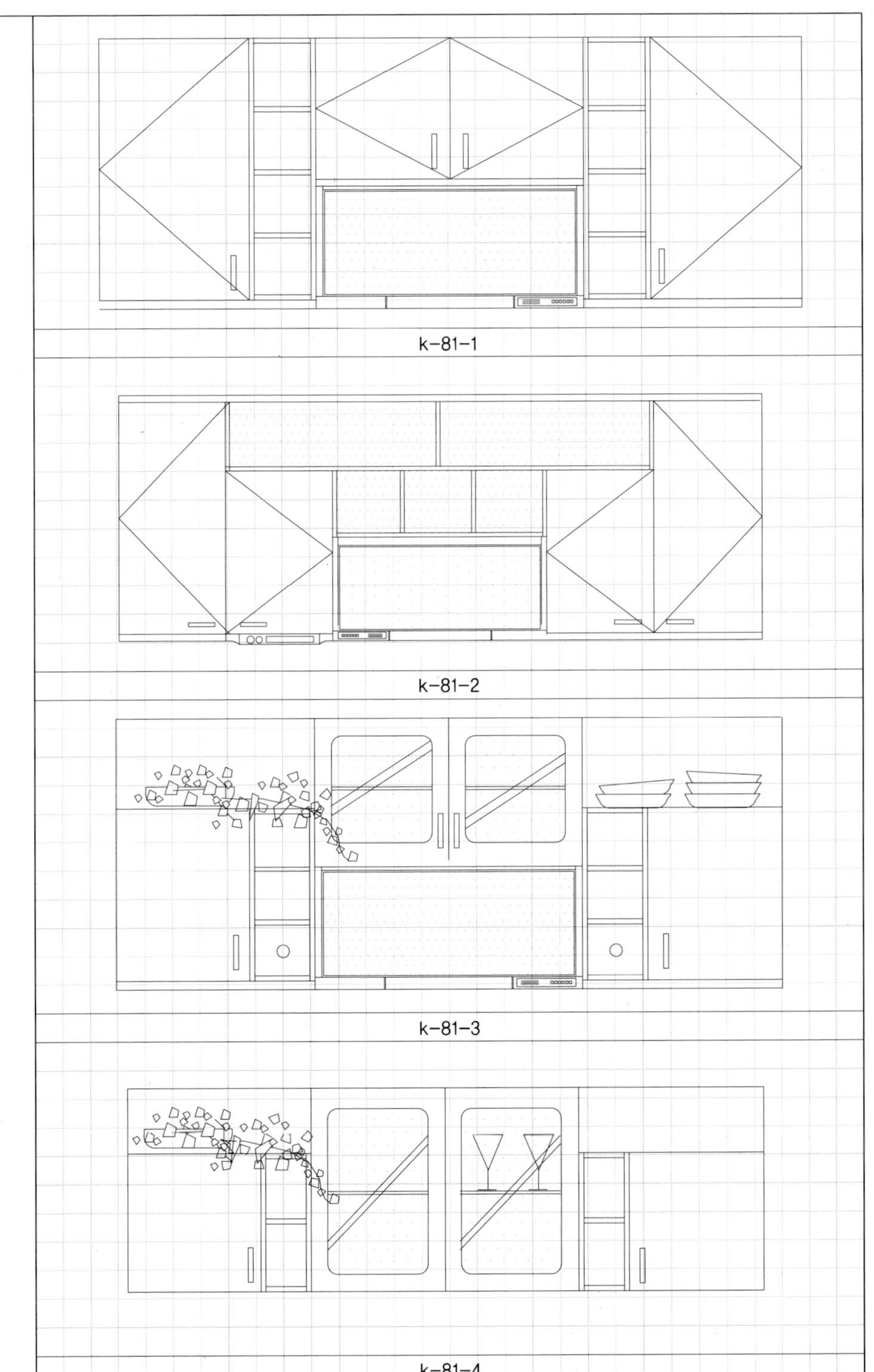

k-81-1
k-81-2
k-81-3
k-81-4
BLOCK

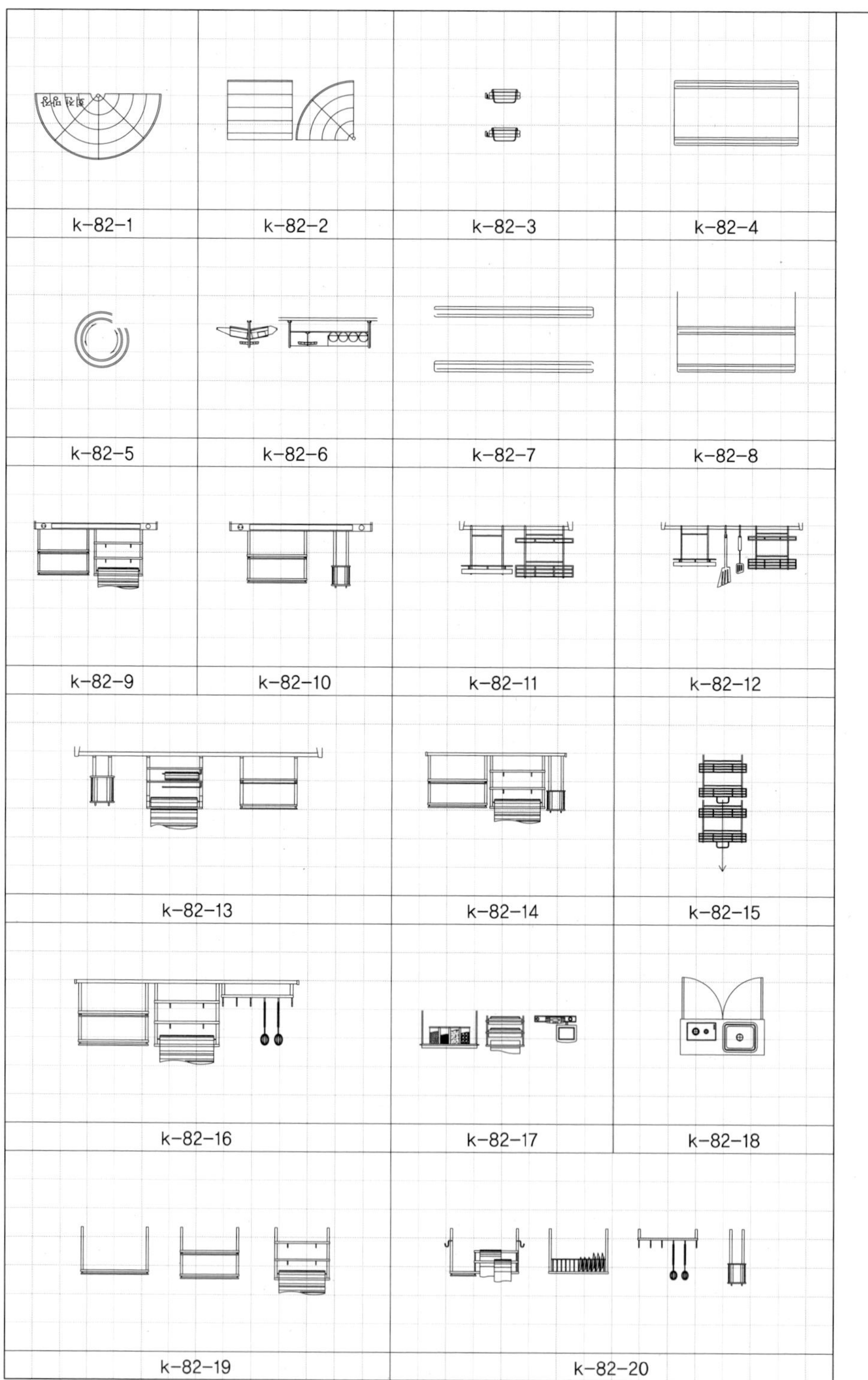

BLOCK
k-82-1
k-82-2
k-82-3
k-82-4
k-82-5
k-82-6
k-82-7
k-82-8
k-82-9
k-82-10
k-82-11
k-82-12
k-82-13
k-82-14
k-82-15
k-82-16
k-82-17
k-82-18
k-82-19
k-82-20

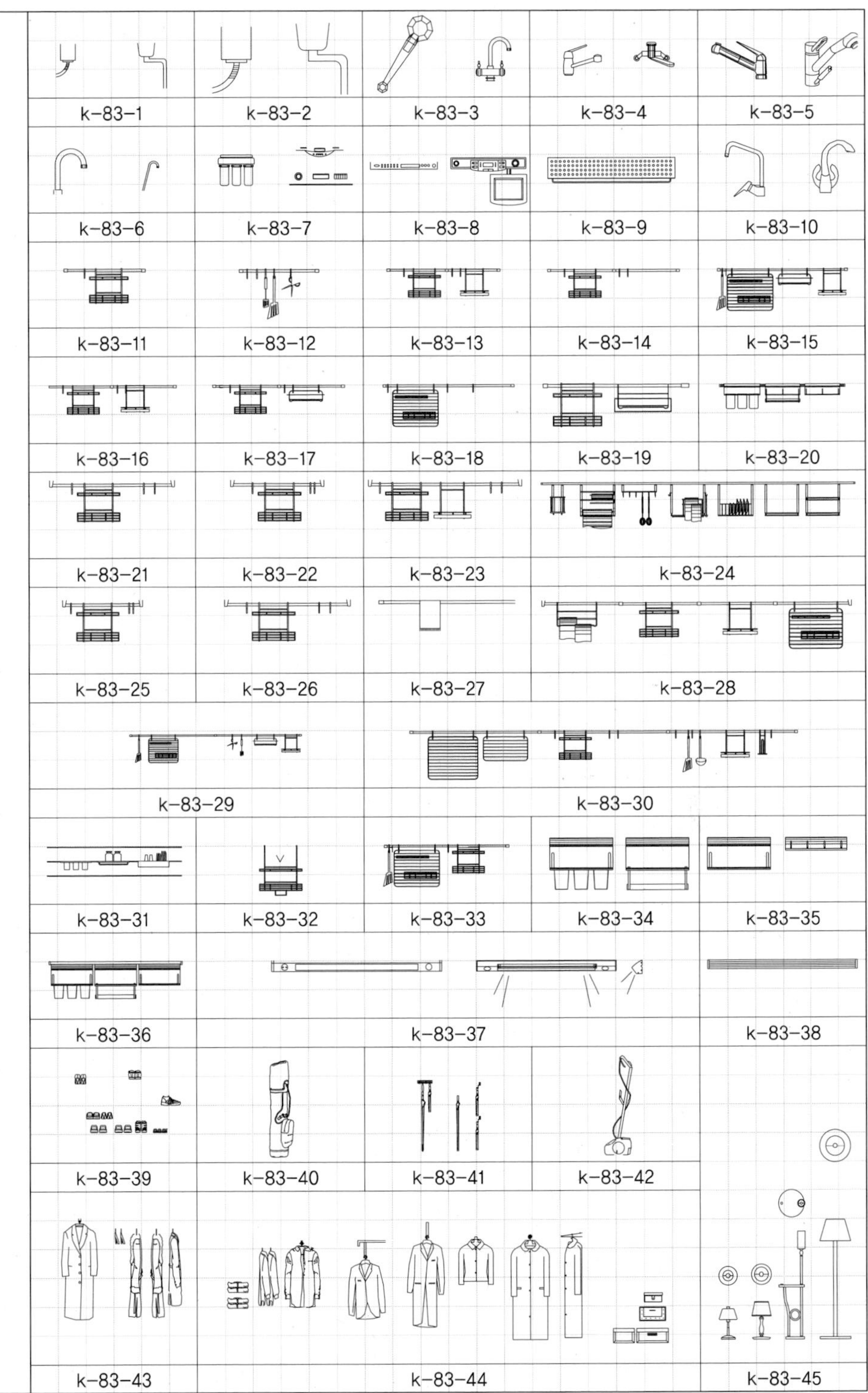

k-83-1	k-83-2	k-83-3	k-83-4	k-83-5
k-83-6	k-83-7	k-83-8	k-83-9	k-83-10
k-83-11	k-83-12	k-83-13	k-83-14	k-83-15
k-83-16	k-83-17	k-83-18	k-83-19	k-83-20
k-83-21	k-83-22	k-83-23	k-83-24	
k-83-25	k-83-26	k-83-27	k-83-28	
k-83-29		k-83-30		
k-83-31	k-83-32	k-83-33	k-83-34	k-83-35
k-83-36	k-83-37			k-83-38
k-83-39	k-83-40	k-83-41	k-83-42	
k-83-43	k-83-44			k-83-45

BLOCK

BLOCK

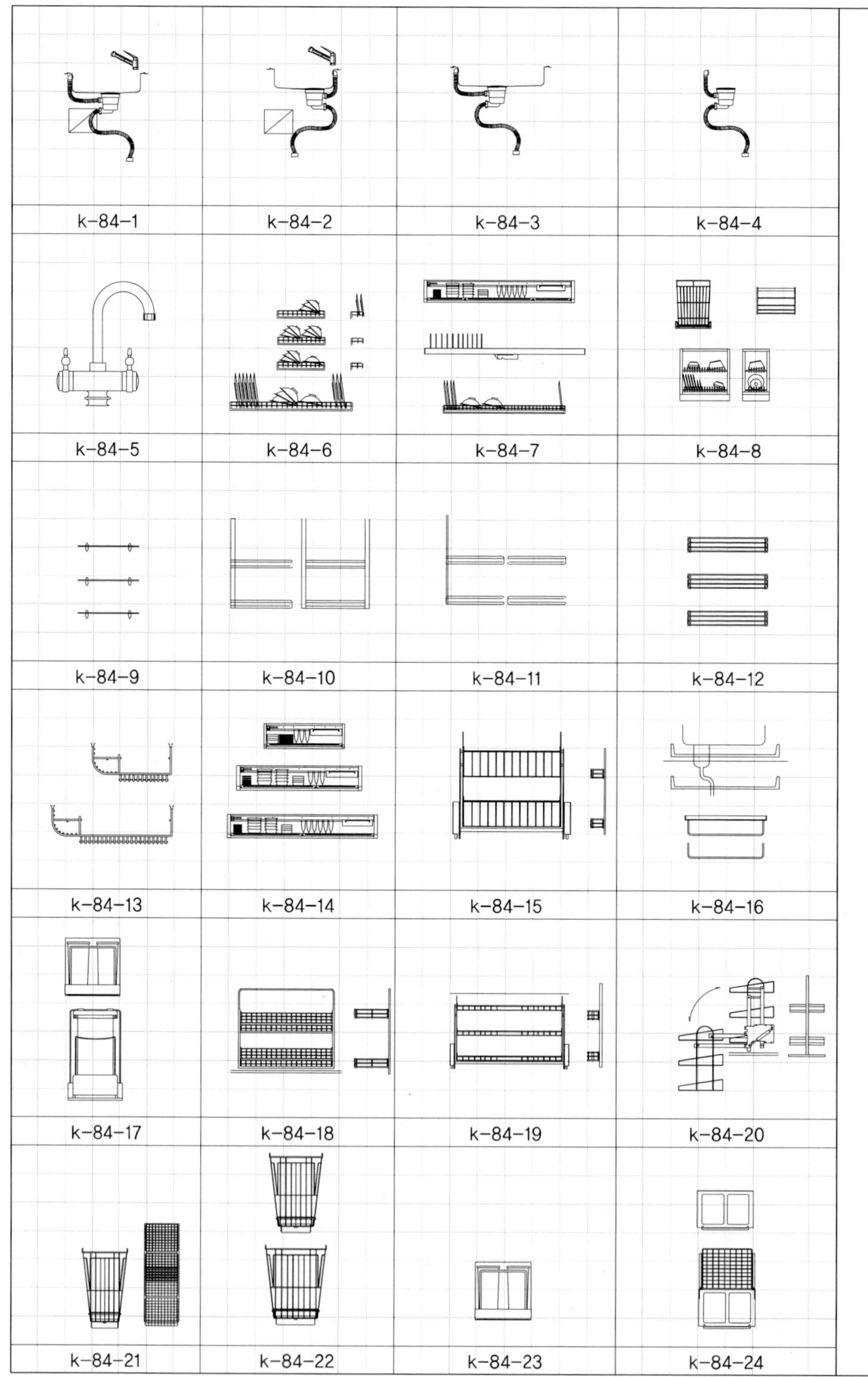

k-84-1	k-84-2	k-84-3	k-84-4
k-84-5	k-84-6	k-84-7	k-84-8
k-84-9	k-84-10	k-84-11	k-84-12
k-84-13	k-84-14	k-84-15	k-84-16
k-84-17	k-84-18	k-84-19	k-84-20
k-84-21	k-84-22	k-84-23	k-84-24

k-85-1	k-85-2	k-85-3	k-85-4	k-85-5
k-85-6	k-85-7	k-85-8	k-85-9	k-85-10
k-85-11	k-85-12	k-85-13	k-85-14	k-85-15
k-85-16	k-85-17	k-85-18	k-85-19	k-85-20
k-85-21	k-85-22	k-85-23	k-85-24	k-85-25
k-85-26	k-85-27	k-85-28	k-85-29	k-85-30
k-85-31	k-85-32	k-85-33	k-85-34	k-85-35
k-85-36	k-85-37	k-85-38	k-85-39	k-85-40

BLOCK

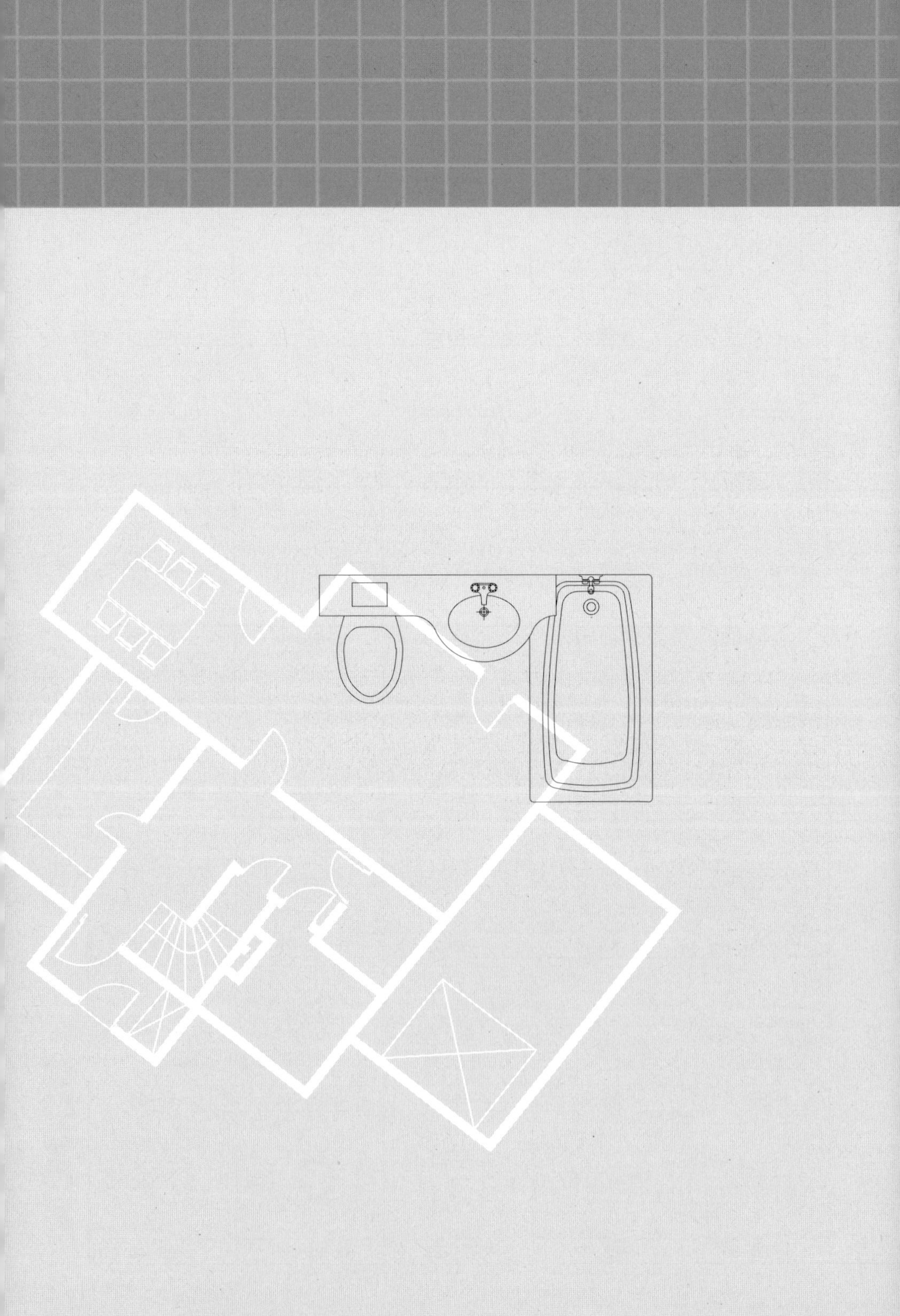

bath room

human scale for disabled

basined

toilet

bath

faucet

BLOCK

■ 장애인의 이용이 가능한 화장실(신축건물)

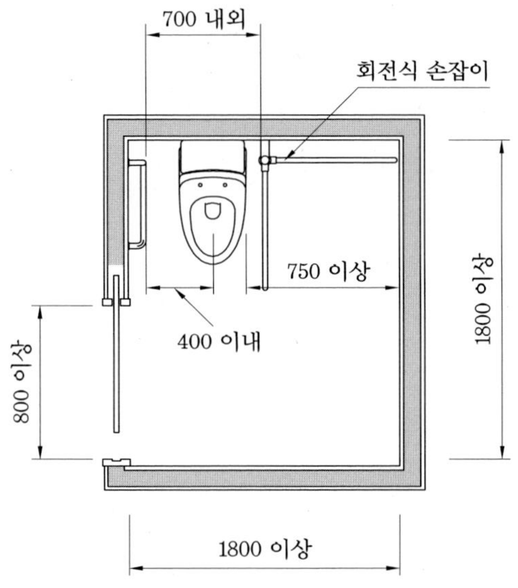

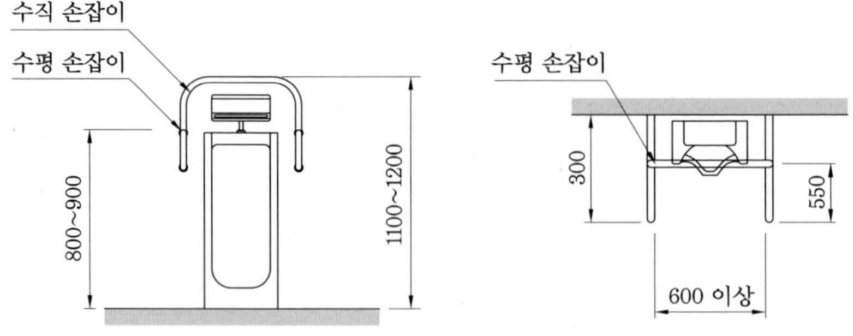

■ 장애인의 이용이 가능한 화장실(기존시설)

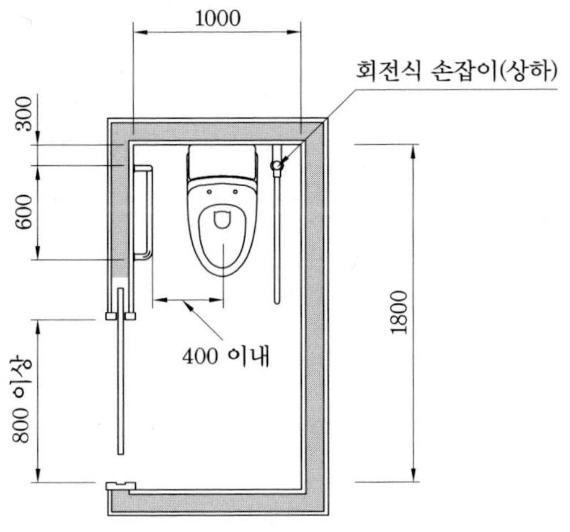

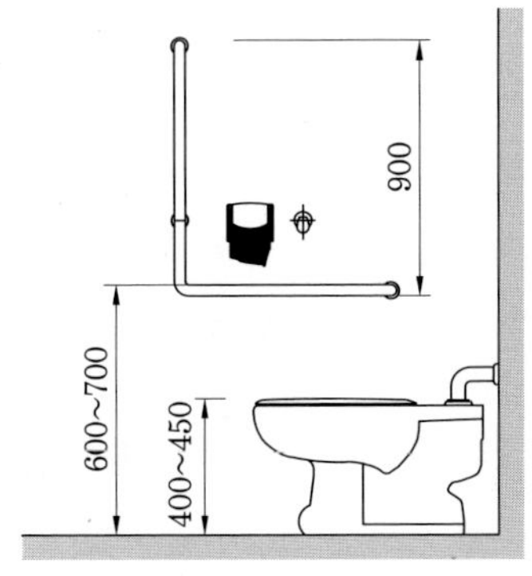

BLOCK

BLOCK

b-90-1	b-90-2	b-90-3	b-90-4	b-90-5	b-90-6	b-90-7	b-90-8	b-90-9	b-90-10
b-90-11	b-90-12	b-90-13	b-90-14	b-90-15	b-90-16	b-90-17	b-90-18	b-90-19	b-90-20
b-90-21	b-90-22	b-90-23	b-90-24	b-90-25	b-90-26	b-90-27	b-90-28	b-90-29	b-90-30
b-90-31	b-90-32	b-90-33	b-90-34	b-90-35	b-90-36	b-90-37	b-90-38	b-90-39	b-90-40
b-90-41	b-90-42	b-90-43	b-90-44	b-90-45	b-90-46	b-90-47	b-90-48	b-90-49	b-90-50
b-90-51	b-90-52	b-90-53	b-90-54	b-90-55	b-90-56	b-90-57	b-90-58	b-90-59	b-90-60
b-90-61	b-90-62	b-90-63	b-90-64	b-90-65	b-90-66	b-90-67	b-90-68	b-90-69	b-90-70
b-90-71	b-90-72	b-90-73	b-90-74	b-90-75	b-90-76	b-90-77	b-90-78	b-90-79	b-90-80
b-90-81	b-90-82	b-90-83	b-90-84	b-90-85	b-90-86	b-90-87	b-90-88		b-90-89
b-90-90	b-90-91	b-90-92	b-90-93	b-90-94	b-90-95	b-90-96	b-90-97	b-90-98	b-90-99
b-90-100		b-90-101		b-90-102		b-90-103		b-90-104	

b-91-1	b-91-2	b-91-3	b-91-4	b-91-5	b-91-6	b-91-7	b-91-8	b-91-9	b-91-10
b-91-11	b-91-12	b-91-13	b-91-14	b-91-15	b-91-16	b-91-17	b-91-18	b-91-19	b-91-20
b-91-21	b-91-22	b-91-23	b-91-24	b-91-25	b-91-26	b-91-27	b-91-28	b-91-29	b-91-30
b-91-31	b-91-32	b-91-33	b-91-34	b-91-35	b-91-36	b-91-37	b-91-38	b-91-39	b-91-40
b-91-41	b-91-42	b-91-43	b-91-44	b-91-45	b-91-46	b-91-47	b-91-48	b-91-49	b-91-50
b-91-51	b-91-52	b-91-53	b-91-54	b-91-55	b-91-56	b-91-57	b-91-58	b-91-59	b-91-60
b-91-61	b-91-62	b-91-63	b-91-64	b-91-65	b-91-66	b-91-67	b-91-68	b-91-69	b-91-70
b-91-71	b-91-72	b-91-73	b-91-74	b-91-75	b-91-76	b-91-77	b-91-78	b-91-79	b-91-80
b-91-81	b-91-82	b-91-83	b-91-84	b-91-85	b-91-86	b-91-87	b-91-88	b-91-89	b-91-90
b-91-91	b-91-92	b-91-93	b-91-94	b-91-95	b-91-96	b-91-97	b-91-98	b-91-99	b-91-100
b-91-101	b-91-102	b-91-103	b-91-104	b-91-105	b-91-106	b-91-107	b-91-108	b-91-109	b-91-110
b-91-111	b-91-112	b-91-113		b-91-114		b-91-115		b-91-116	

BLOCK

b-92-1	b-92-2	b-92-3
b-92-4	b-92-5	b-92-6
b-92-7	b-92-8	b-92-9
b-92-10	b-92-11	b-92-12
b-92-13	b-92-14	b-92-15
b-92-16	b-92-17	b-92-18
b-92-19	b-92-20	b-92-23
b-92-21	b-92-22	

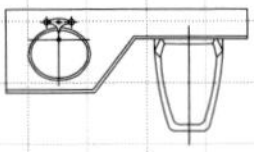

b-93-1 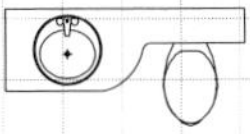   b-93-2 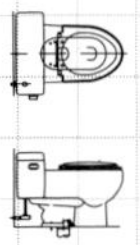   b-93-3

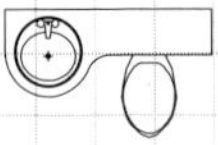

b-93-4 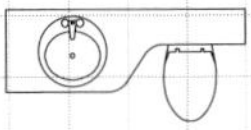   b-93-5 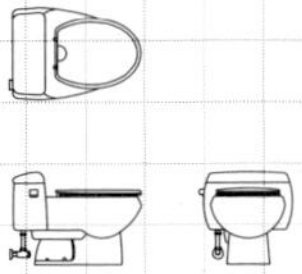   b-93-6

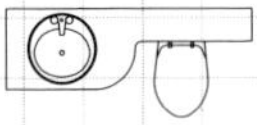

b-93-7 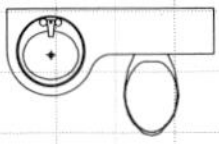   b-93-8 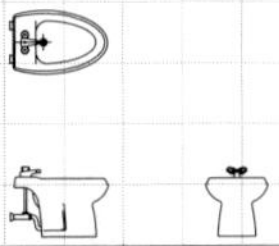   b-93-9

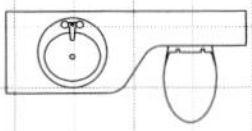

b-93-10 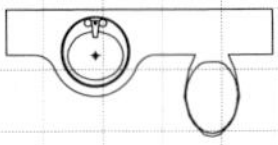   b-93-11 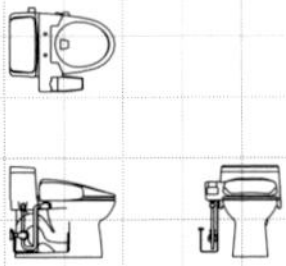   b-93-12

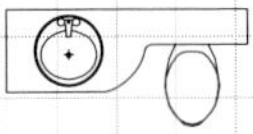

b-93-13 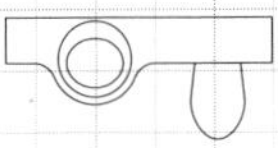   b-93-14 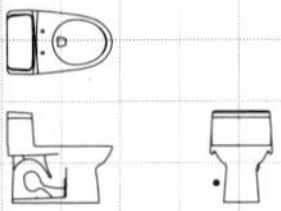   b-93-15

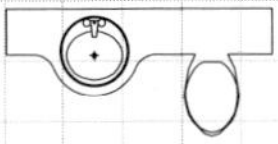

b-93-16 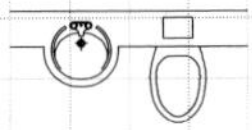   b-93-17 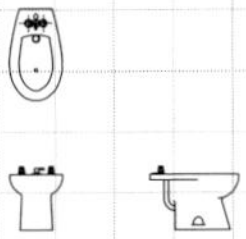   b-93-18

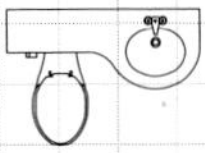

b-93-19 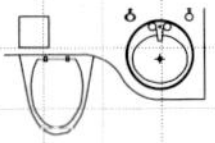   b-93-20 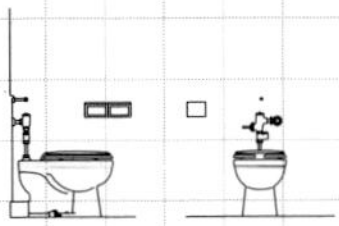   b-93-21

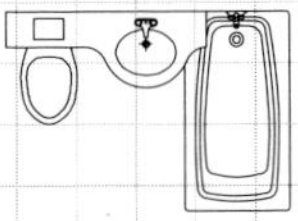

b-93-22 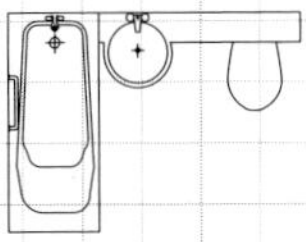   b-93-23 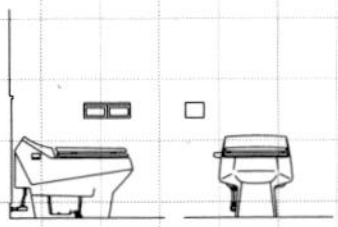   b-93-24

BLOCK

BLOCK

b-94-1	b-94-2	b-94-3	b-94-4	b-94-5
b-94-6	b-94-7	b-94-8	b-94-9	b-94-10
b-94-11	b-94-12	b-94-13	b-94-14	b-94-15
b-94-16	b-94-17	b-94-18	b-94-19	b-94-20
b-94-21	b-94-22	b-94-23	b-94-24	b-94-25
b-94-26	b-94-27	b-94-28	b-94-29	b-94-30
b-94-31	b-94-32	b-94-33	b-94-34	b-94-35
b-94-36	b-94-37	b-94-38	b-94-39	b-94-40

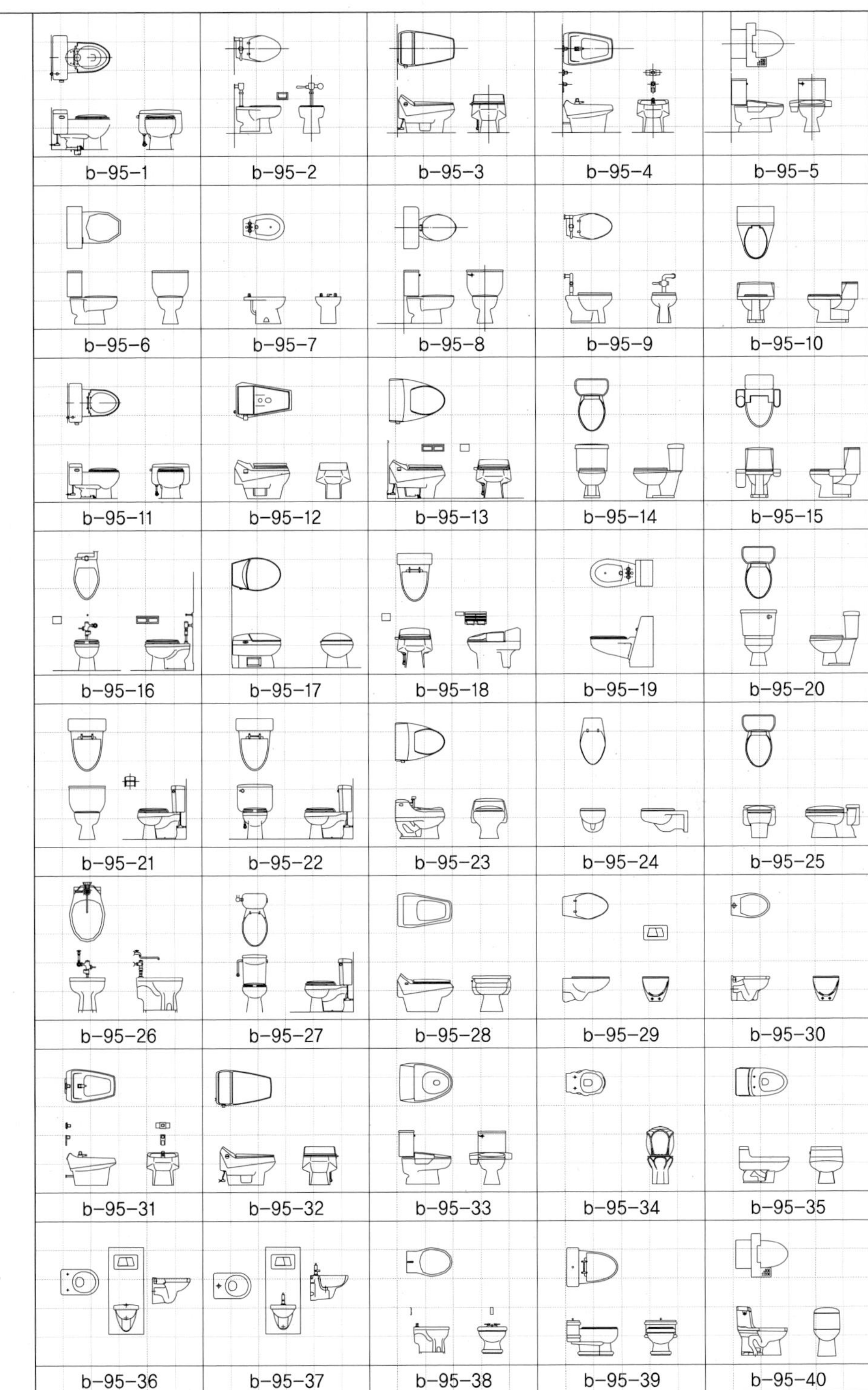

b-95-1
b-95-2
b-95-3
b-95-4
b-95-5
b-95-6
b-95-7
b-95-8
b-95-9
b-95-10
b-95-11
b-95-12
b-95-13
b-95-14
b-95-15
b-95-16
b-95-17
b-95-18
b-95-19
b-95-20
b-95-21
b-95-22
b-95-23
b-95-24
b-95-25
b-95-26
b-95-27
b-95-28
b-95-29
b-95-30
b-95-31
b-95-32
b-95-33
b-95-34
b-95-35
b-95-36
b-95-37
b-95-38
b-95-39
b-95-40

BLOCK

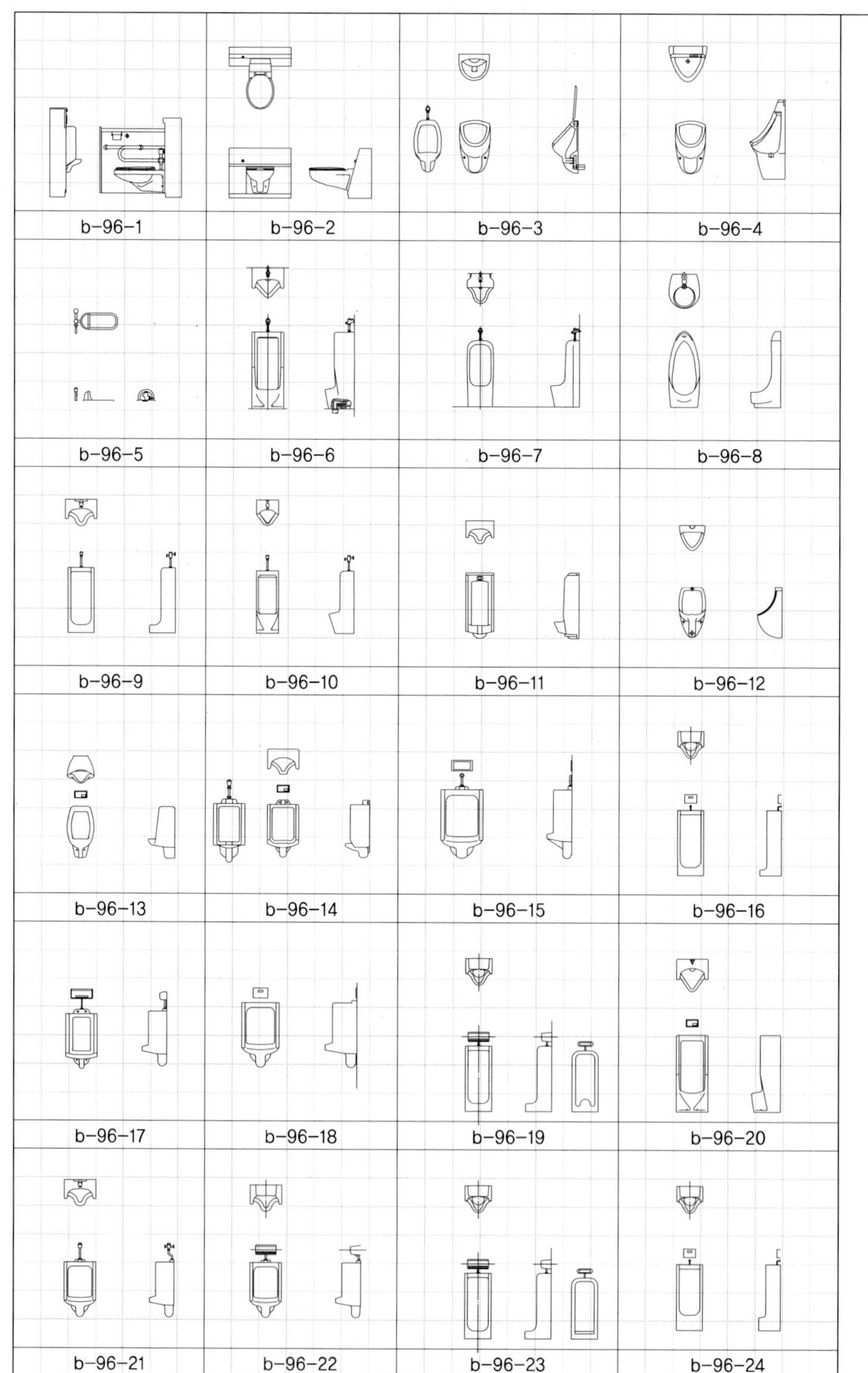

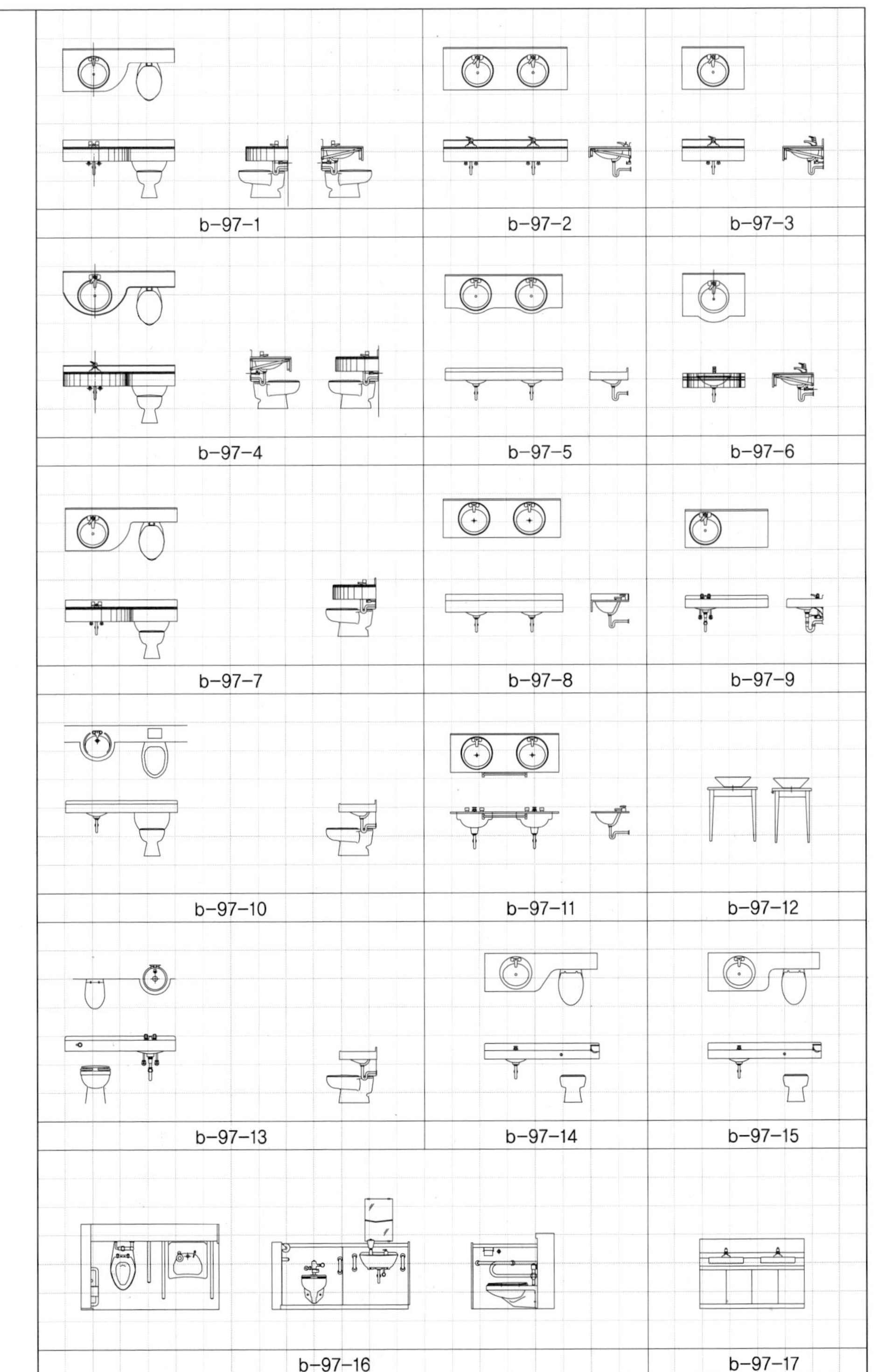

<table>
<tr><td>b-97-1</td><td>b-97-2</td><td>b-97-3</td></tr>
<tr><td>b-97-4</td><td>b-97-5</td><td>b-97-6</td></tr>
<tr><td>b-97-7</td><td>b-97-8</td><td>b-97-9</td></tr>
<tr><td>b-97-10</td><td>b-97-11</td><td>b-97-12</td></tr>
<tr><td>b-97-13</td><td>b-97-14</td><td>b-97-15</td></tr>
<tr><td>b-97-16</td><td></td><td>b-97-17</td></tr>
</table>

b-96-1
b-96-2
b-96-3
b-96-4
b-96-5
b-96-6
b-96-7
b-96-8
b-96-9
b-96-10
b-96-11
b-96-12
b-96-13
b-96-14
b-96-15
b-96-16
b-96-17
b-96-18
b-96-19
b-96-20
b-96-21
b-96-22
b-96-23
b-96-24

BLOCK

BLOCK

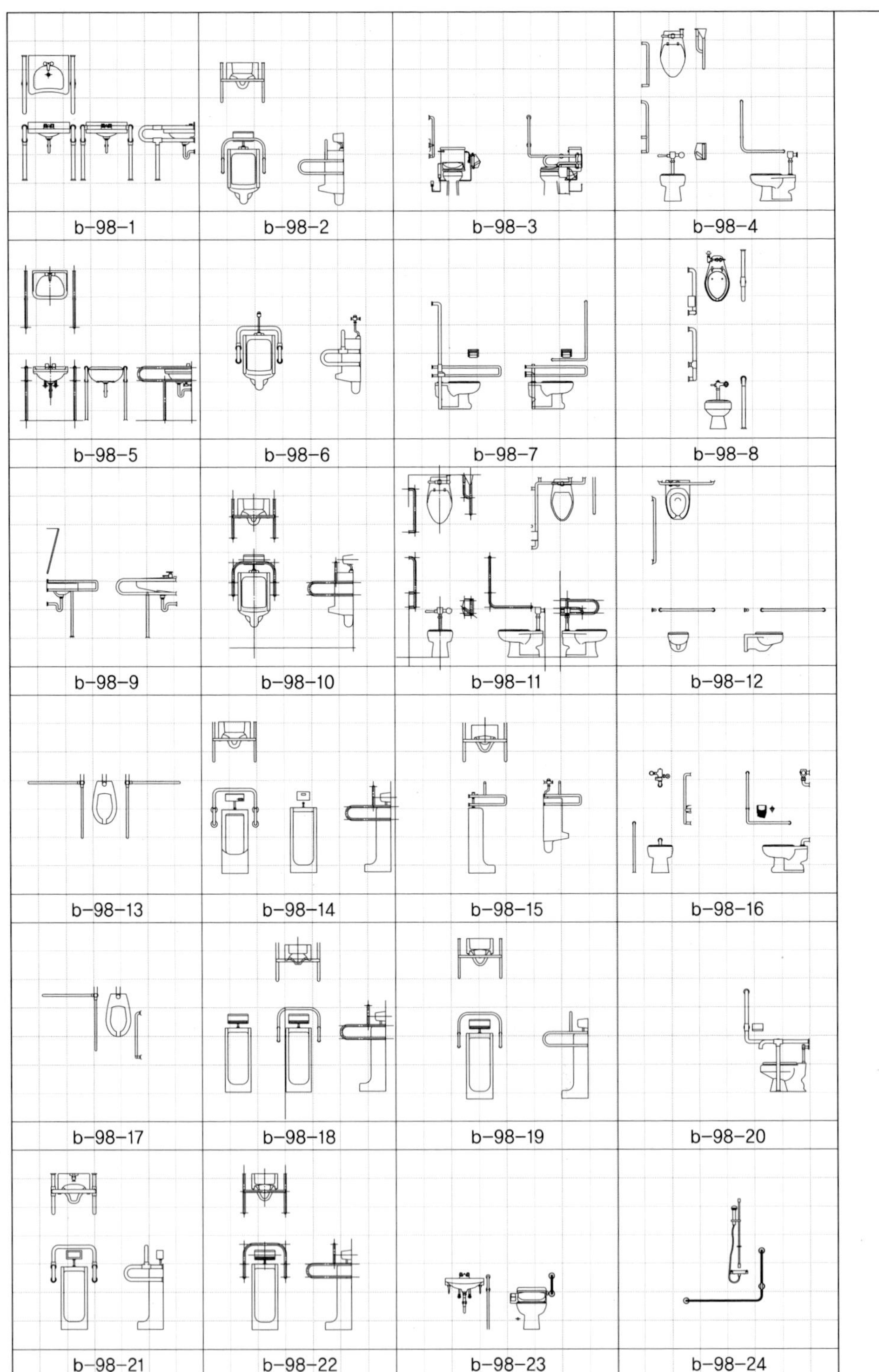

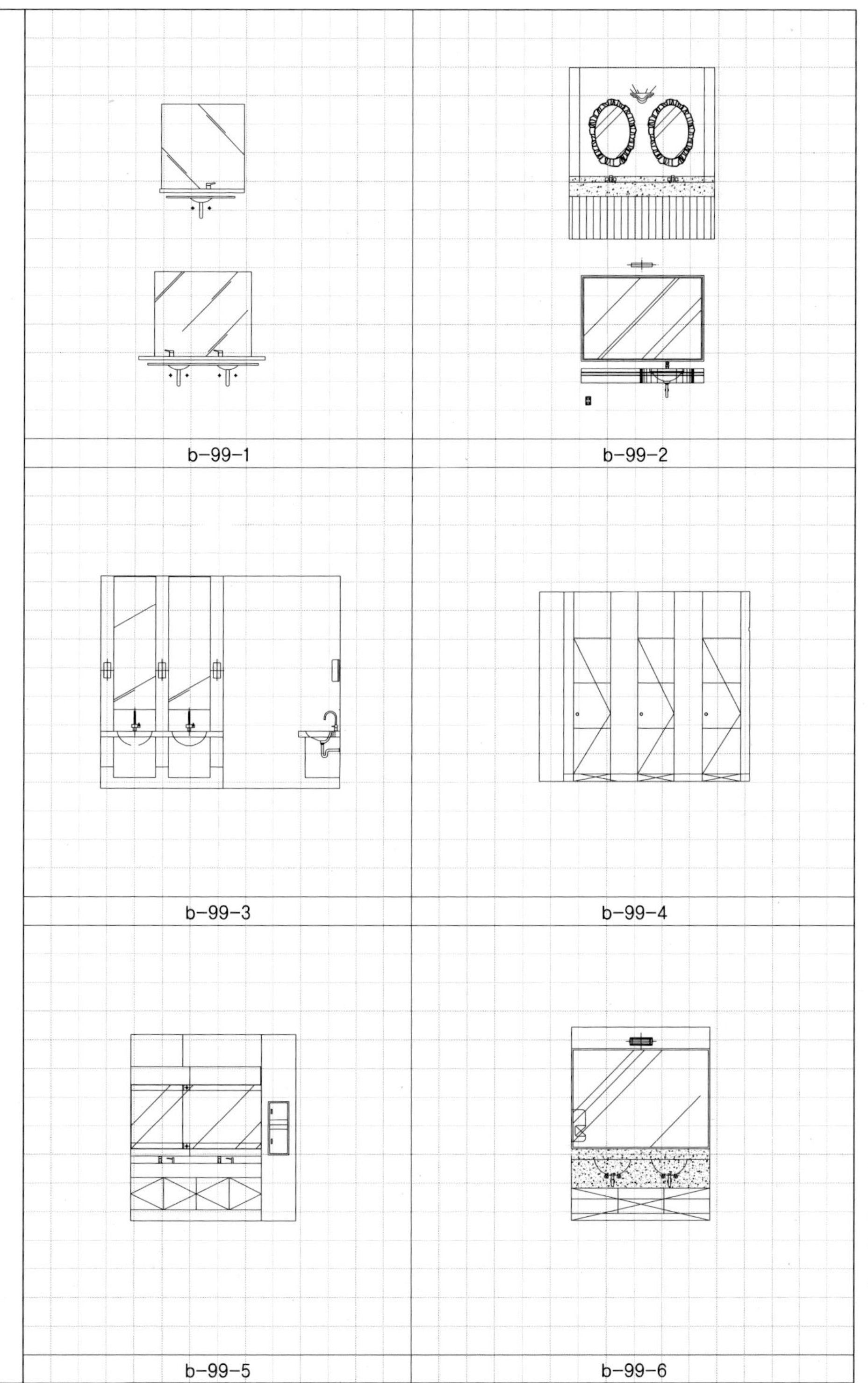

b-99-1

b-99-2

b-99-3

b-99-4

b-99-5

b-99-6

BLOCK

b-100-1	b-100-2	b-100-3
b-100-4	b-100-5	b-100-6
b-100-7	b-100-8	b-100-9
b-100-10	b-100-11	b-100-12
b-100-13	b-100-14	b-100-15
b-100-16	b-100-17	b-100-18
b-100-19	b-100-20	b-100-21
b-100-22	b-100-23	b-100-24

b-101-1	b-101-2	b-101-3
b-101-4	b-101-5	b-101-6
b-101-7	b-101-8	b-101-9
b-101-10	b-101-11	b-101-12
b-101-13	b-101-14	b-101-15
b-101-16	b-101-17	b-101-18
b-101-19	b-101-20	b-101-21
b-101-22	b-101-23	b-101-24

BLOCK

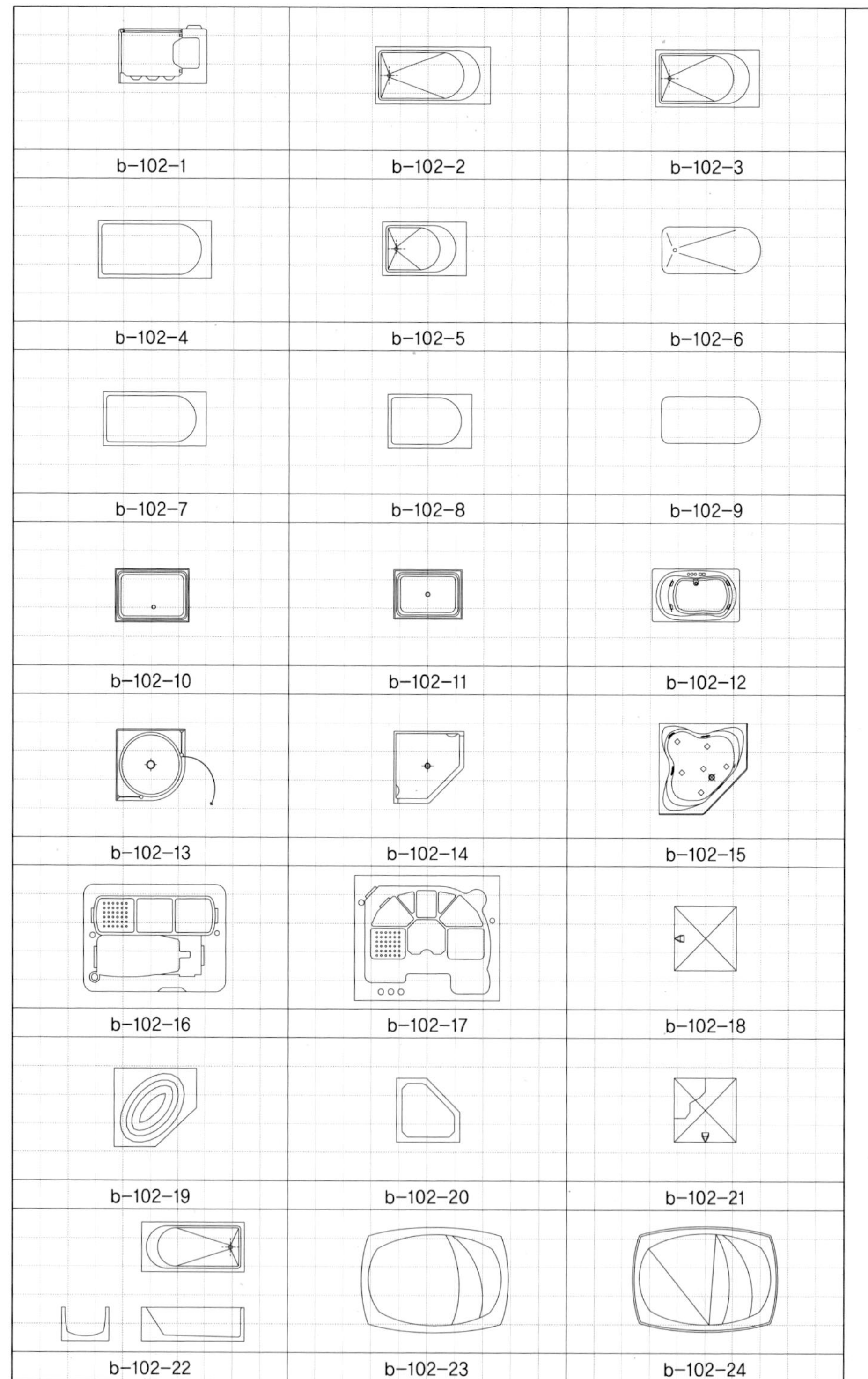

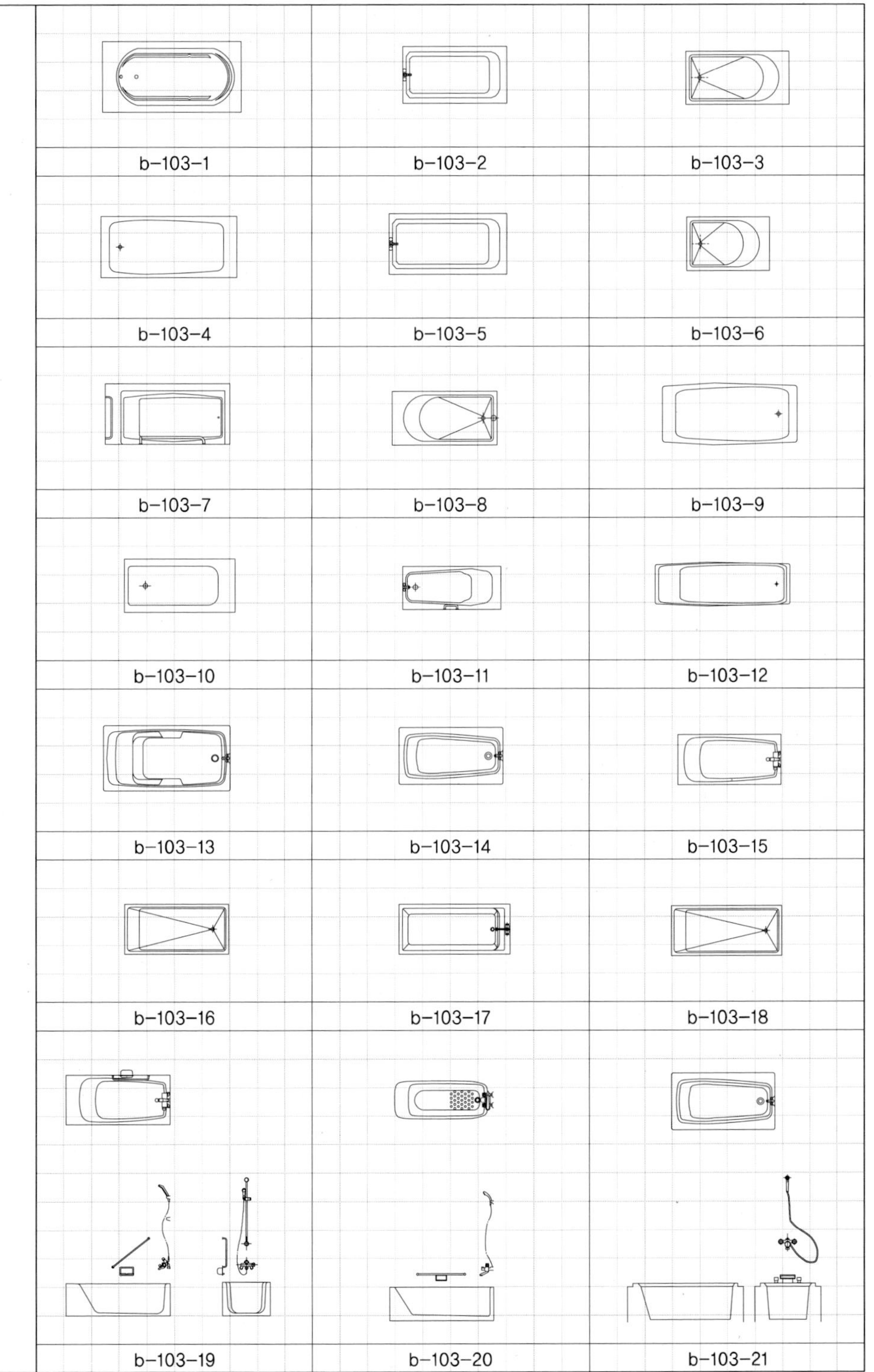

b-103-1	b-103-2	b-103-3
b-103-4	b-103-5	b-103-6
b-103-7	b-103-8	b-103-9
b-103-10	b-103-11	b-103-12
b-103-13	b-103-14	b-103-15
b-103-16	b-103-17	b-103-18
b-103-19	b-103-20	b-103-21

BLOCK

b-104-1
b-104-2
b-104-3
b-104-4
b-104-5
b-104-6
b-104-7
b-104-8
b-104-9
b-104-10
b-104-11
b-104-12

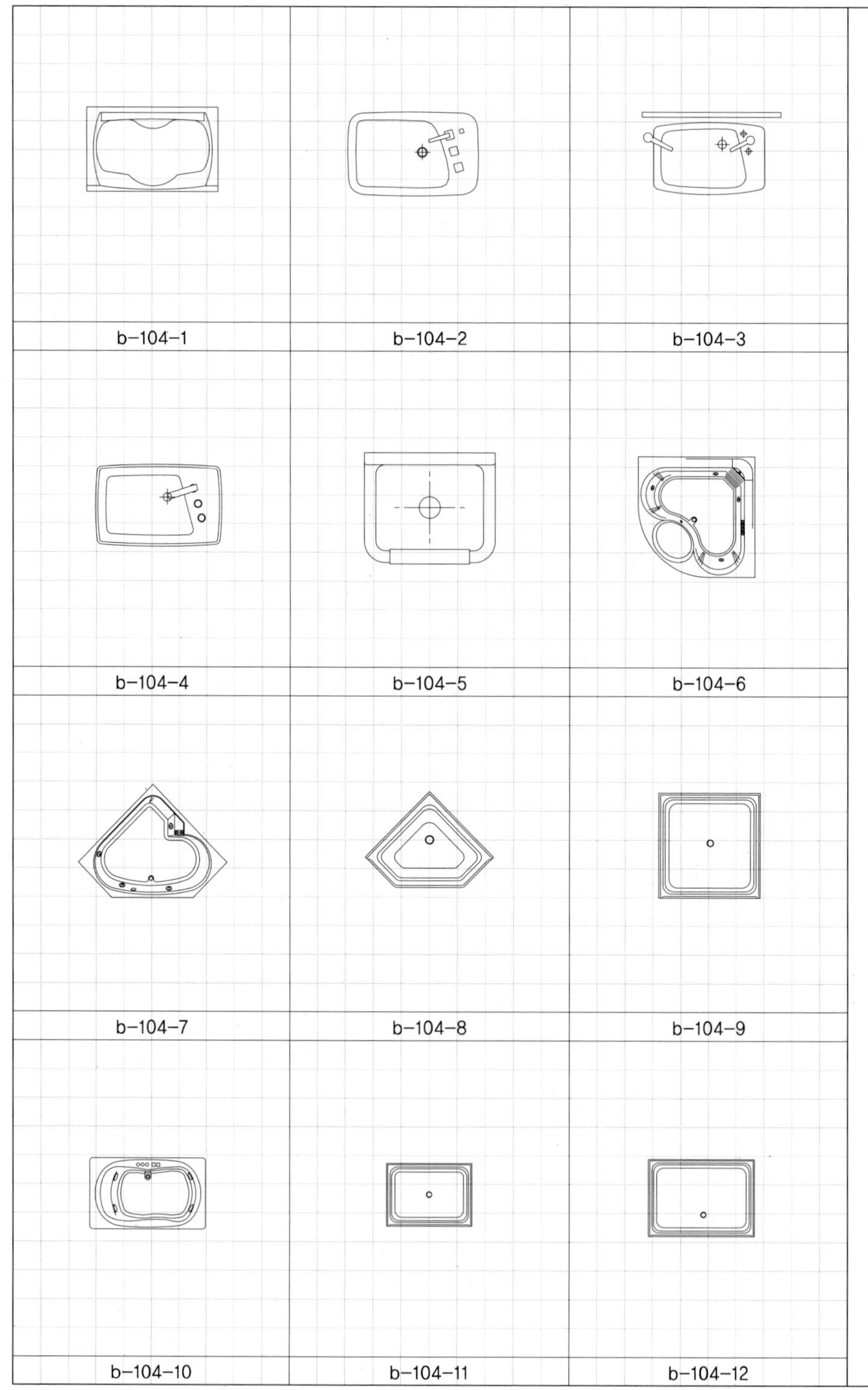

b-105-1
b-105-2
b-105-3
b-105-4
b-105-5
b-105-6
b-105-7
b-105-8
b-105-9
b-105-10
b-105-11
b-105-12

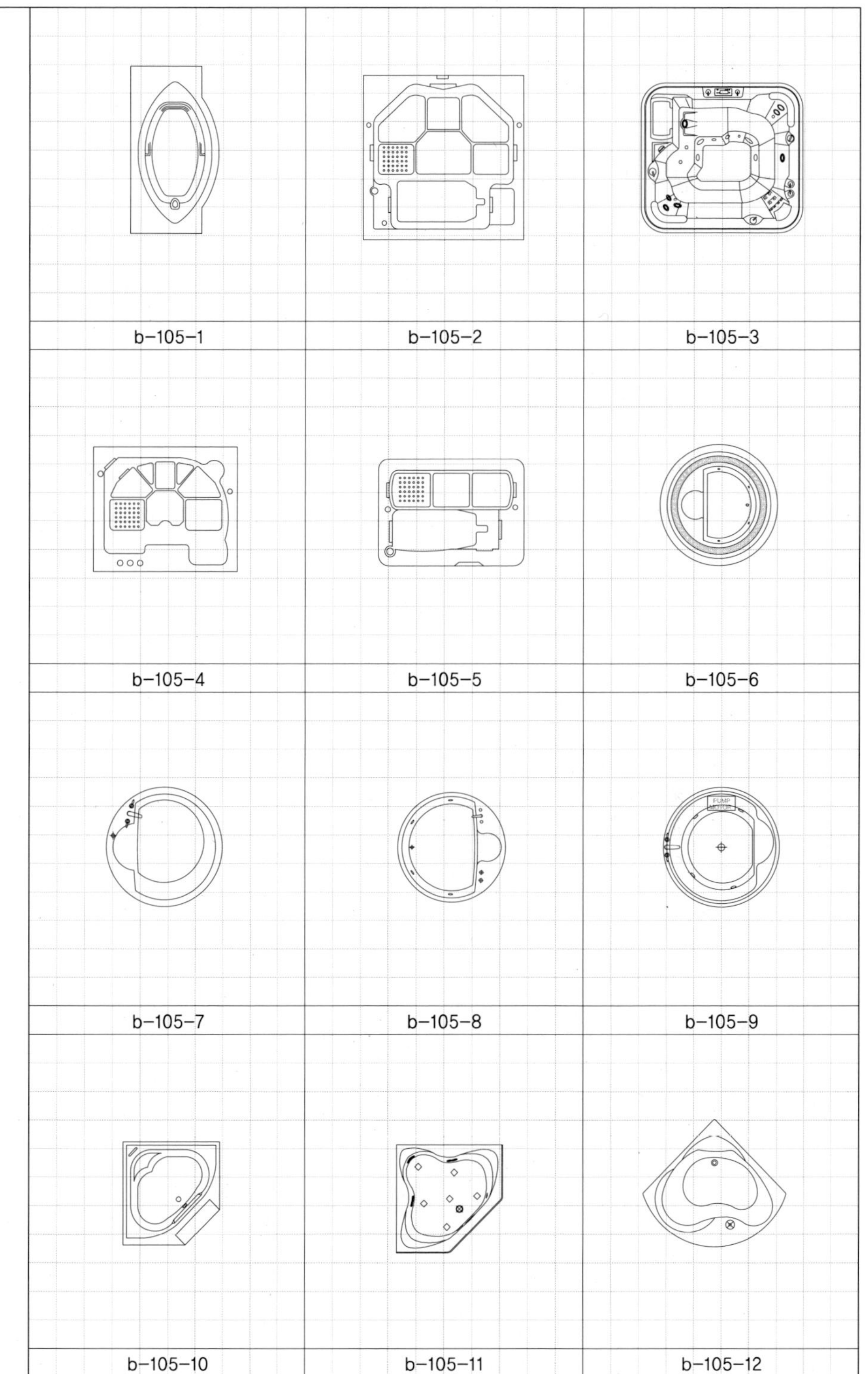

BLOCK

BLOCK

b-106-1	b-106-2	b-106-3	b-106-4	b-106-5	b-106-6	b-106-7	b-106-8	b-106-9
b-106-10	b-106-11	b-106-12	b-106-13	b-106-14	b-106-15	b-106-16	b-106-17	b-106-18
b-106-1	b-106-20	b-106-21	b-106-22	b-106-23	b-106-24	b-106-25	b-106-26	b-106-27
b-106-28	b-106-29	b-106-30	b-106-31	b-106-32	b-106-33	b-106-34	b-106-35	b-106-36
b-106-37	b-106-38	b-106-39	b-106-40	b-106-41	b-106-42	b-106-43	b-106-44	
b-106-45	b-106-46	b-106-47	b-106-48	b-106-49	b-106-50	b-106-51	b-106-52	b-106-53
b-106-54	b-106-55	b-106-56	b-106-57	b-106-58	b-106-59	b-106-60	b-106-61	
b-106-62	b-106-63	b-106-64	b-106-65	b-106-66	b-106-67	b-106-68	b-106-69	b-106-70
b-106-71	b-106-72	b-106-73	b-106-74	b-106-75	b-106-76	b-106-77	b-106-78	
b-106-79	b-106-80	b-106-81	b-106-82	b-106-83	b-106-84	b-106-85	b-106-86	b-106-87
b-106-88	b-106-89	b-106-90	b-106-91	b-106-92	b-106-93	b-106-94		
b-106-95	b-106-96	b-106-97	b-106-98	b-106-99	b-106-100	b-106-101	b-106-102	b-106-103

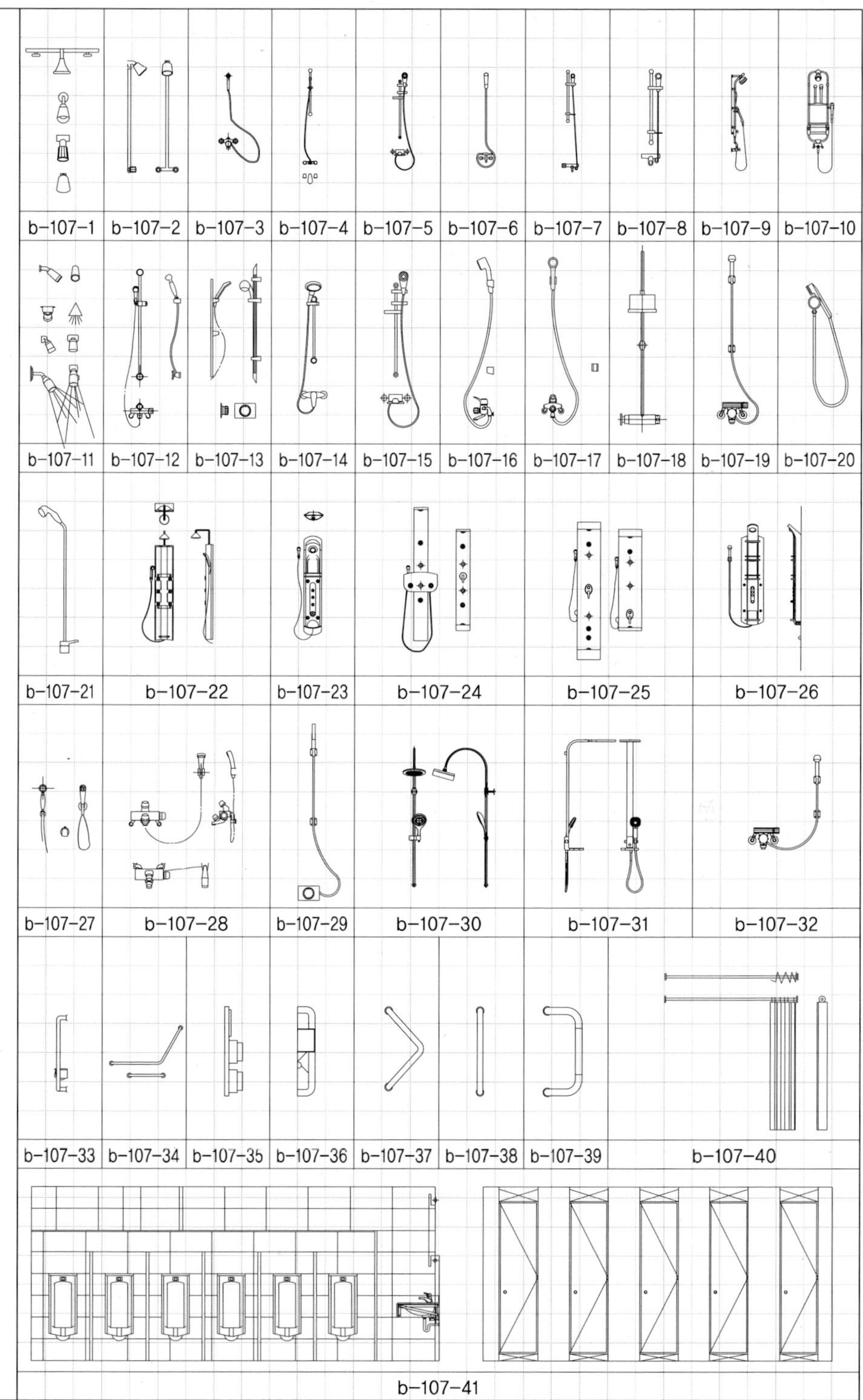

| b-107-1 | b-107-2 | b-107-3 | b-107-4 | b-107-5 | b-107-6 | b-107-7 | b-107-8 | b-107-9 | b-107-10 |

| b-107-11 | b-107-12 | b-107-13 | b-107-14 | b-107-15 | b-107-16 | b-107-17 | b-107-18 | b-107-19 | b-107-20 |

| b-107-21 | b-107-22 | b-107-23 | b-107-24 | b-107-25 | b-107-26 |

| b-107-27 | b-107-28 | b-107-29 | b-107-30 | b-107-31 | b-107-32 |

| b-107-33 | b-107-34 | b-107-35 | b-107-36 | b-107-37 | b-107-38 | b-107-39 | b-107-40 |

b-107-41

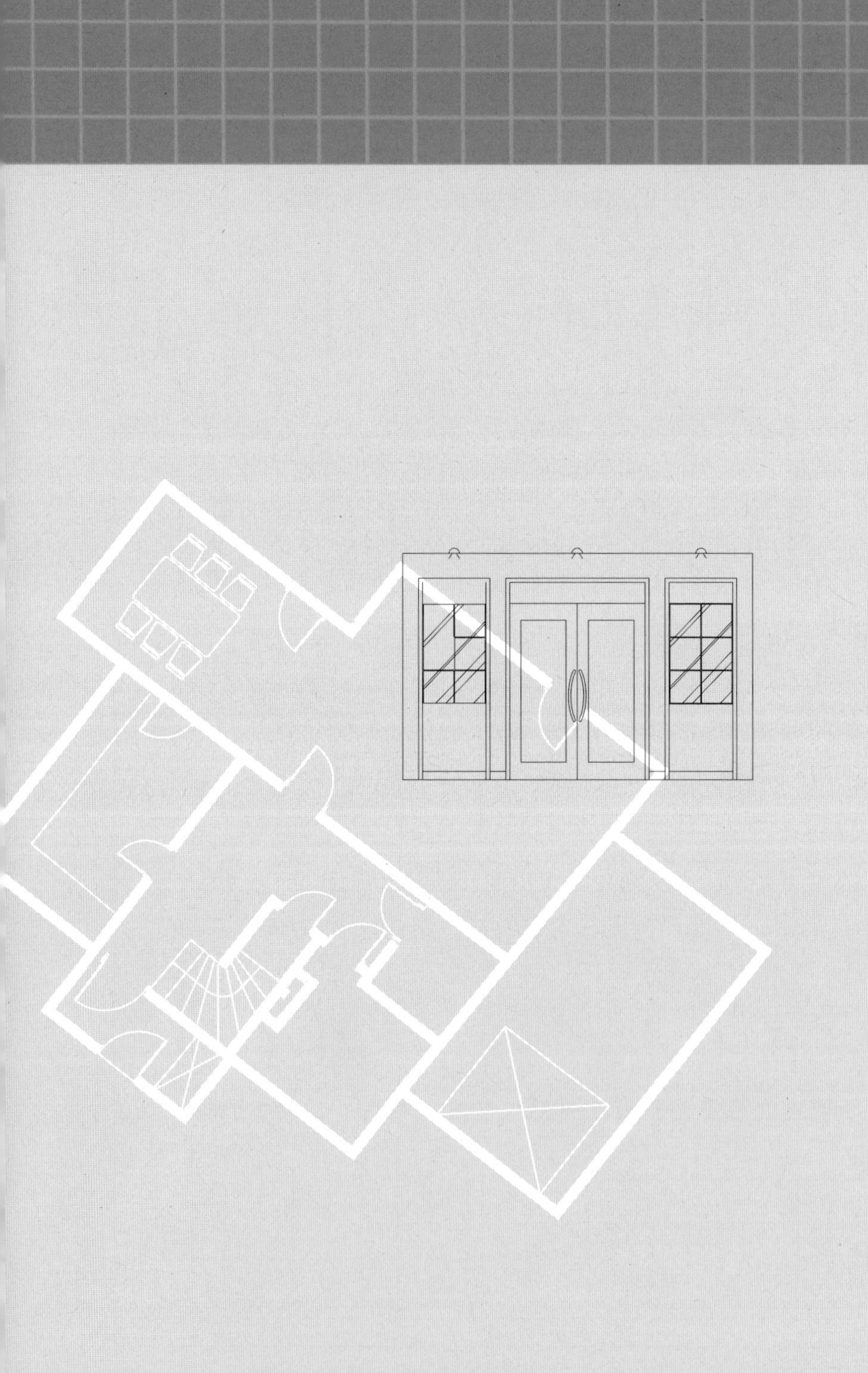

door

door

windoor

W 650 THK. 190	W 700 THK. 190	W 700 THK. 190	W 900 THK. 190	W 1000 THK. 190
d-110-1	d-110-2	d-110-3	d-110-4	d-110-5
W 700 THK. 150	W 700 THK. 150	W 800 THK. 150	W 900 THK. 150	W 900 THK. 190
d-110-6	d-110-7	d-110-8	d-110-9	d-110-10
W 550 THK. 180	W 550 THK. 180	W 600 THK. 180	W 650 THK. 180	W 700 THK. 180
d-110-11	d-110-12	d-110-13	d-110-14	d-110-15
W 750 THK. 180	W 800 THK. 180	W 850 THK. 180	W 900 THK. 180	W 950 THK. 180
d-110-16	d-110-17	d-110-18	d-110-19	d-110-20
W 1000 THK. 180	W 1050 THK. 180	W 1100 THK. 180	W 1500 THK. 80	W 900 THK. 200
d-110-21	d-110-22	d-110-23	d-110-24	d-110-25
W 900 THK. 100	W 800 THK. 200	W 900 THK. 200	W 1000 THK. 200	W 1200 THK. 200
d-110-26	d-110-27	d-110-28	d-110-29	d-110-30
W 700 THK. 100	W 800 THK. 100	W 900 THK. 100	W 1000 THK. 100	W 1200 THK. 100
d-110-31	d-110-32	d-110-33	d-110-34	d-110-35

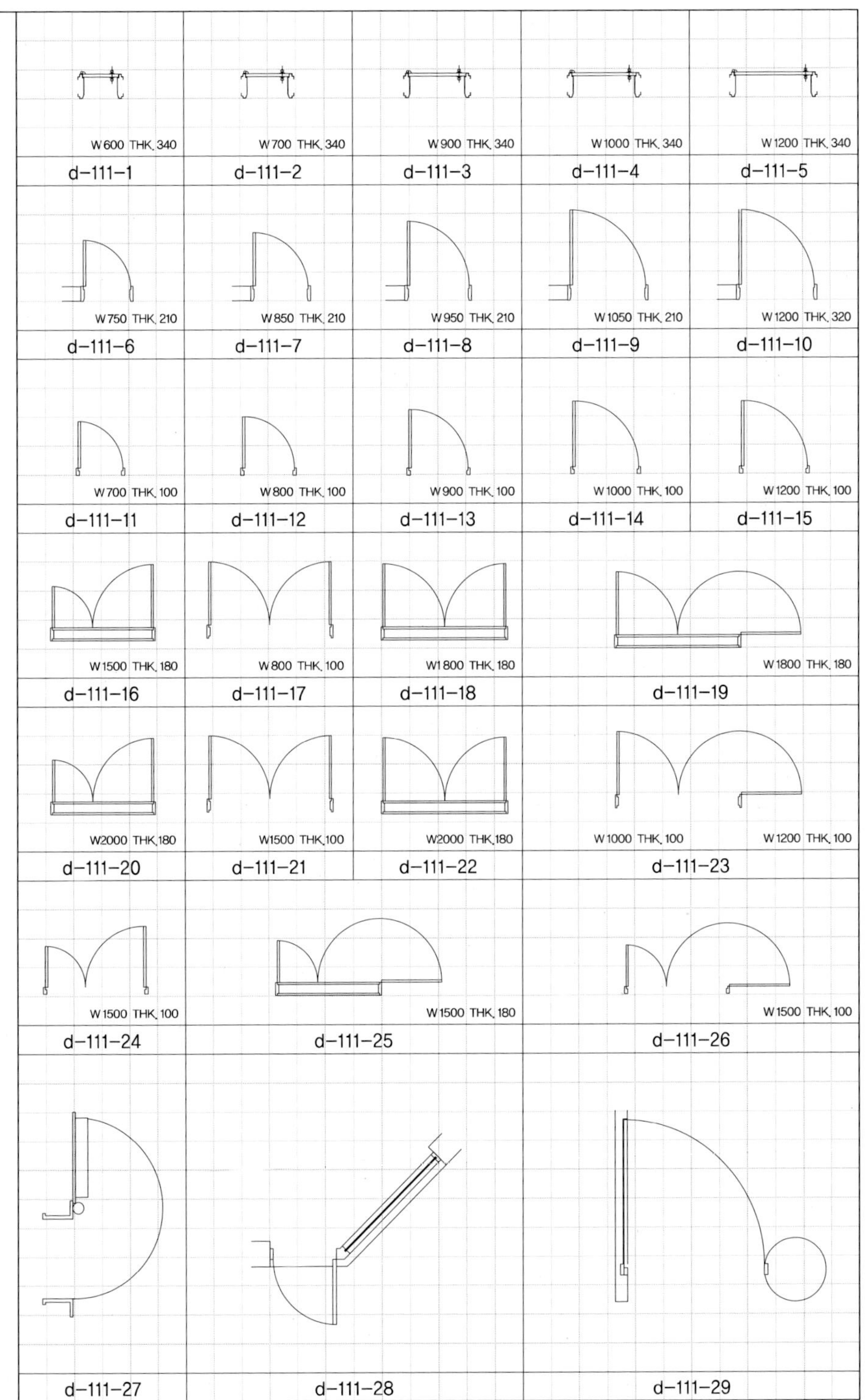

W600 THK,340
W700 THK,340
W900 THK,340
W1000 THK,340
W1200 THK,340
d-111-1
d-111-2
d-111-3
d-111-4
d-111-5
W750 THK,210
W850 THK,210
W950 THK,210
W1050 THK,210
W1200 THK,320
d-111-6
d-111-7
d-111-8
d-111-9
d-111-10
W700 THK,100
W800 THK,100
W900 THK,100
W1000 THK,100
W1200 THK,100
d-111-11
d-111-12
d-111-13
d-111-14
d-111-15
W1500 THK,180
W800 THK,100
W1800 THK,180
W1800 THK,180
d-111-16
d-111-17
d-111-18
d-111-19
W2000 THK,180
W1500 THK,100
W2000 THK,180
W1000 THK,100
W1200 THK,100
d-111-20
d-111-21
d-111-22
d-111-23
W1500 THK,100
W1500 THK,180
W1500 THK,100
d-111-24
d-111-25
d-111-26
d-111-27
d-111-28
d-111-29

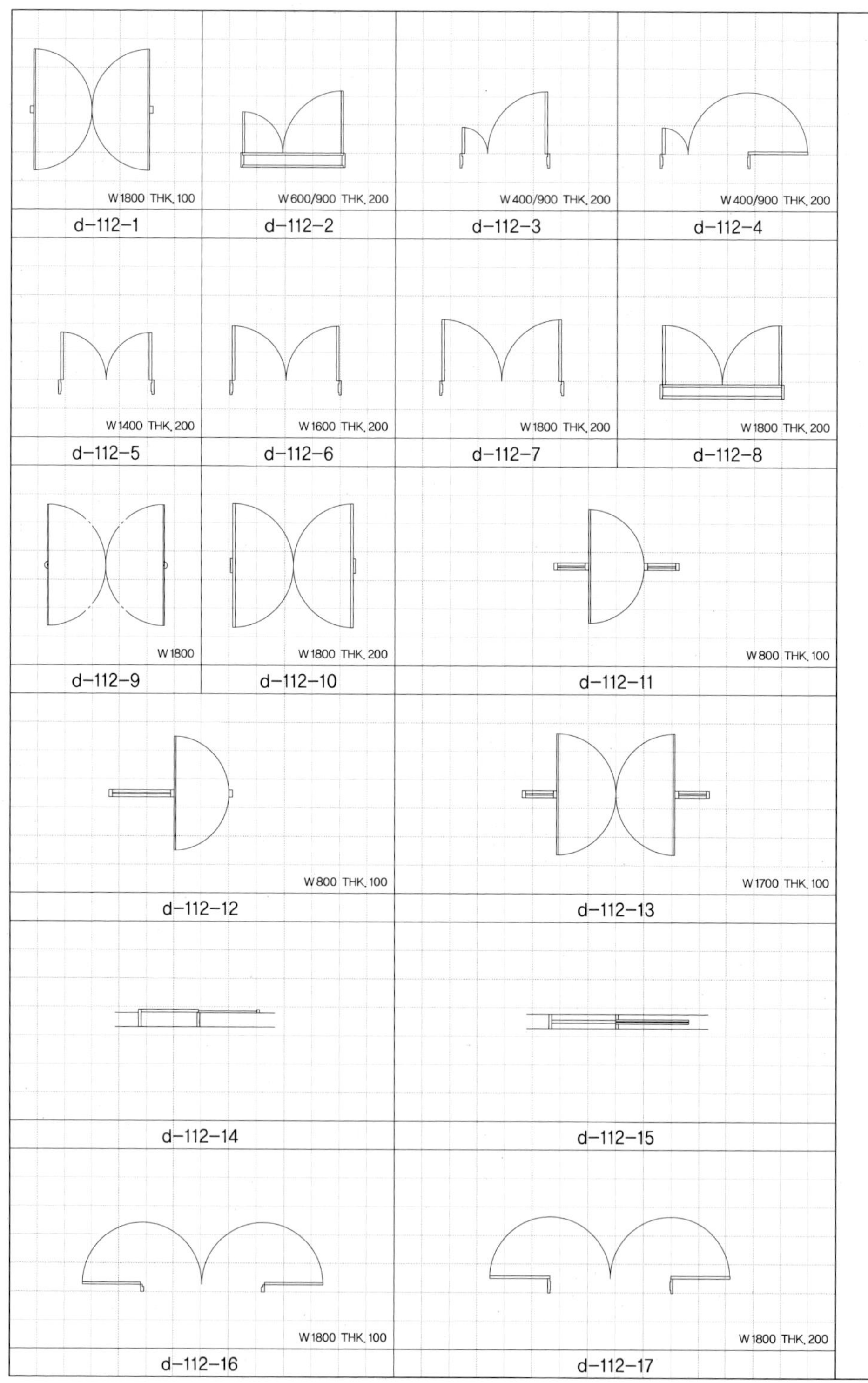

BLOCK

W 1800 THK. 100
d-112-1

W 600/900 THK. 200
d-112-2

W 400/900 THK. 200
d-112-3

W 400/900 THK. 200
d-112-4

W 1400 THK. 200
d-112-5

W 1600 THK. 200
d-112-6

W 1800 THK. 200
d-112-7

W 1800 THK. 200
d-112-8

W 1800
d-112-9

W 1800 THK. 200
d-112-10

W 800 THK. 100
d-112-11

W 800 THK. 100
d-112-12

W 1700 THK. 100
d-112-13

d-112-14

d-112-15

W 1800 THK. 100
d-112-16

W 1800 THK. 200
d-112-17

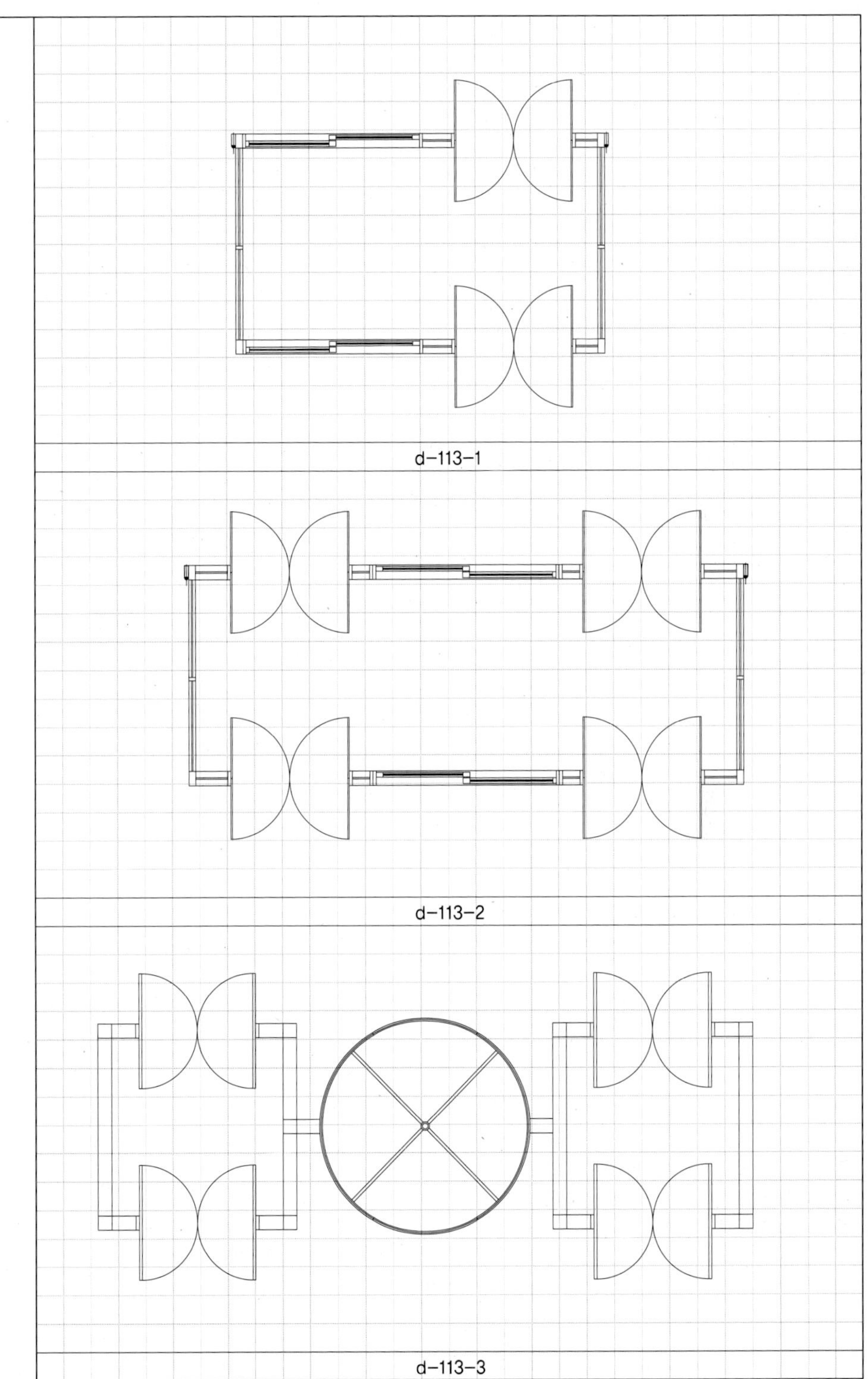

BLOCK

BLOCK

W 2000 THK. 100
d-114-1
W 900/900 THK. 100
d-114-2
W 600/900 THK. 100
d-114-3
W 1800 THK. 100
d-114-4
π = 1600
d-114-5
π = 1700
d-114-6
π = 1800
d-114-7
π = 2000
d-114-8
π = 1900
d-114-9
π = 1800
d-114-10
π = 1700/W 3000
d-114-11
d-114-12
W 4850/900 THK. 100
d-114-13
W 5400/900 THK. 100
d-114-14
d-114-15
W 4700 THK. 100
d-114-16
W 2900 THK. 200
d-114-17

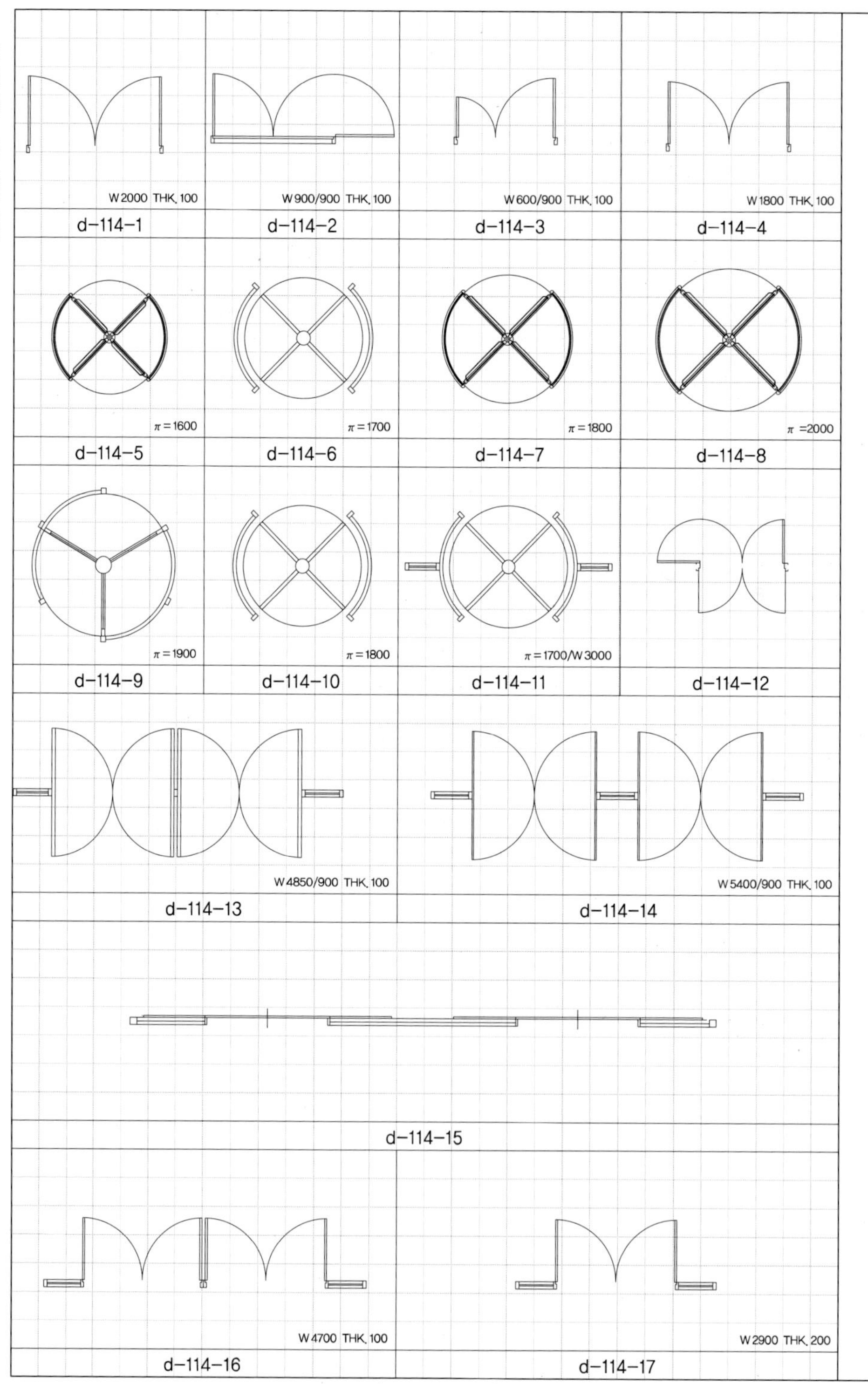

d–115–1
d–115–2
π = 1700/W 5100
d–115–3
d–115–4
d–115–5
1,800
1,200
1,600
1,565
1,770
1,565
1,600
1,200
d–115–6

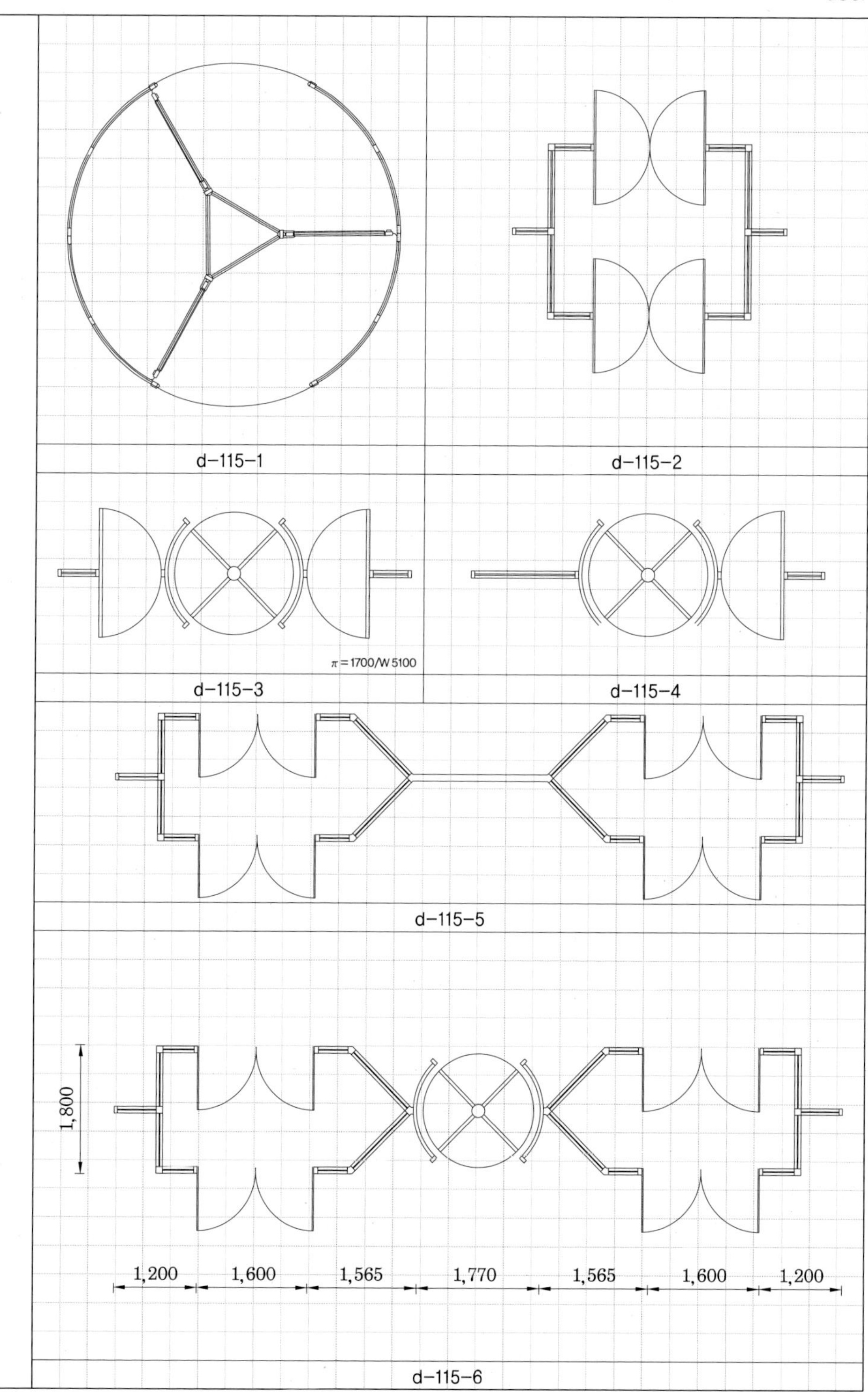

BLOCK

BLOCK

1,900
655 630 1,800 827 1,800 630 650
d-116-1
3,100
1,050 800 2,100 800 1,050
d-116-2
2,460
1,660 800 2,310 800 1,660
d-116-3

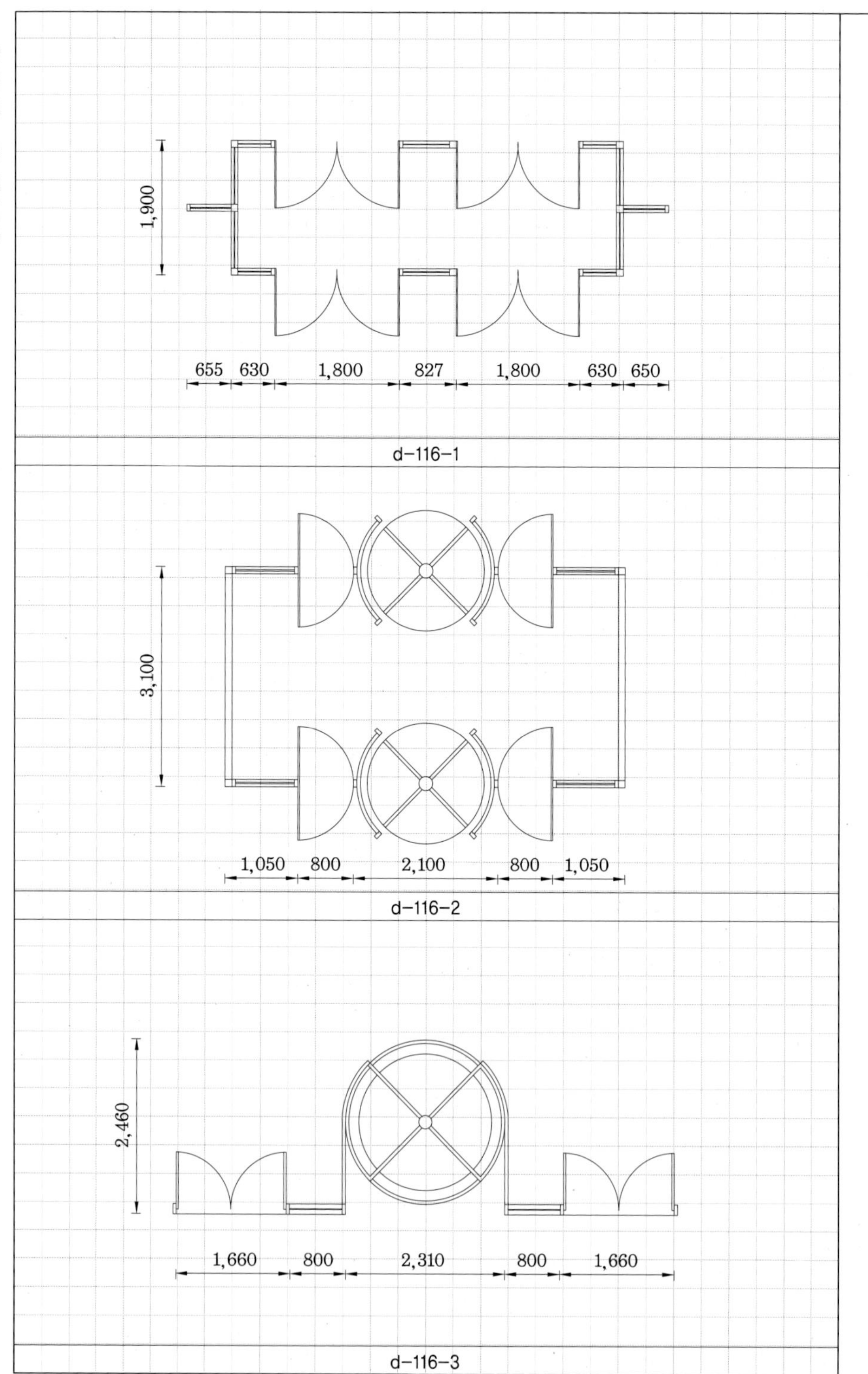

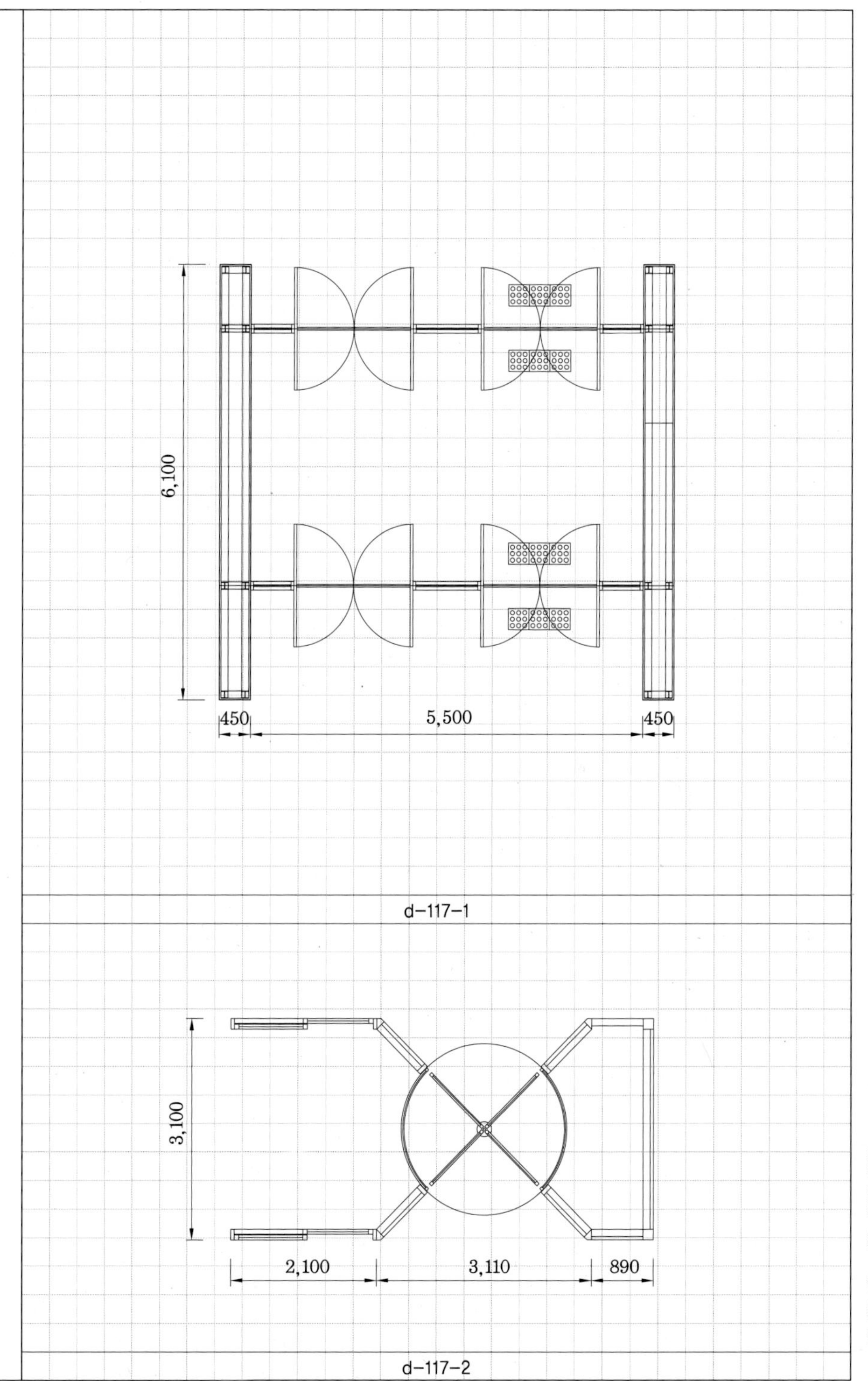

6,100
450
5,500
450
d-117-1
3,100
2,100
3,110
890
d-117-2
BLOCK

BLOCK

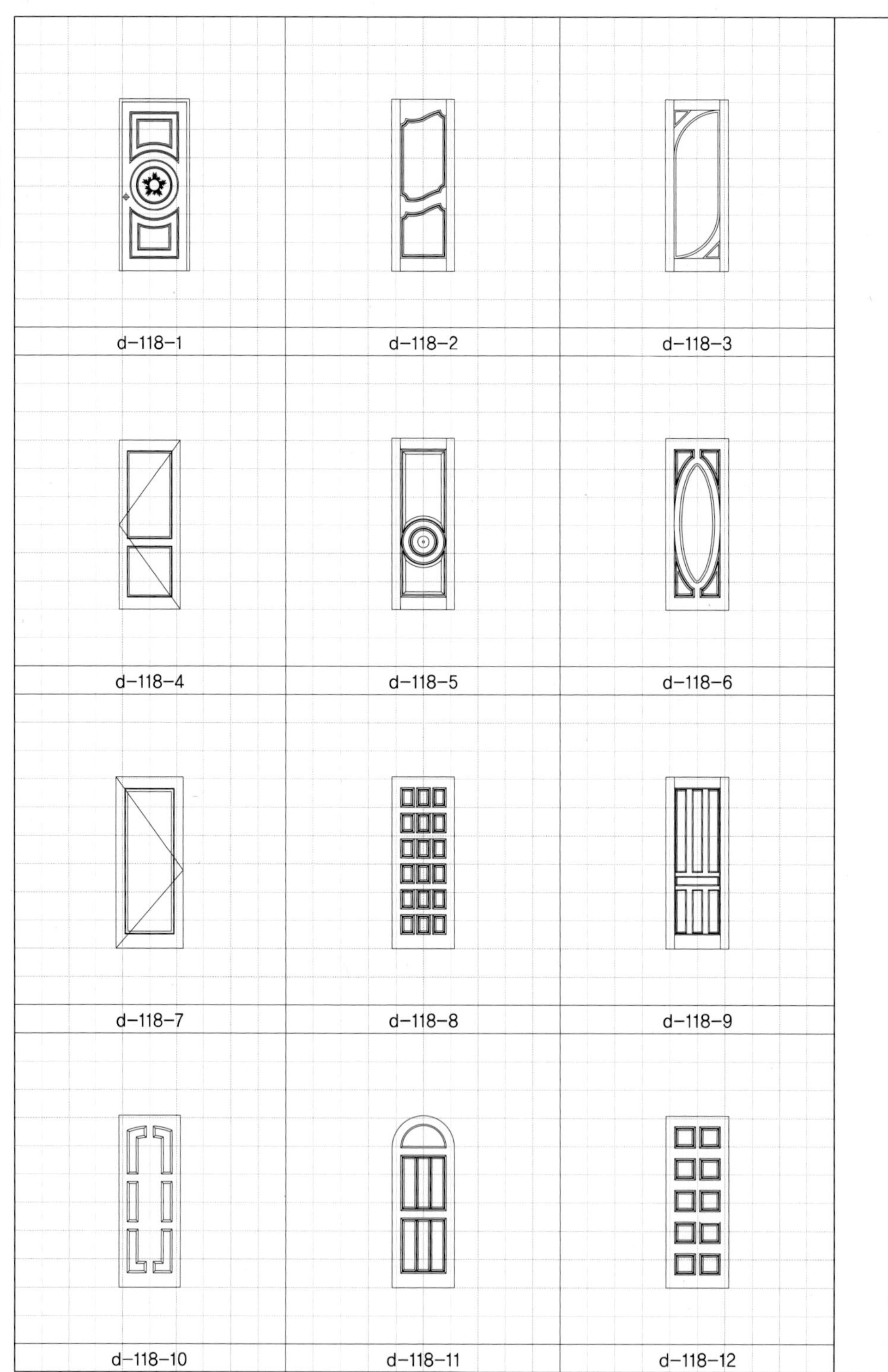

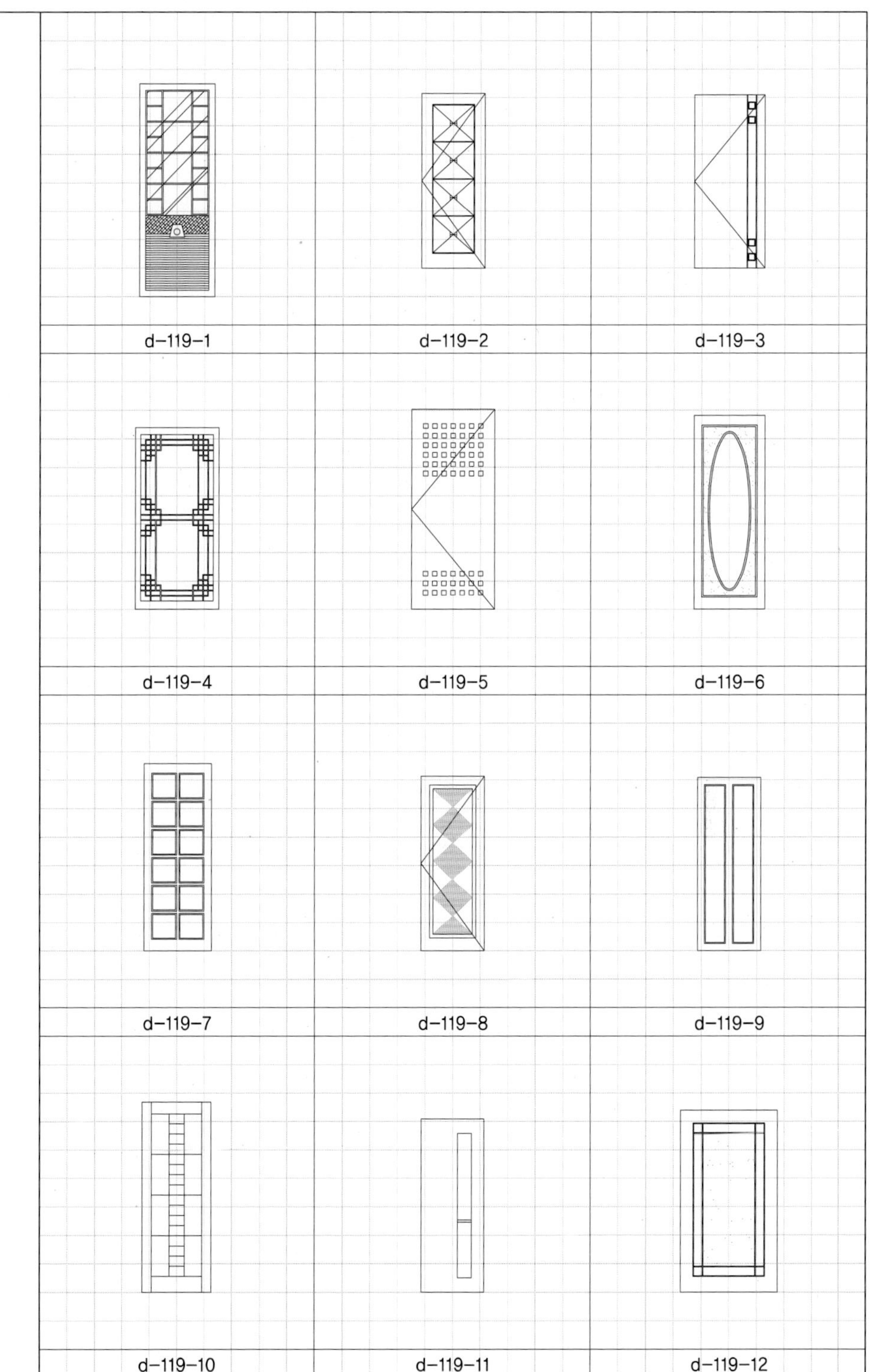

BLOCK

BLOCK

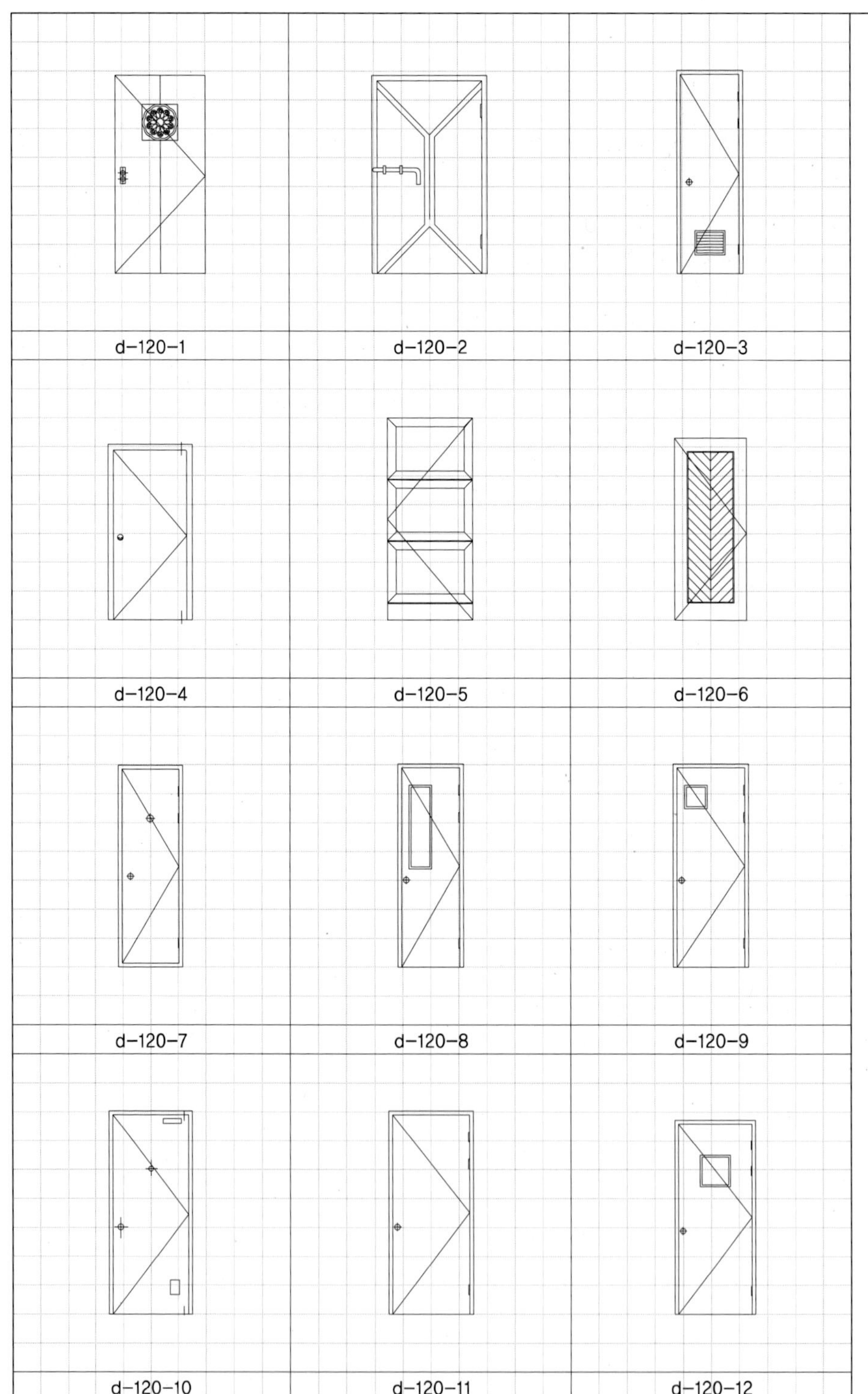

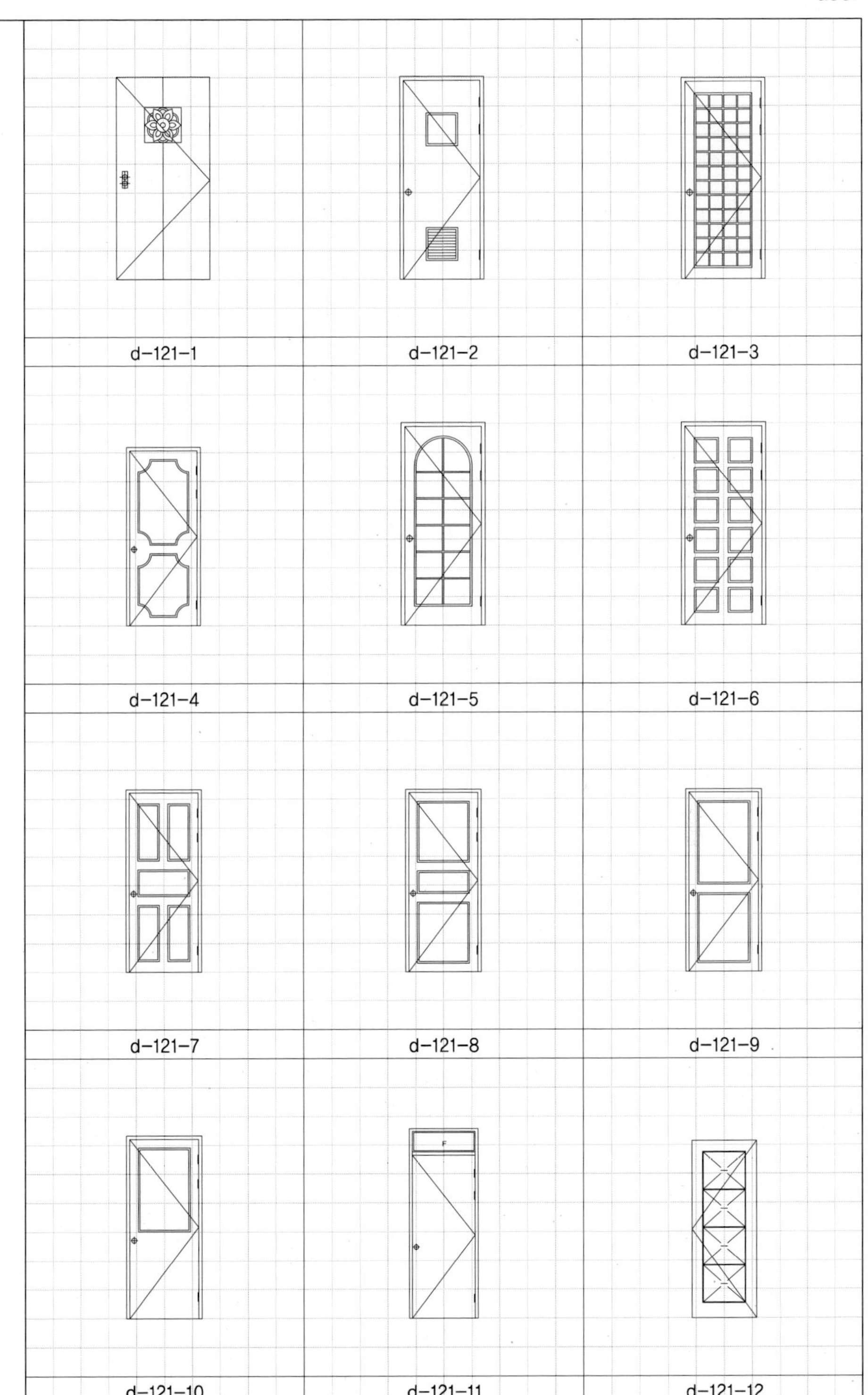

d-121-1
d-121-2
d-121-3
d-121-4
d-121-5
d-121-6
d-121-7
d-121-8
d-121-9
d-121-10
d-121-11
d-121-12
BLOCK

BLOCK

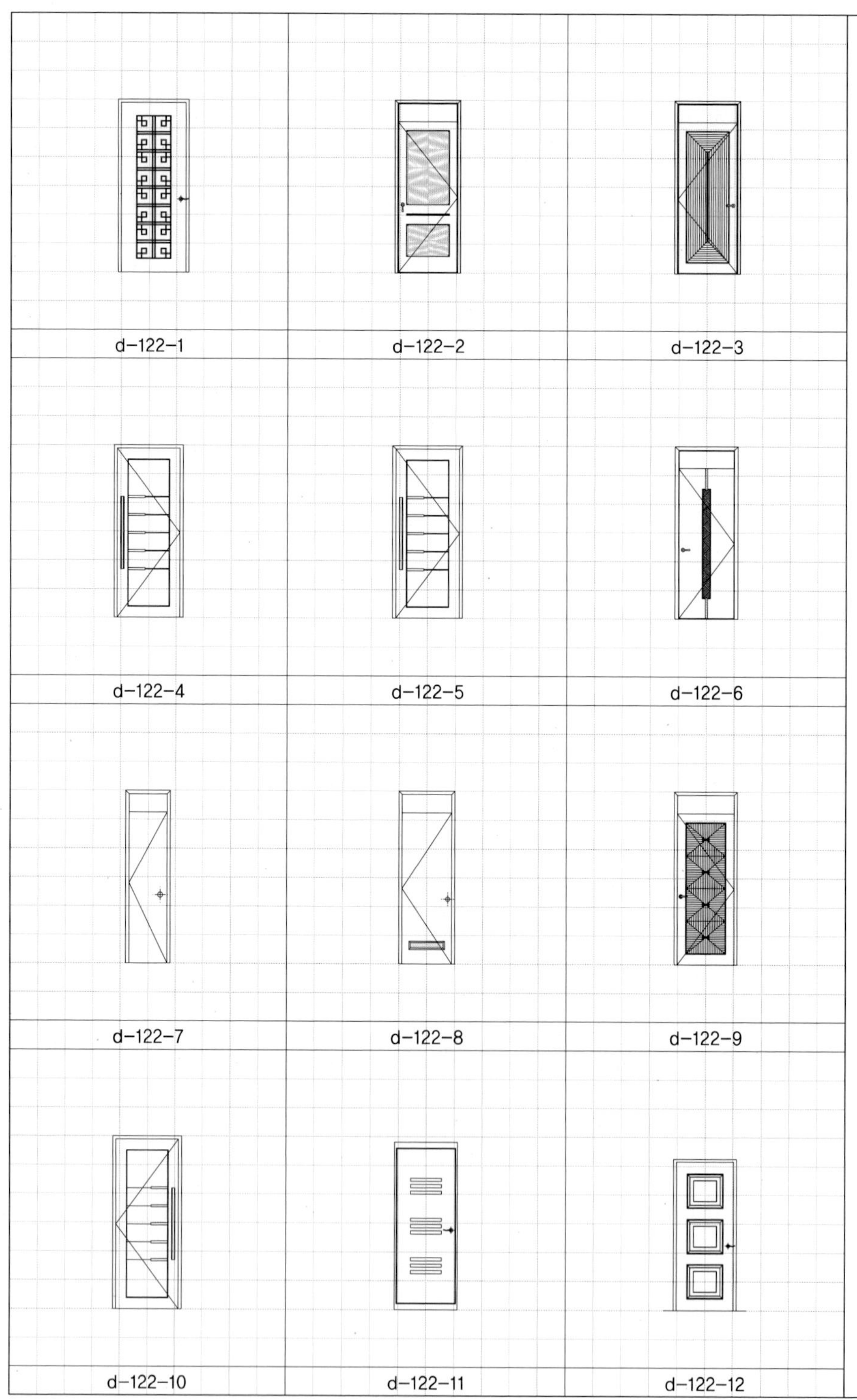

d−123−1	d−123−2	d−123−3
d−123−4	d−123−5	d−123−6
d−123−7	d−123−8	d−123−9
d−123−10	d−123−11	d−123−12

BLOCK

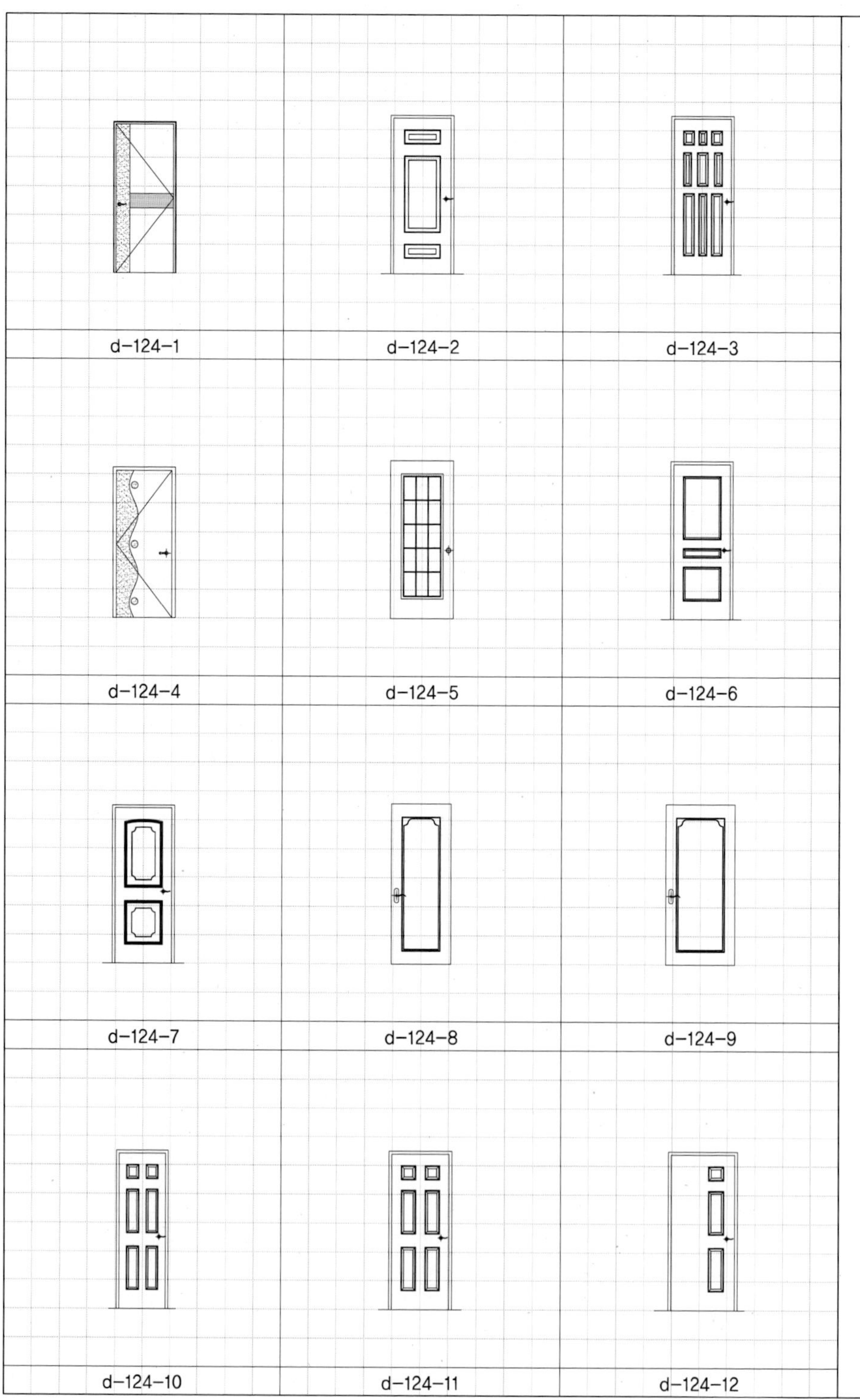

d-125-1
d-125-2
d-125-3
d-125-4
d-125-5
d-125-6
d-125-7
d-125-8
d-125-9
d-125-10
d-125-11

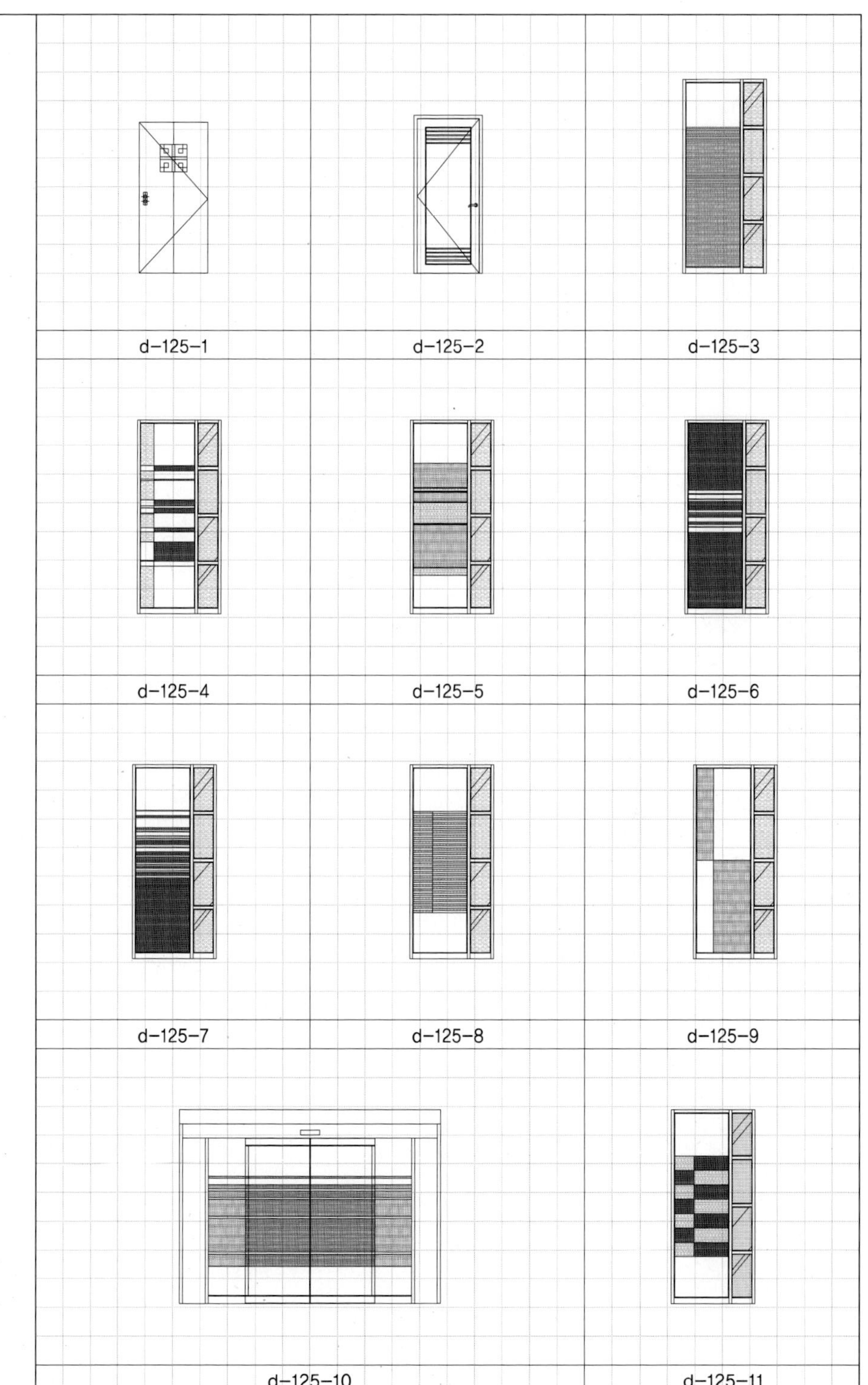

BLOCK

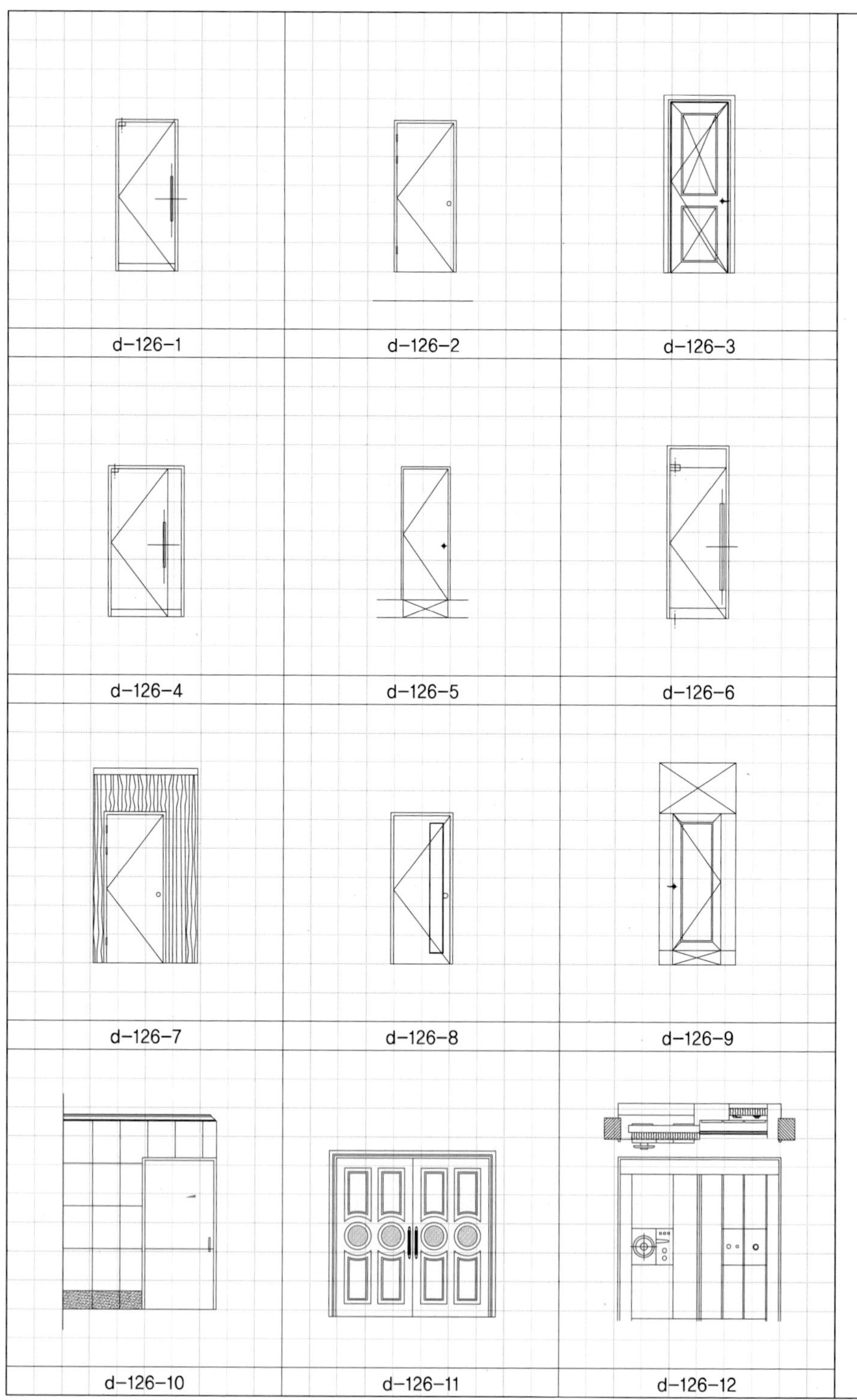

BLOCK
d-126-1
d-126-2
d-126-3
d-126-4
d-126-5
d-126-6
d-126-7
d-126-8
d-126-9
d-126-10
d-126-11
d-126-12

d-127-1
d-127-2
d-127-3
d-127-4
d-127-5
d-127-6
d-127-7
d-127-8
d-127-9
d-127-10

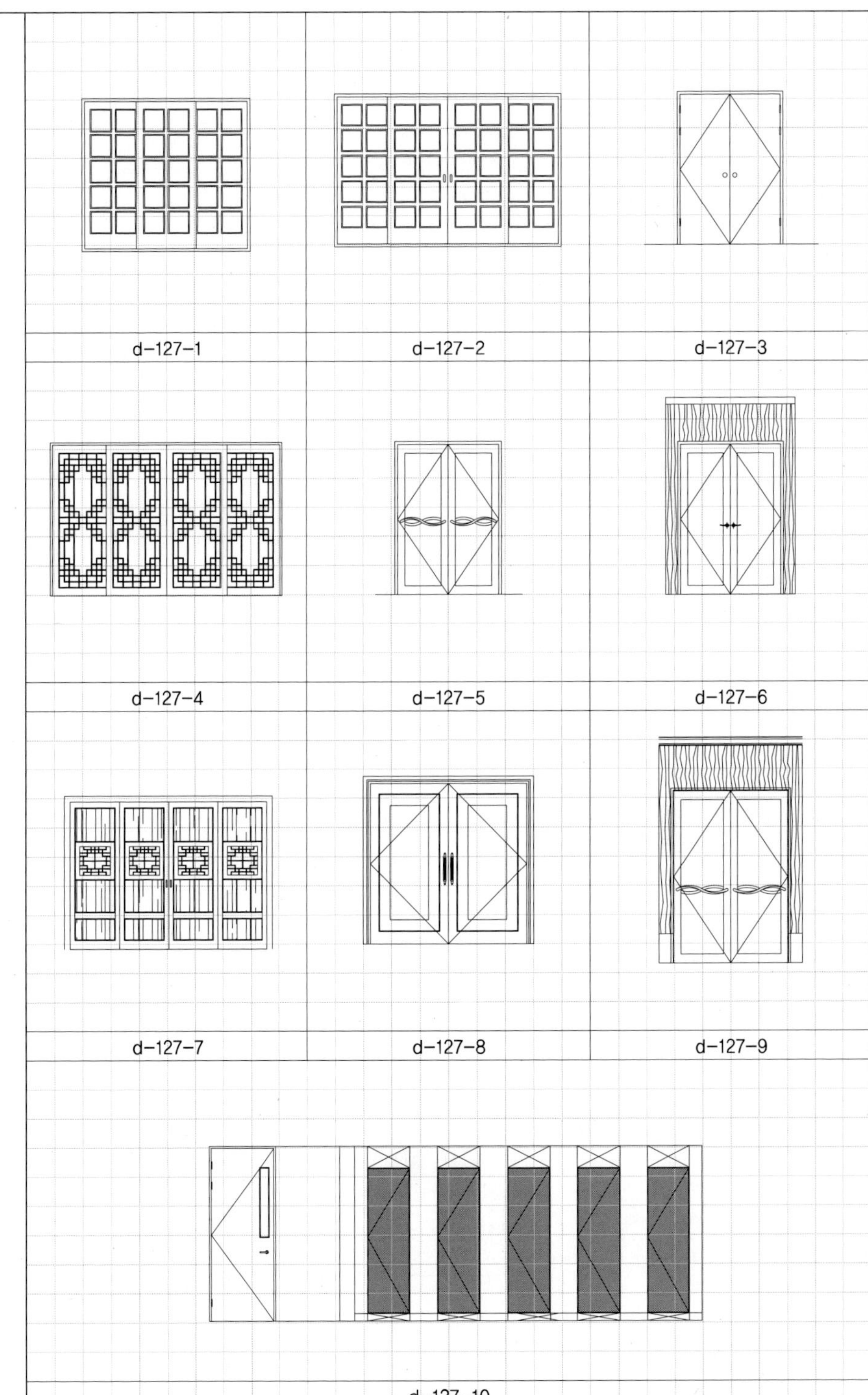

BLOCK

BLOCK

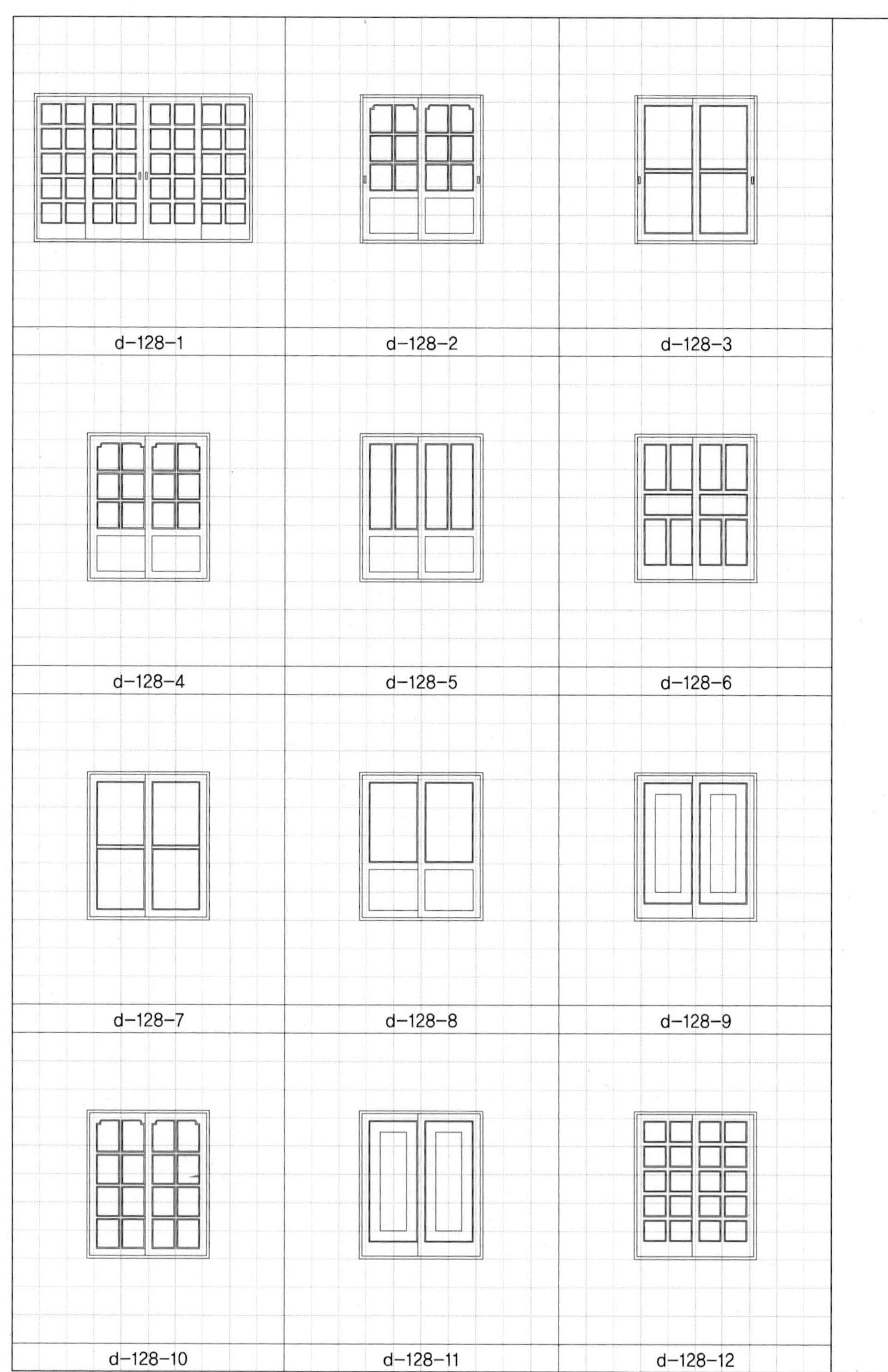

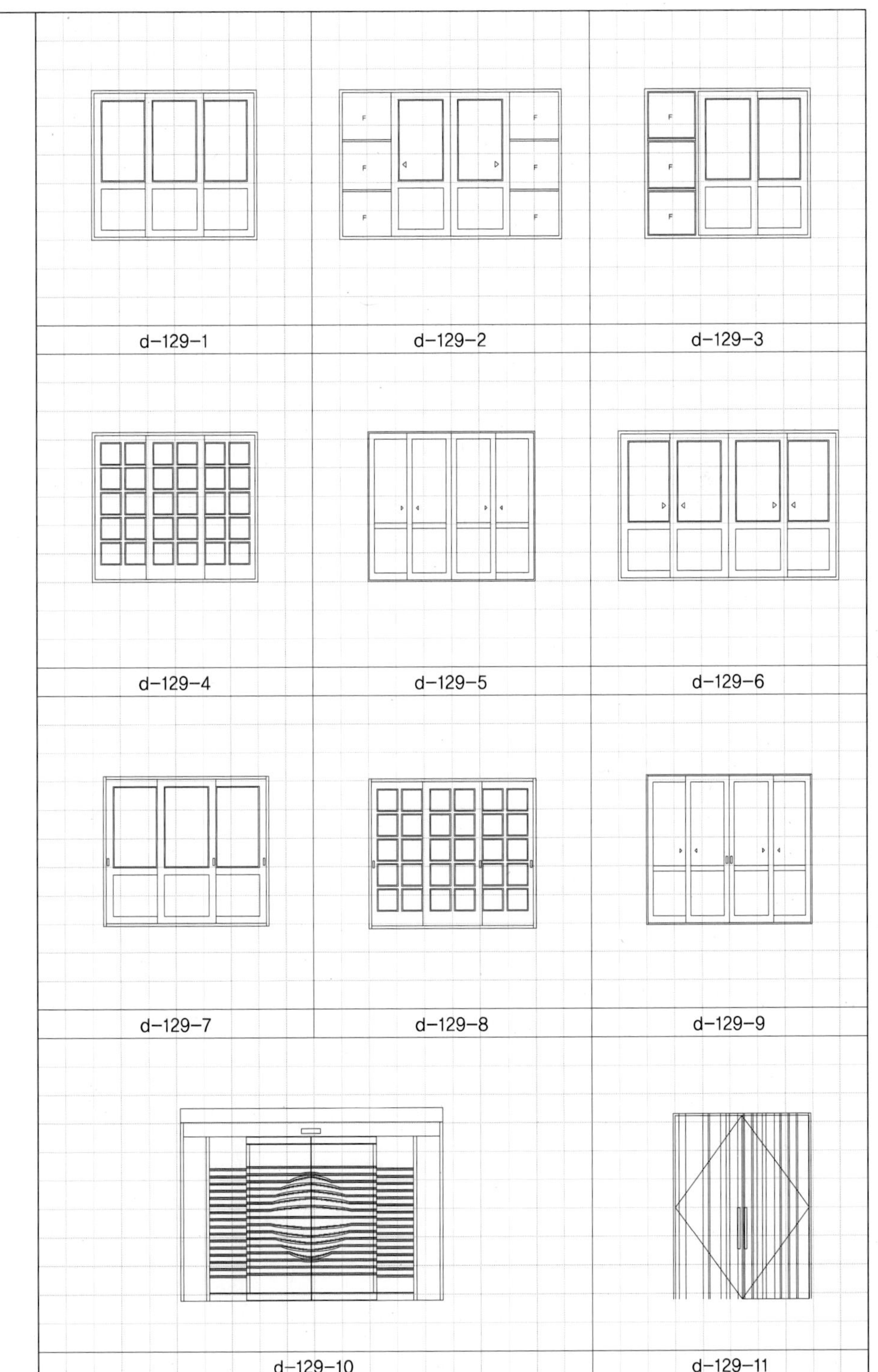

d-129-1
d-129-2
d-129-3
d-129-4
d-129-5
d-129-6
d-129-7
d-129-8
d-129-9
d-129-10
d-129-11
BLOCK

BLOCK

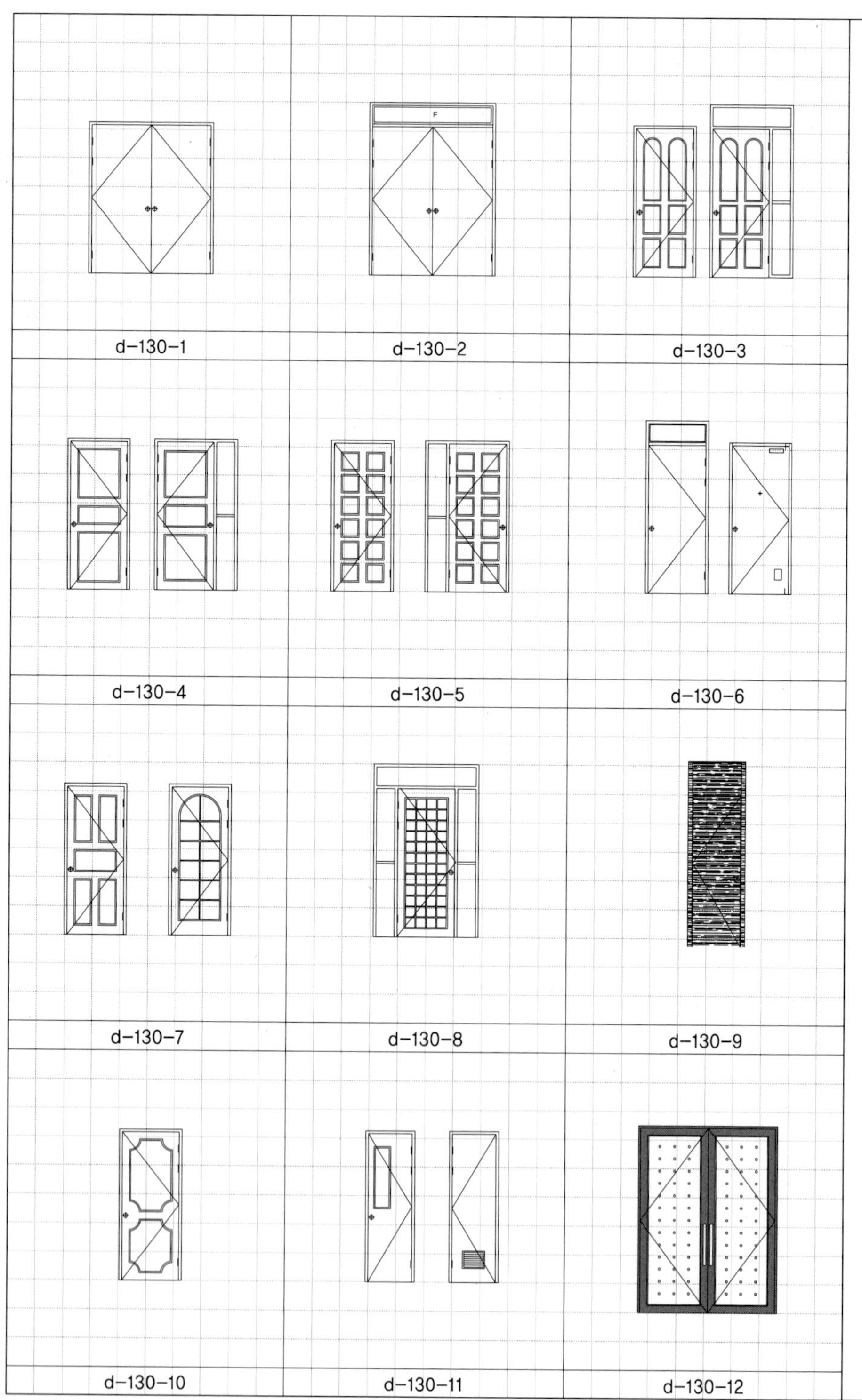

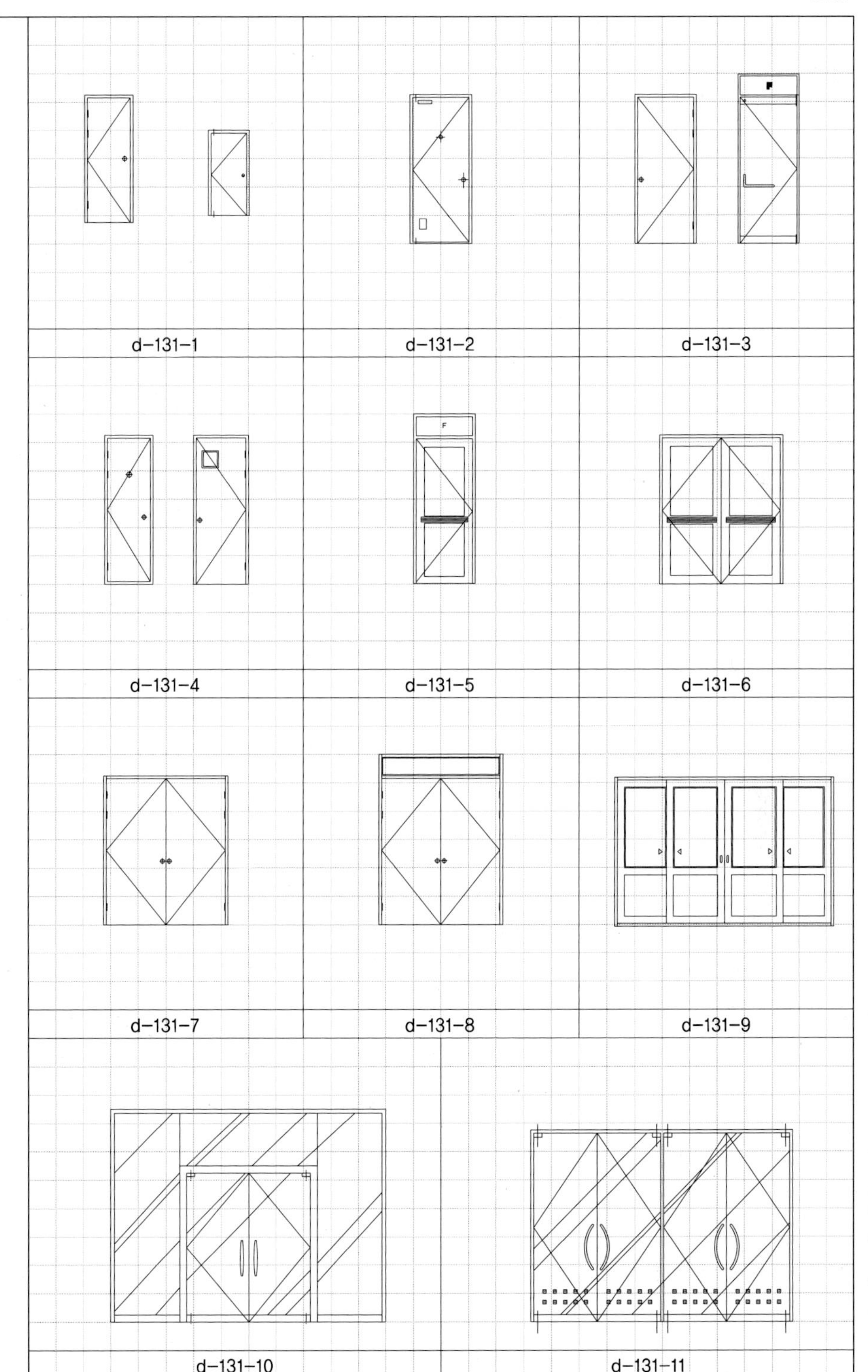

d-131-1
d-131-2
d-131-3
d-131-4
d-131-5
d-131-6
d-131-7
d-131-8
d-131-9
d-131-10
d-131-11
F
BLOCK

BLOCK

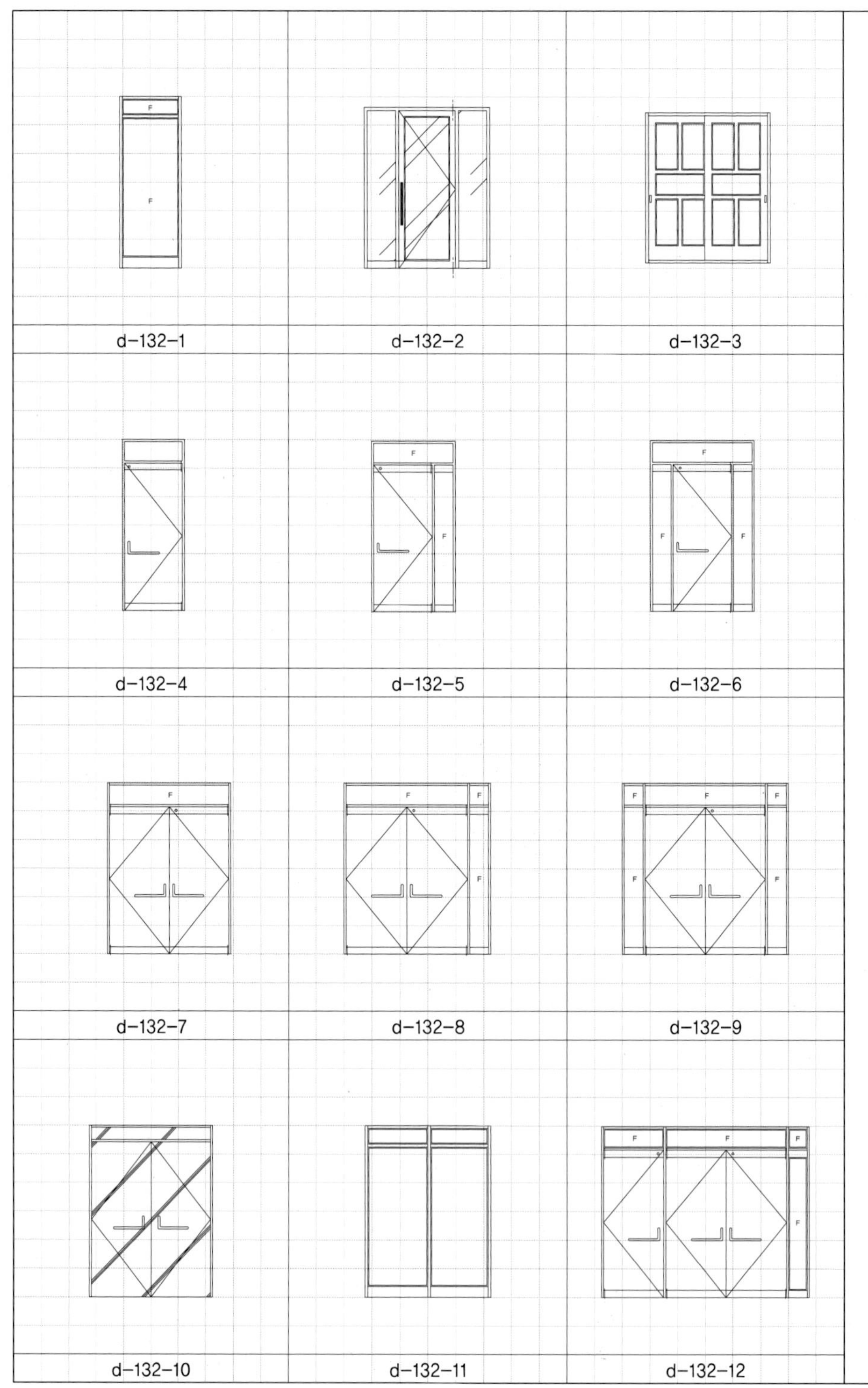

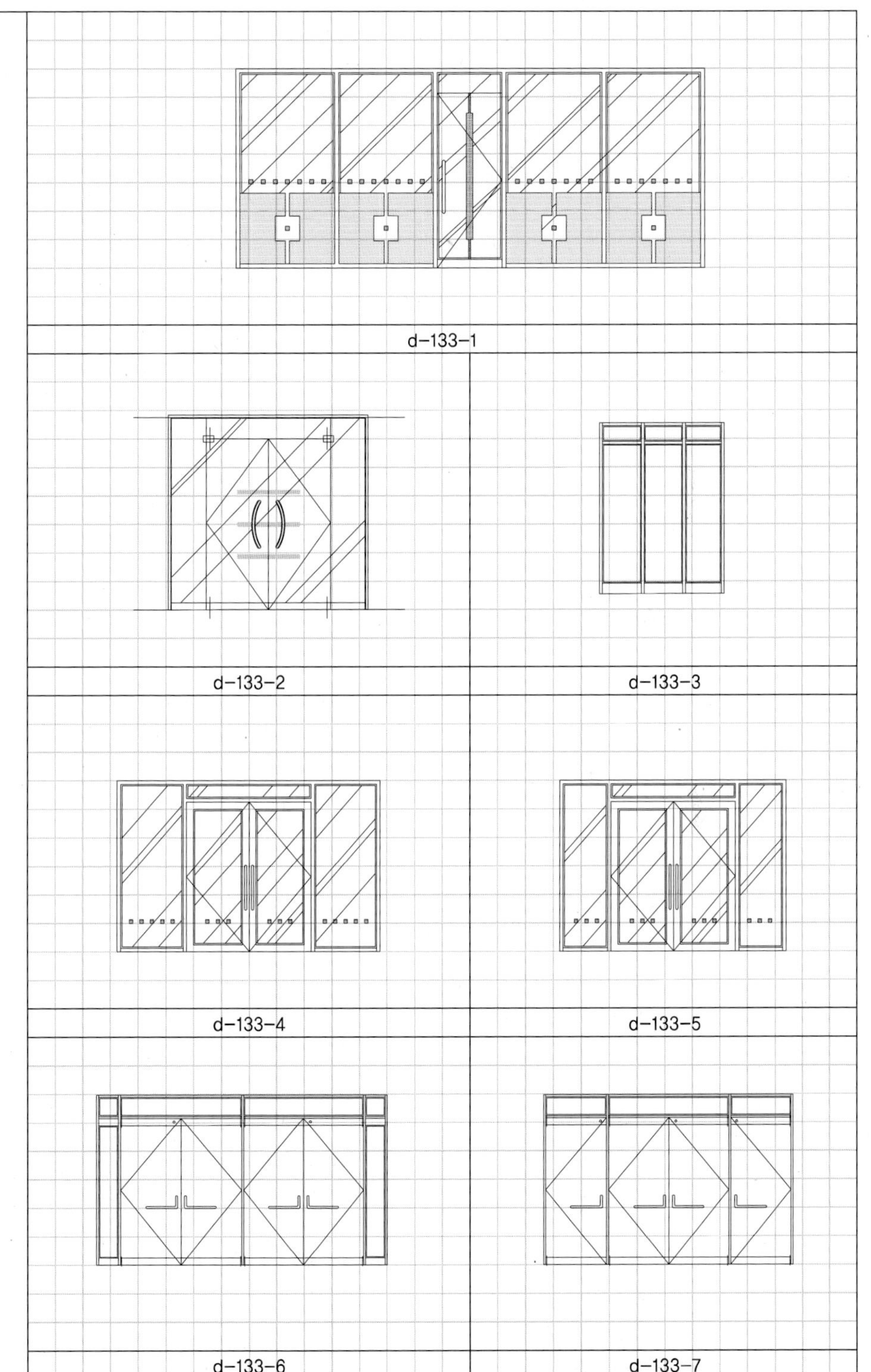

BLOCK

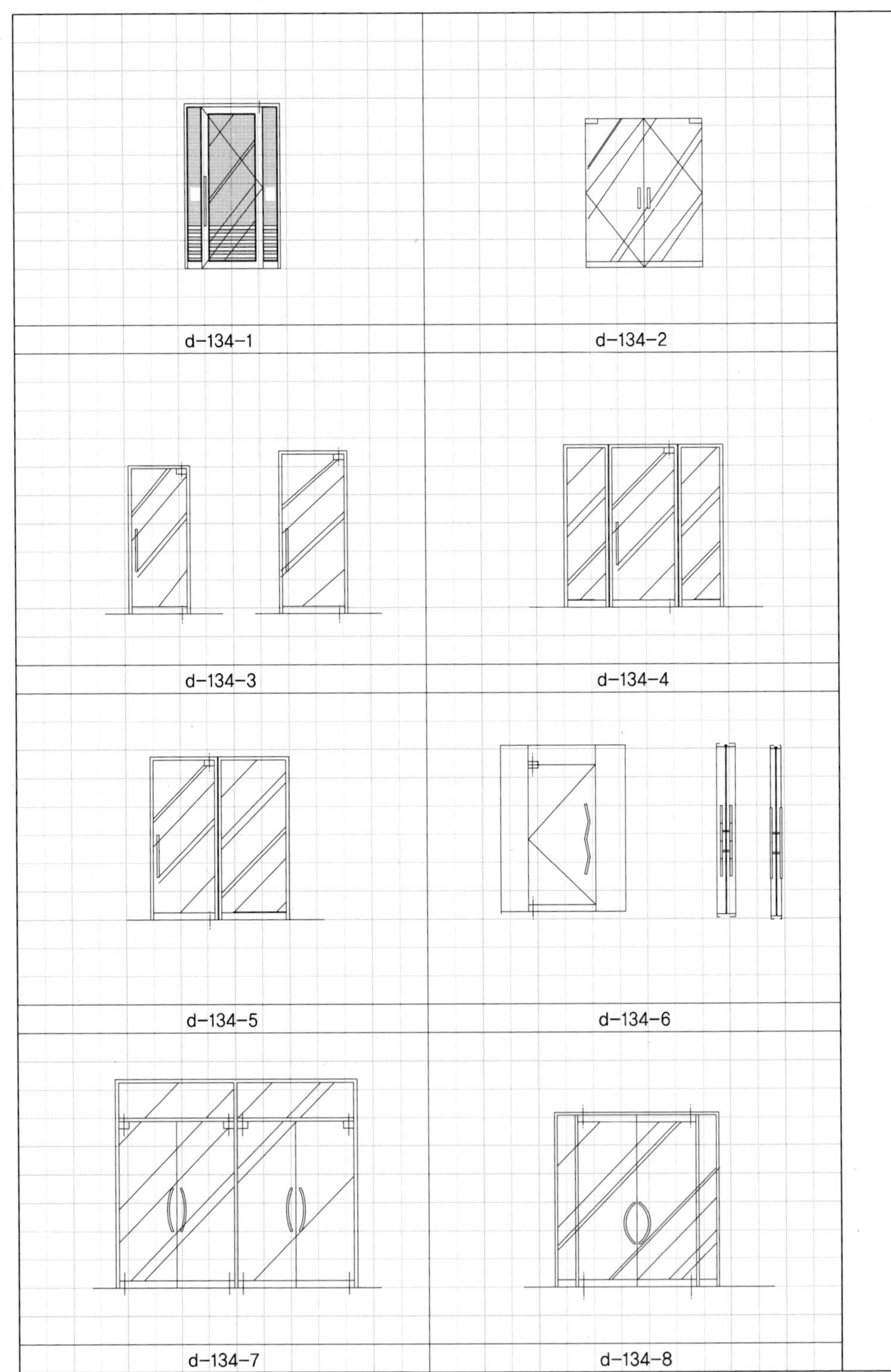

d-134-1
d-134-2
d-134-3
d-134-4
d-134-5
d-134-6
d-134-7
d-134-8

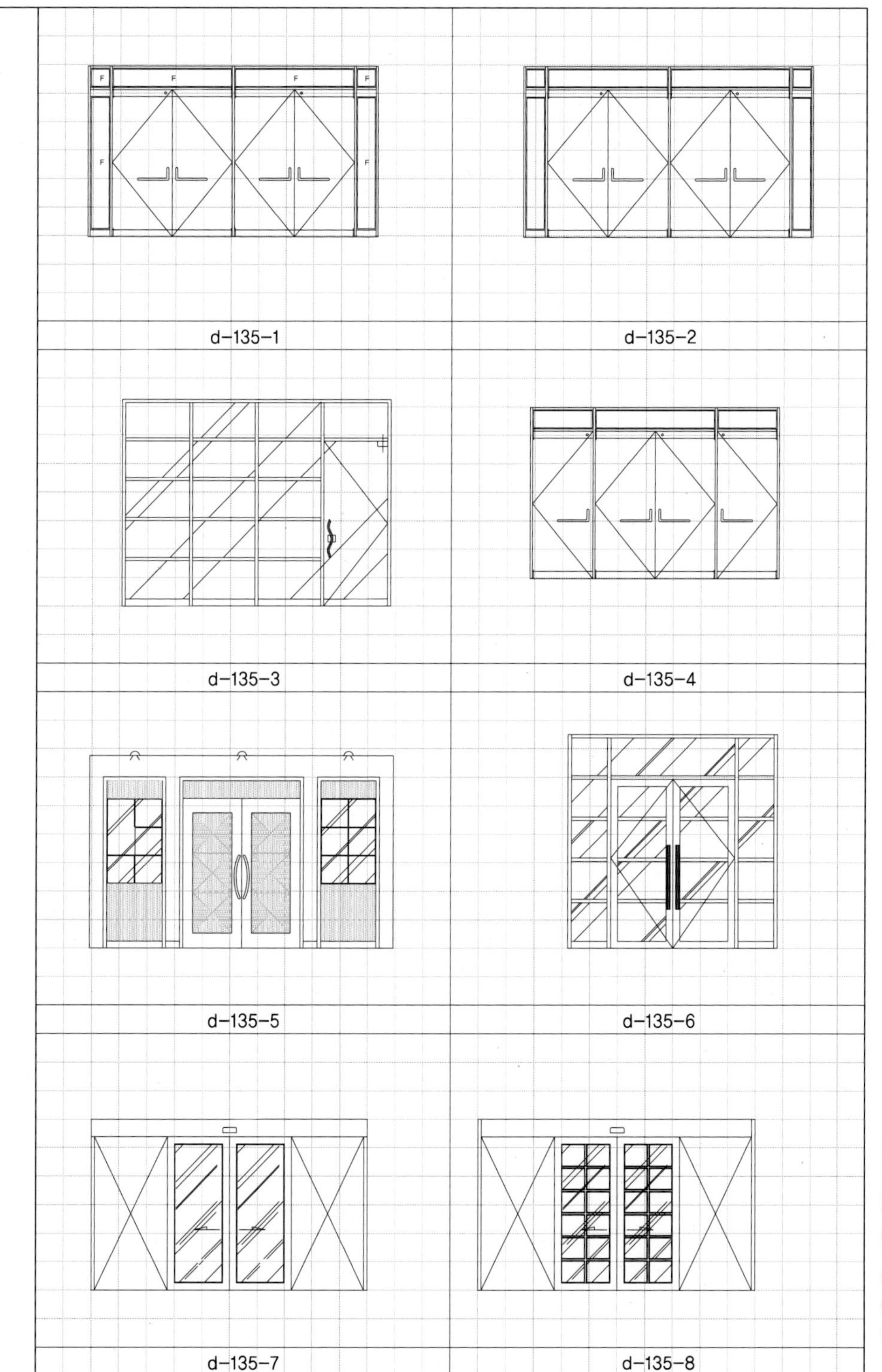

d-135-1
d-135-2
d-135-3
d-135-4
d-135-5
d-135-6
d-135-7
d-135-8
BLOCK

BLOCK

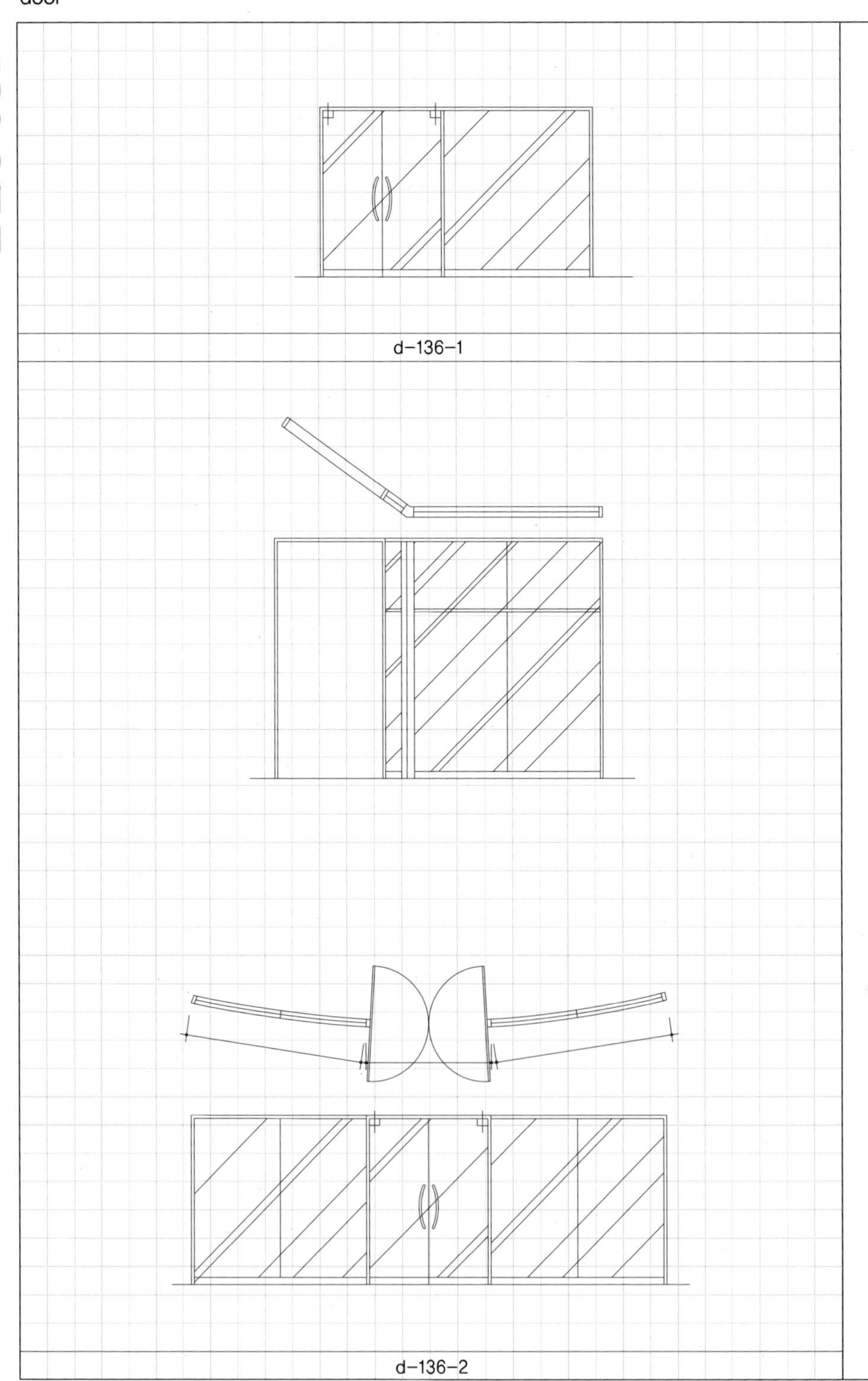

d-136-1

d-136-2

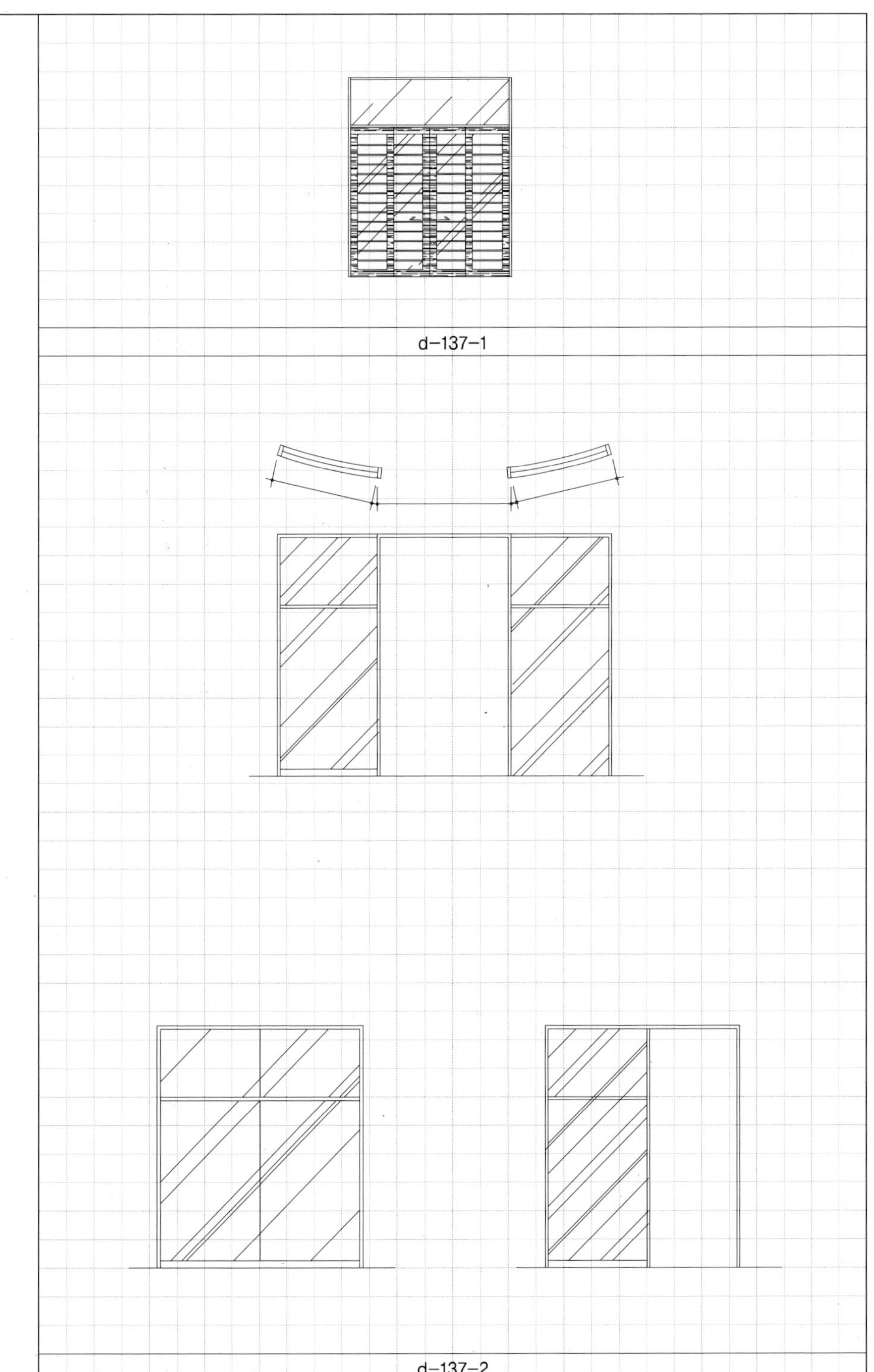

d-137-1

d-137-2

BLOCK

BLOCK

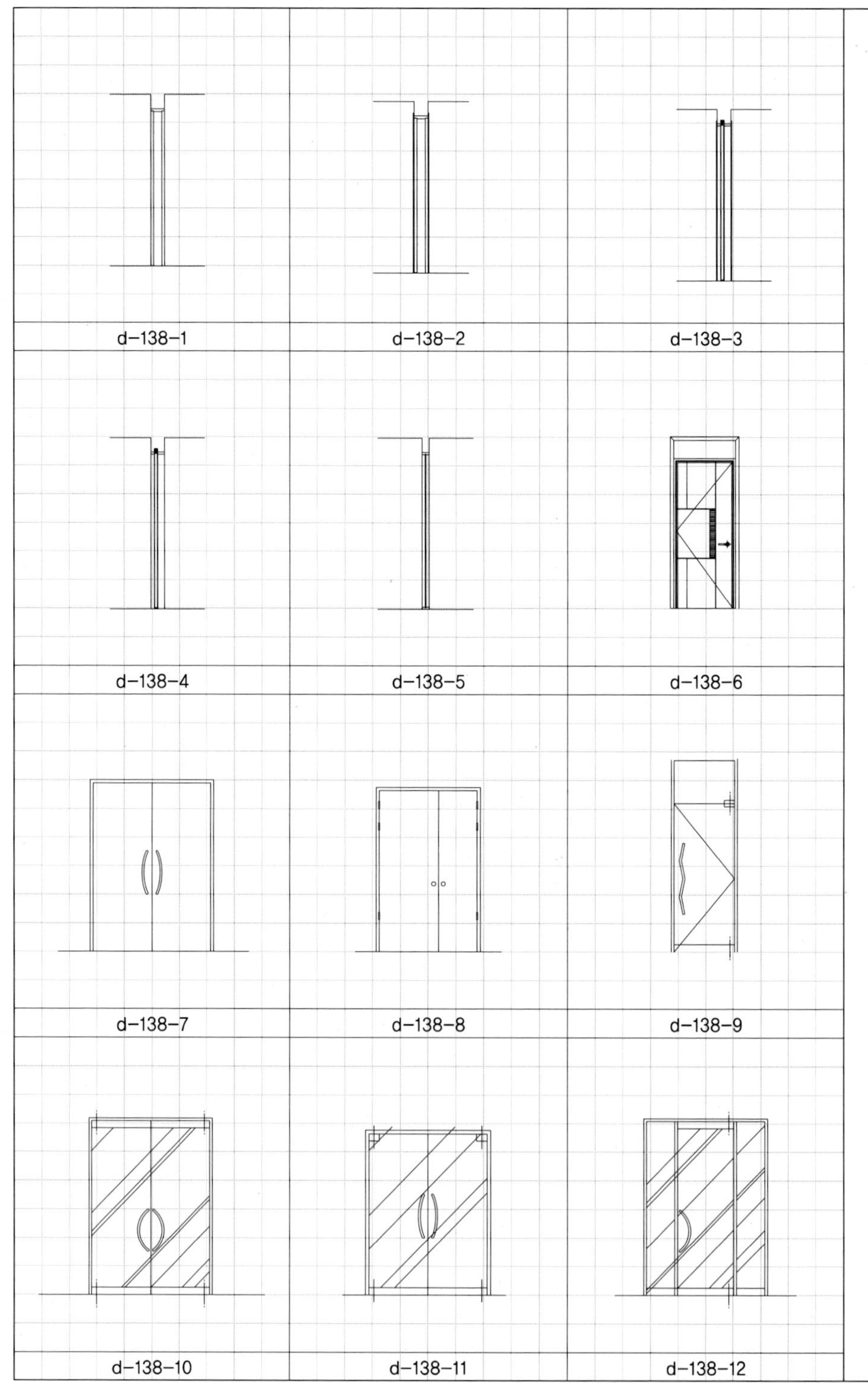

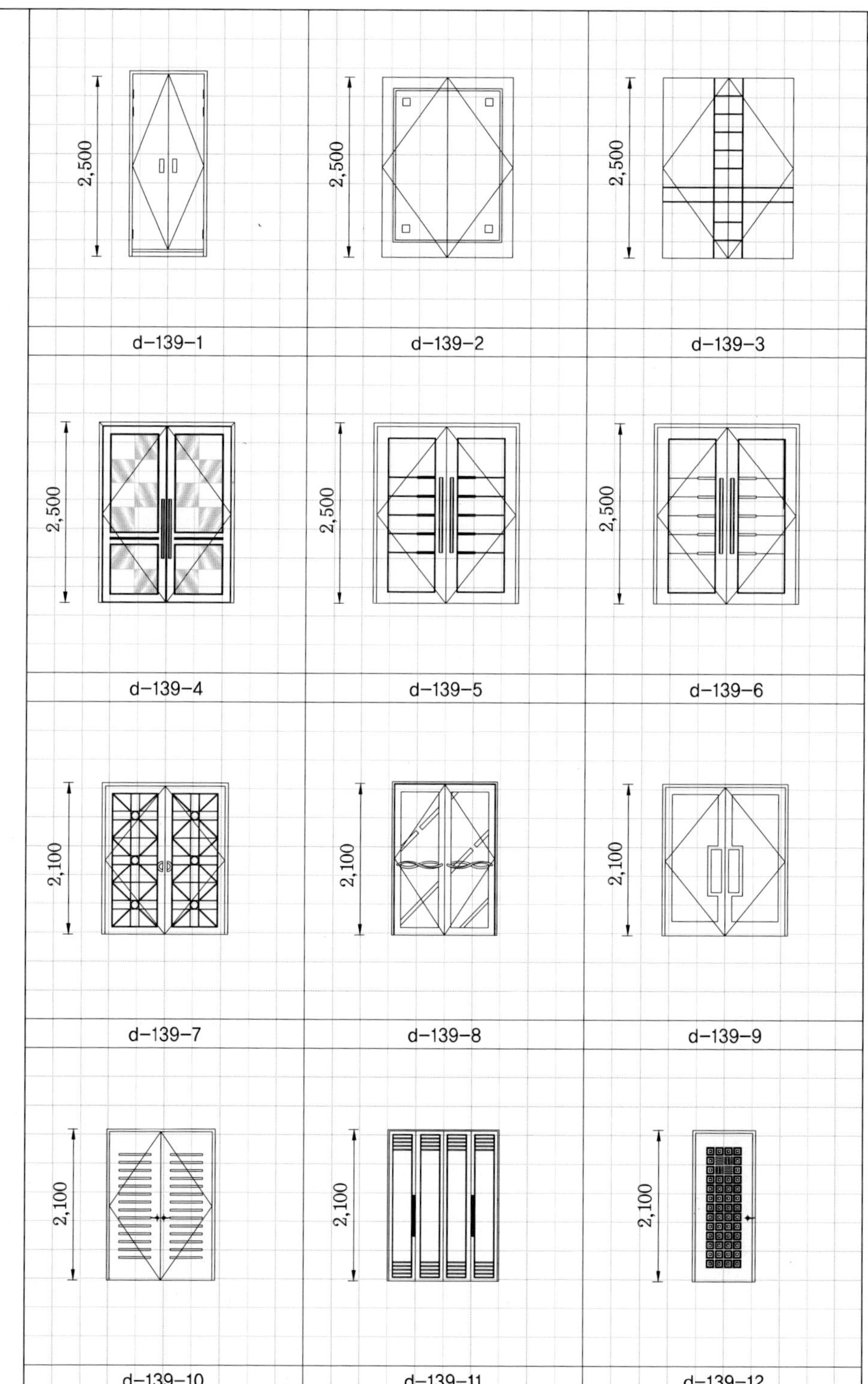

2,500
2,500
2,500
d-139-1
d-139-2
d-139-3
2,500
2,500
2,500
d-139-4
d-139-5
d-139-6
2,100
2,100
2,100
d-139-7
d-139-8
d-139-9
2,100
2,100
2,100
d-139-10
d-139-11
d-139-12

BLOCK

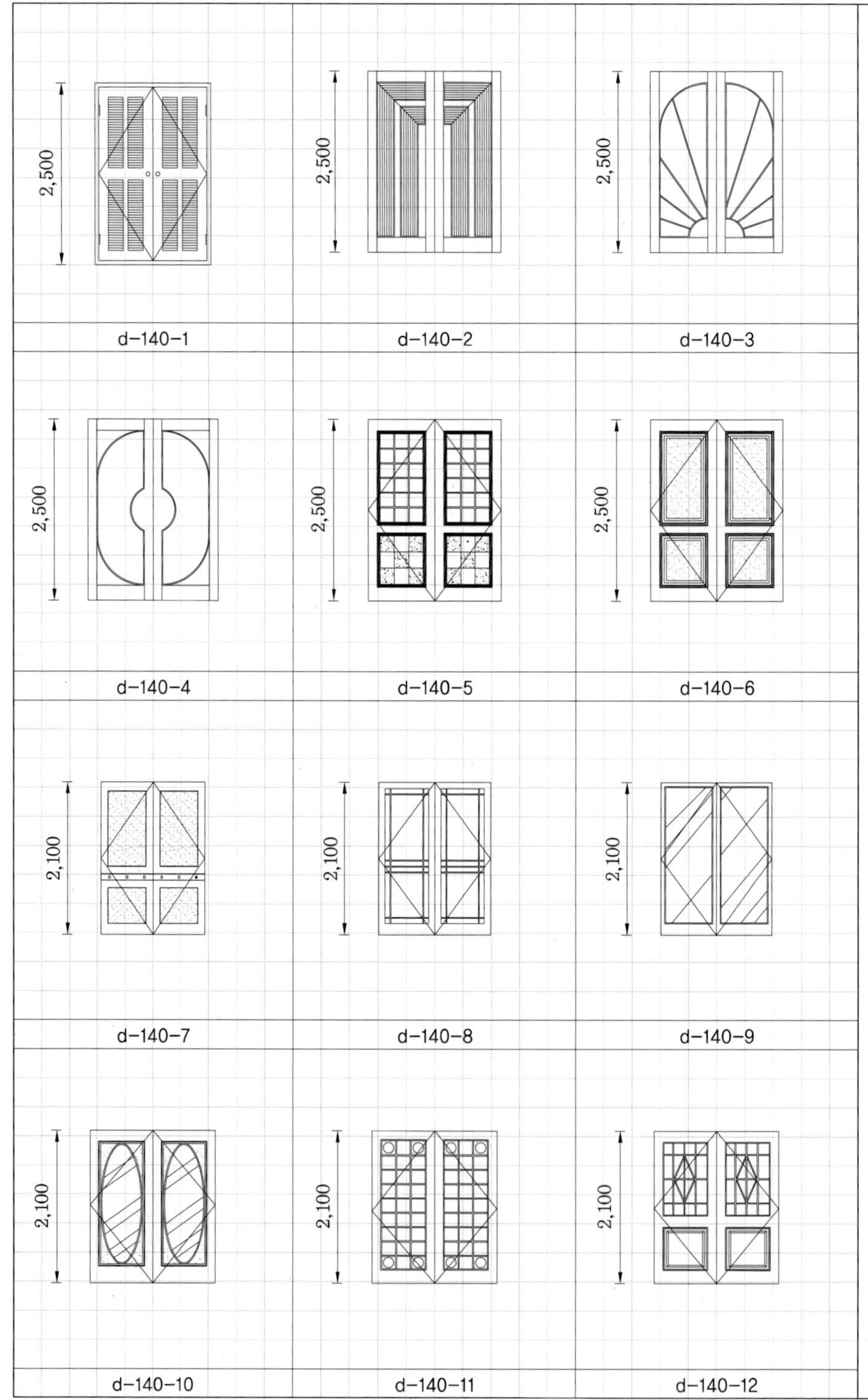

2,500
2,500
2,500
d-140-1
d-140-2
d-140-3
2,500
2,500
2,500
d-140-4
d-140-5
d-140-6
2,100
2,100
2,100
d-140-7
d-140-8
d-140-9
2,100
2,100
2,100
d-140-10
d-140-11
d-140-12

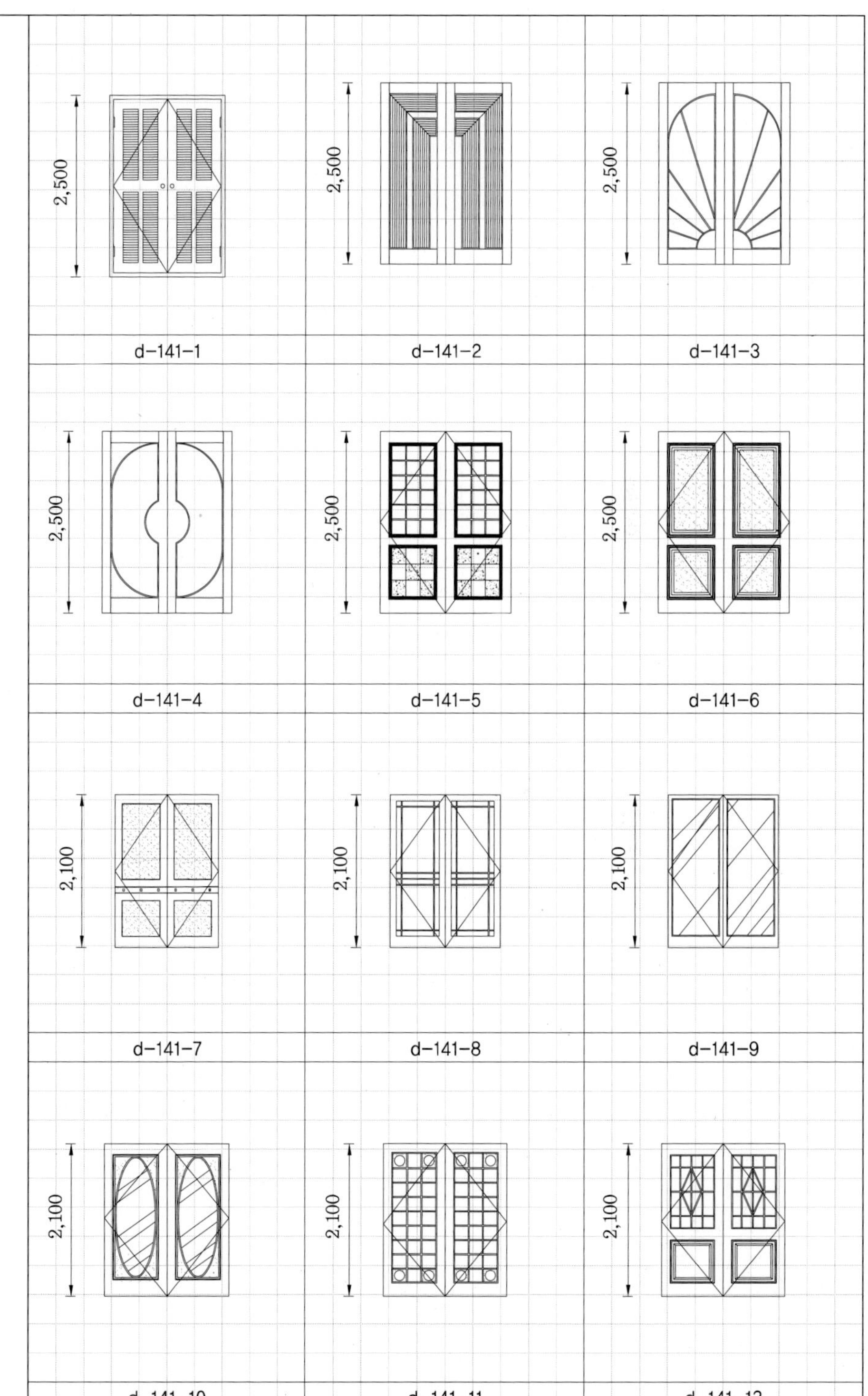

2,500
d-141-1
2,500
d-141-2
2,500
d-141-3
2,500
d-141-4
2,500
d-141-5
2,500
d-141-6
2,100
d-141-7
2,100
d-141-8
2,100
d-141-9
2,100
d-141-10
2,100
d-141-11
2,100
d-141-12
BLOCK

BLOCK

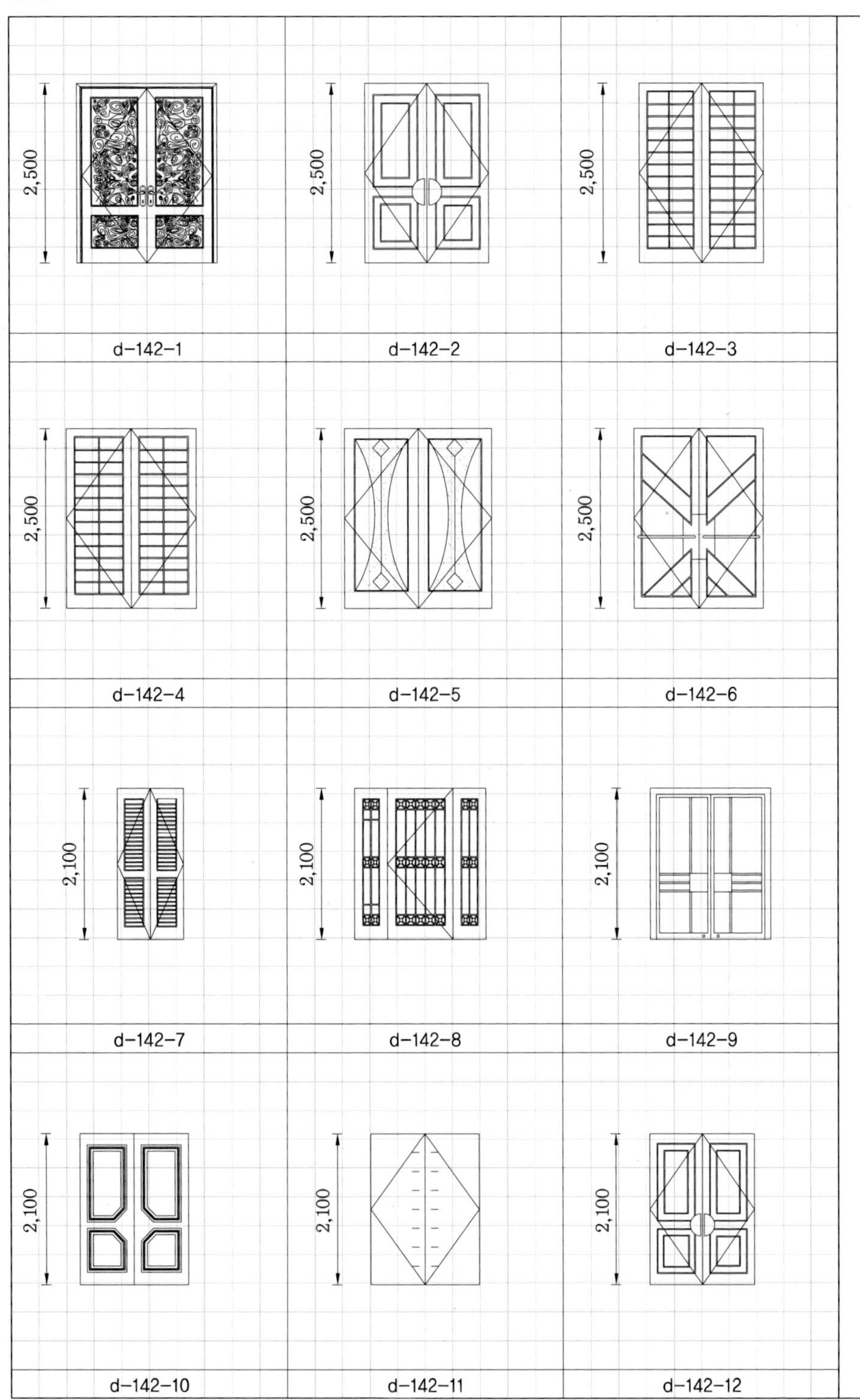

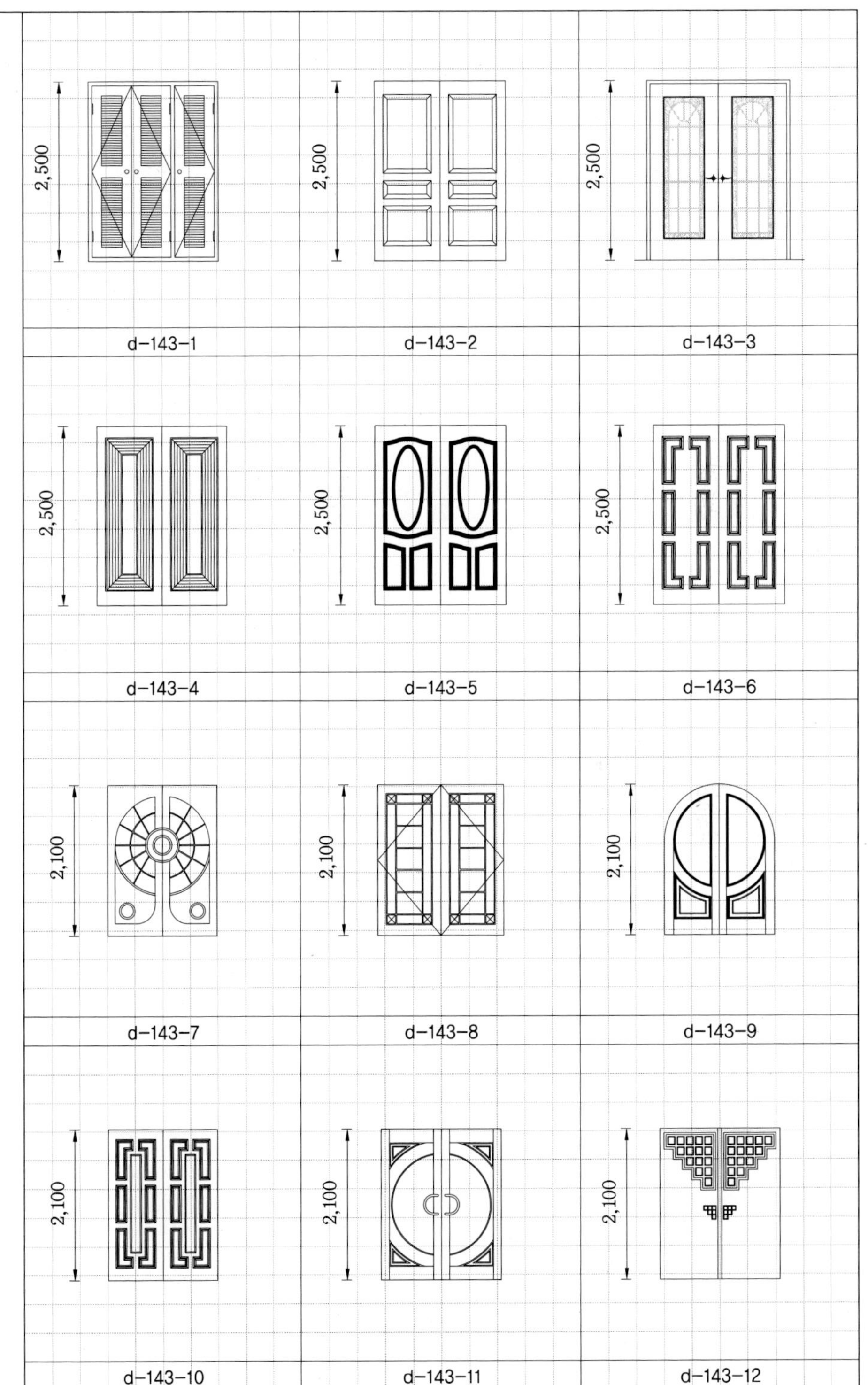

2,500
d-143-1
2,500
d-143-2
2,500
d-143-3
2,500
d-143-4
2,500
d-143-5
2,500
d-143-6
2,100
d-143-7
2,100
d-143-8
2,100
d-143-9
2,100
d-143-10
2,100
d-143-11
2,100
d-143-12

door

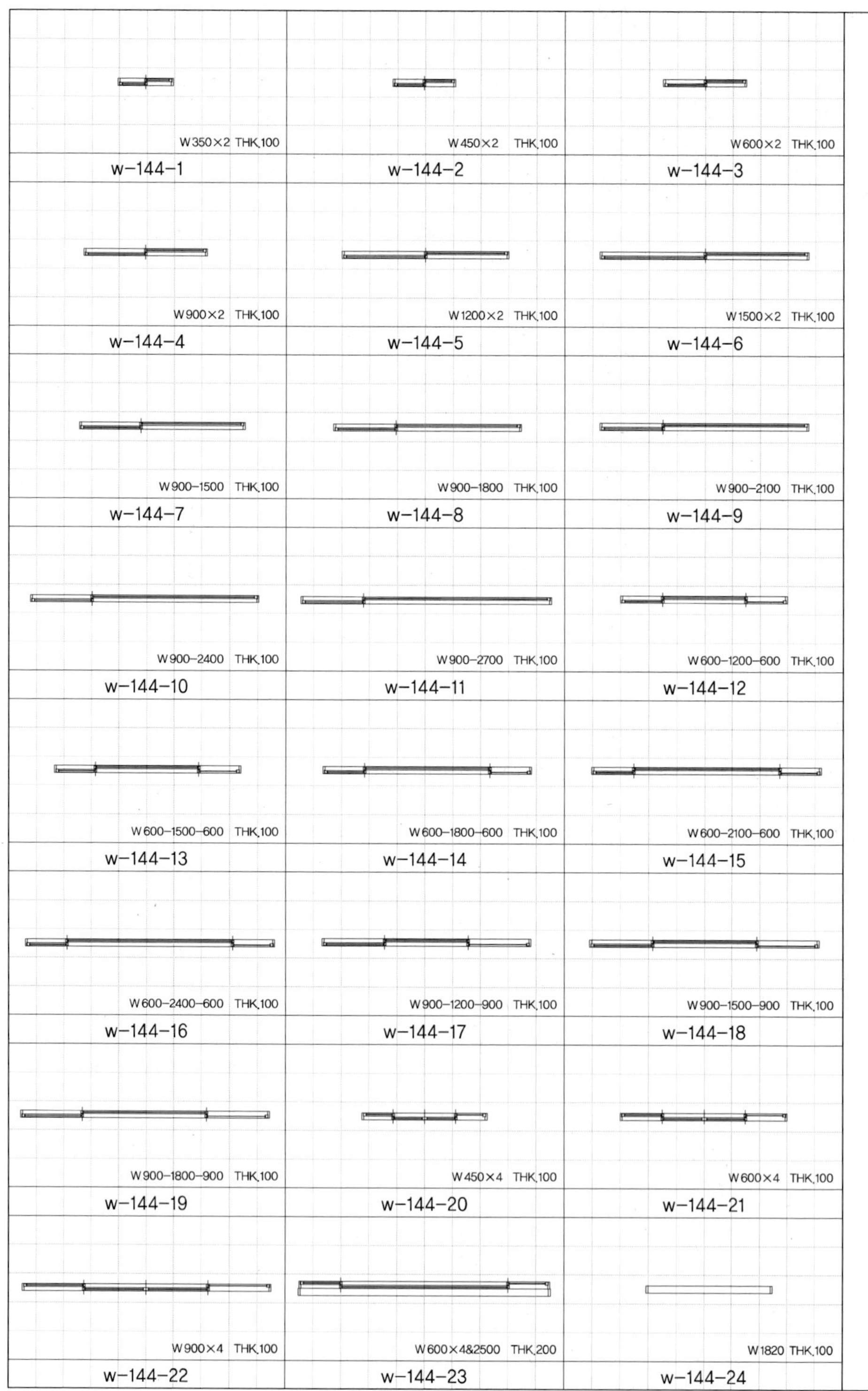

W 350×2　THK.100	W 450×2　THK.100	W 600×2　THK.100
w−144−1	w−144−2	w−144−3
W 900×2　THK.100	W 1200×2　THK.100	W 1500×2　THK.100
w−144−4	w−144−5	w−144−6
W 900−1500　THK.100	W 900−1800　THK.100	W 900−2100　THK.100
w−144−7	w−144−8	w−144−9
W 900−2400　THK.100	W 900−2700　THK.100	W 600−1200−600　THK.100
w−144−10	w−144−11	w−144−12
W 600−1500−600　THK.100	W 600−1800−600　THK.100	W 600−2100−600　THK.100
w−144−13	w−144−14	w−144−15
W 600−2400−600　THK.100	W 900−1200−900　THK.100	W 900−1500−900　THK.100
w−144−16	w−144−17	w−144−18
W 900−1800−900　THK.100	W 450×4　THK.100	W 600×4　THK.100
w−144−19	w−144−20	w−144−21
W 900×4　THK.100	W 600×4&2500　THK.200	W 1820　THK.100
w−144−22	w−144−23	w−144−24

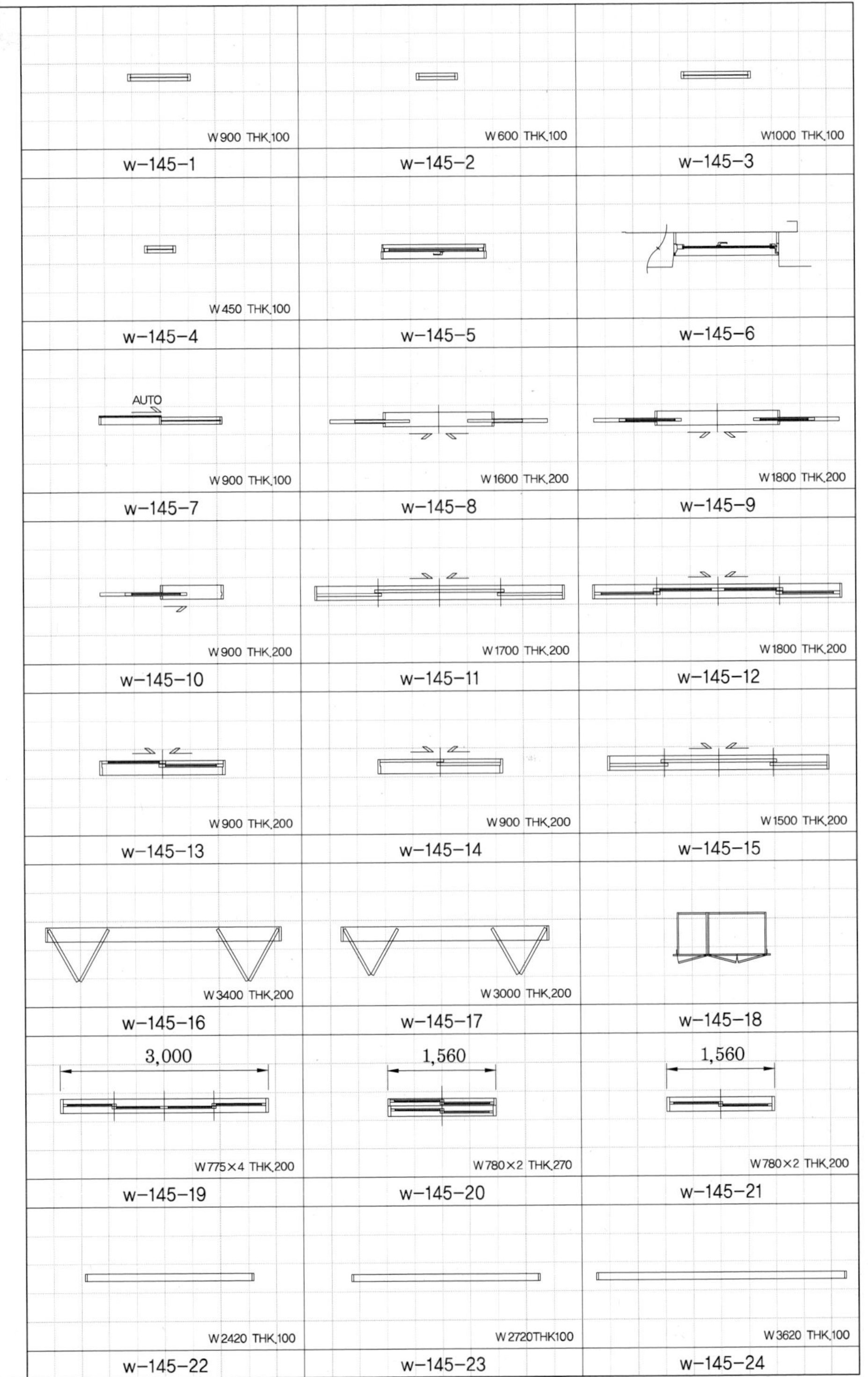

W 900 THK.100
w-145-1
W 600 THK.100
w-145-2
W1000 THK.100
w-145-3
W 450 THK.100
w-145-4
w-145-5
w-145-6
AUTO
W 900 THK.100
w-145-7
W 1600 THK.200
w-145-8
W 1800 THK.200
w-145-9
W 900 THK.200
w-145-10
W 1700 THK.200
w-145-11
W 1800 THK.200
w-145-12
W 900 THK.200
w-145-13
W 900 THK.200
w-145-14
W 1500 THK.200
w-145-15
W 3400 THK.200
w-145-16
W 3000 THK.200
w-145-17
w-145-18
3,000
1,560
1,560
W 775×4 THK.200
w-145-19
W 780×2 THK.270
w-145-20
W 780×2 THK.200
w-145-21
W 2420 THK.100
w-145-22
W 2720 THK.100
w-145-23
W 3620 THK.100
w-145-24

BLOCK

W 600 THK,230
d-146-1
W 900 THK,230
d-146-2
W 1000 THK,230
d-146-3
W 1200 THK,230
d-146-4
W 1400 THK,230
d-146-5
W 1500 THK,230
d-146-6
W 1800 THK,230
d-146-7
W 2100 THK,230
d-146-8
W 2400 THK,230
d-146-9
W 2700 THK,230
d-146-10
W 3000 THK,230
d-146-11
W 2100 THK,230
d-146-12
W 2400 THK,230
d-146-13
W 2700 THK,230
d-146-14
W 3000 THK,230
d-146-15
W 3200 THK,230
d-146-16
W 300 THK,100
d-146-17
W 450 THK,100
d-146-18
W 600 THK,100
d-146-19
W 900 THK,100
d-146-20
W 1000 THK,100
d-146-21
W 1200 THK,100
d-146-22
W 1500 THK,100
d-146-23
d-146-24

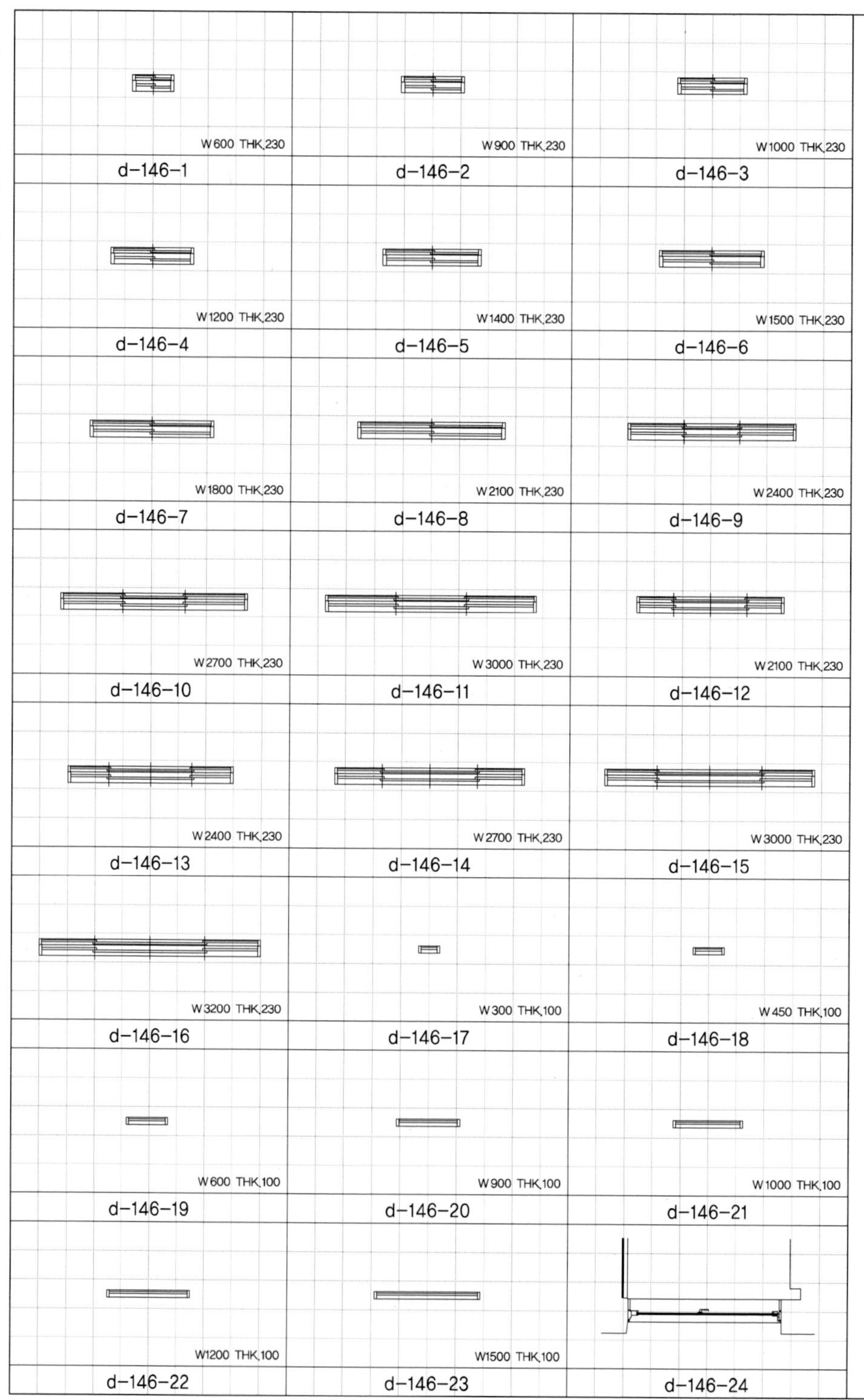

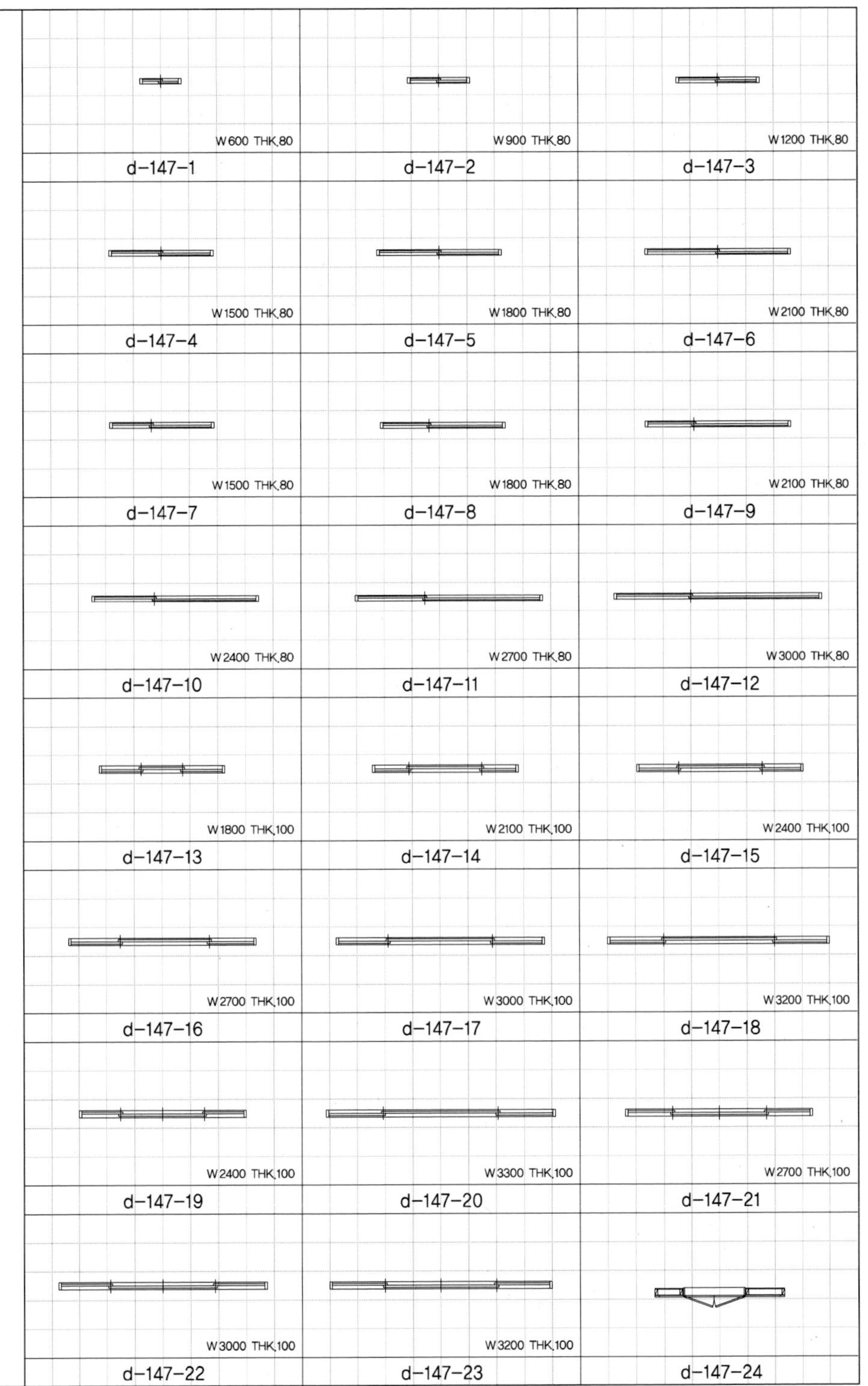

W 600 THK.80
W 900 THK.80
W 1200 THK.80
d-147-1
d-147-2
d-147-3
W 1500 THK.80
W 1800 THK.80
W 2100 THK.80
d-147-4
d-147-5
d-147-6
W 1500 THK.80
W 1800 THK.80
W 2100 THK.80
d-147-7
d-147-8
d-147-9
W 2400 THK.80
W 2700 THK.80
W 3000 THK.80
d-147-10
d-147-11
d-147-12
W 1800 THK.100
W 2100 THK.100
W 2400 THK.100
d-147-13
d-147-14
d-147-15
W 2700 THK.100
W 3000 THK.100
W 3200 THK.100
d-147-16
d-147-17
d-147-18
W 2400 THK.100
W 3300 THK.100
W 2700 THK.100
d-147-19
d-147-20
d-147-21
W 3000 THK.100
W 3200 THK.100
d-147-22
d-147-23
d-147-24

BLOCK

BLOCK

W 600 THK.120
d-148-1
W 900 THK.120
d-148-2
W 1200 THK.120
d-148-3
W 1500 THK.120
d-148-4
W 1800 THK.120
d-148-5
W 2100 THK.120
d-148-6
W 1800 THK.120
d-148-7
W 2100 THK.120
d-148-8
W 2400 THK.120
d-148-9
W 2100 THK.120
d-148-10
W 2400 THK.120
d-148-11
W 2700 THK.120
d-148-12
W 3000 THK.120
d-148-13
W 2100 THK.120
d-148-14
W 2400 THK.120
d-148-15
W 2700 THK.120
d-148-16
W 3000 THK.120
d-148-17
W 3200 THK.120
d-148-18
W 300 THK.100
d-148-19
W 450 THK.100
d-148-20
W 600 THK.120
d-148-21
W 900 THK.120
d-148-22
W 1000 THK.120
d-148-23
W 1000 THK.200
d-148-24

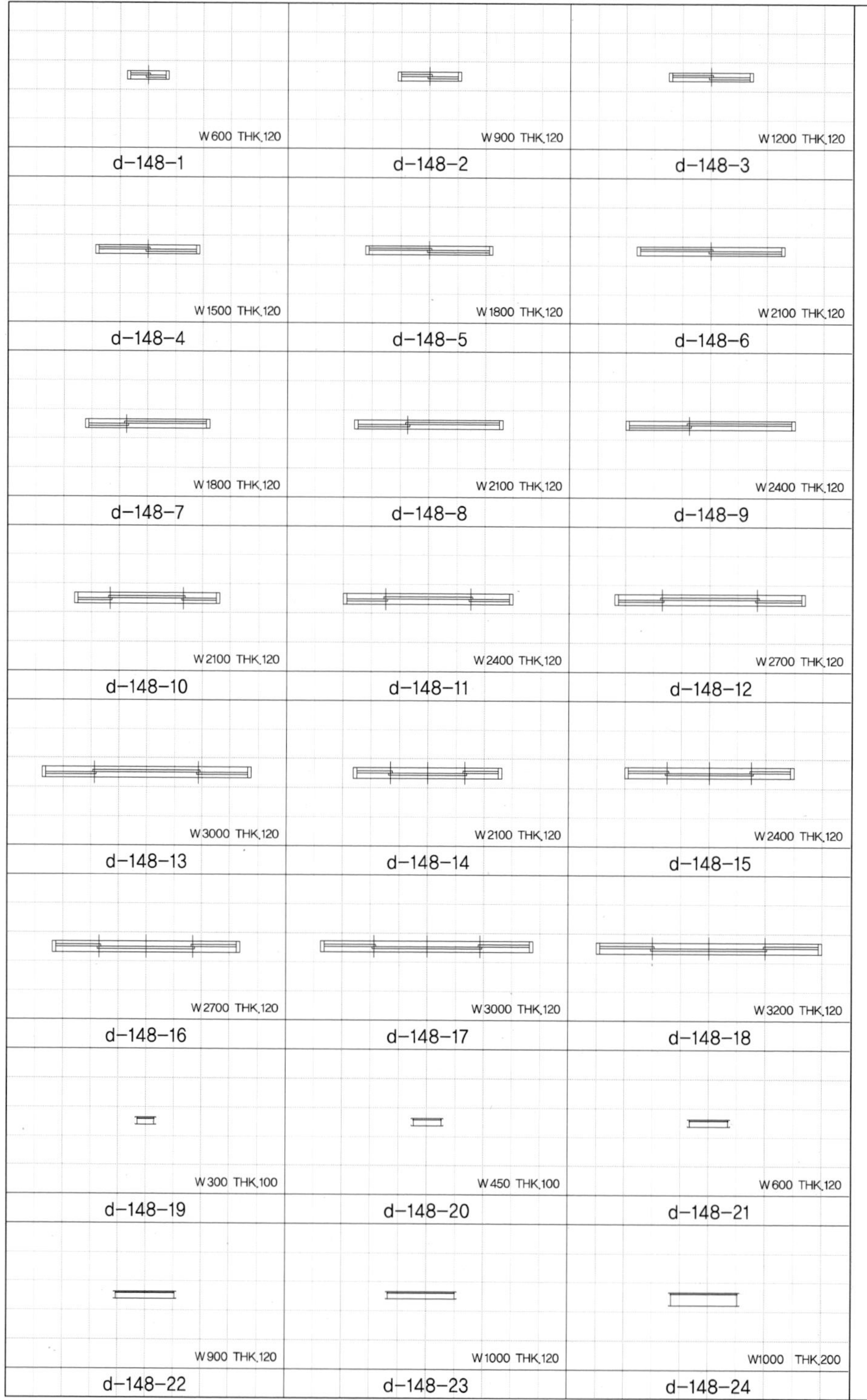

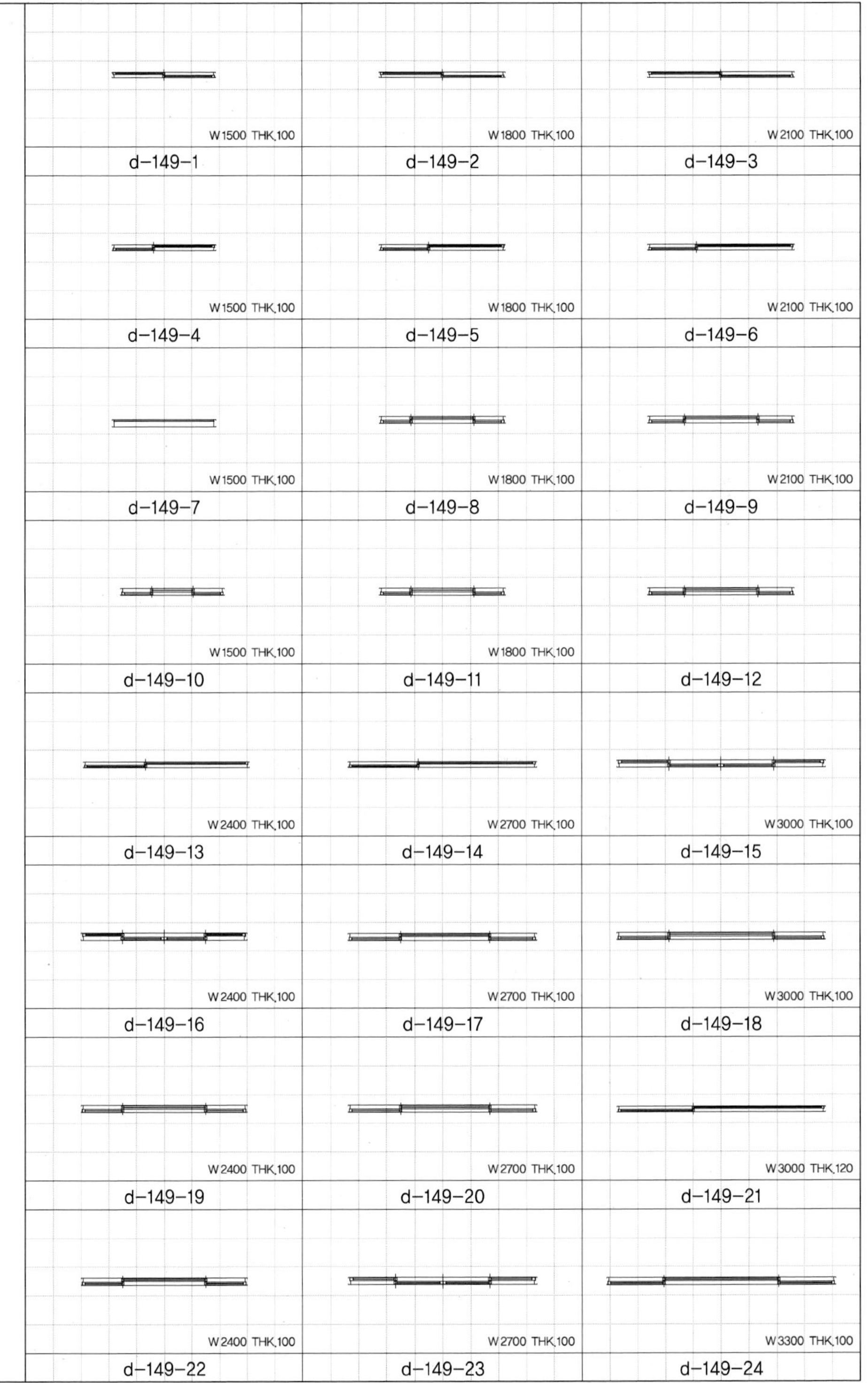

W1500 THK,100
W1800 THK,100
W2100 THK,100
d-149-1
d-149-2
d-149-3
W1500 THK,100
W1800 THK,100
W2100 THK,100
d-149-4
d-149-5
d-149-6
W1500 THK,100
W1800 THK,100
W2100 THK,100
d-149-7
d-149-8
d-149-9
W1500 THK,100
W1800 THK,100
d-149-10
d-149-11
d-149-12
W2400 THK,100
W2700 THK,100
W3000 THK,100
d-149-13
d-149-14
d-149-15
W2400 THK,100
W2700 THK,100
W3000 THK,100
d-149-16
d-149-17
d-149-18
W2400 THK,100
W2700 THK,100
W3000 THK,120
d-149-19
d-149-20
d-149-21
W2400 THK,100
W2700 THK,100
W3300 THK,100
d-149-22
d-149-23
d-149-24

BLOCK

W 600 THK,230
W 900 THK,230
W 1000 THK,230
w−150−1
w−150−2
w−150−3
W 1200 THK,230
W 1400 THK,230
W 1500 THK,230
w−150−4
w−150−5
w−150−6
W 1800 THK,230
W 2100 THK,230
W 2100 THK,230
w−150−7
w−150−8
w−150−9
W 2100 THK,230
W 2400 THK,230
W 2400 THK,230
w−150−10
w−150−11
w−150−12
W 2700 THK,230
W 2700 THK,230
W 2700 THK,120
w−150−13
w−150−14
w−150−15
W 3200 THK,230
W 3000 THK,230
W 3000 THK,120
w−150−16
w−150−17
w−150−18
W 3000 THK,150
W 3000 THK,150
w−150−19
w−150−20
w−150−21
W 3200 THK,100
W 3200 THK,100
W 3200 THK,100
w−150−22
w−150−23
w−150−24

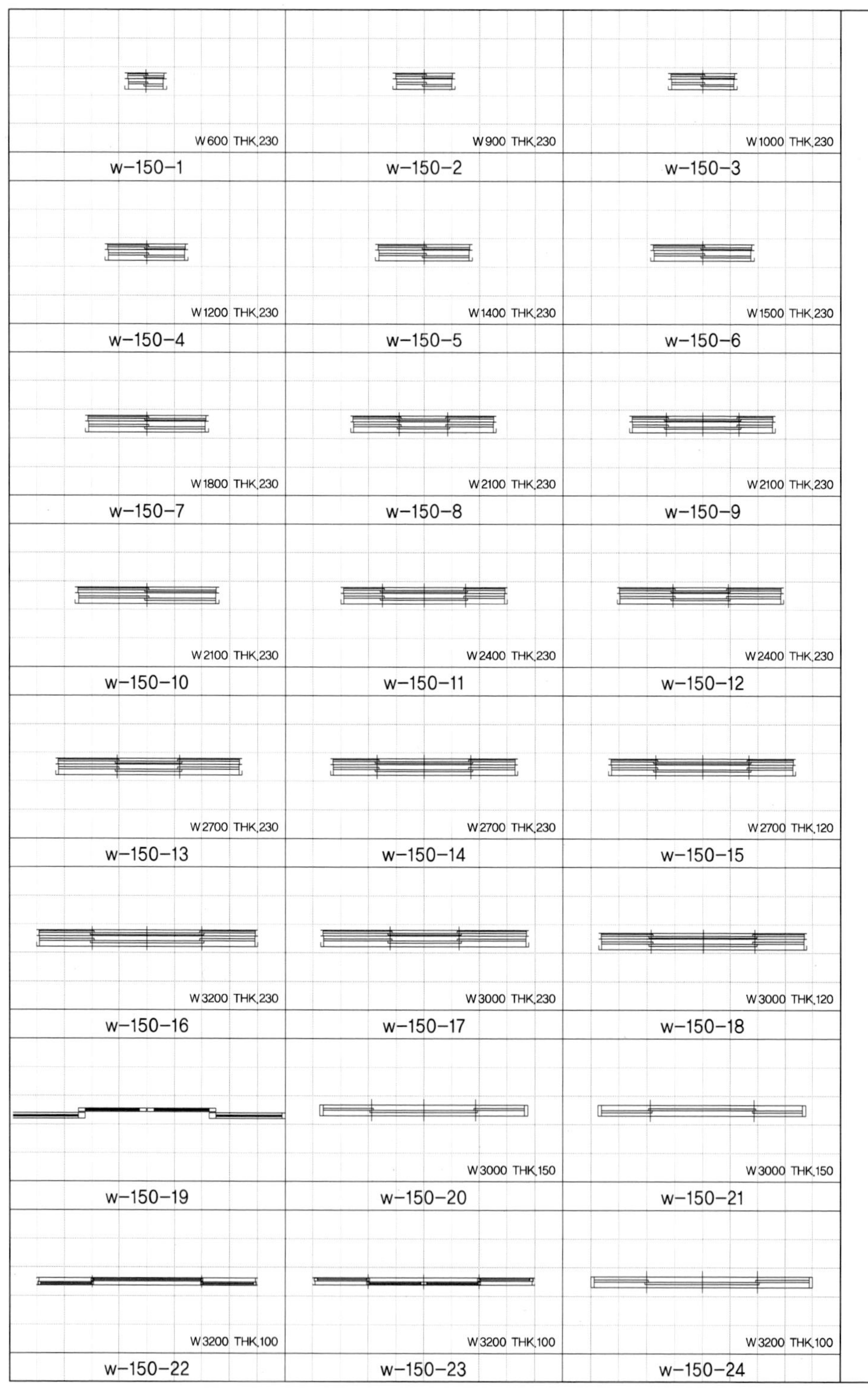

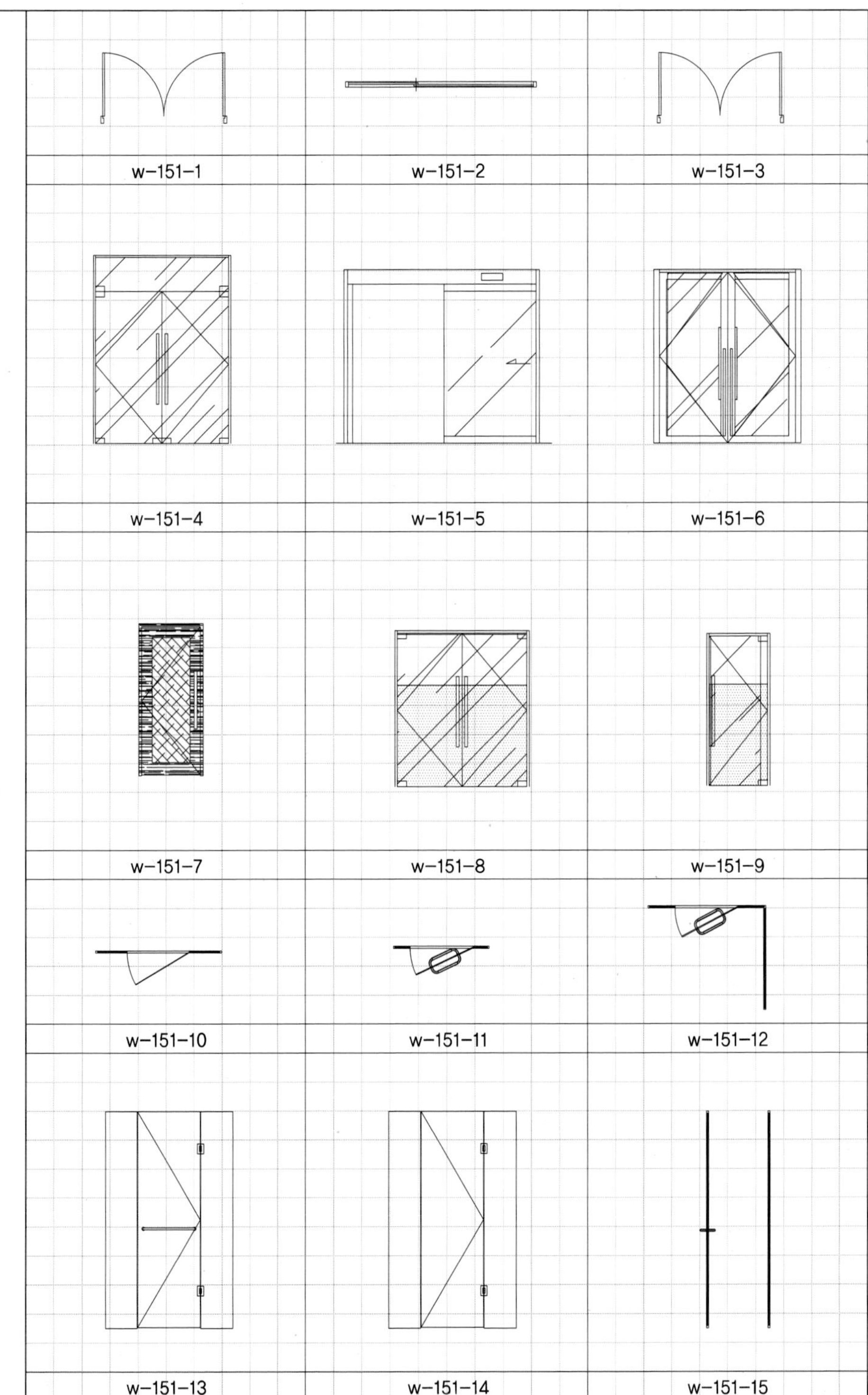

w−151−1	w−151−2	w−151−3
w−151−4	w−151−5	w−151−6
w−151−7	w−151−8	w−151−9
w−151−10	w−151−11	w−151−12
w−151−13	w−151−14	w−151−15

BLOCK

BLOCK

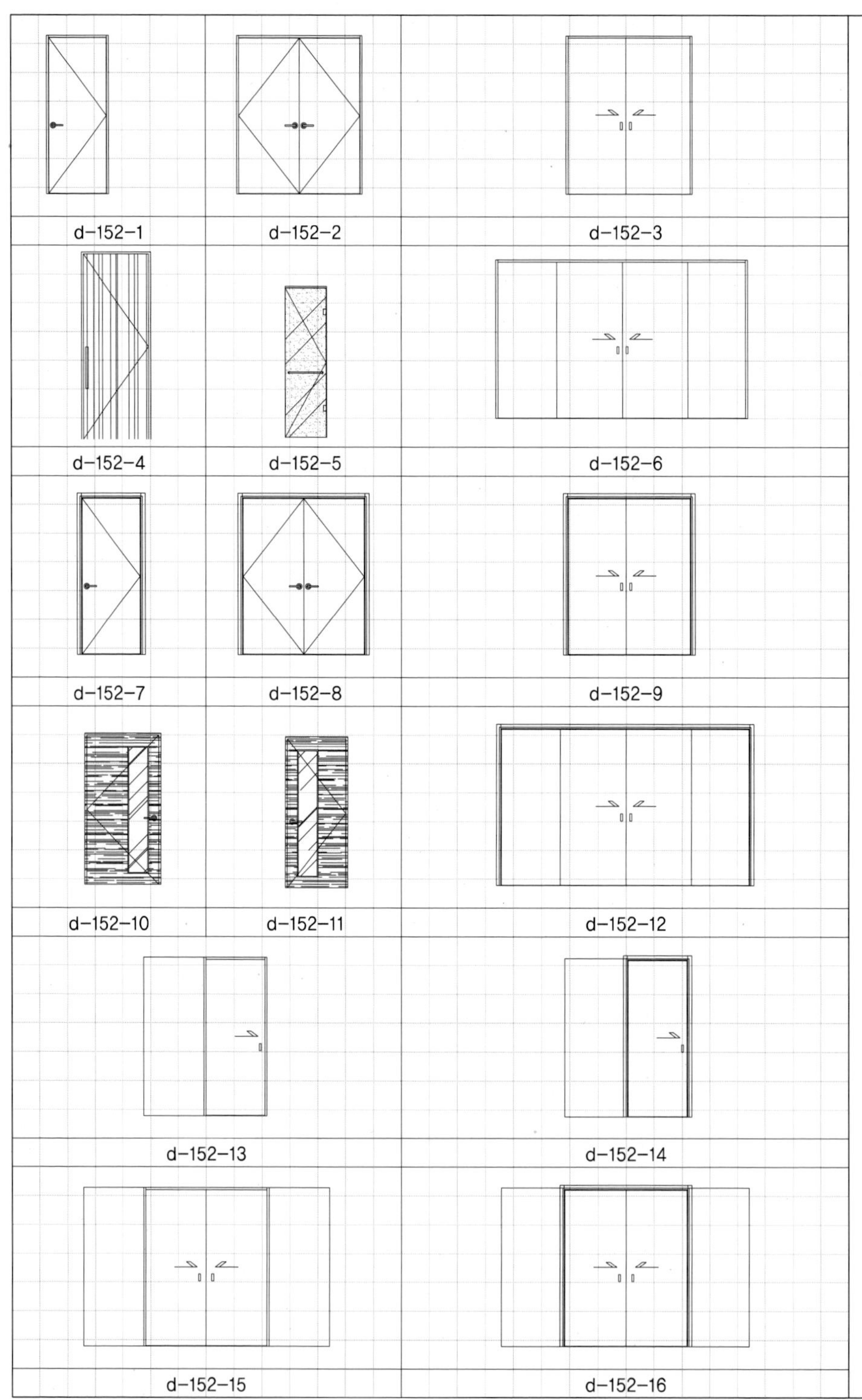

d−152−1

d−152−2

d−152−3

d−152−4

d−152−5

d−152−6

d−152−7

d−152−8

d−152−9

d−152−10

d−152−11

d−152−12

d−152−13

d−152−14

d−152−15

d−152−16

d−153−1
d−153−2
d−153−3
d−153−4
d−153−5
d−153−6
d−153−7
d−153−8
d−153−9
d−153−10
d−153−11
d−153−12
d−153−13
d−153−14
d−153−15
d−153−16

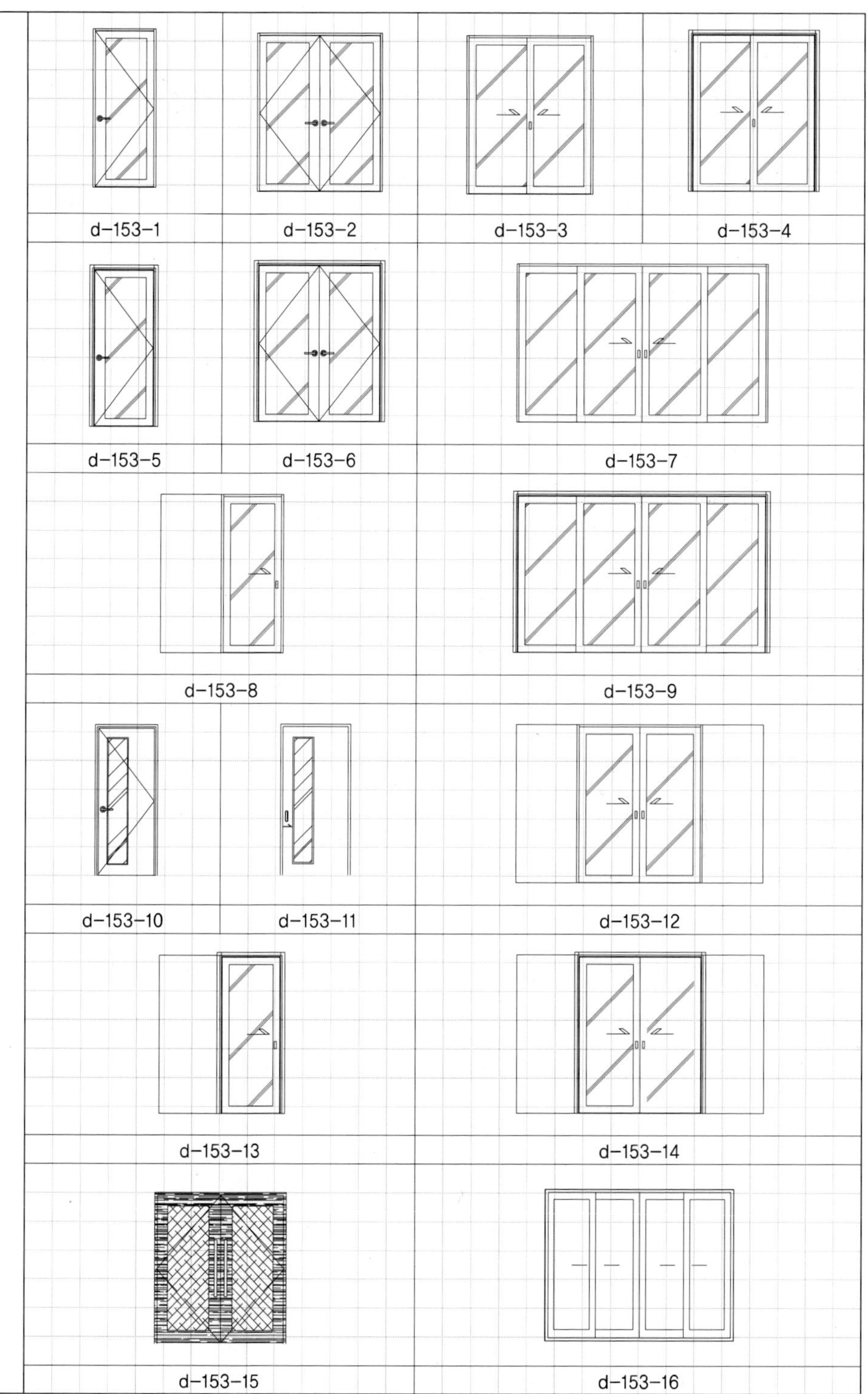

BLOCK

BLOCK

d-154-1
d-154-2
d-154-3
d-154-4
d-154-5
d-154-6
d-154-7
d-154-8
d-154-9
d-154-10
d-154-11
d-154-12
d-154-13
d-154-14
d-154-15
d-154-16

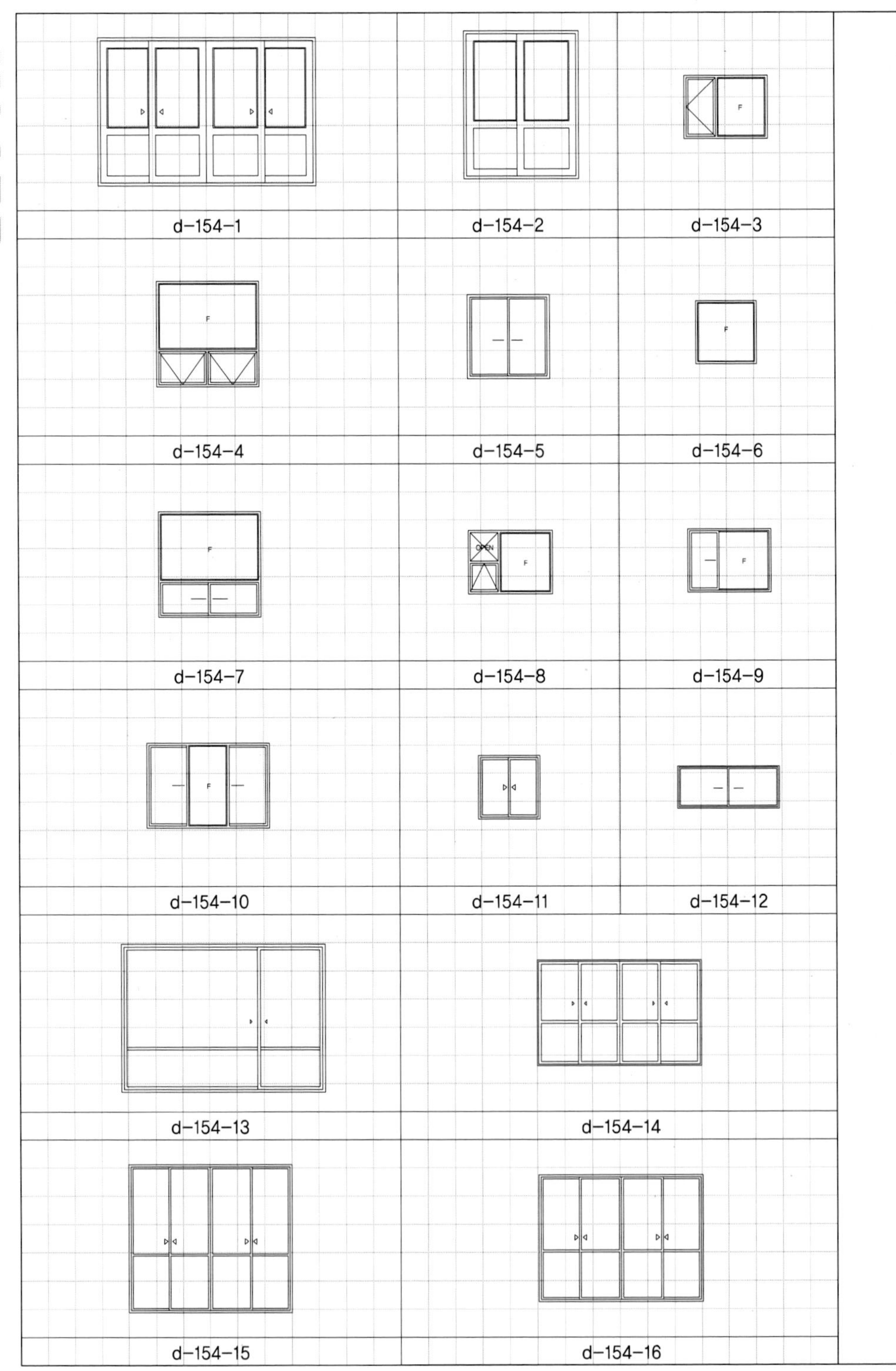

d−155−1	d−155−2	d−155−3	d−155−4
d−155−5	d−155−6	d−155−7	d−155−8
d−155−9	d−155−10	d−155−11	d−155−12
d−155−13	d−155−14	d−155−15	d−155−16
d−155−17	d−155−18	d−155−19	d−155−20
d−155−21	d−155−22	d−155−23	d−155−24

BLOCK

BLOCK

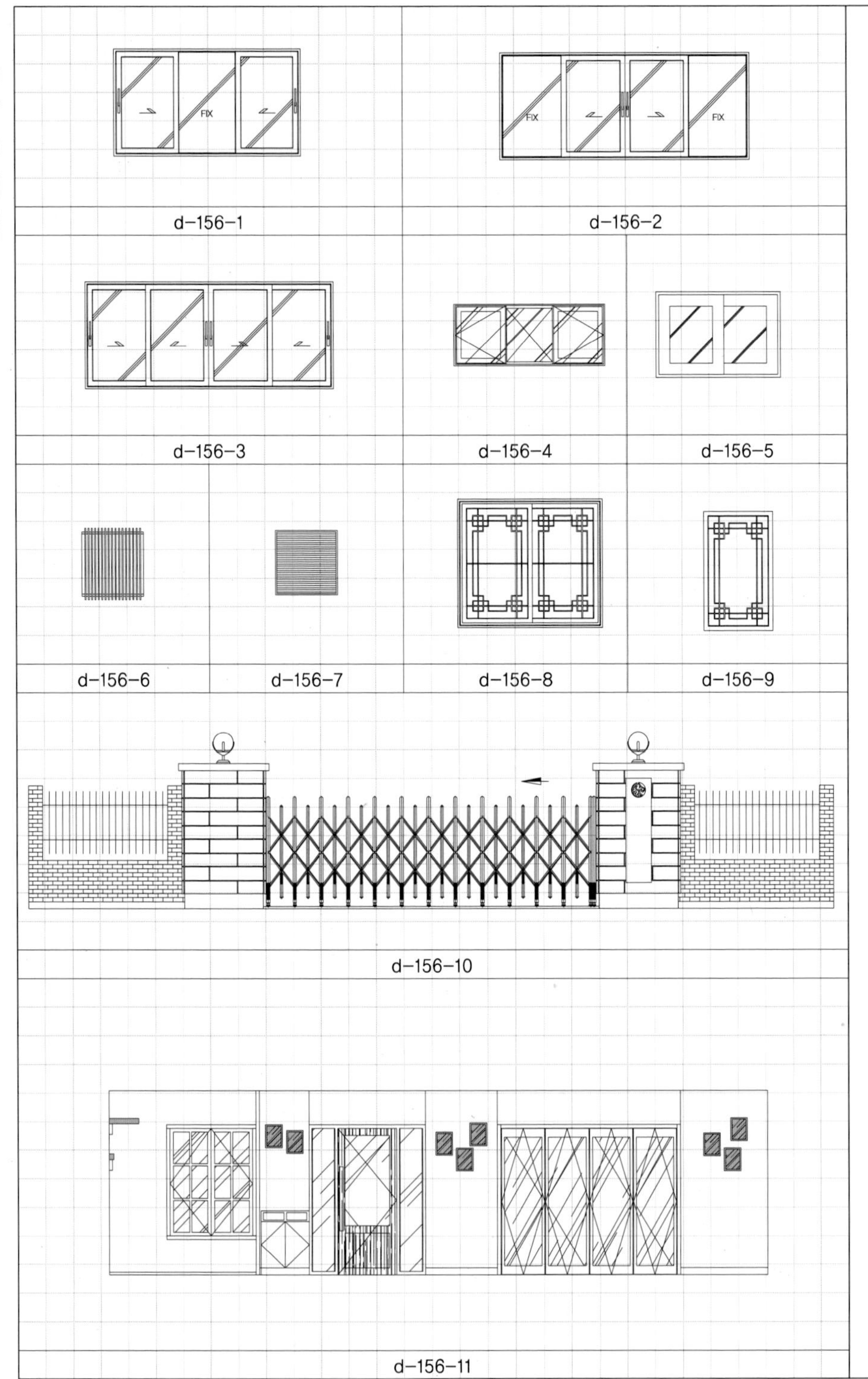

d-156-1

d-156-2

d-156-3

d-156-4

d-156-5

d-156-6

d-156-7

d-156-8

d-156-9

d-156-10

d-156-11

d−157−1
d−157−2
d−157−3
d−157−4
d−157−5
d−157−6
d−157−7
d−157−8
d−157−9
d−157−10
d−157−11
d−157−12
d−157−13
d−157−14
d−157−15

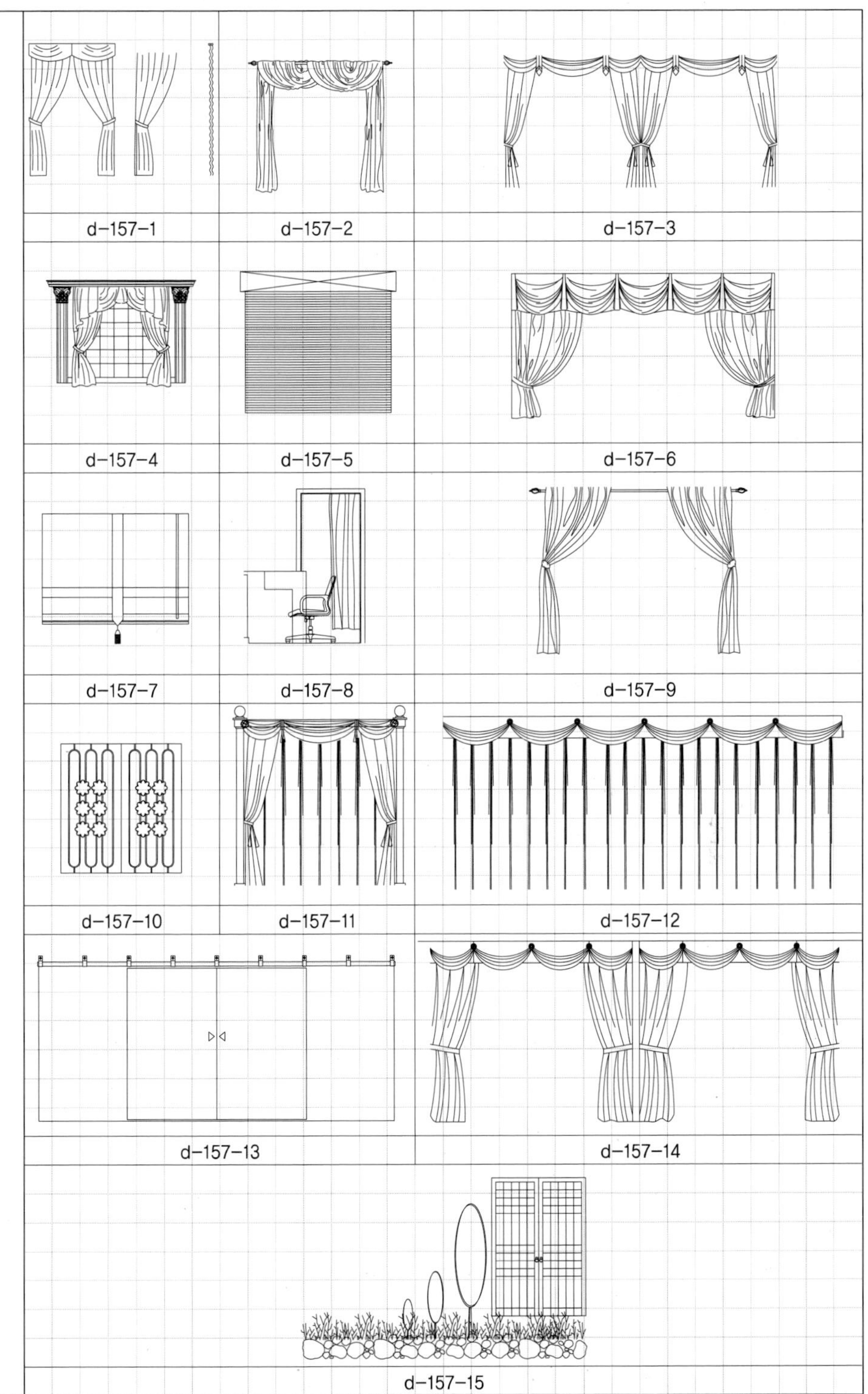

BLOCK

BLOCK

d–158–1	d–158–2	d–158–3	d–158–4	d–158–5
d–158–6	d–158–7	d–158–8	d–158–9	d–158–10
d–158–11	d–158–12	d–158–13	d–158–14	d–158–15
d–158–16	d–158–17	d–158–18	d–158–19	d–158–20
d–158–21	d–158–22	d–158–23	d–158–24	d–158–25
d–158–26		d–158–27	d–158–28	d–158–29
d–158–30	d–158–31	d–158–32	d–158–33	d–158–34

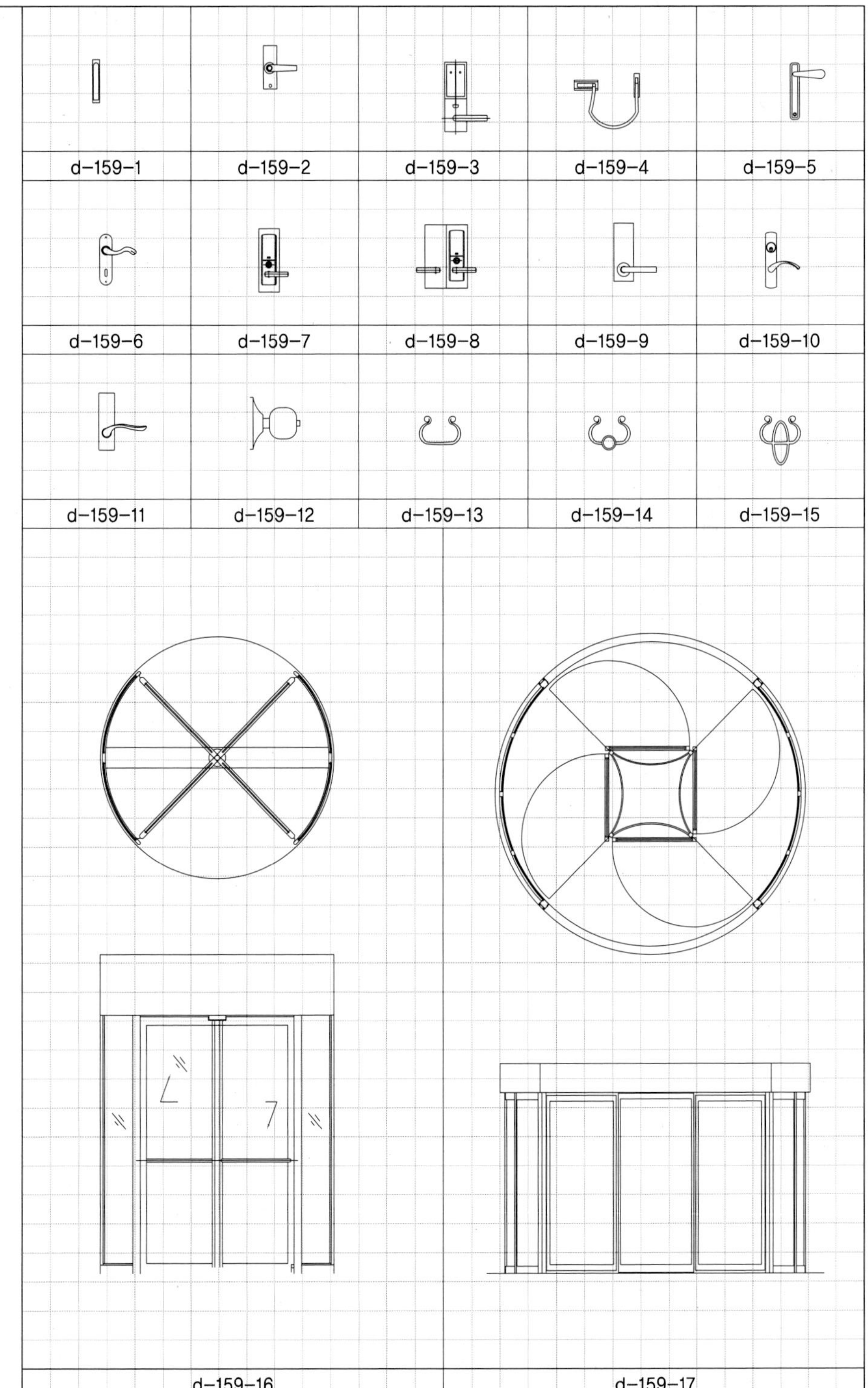

d-159-1	d-159-2	d-159-3	d-159-4	d-159-5
d-159-6	d-159-7	d-159-8	d-159-9	d-159-10
d-159-11	d-159-12	d-159-13	d-159-14	d-159-15

d-159-16	d-159-17

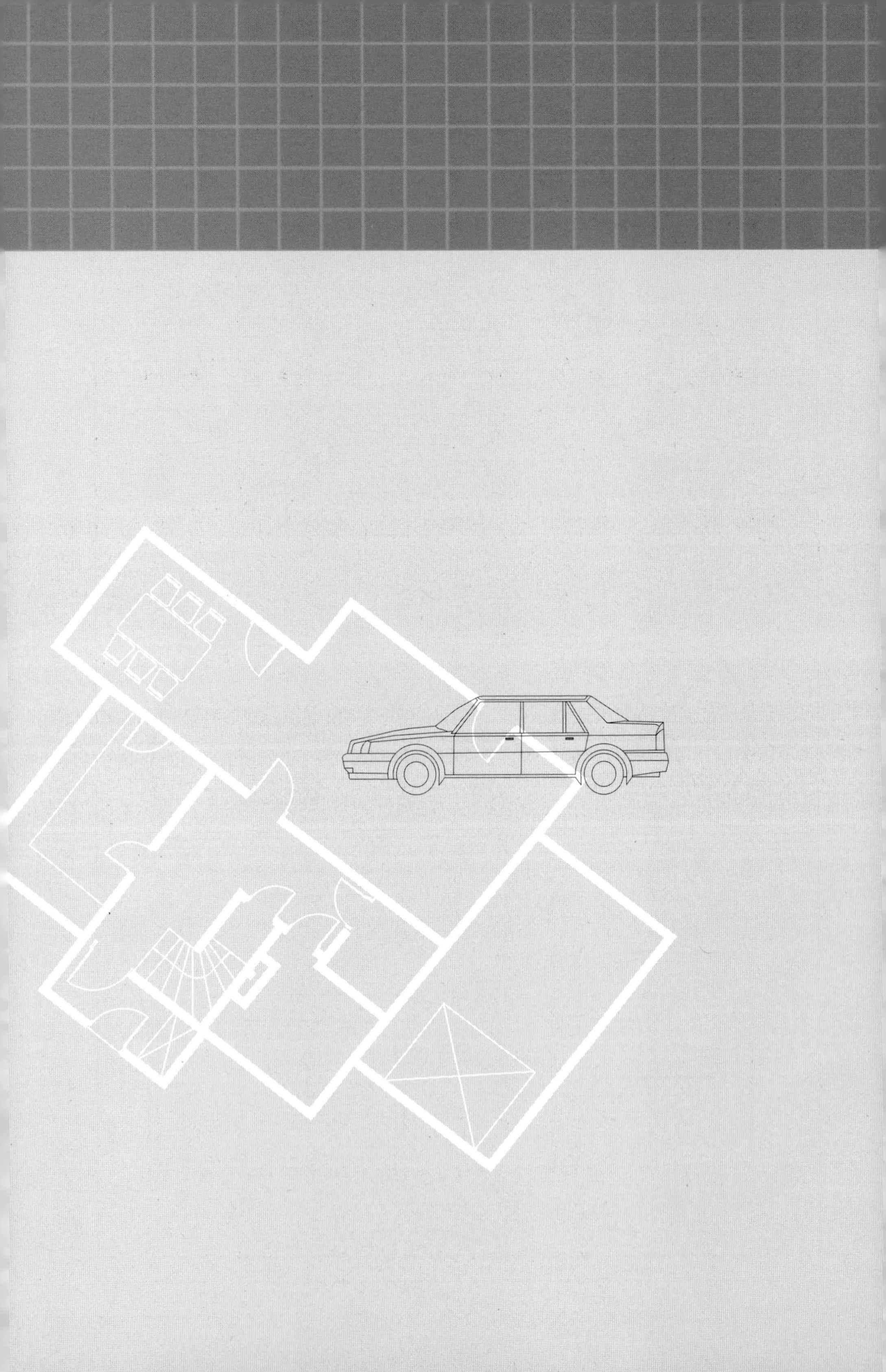

vehicle

parking area

car

airplane

etc.

BLOCK

■ 평행 주차형식의 경우

경형

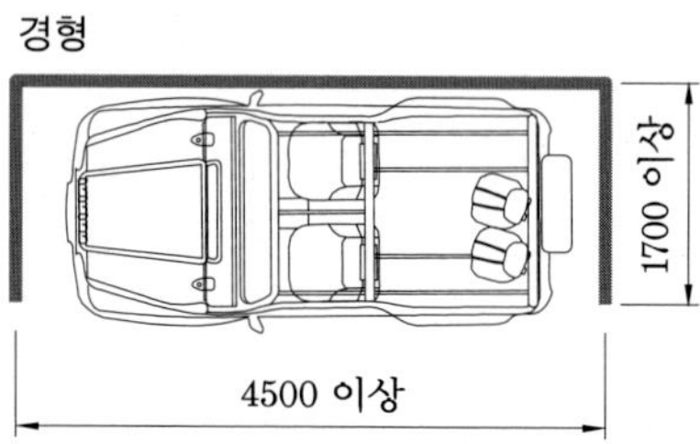

일반형

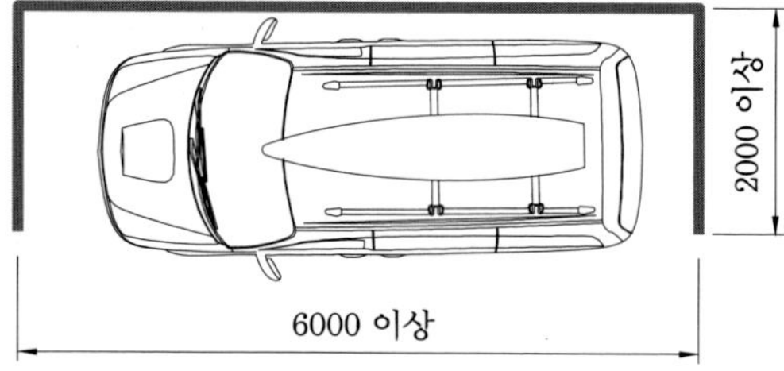

이륜자동차전용

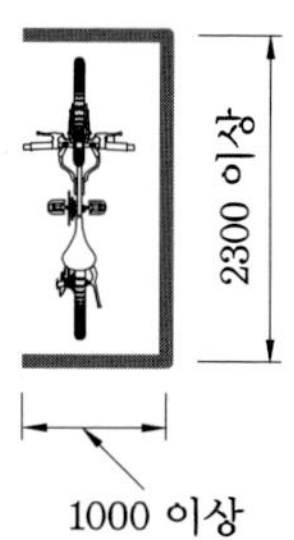

보도와 차도의 구분이 없는 주거지역의 도로

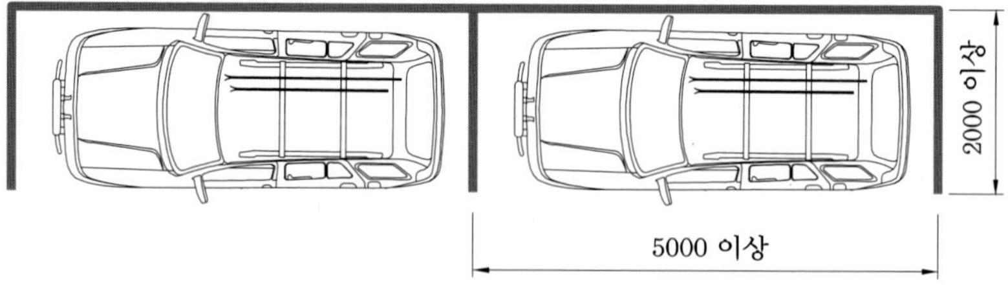

※출처 법제처

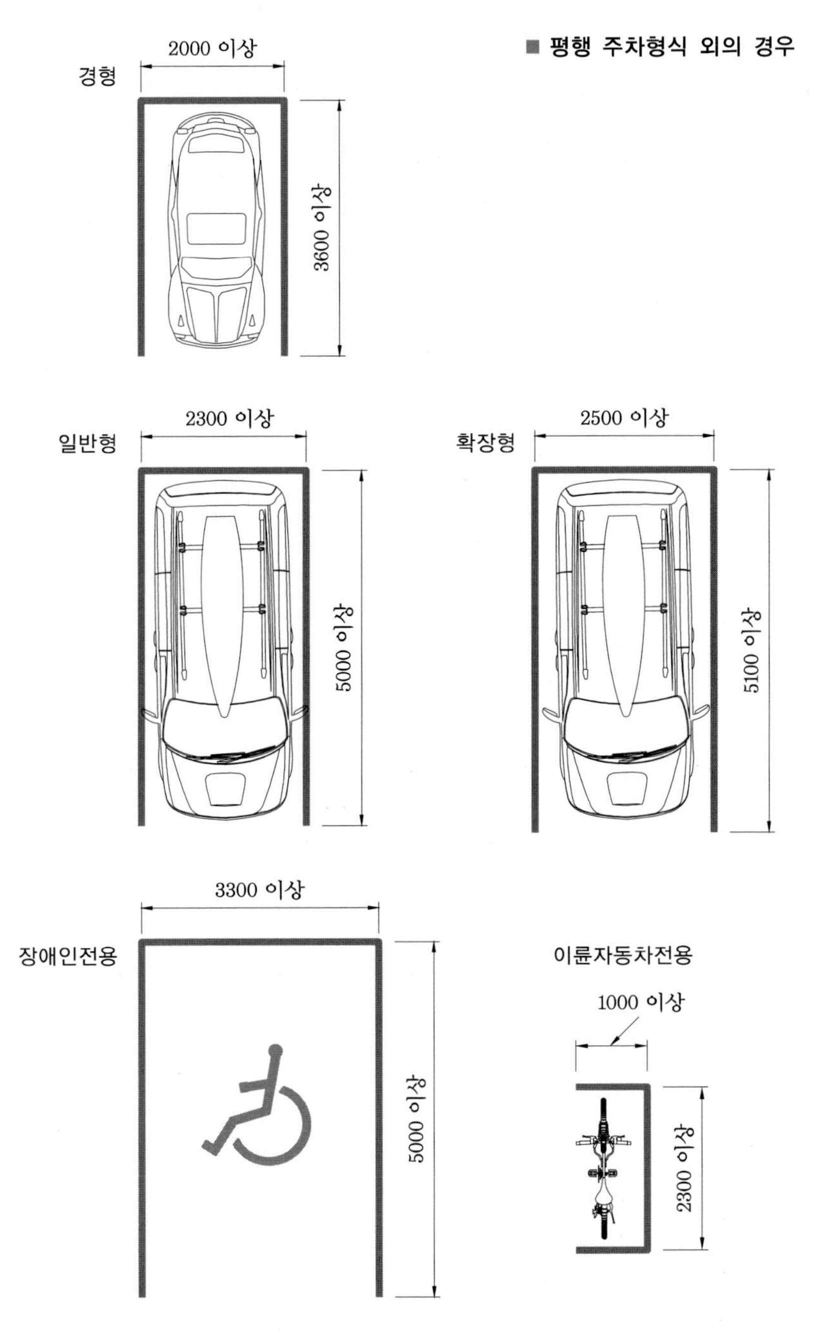

■ 평행 주차형식 외의 경우
경형
2000 이상
3600 이상
일반형
2300 이상
5000 이상
확장형
2500 이상
5100 이상
장애인전용
3300 이상
5000 이상
이륜자동차전용
1000 이상
2300 이상
BLOCK

BLOCK

v-164-1
v-164-2
v-164-3
v-164-4
v-164-5
v-164-6
v-164-7
v-164-8
v-164-9
v-164-10
v-164-11
v-164-12
v-164-13
v-164-14

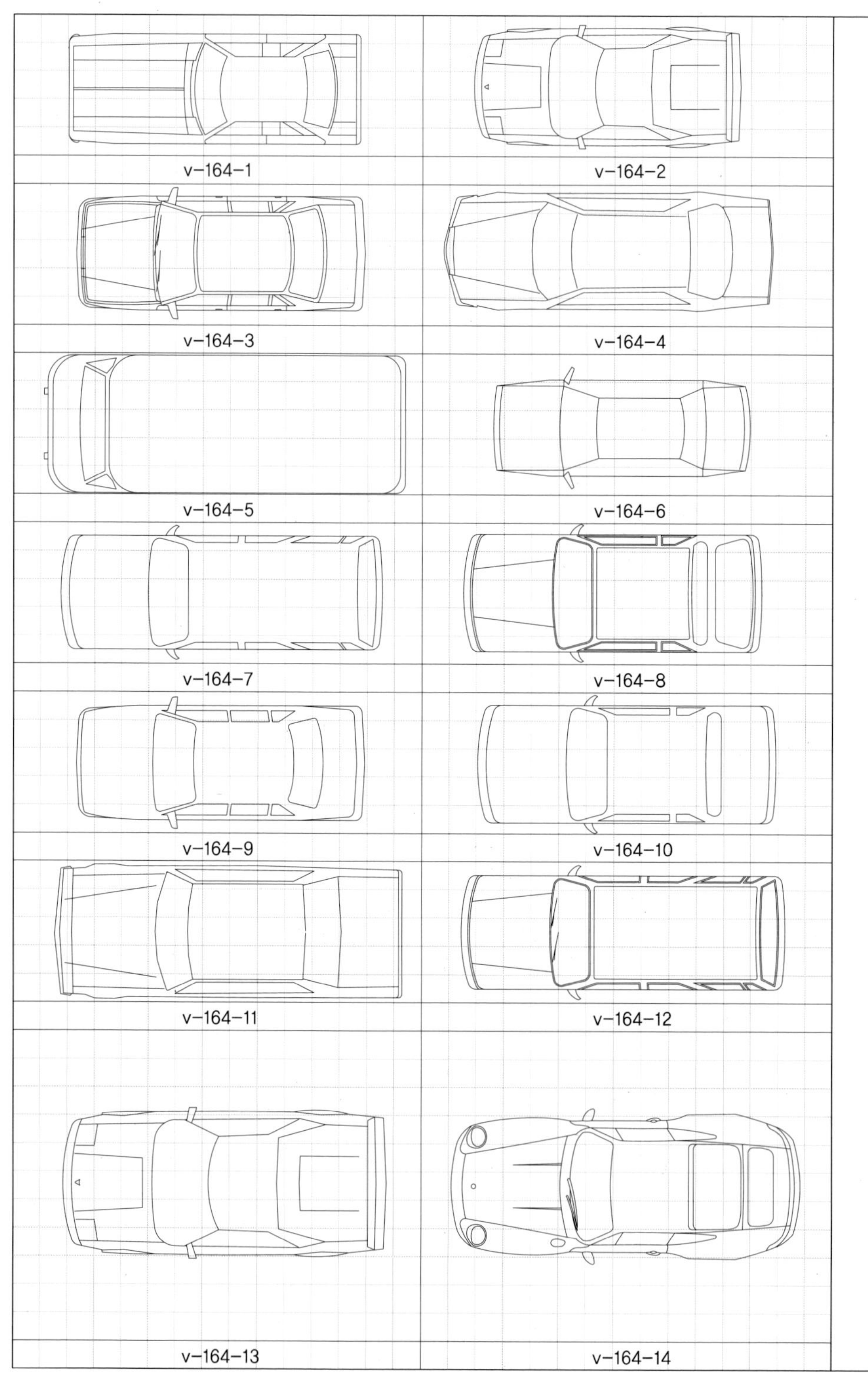

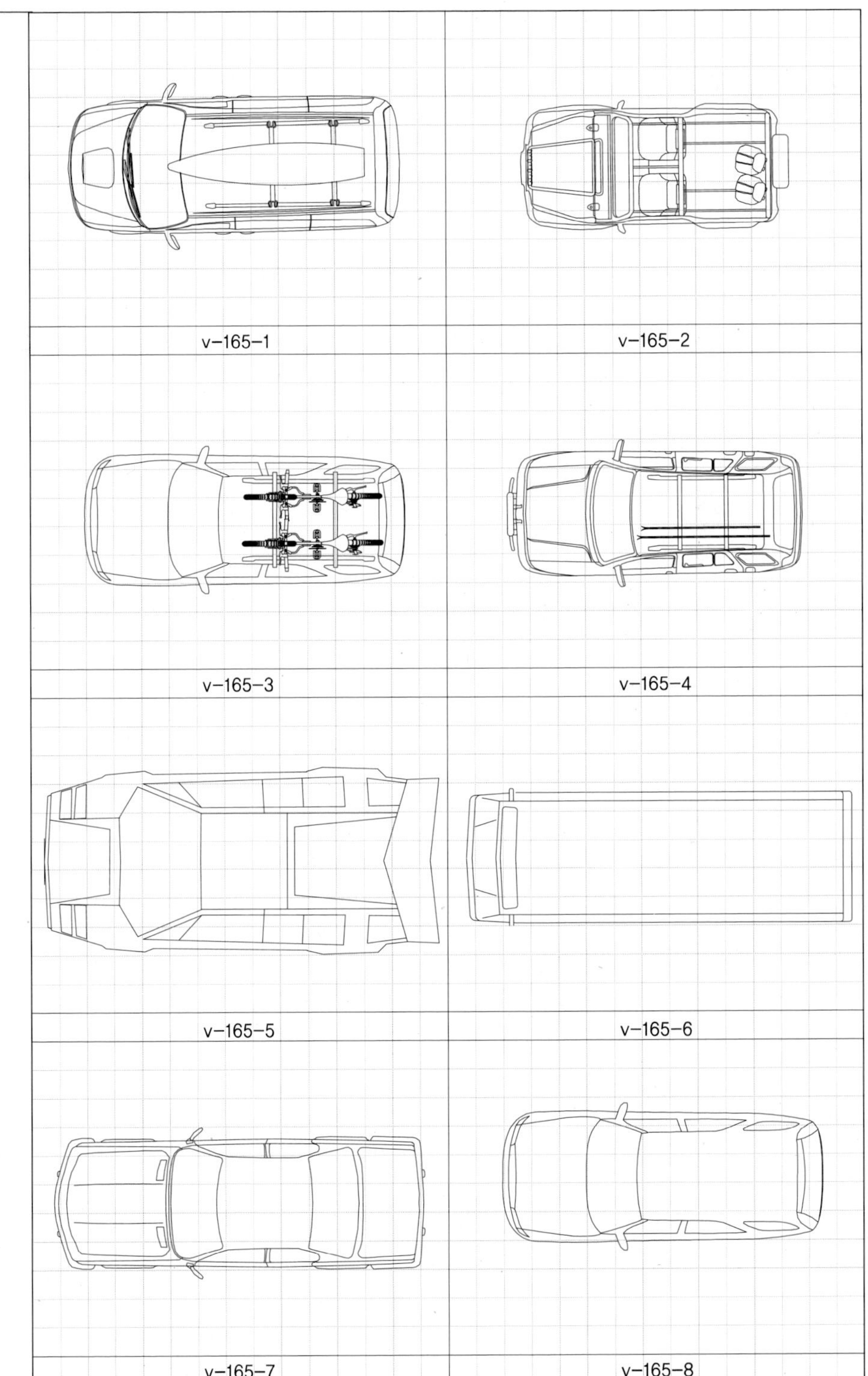

v-165-1
v-165-2
v-165-3
v-165-4
v-165-5
v-165-6
v-165-7
v-165-8
BLOCK

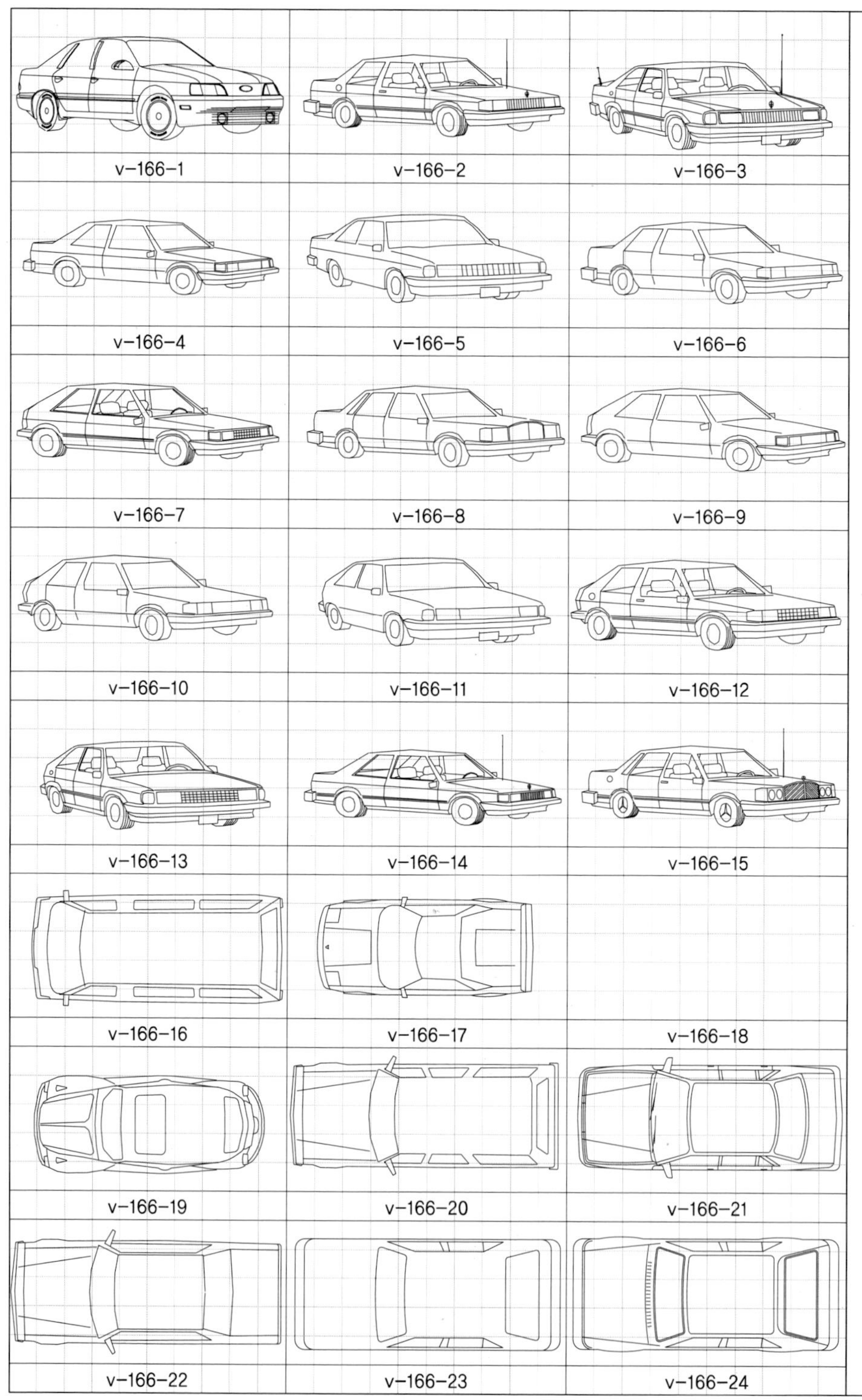

BLOCK
v-166-1
v-166-2
v-166-3
v-166-4
v-166-5
v-166-6
v-166-7
v-166-8
v-166-9
v-166-10
v-166-11
v-166-12
v-166-13
v-166-14
v-166-15
v-166-16
v-166-17
v-166-18
v-166-19
v-166-20
v-166-21
v-166-22
v-166-23
v-166-24

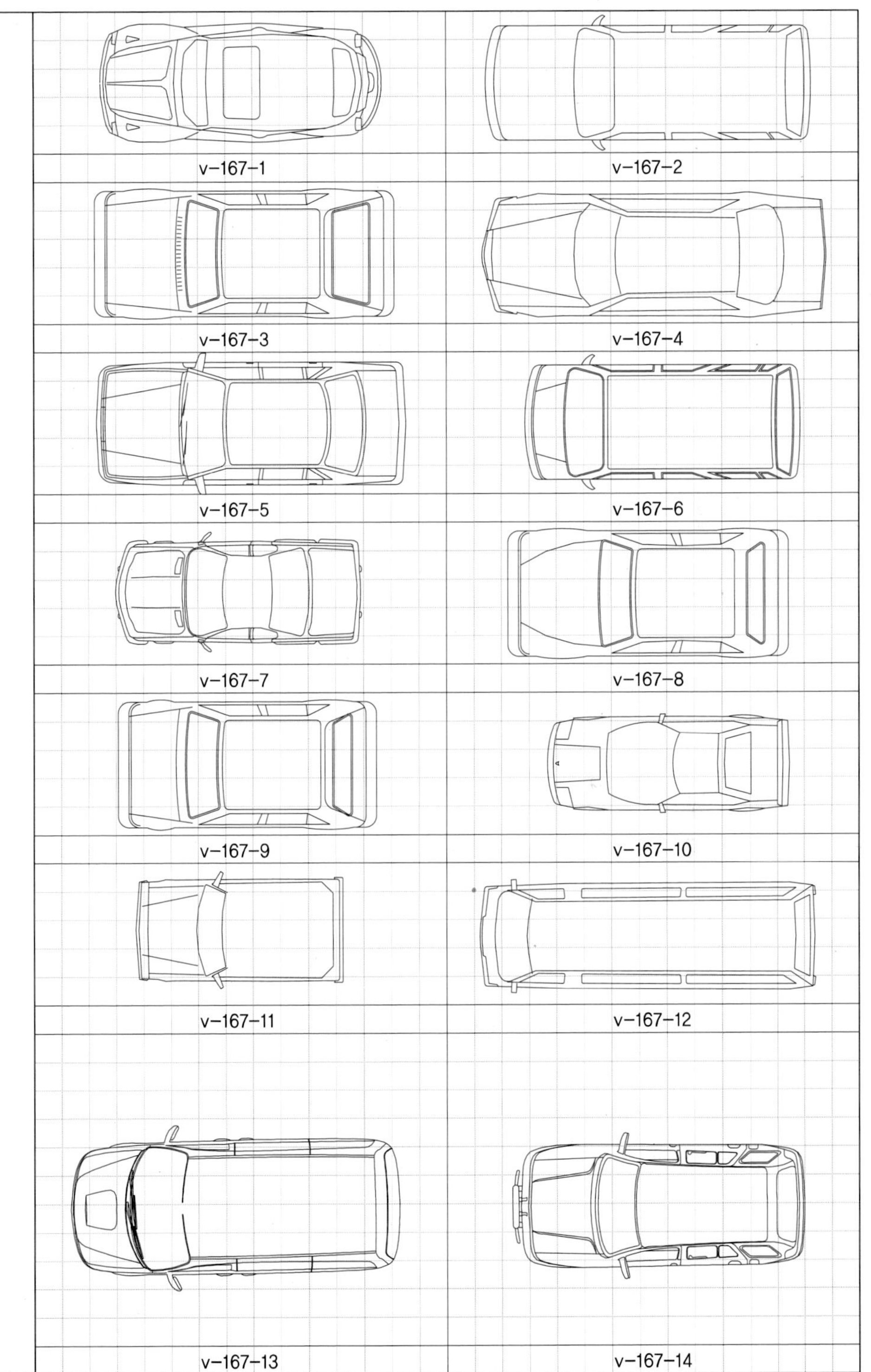

v-167-1
v-167-2
v-167-3
v-167-4
v-167-5
v-167-6
v-167-7
v-167-8
v-167-9
v-167-10
v-167-11
v-167-12
v-167-13
v-167-14
BLOCK

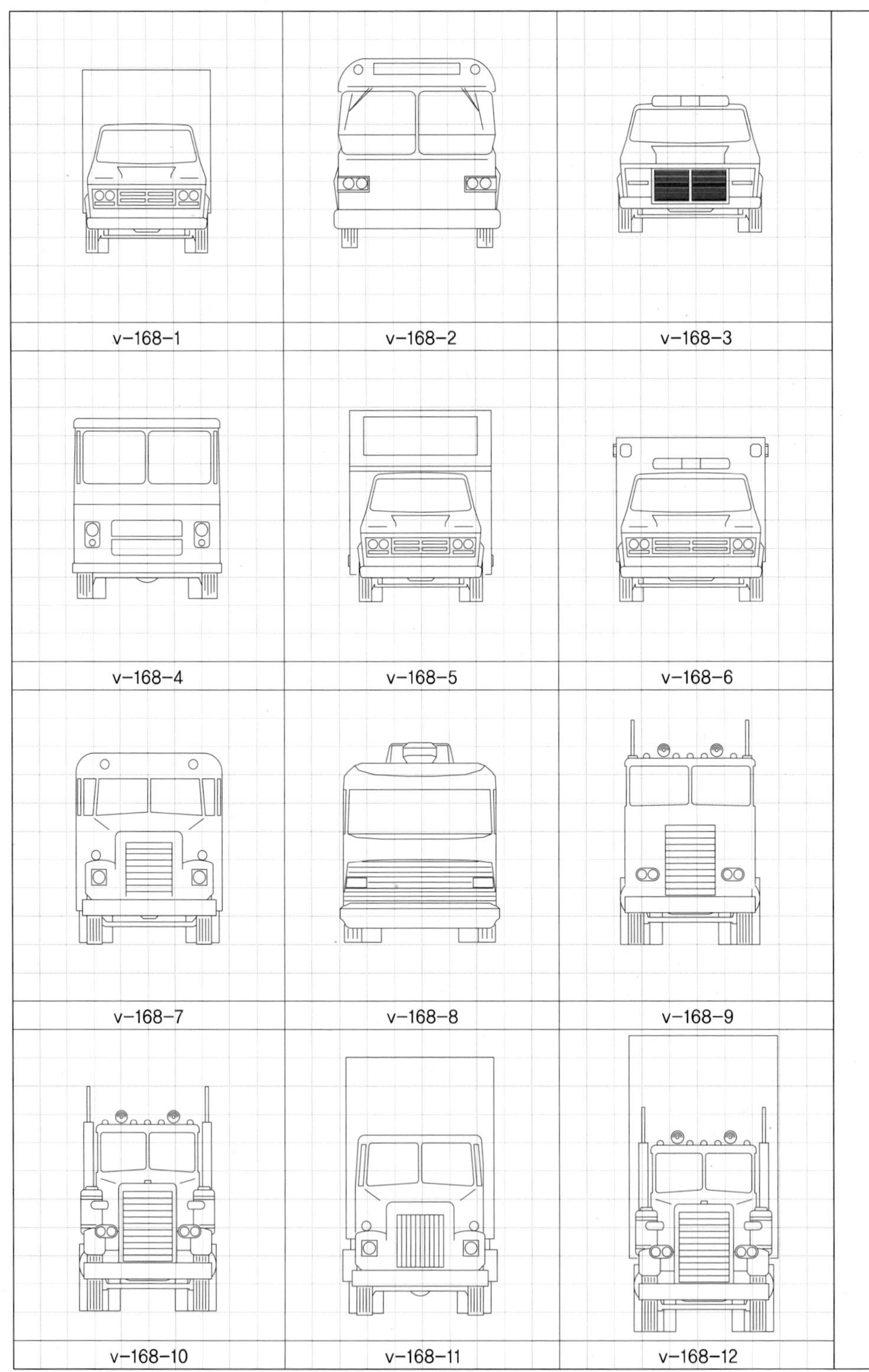

v−168−1

v−168−2

v−168−3

v−168−4

v−168−5

v−168−6

v−168−7

v−168−8

v−168−9

v−168−10

v−168−11

v−168−12

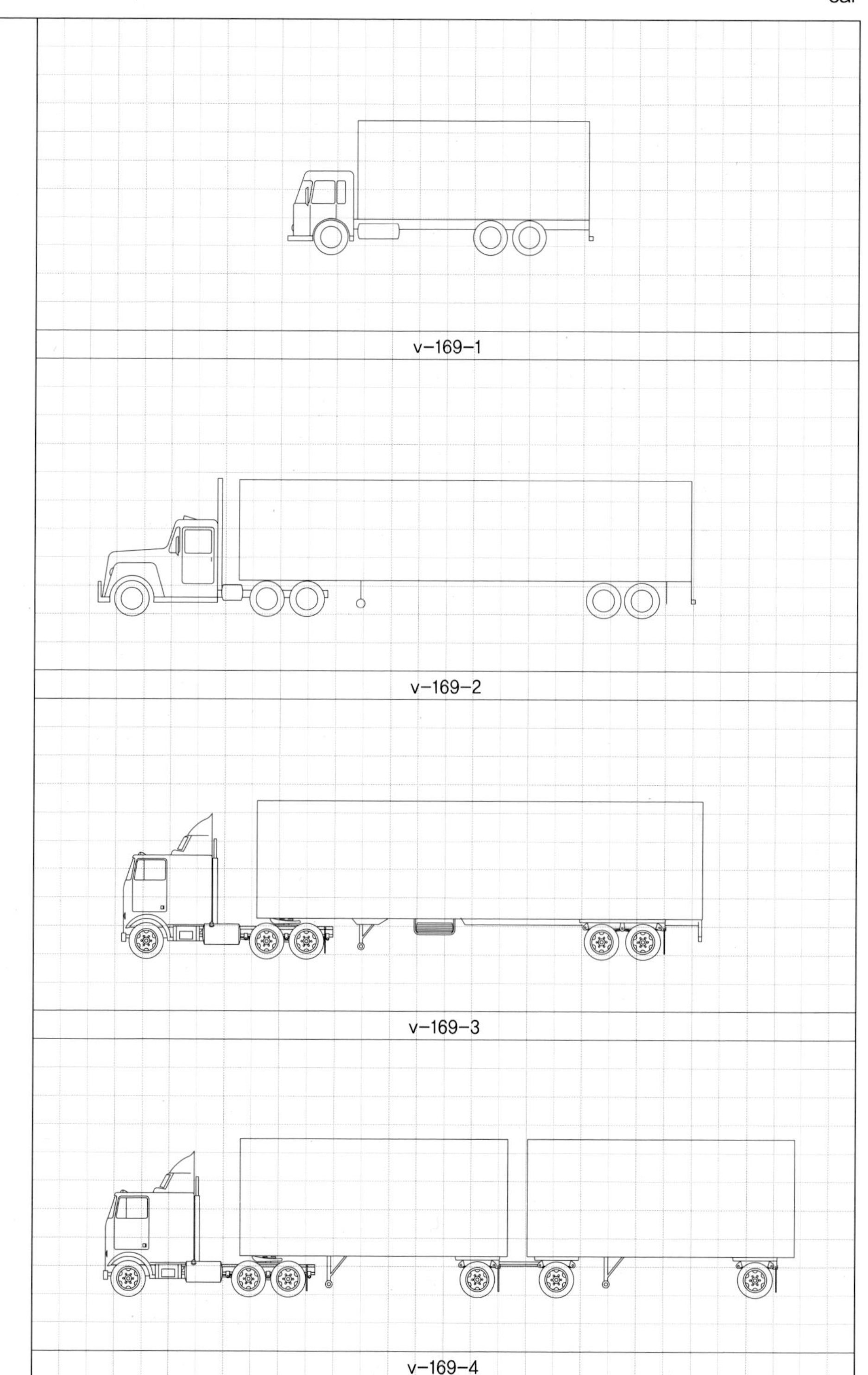

v-169-1
v-169-2
v-169-3
v-169-4
BLOCK

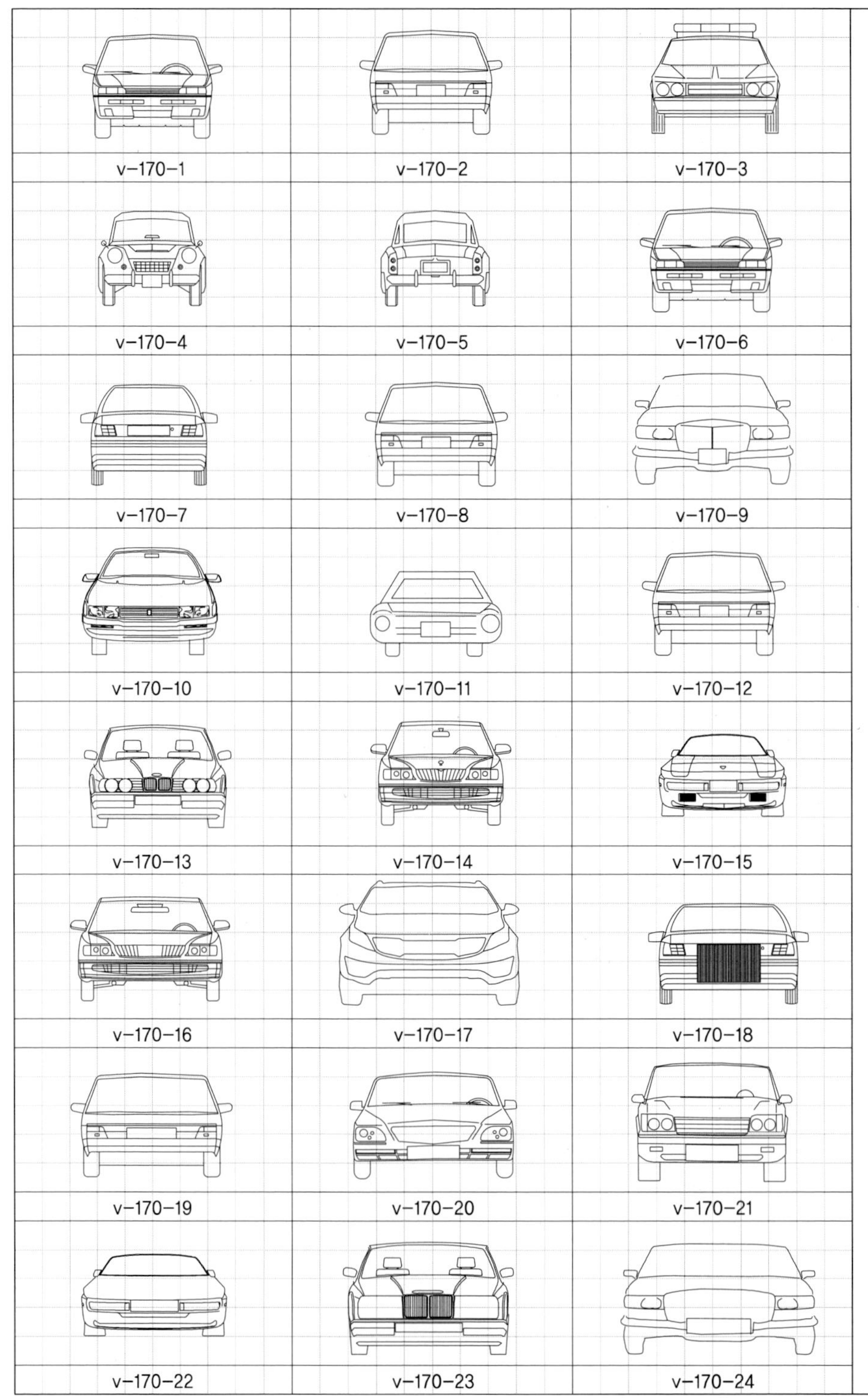

v-170-1
v-170-2
v-170-3
v-170-4
v-170-5
v-170-6
v-170-7
v-170-8
v-170-9
v-170-10
v-170-11
v-170-12
v-170-13
v-170-14
v-170-15
v-170-16
v-170-17
v-170-18
v-170-19
v-170-20
v-170-21
v-170-22
v-170-23
v-170-24

v-171-1
v-171-2
v-171-3
v-171-4
v-171-5
v-171-6
v-171-7
v-171-8
v-171-9
v-171-10
v-171-11
v-171-12
v-171-13
v-171-14
v-171-15
v-171-16

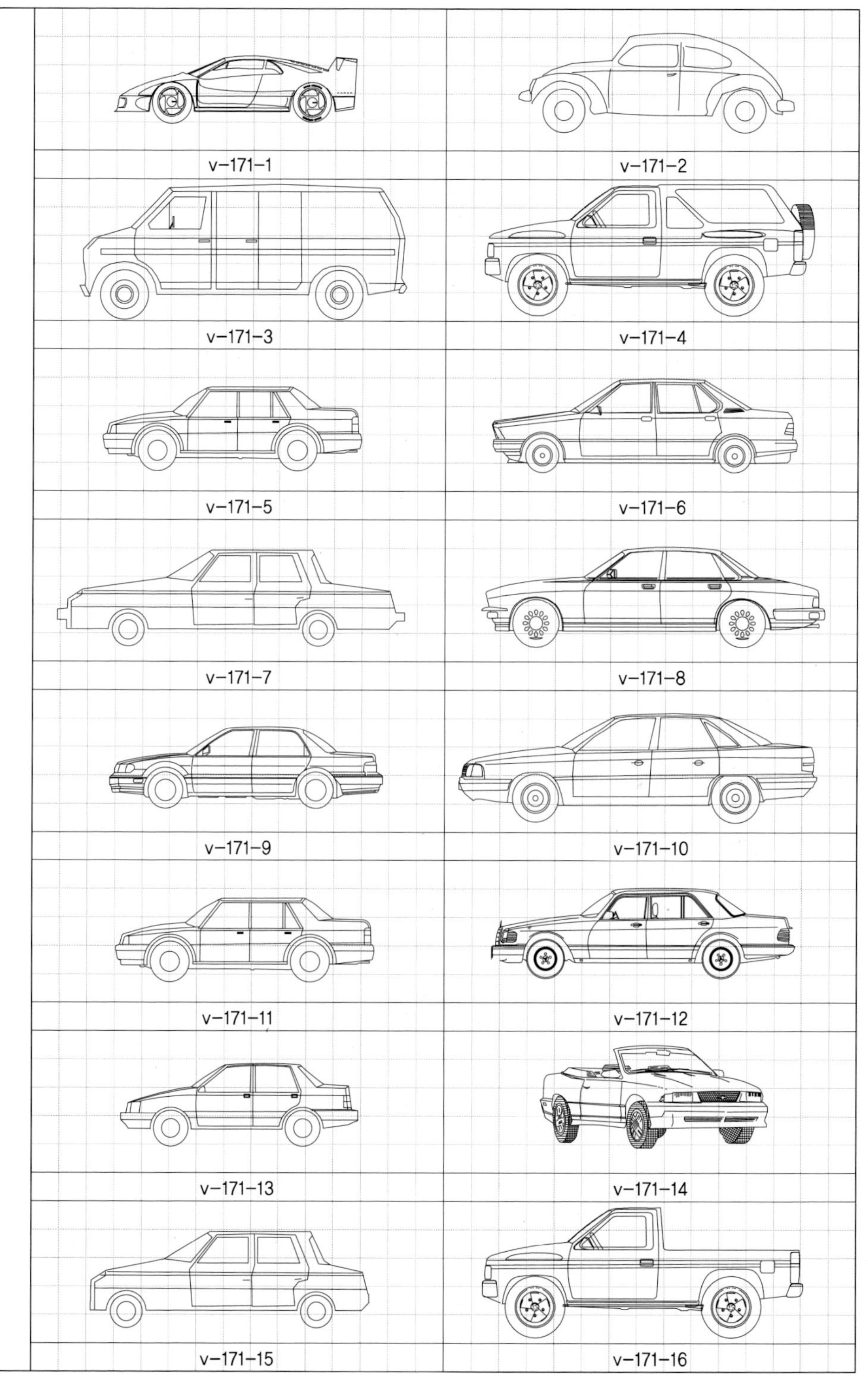

BLOCK

BLOCK

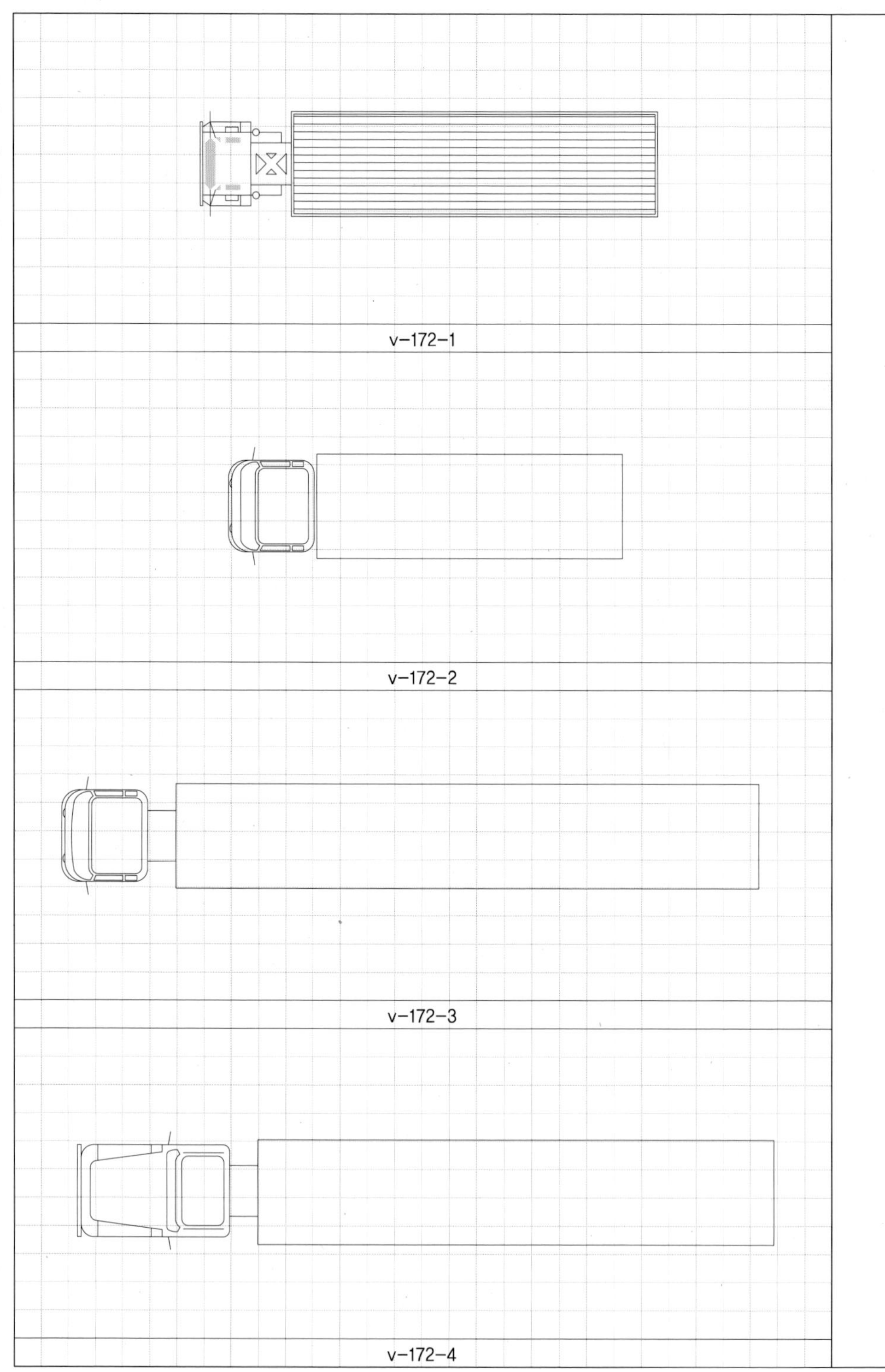

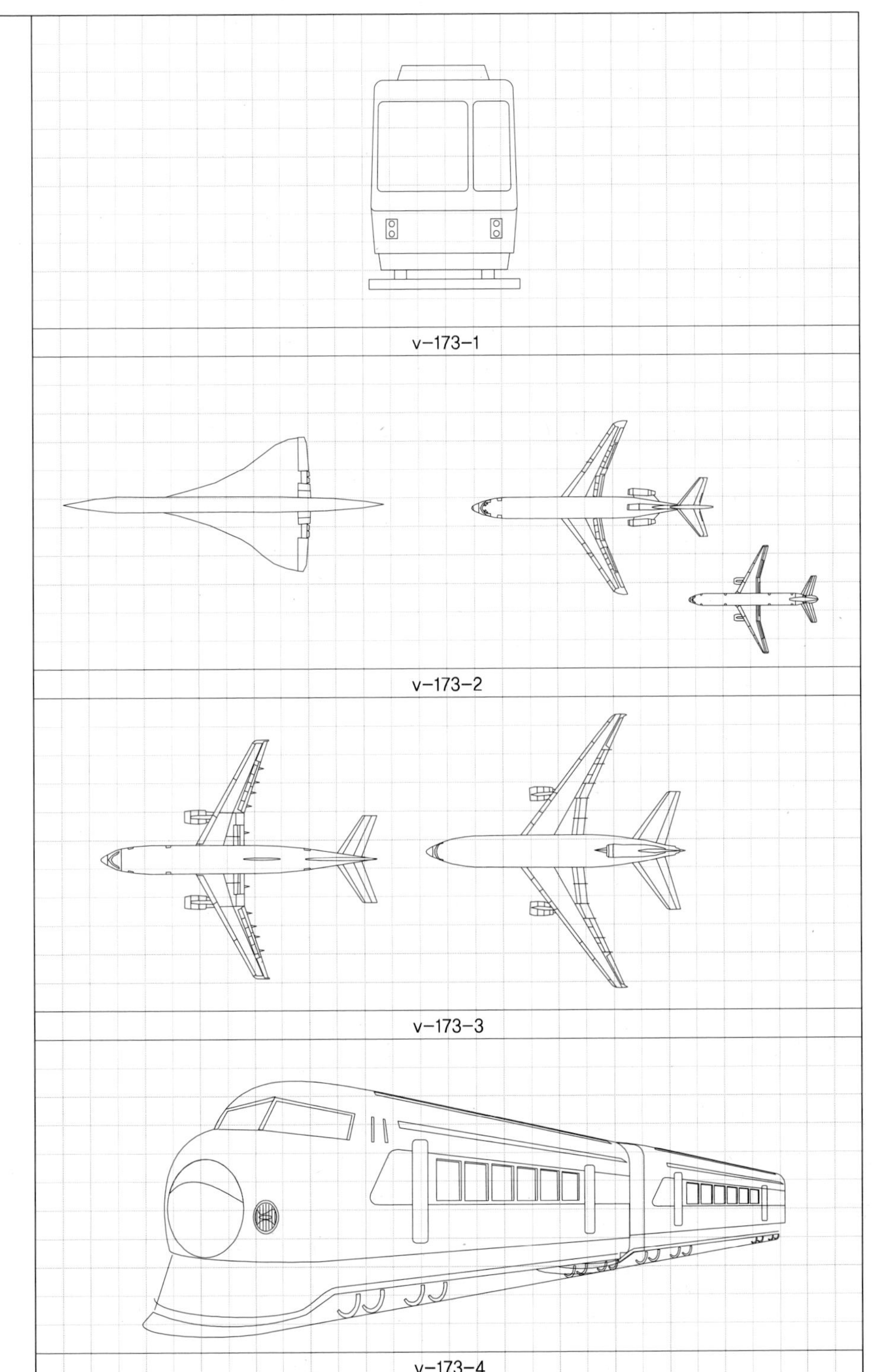

v-173-1

v-173-2

v-173-3

v-173-4

BLOCK

BLOCK

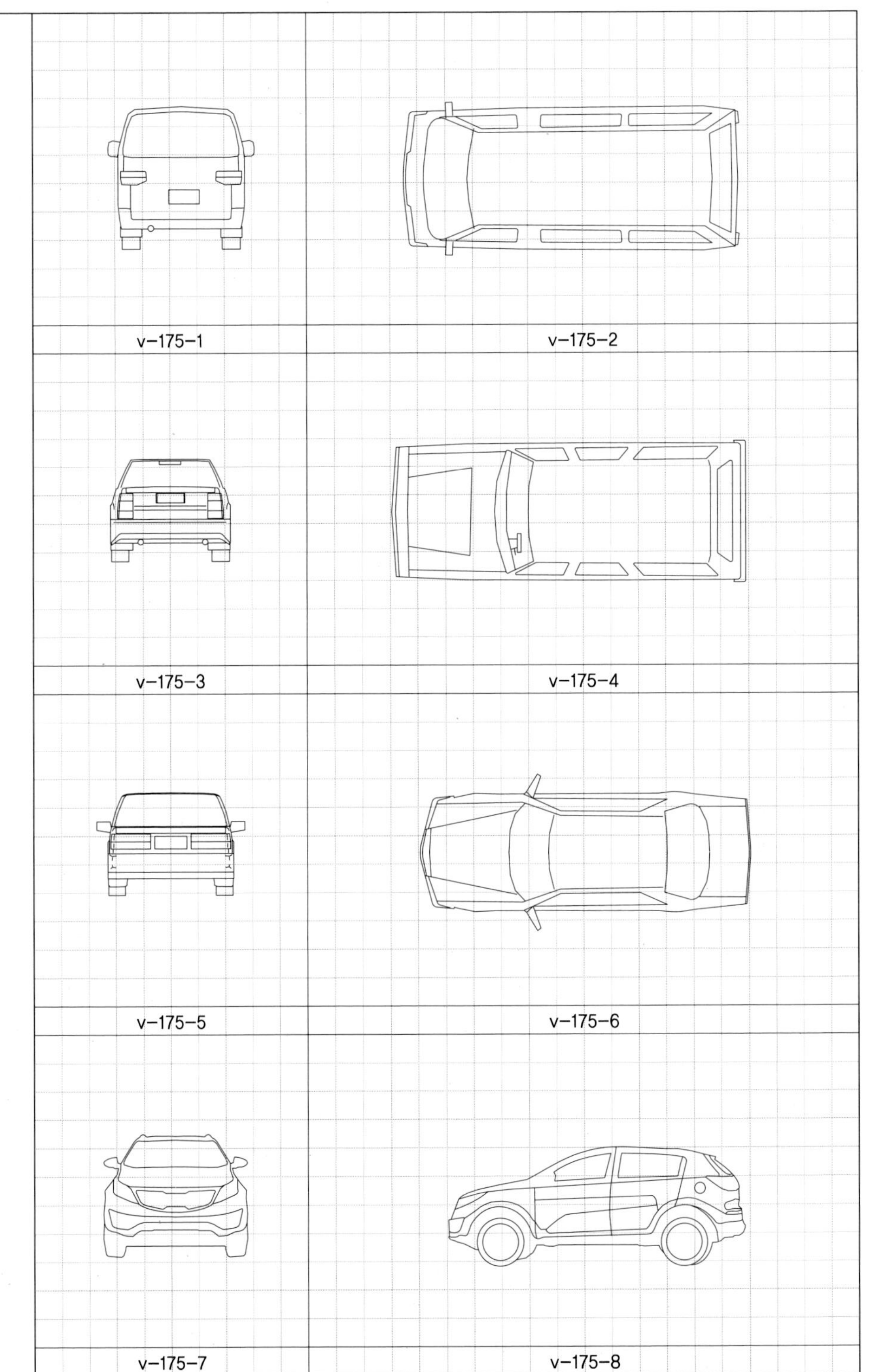

v-175-1
v-175-2
v-175-3
v-175-4
v-175-5
v-175-6
v-175-7
v-175-8
BLOCK

BLOCK

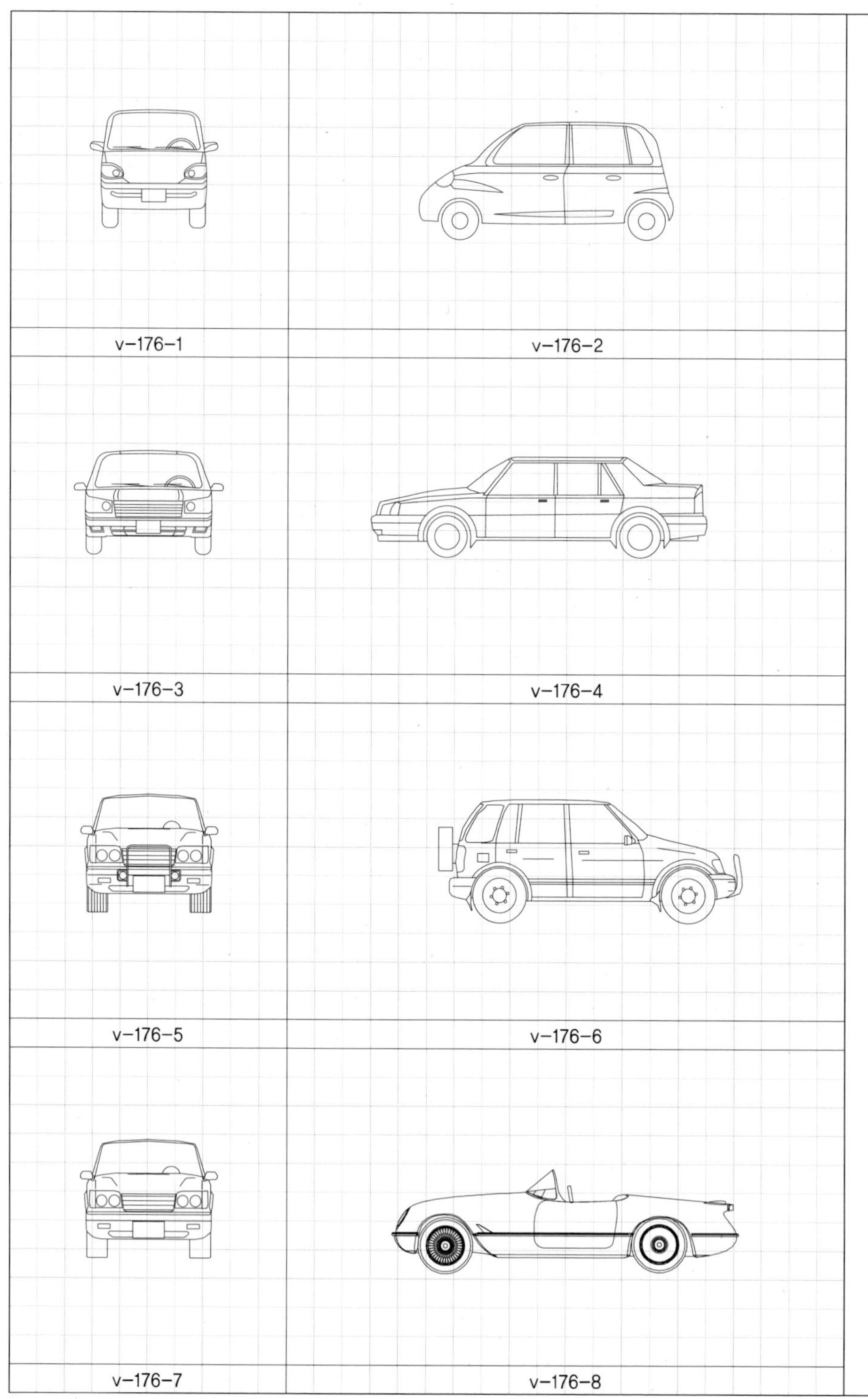

v-176-1

v-176-2

v-176-3

v-176-4

v-176-5

v-176-6

v-176-7

v-176-8

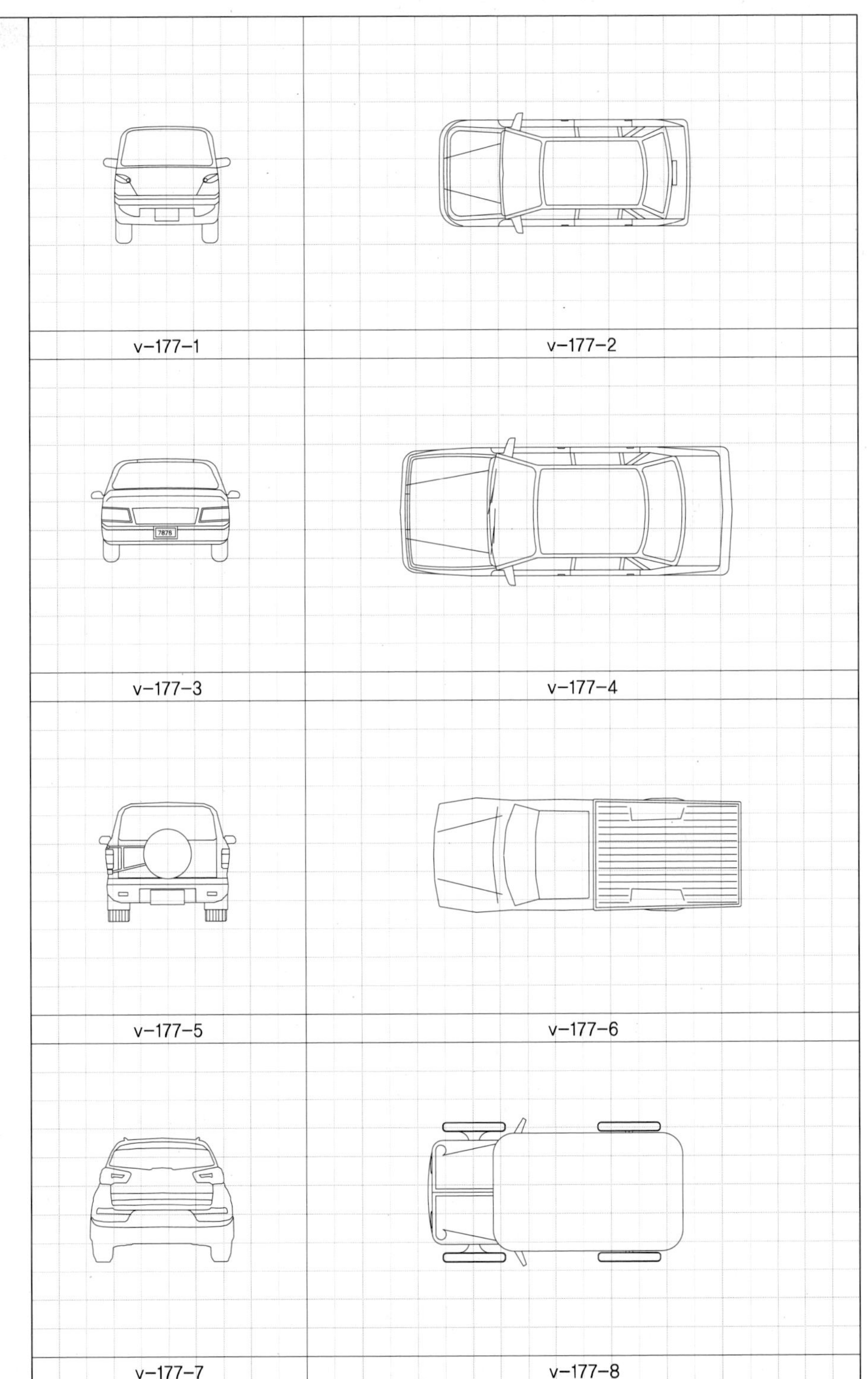

BLOCK

BLOCK

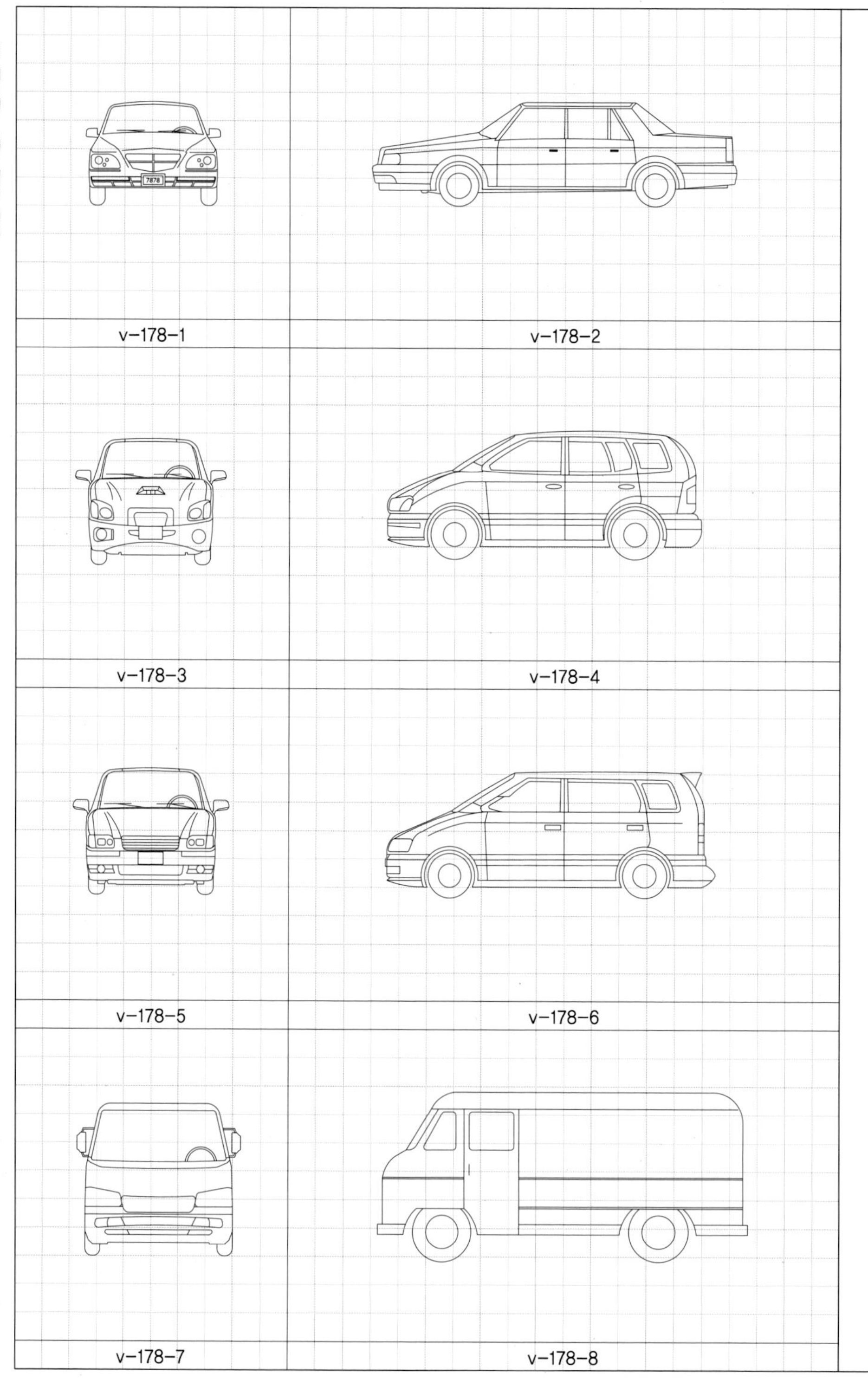

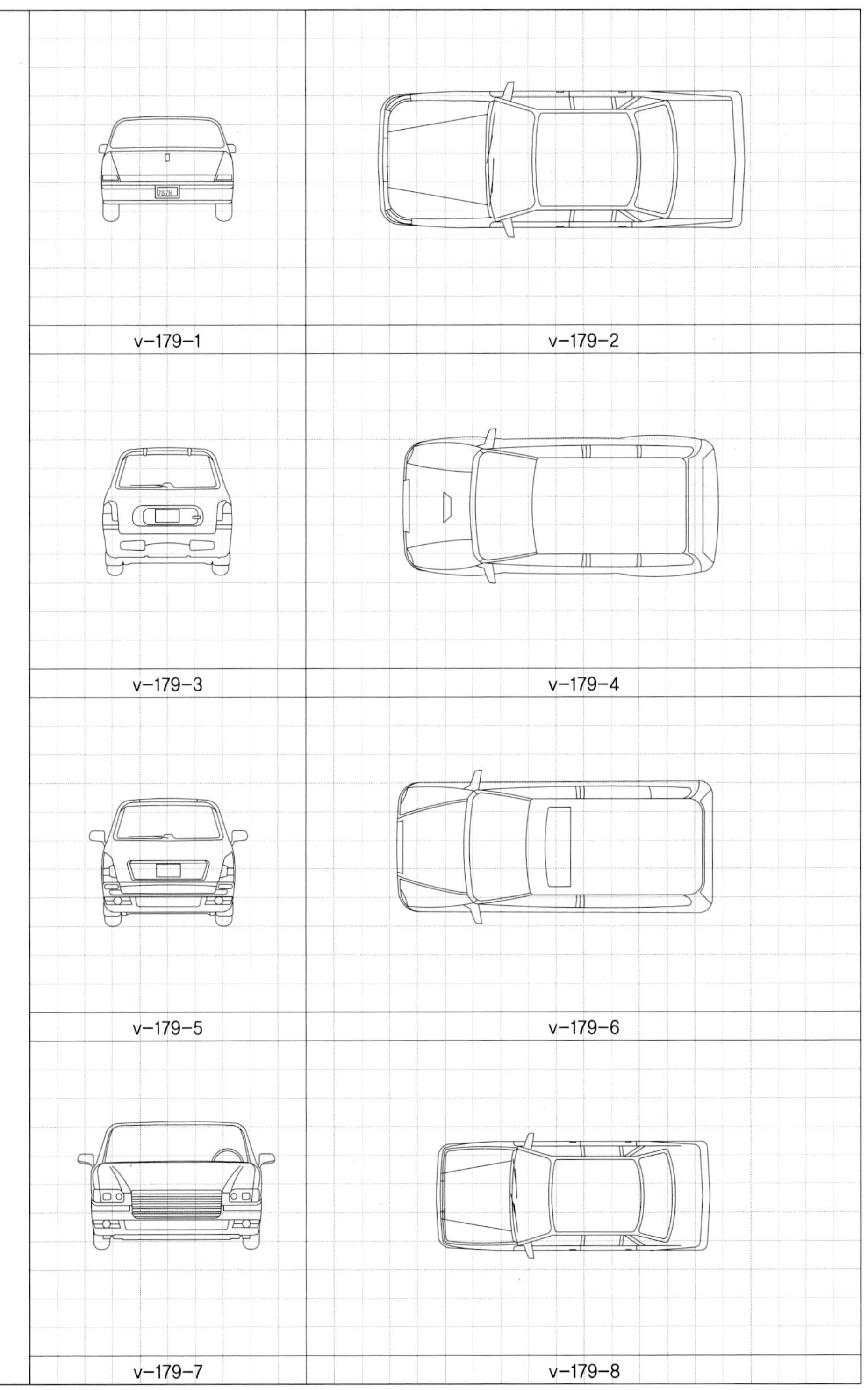

BLOCK

BLOCK

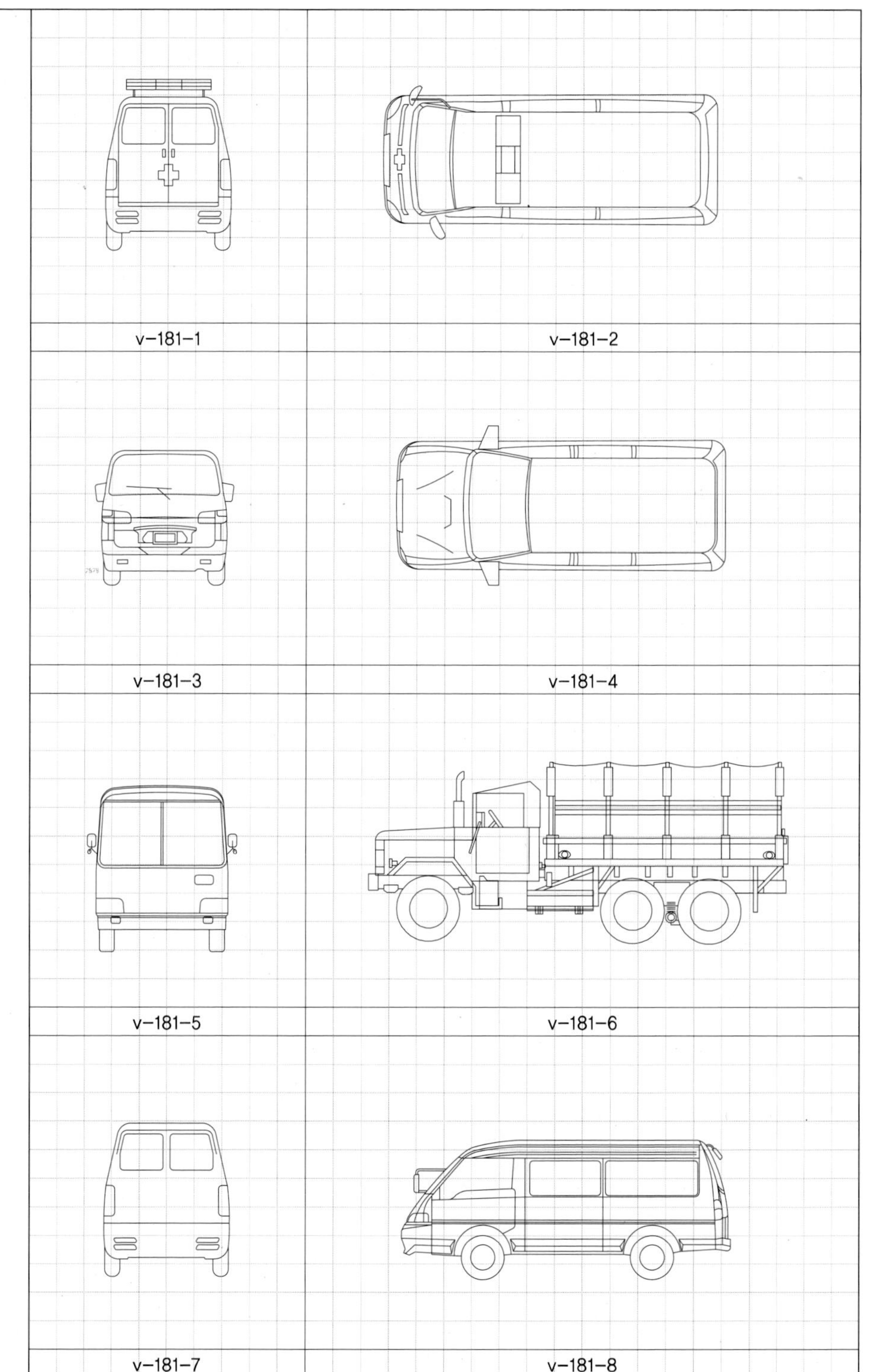

BLOCK

BLOCK

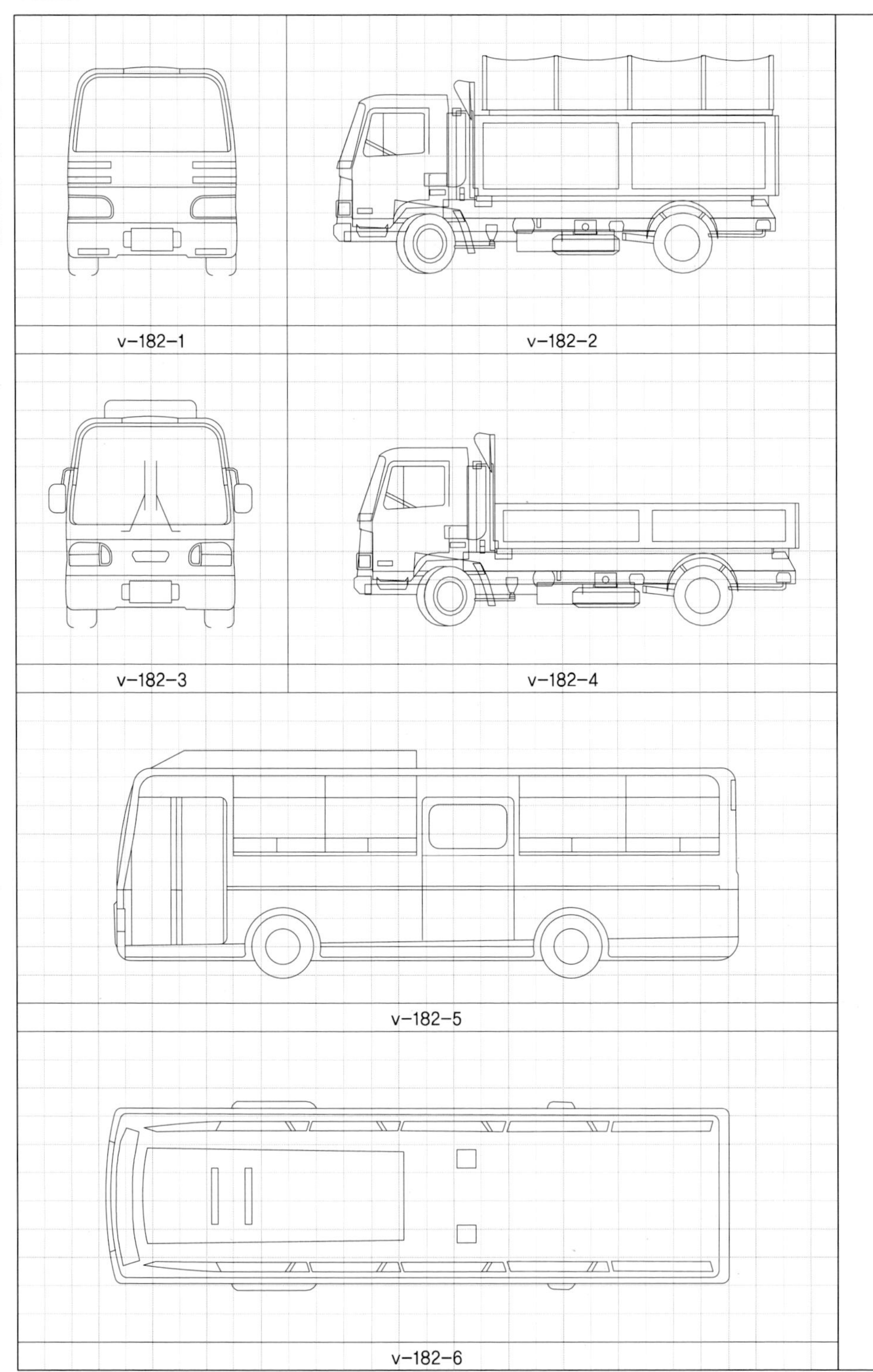

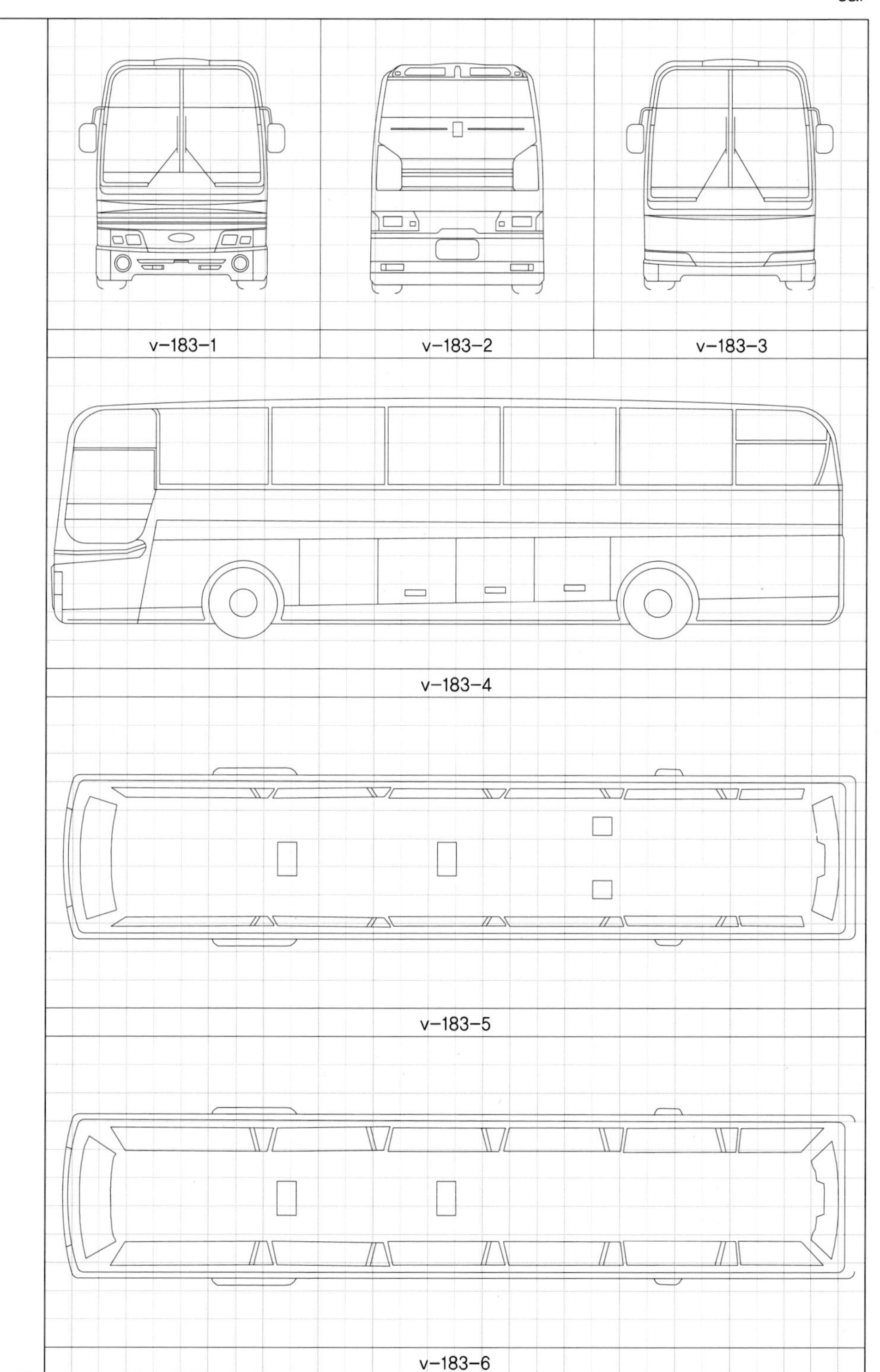

v-183-1

v-183-2

v-183-3

v-183-4

v-183-5

v-183-6

BLOCK

BLOCK

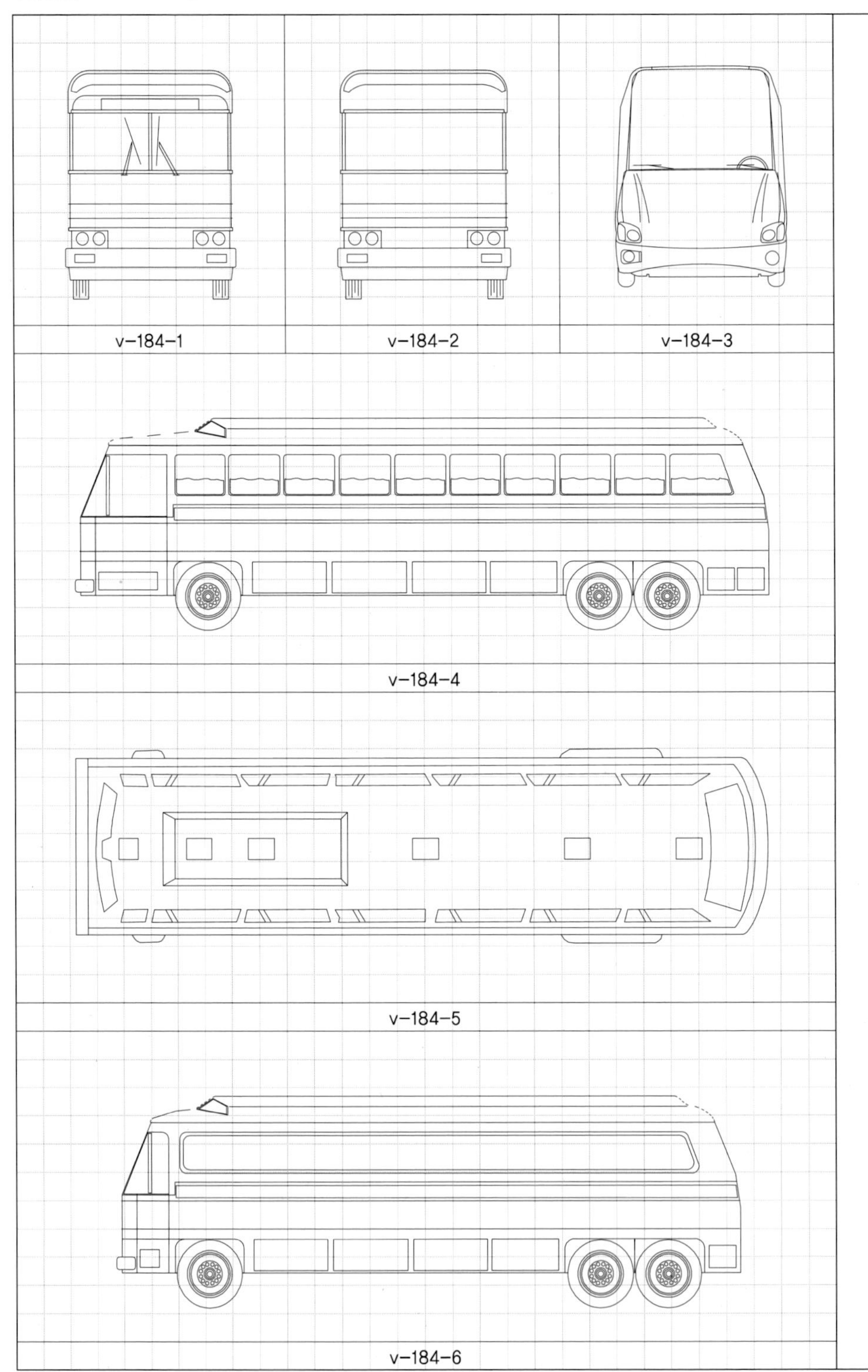

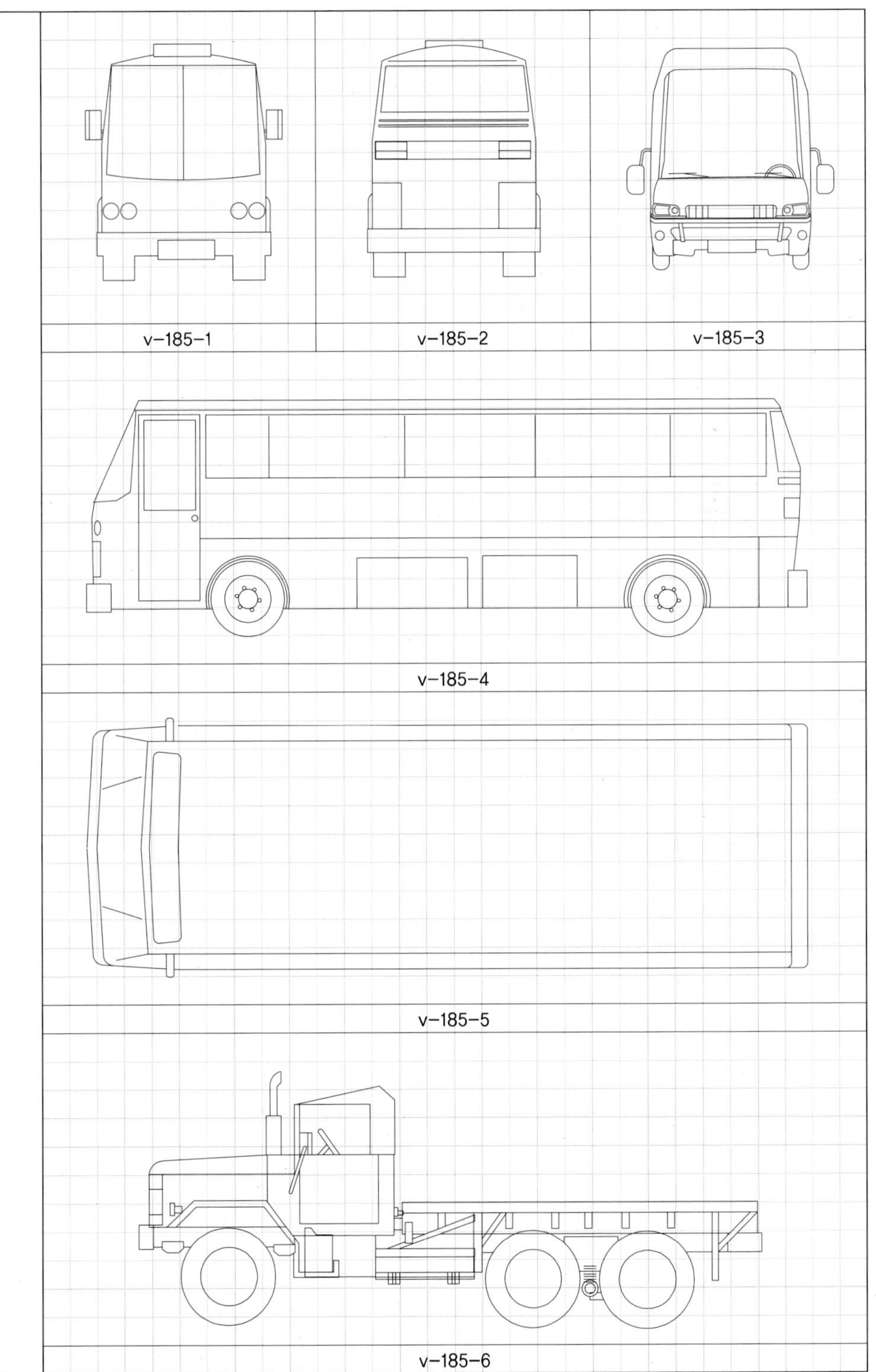

BLOCK

BLOCK

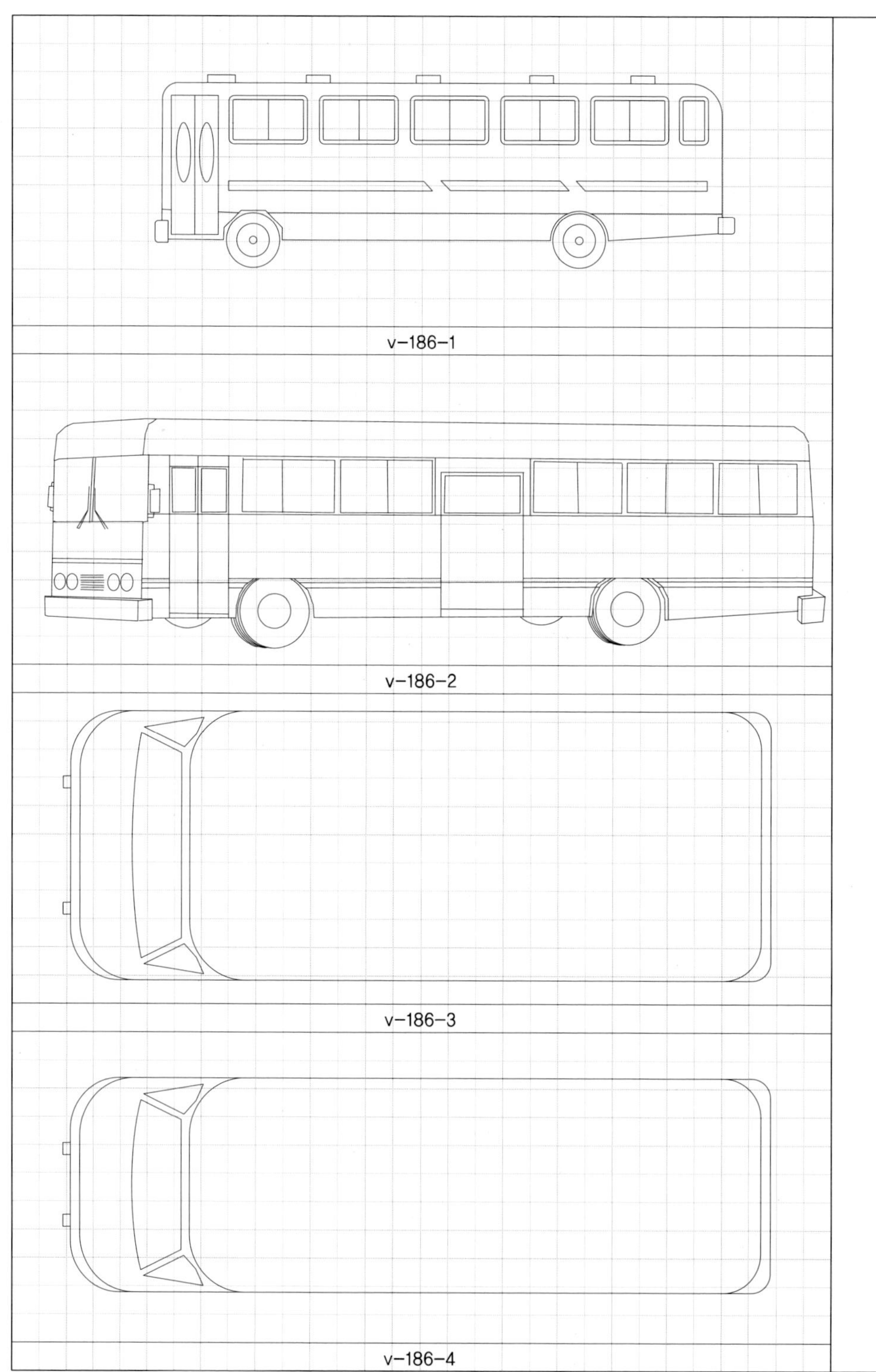

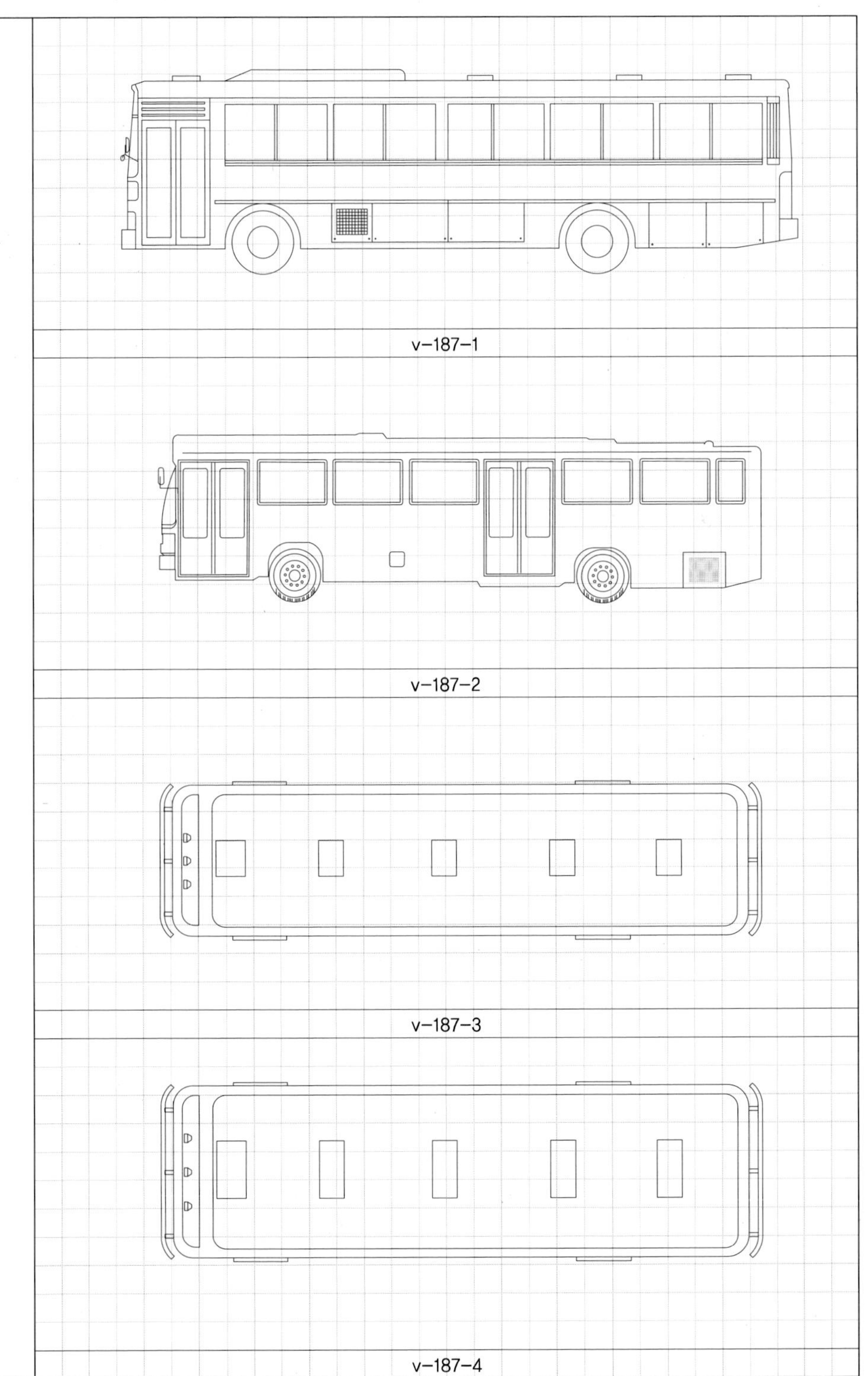

BLOCK

BLOCK

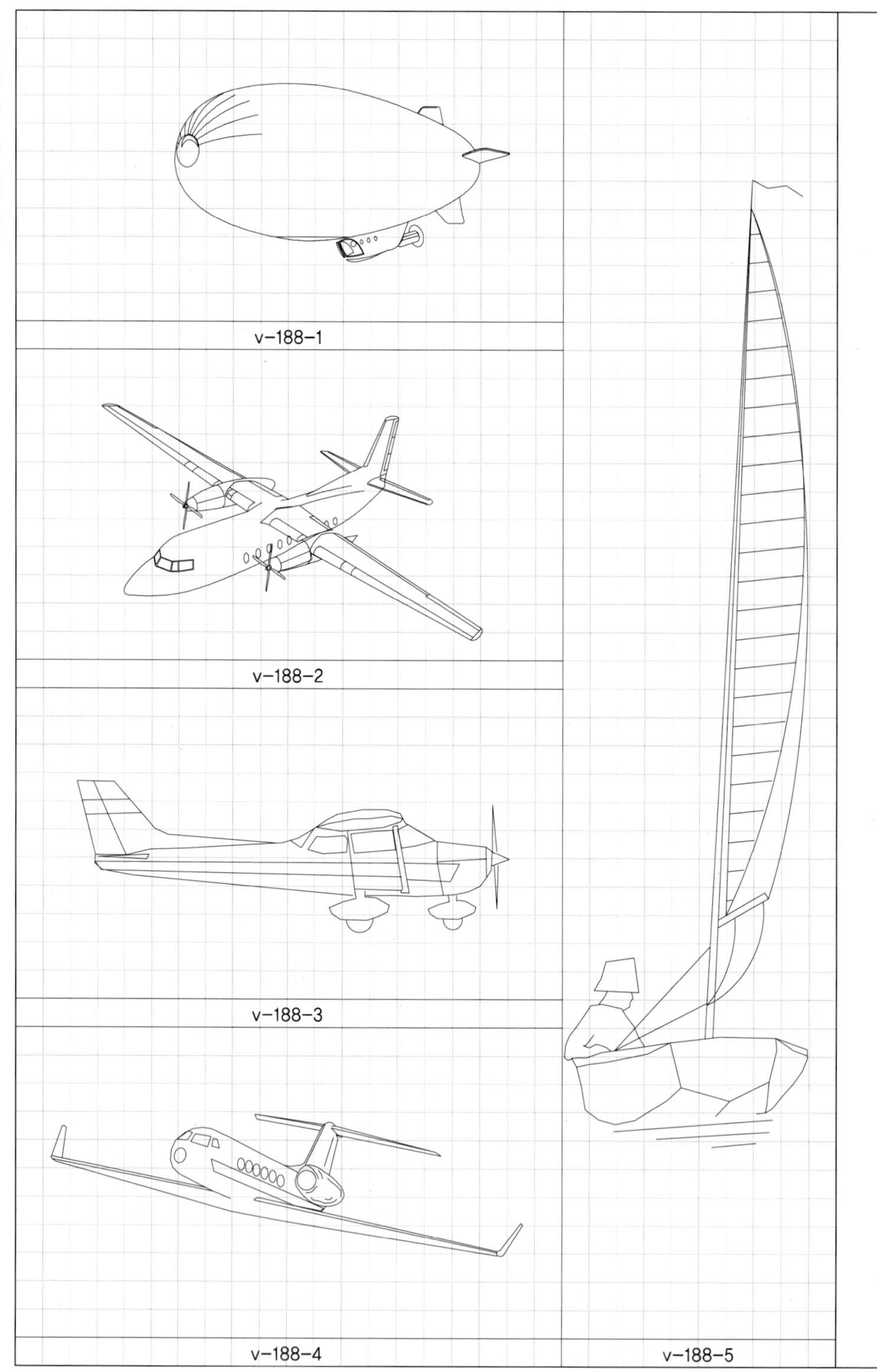

v-188-1

v-188-2

v-188-3

v-188-4

v-188-5

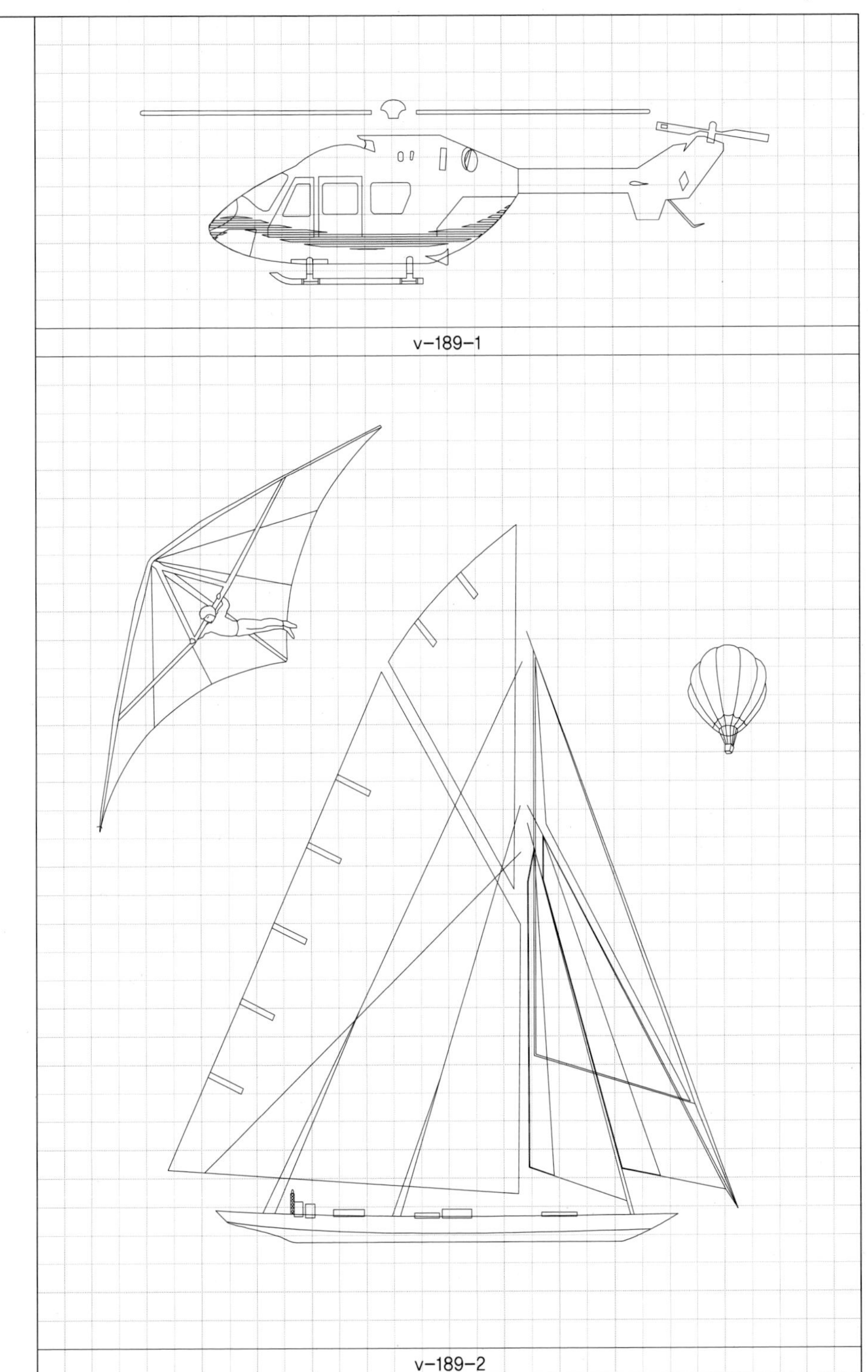

v-189-1

v-189-2

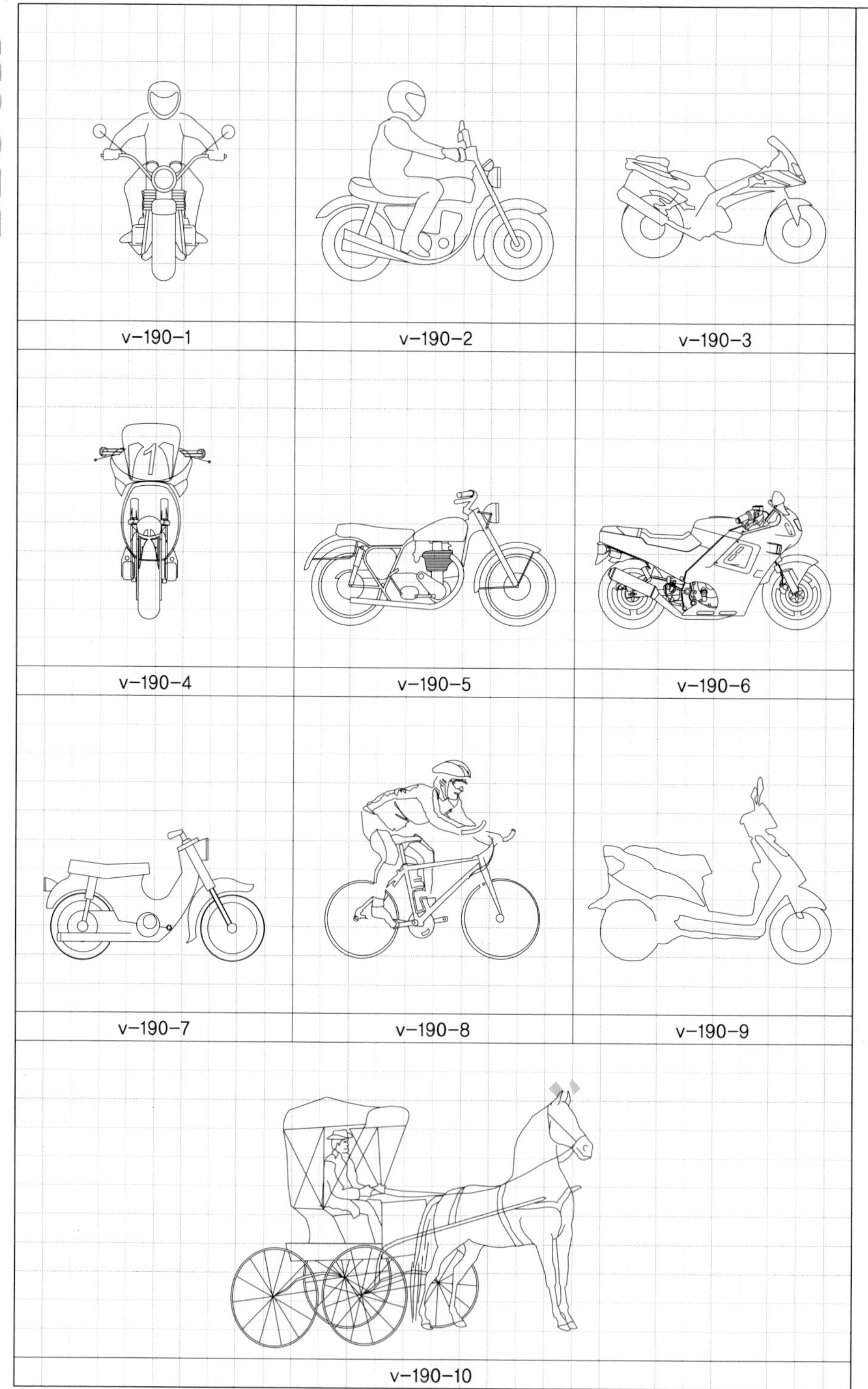

v-190-1

v-190-2

v-190-3

v-190-4

v-190-5

v-190-6

v-190-7

v-190-8

v-190-9

v-190-10

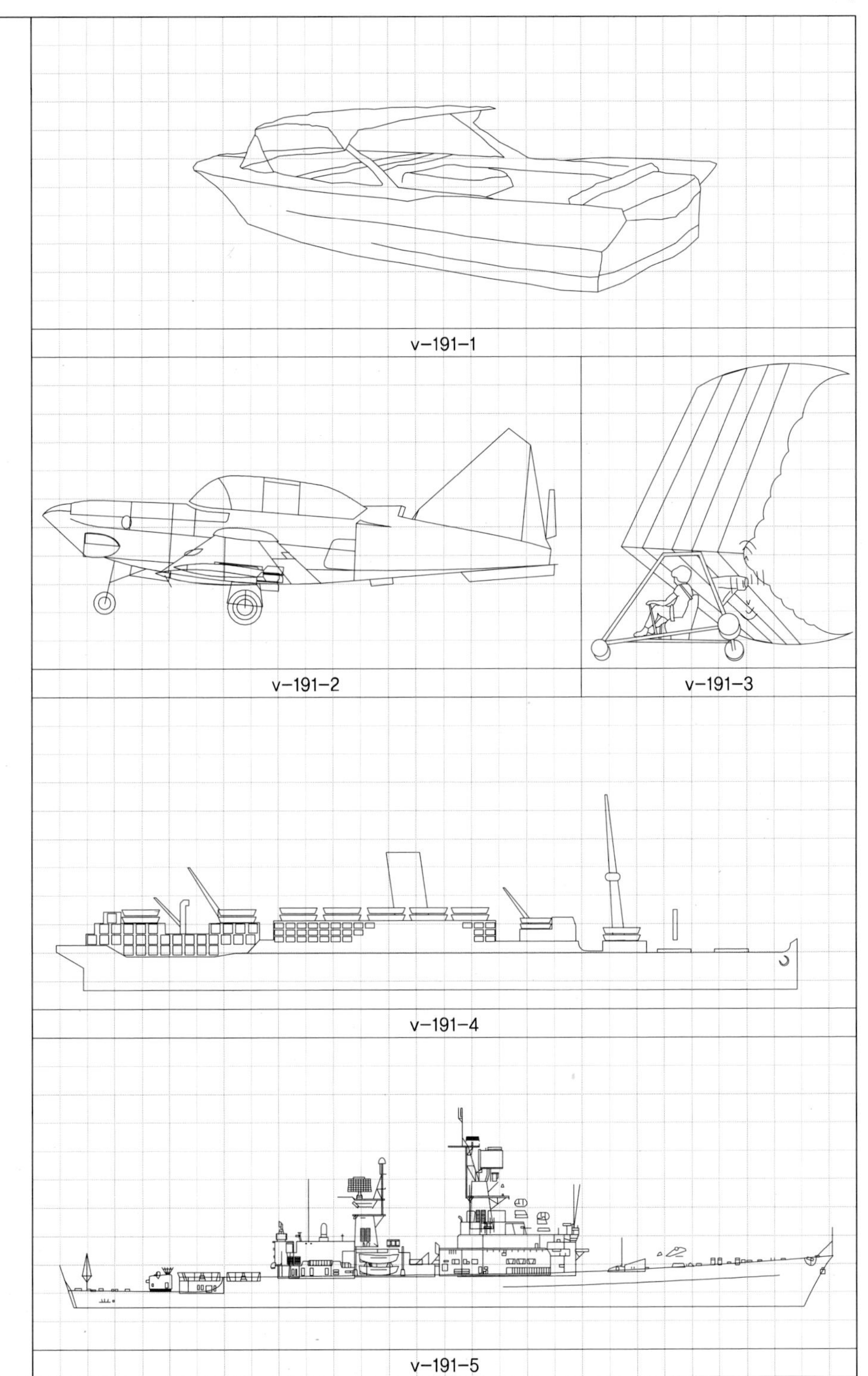

v－191－1

v－191－2

v－191－3

v－191－4

v－191－5

BLOCK

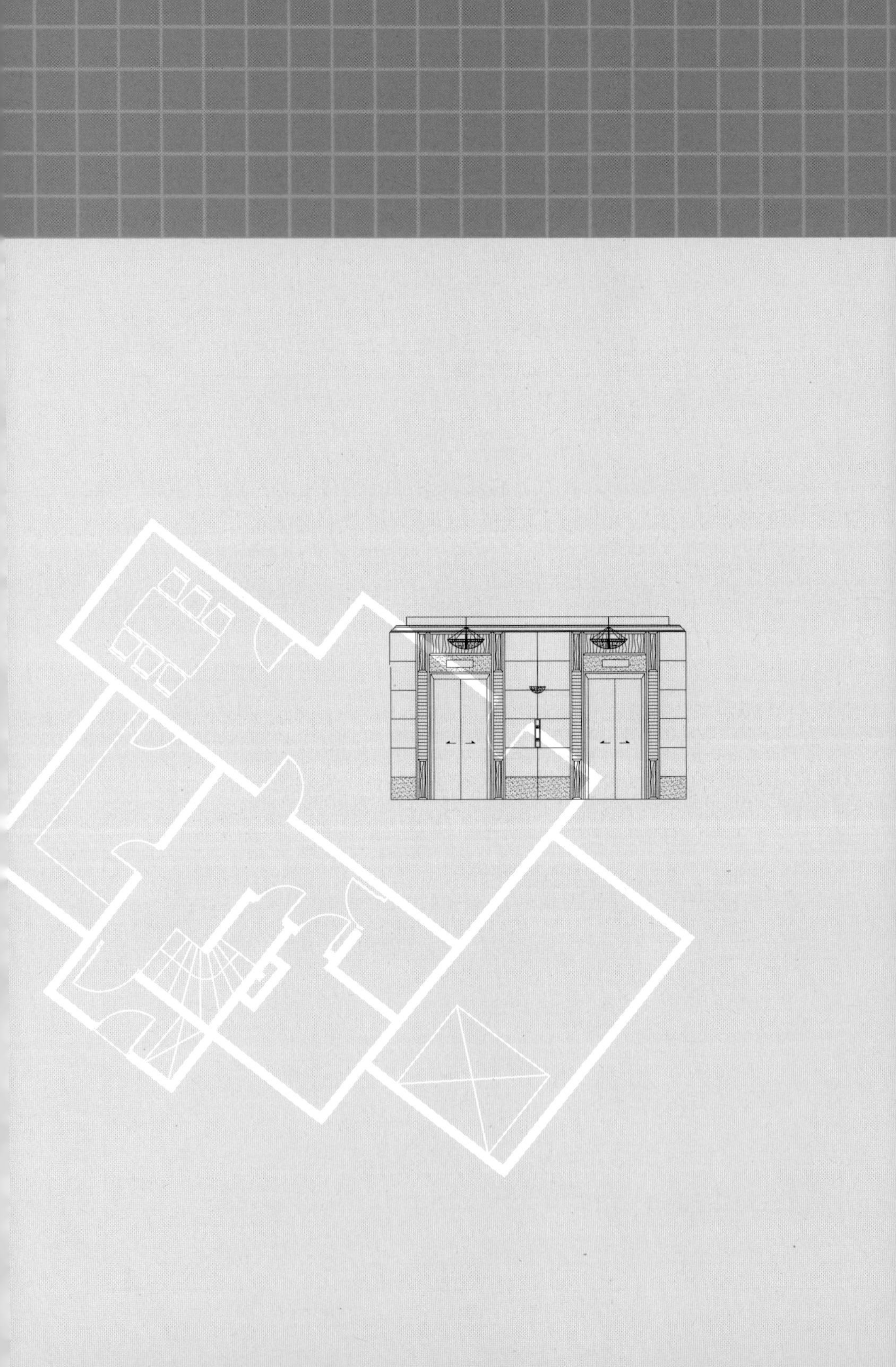

core

BLOCK

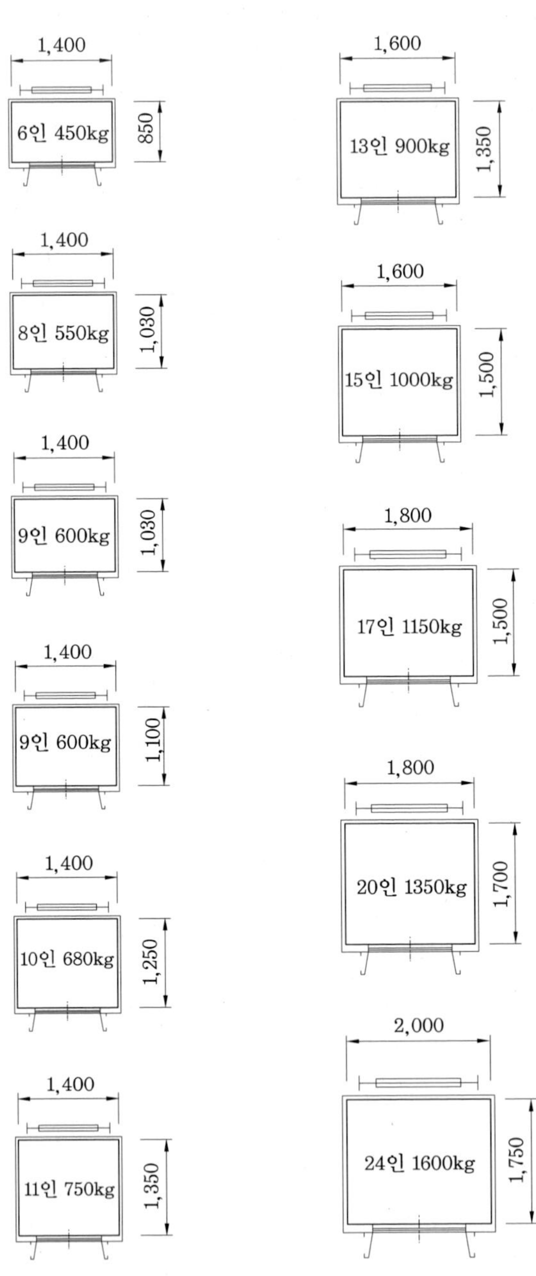

■ 60M/MIN일 때
1,400
6인 450kg
850
1,400
8인 550kg
1,030
1,400
9인 600kg
1,030
1,400
9인 600kg
1,100
1,400
10인 680kg
1,250
1,400
11인 750kg
1,350
1,600
13인 900kg
1,350
1,600
15인 1000kg
1,500
1,800
17인 1150kg
1,500
1,800
20인 1350kg
1,700
2,000
24인 1600kg
1,750
※출처 엘레베이터 표준규격

■ 90M/MIN일 때

■ 105M/MIN일 때

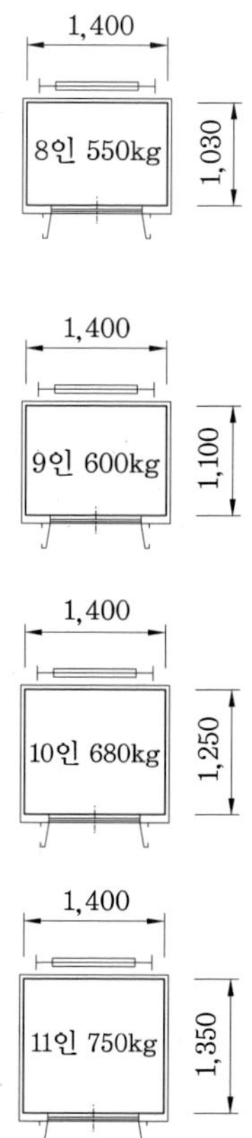

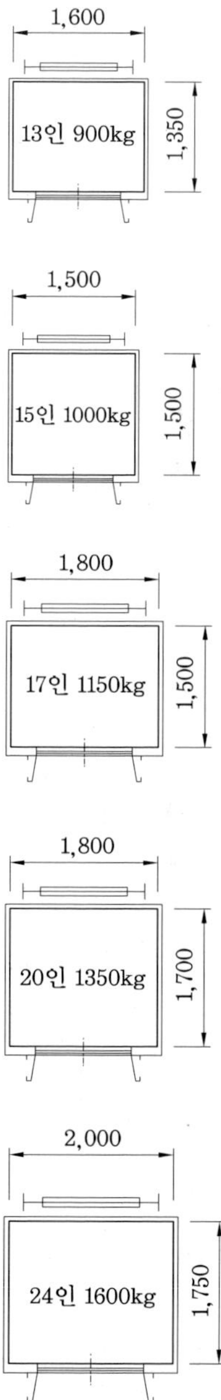

BLOCK

BLOCK

c-196-1
c-196-2
c-196-3
c-196-4
c-196-5
c-196-6
c-196-7
c-196-8
c-196-9
c-196-10
c-196-11
c-196-12

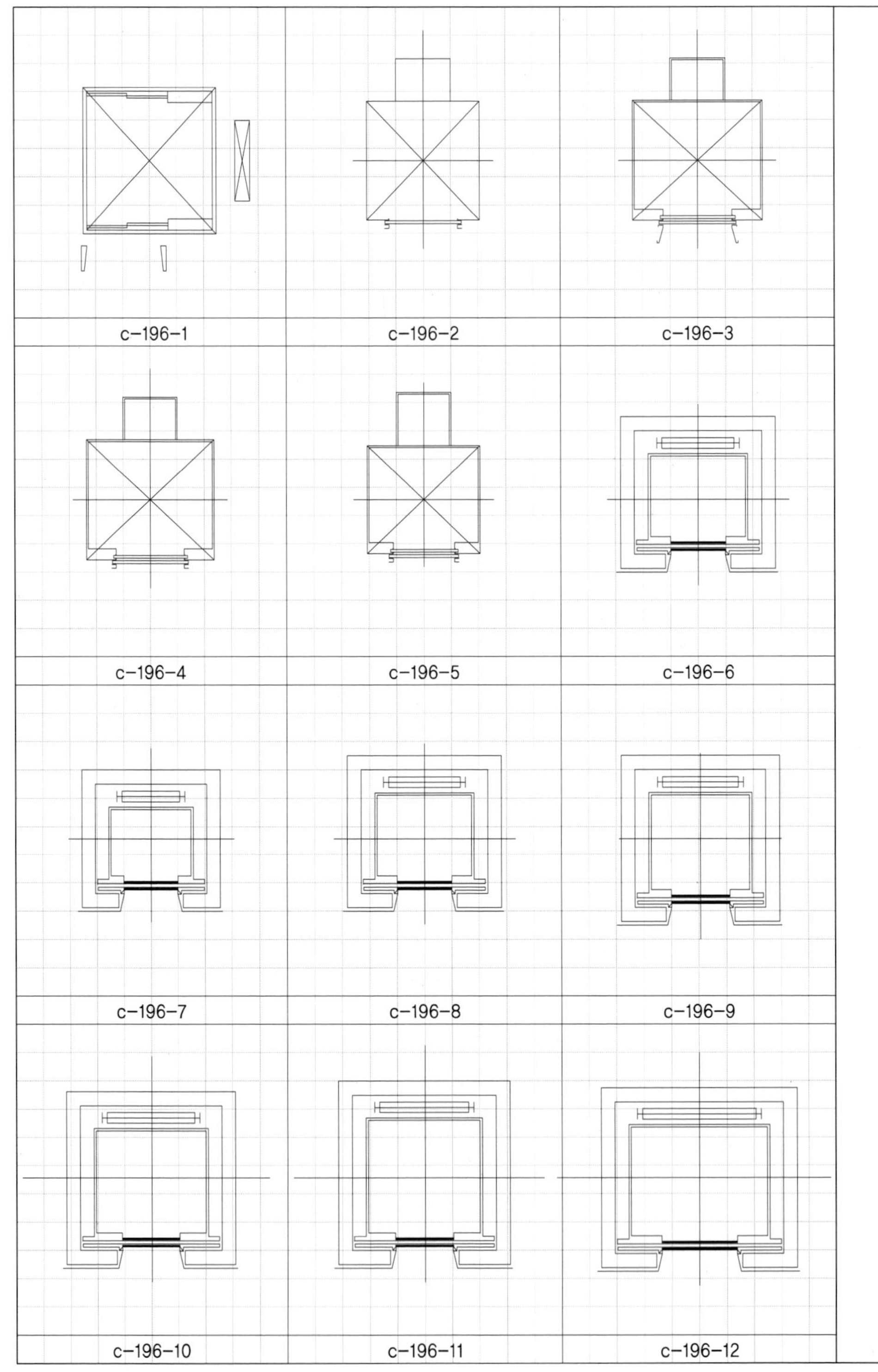

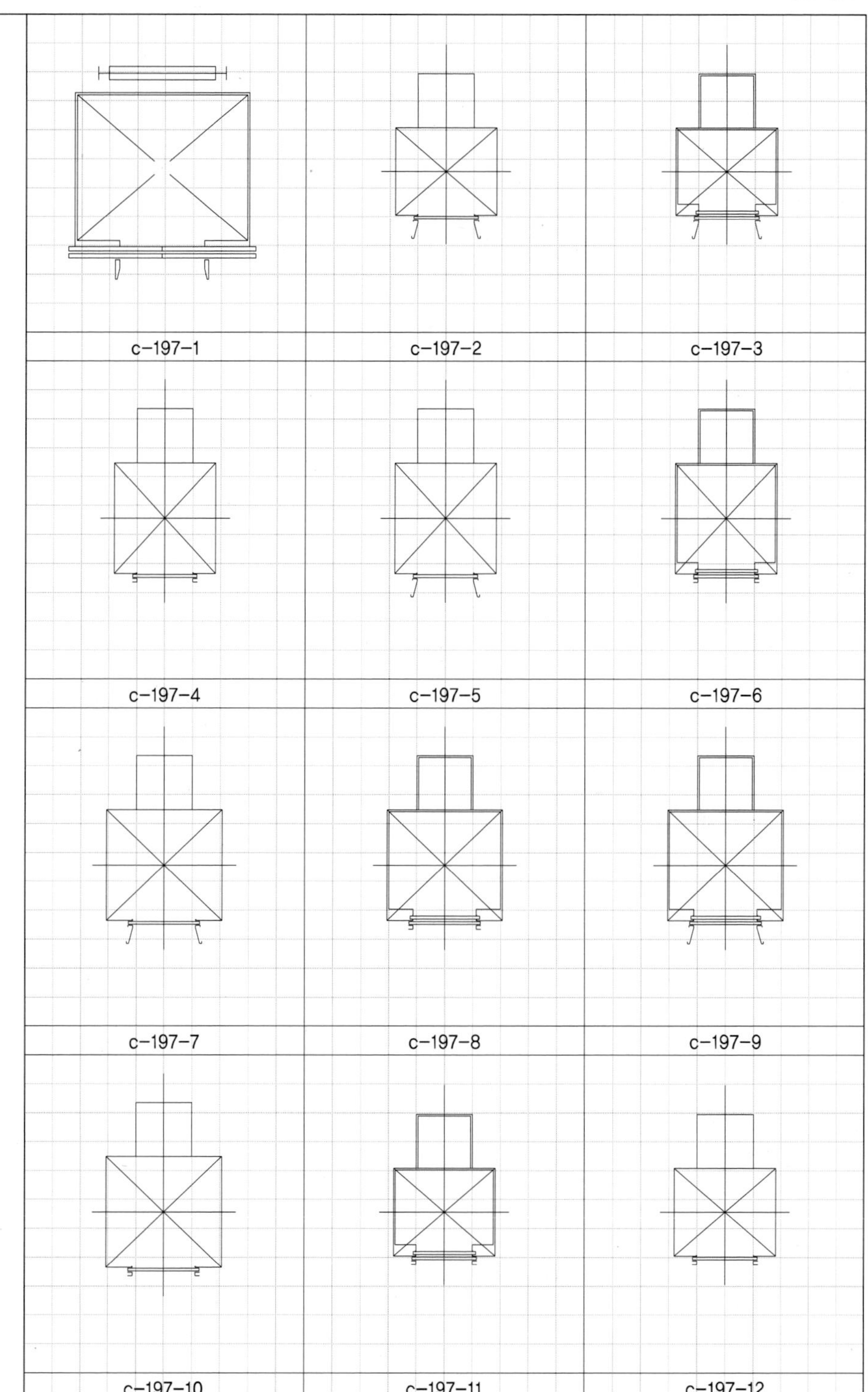

c-197-1	c-197-2	c-197-3
c-197-4	c-197-5	c-197-6
c-197-7	c-197-8	c-197-9
c-197-10	c-197-11	c-197-12

BLOCK

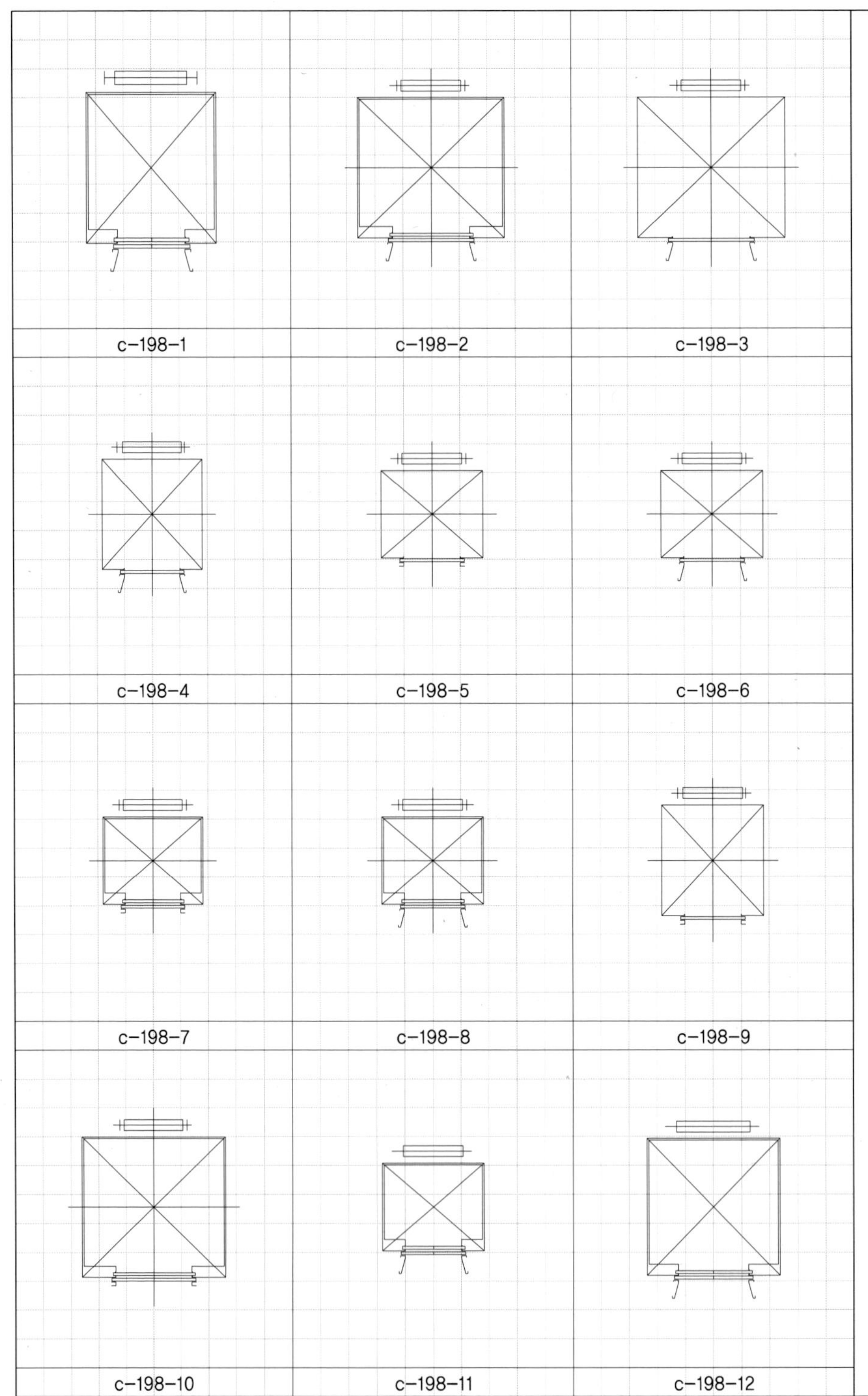

c-198-1
c-198-2
c-198-3
c-198-4
c-198-5
c-198-6
c-198-7
c-198-8
c-198-9
c-198-10
c-198-11
c-198-12

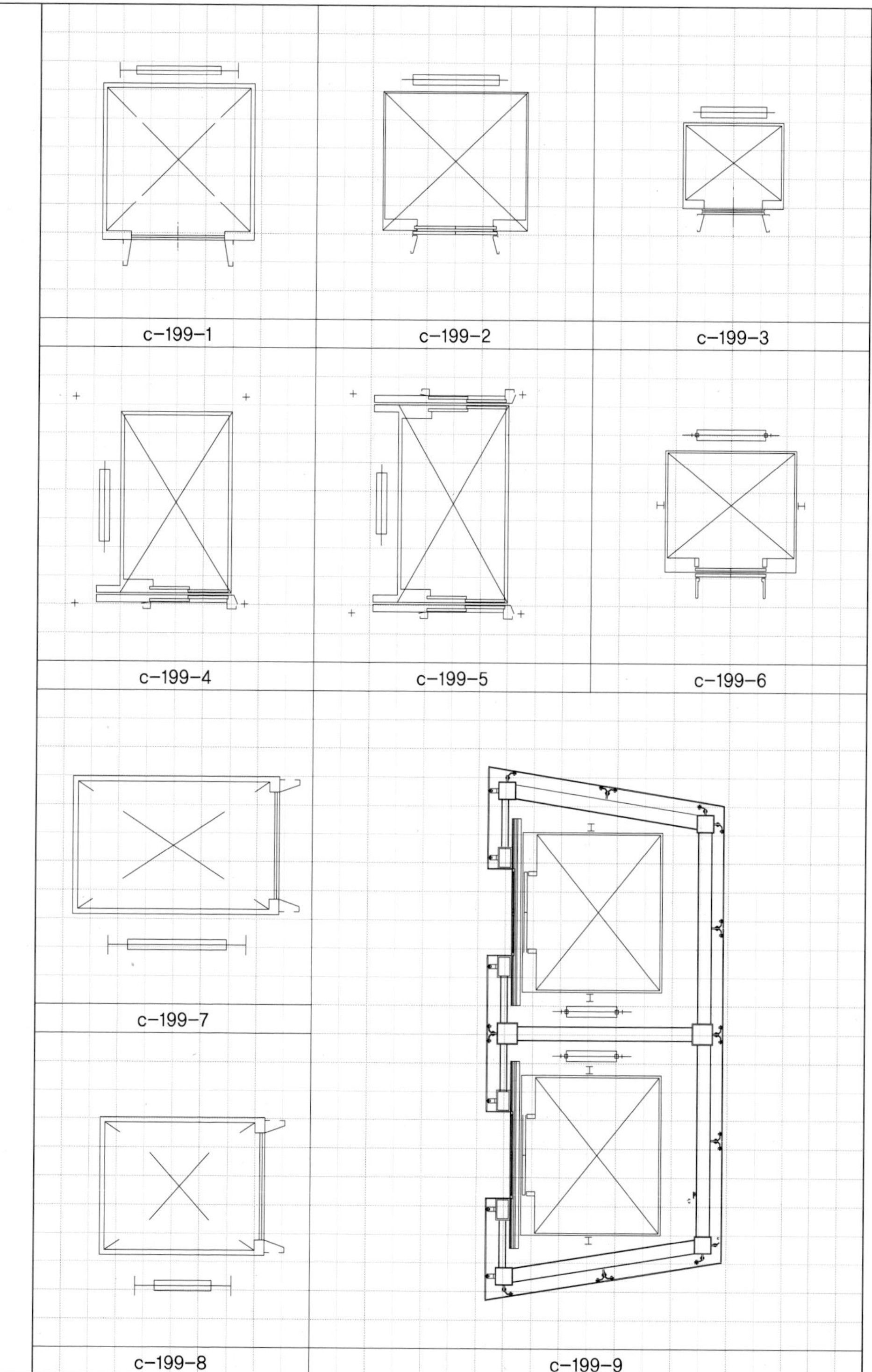

c-199-1
c-199-2
c-199-3
c-199-4
c-199-5
c-199-6
c-199-7
c-199-8
c-199-9
BLOCK

BLOCK

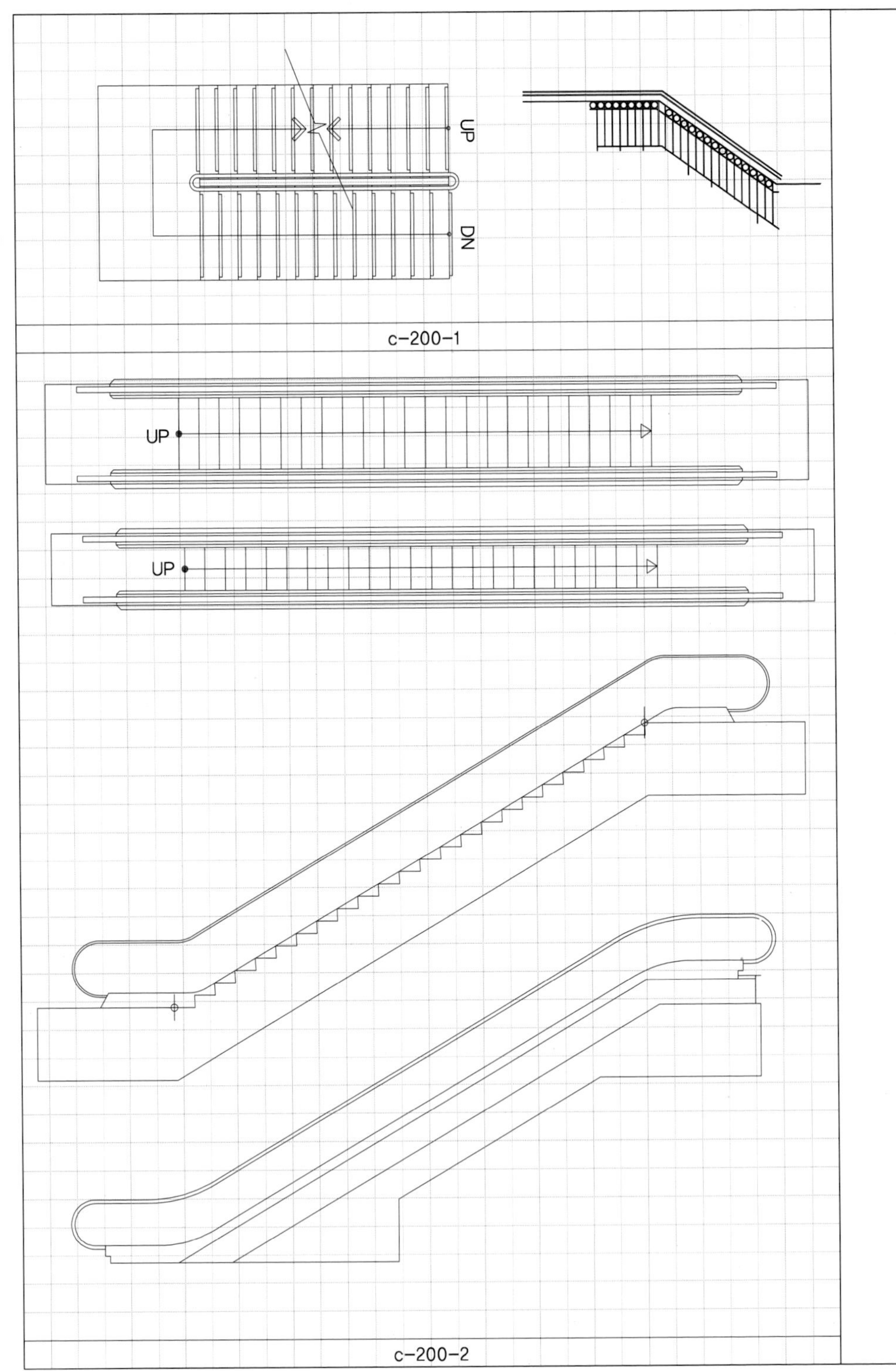

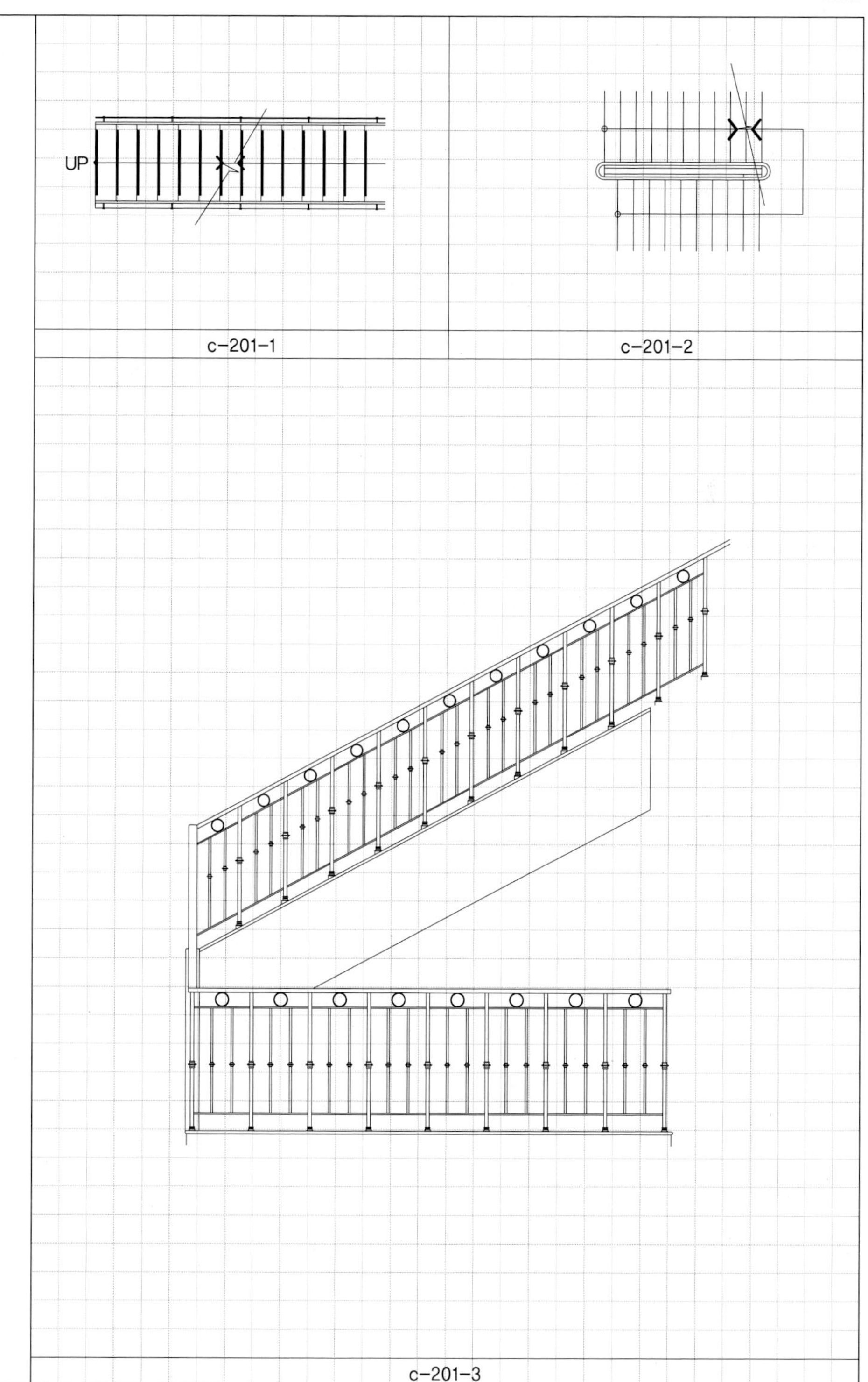

BLOCK

BLOCK

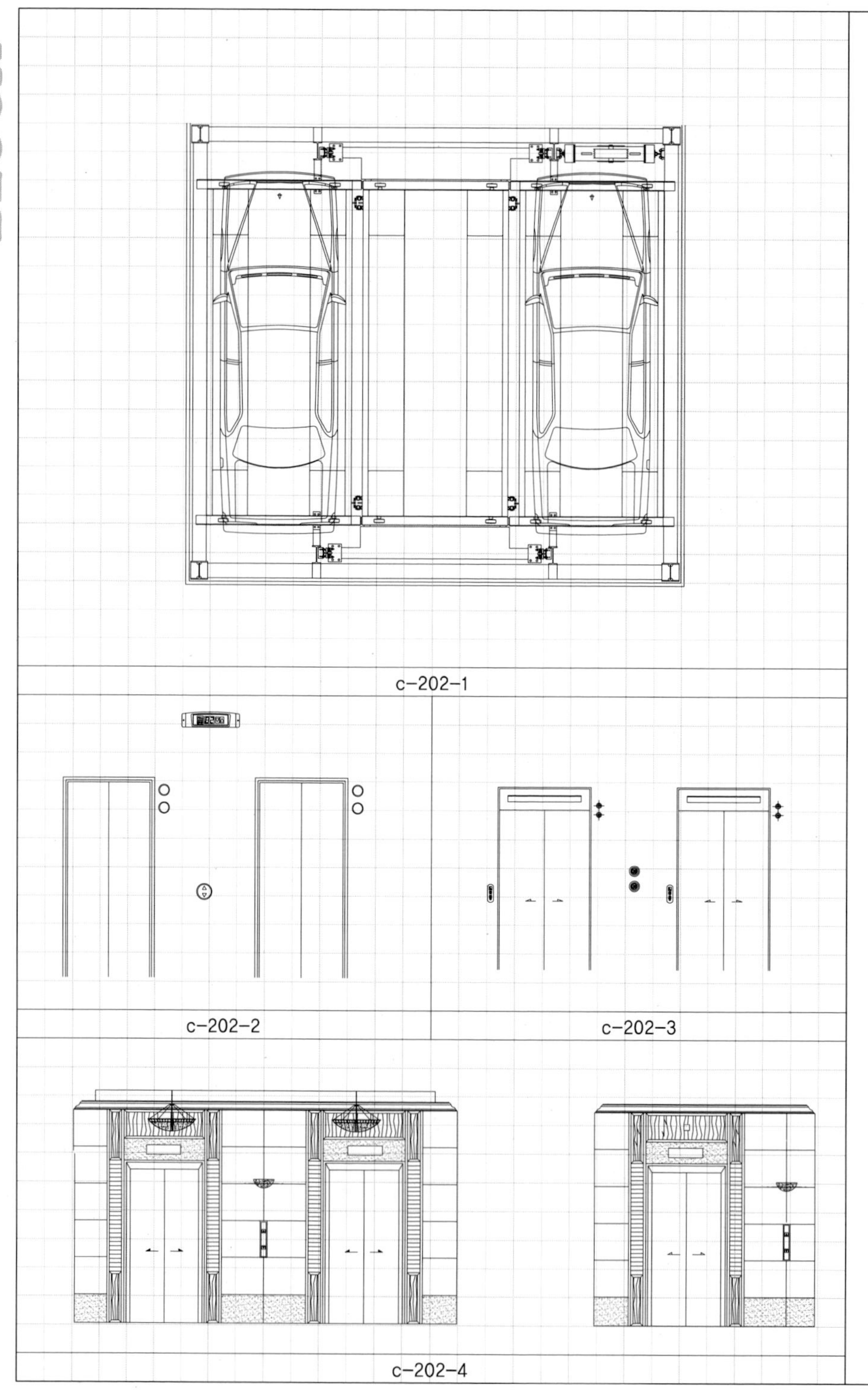

c-202-1

c-202-2

c-202-3

c-202-4

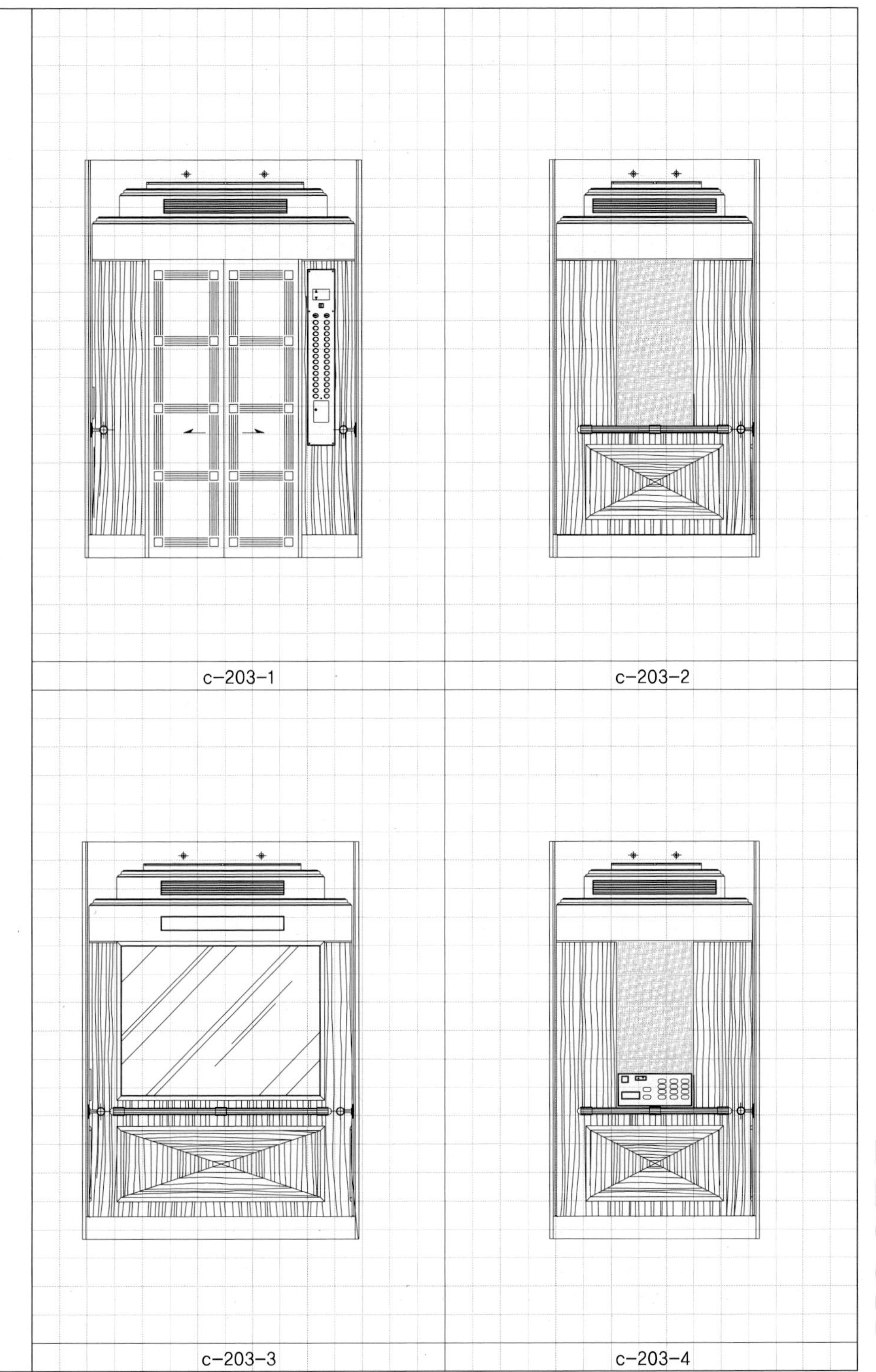
c-203-1
c-203-2
c-203-3
c-203-4
BLOCK

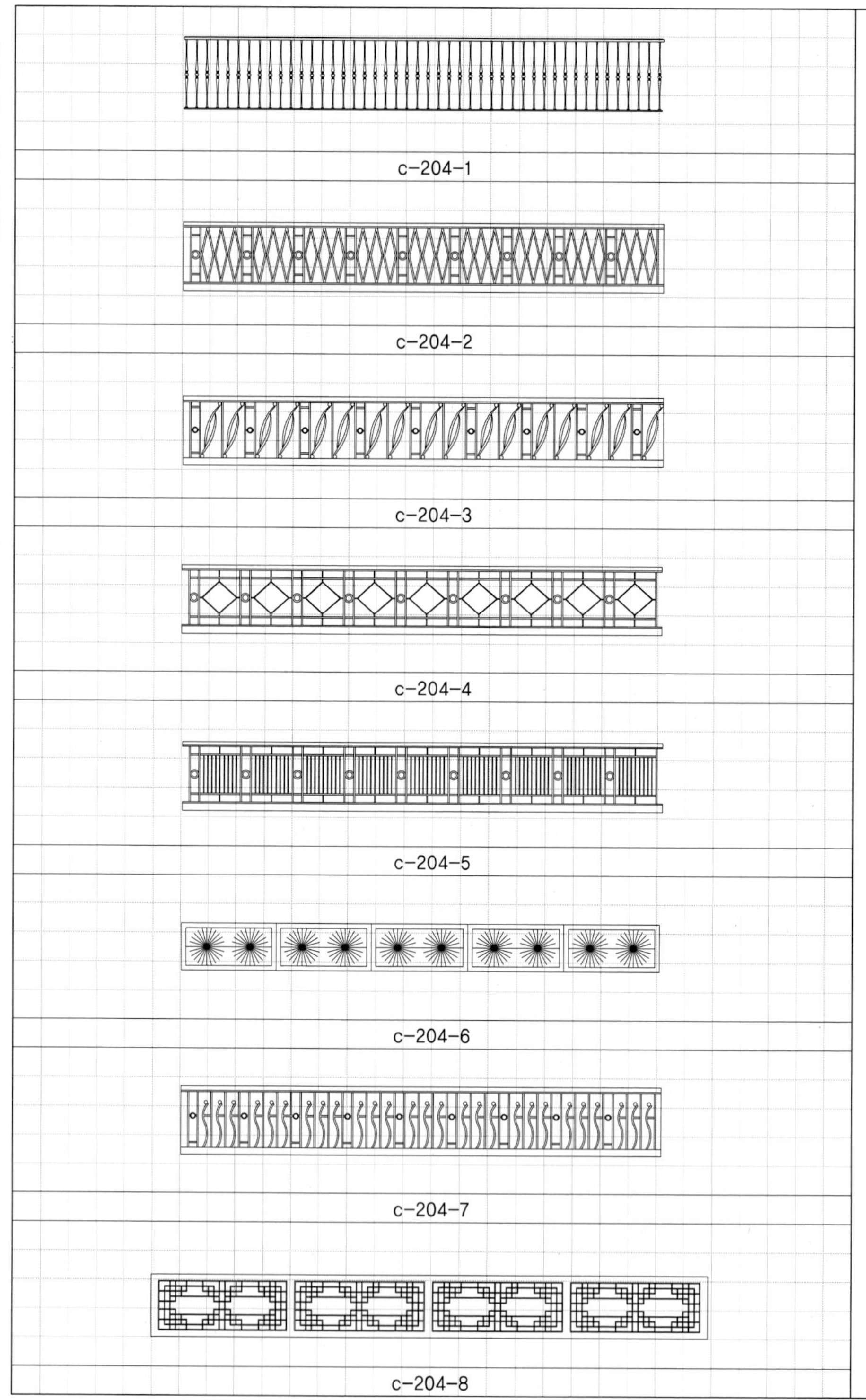

c-204-1

c-204-2

c-204-3

c-204-4

c-204-5

c-204-6

c-204-7

c-204-8

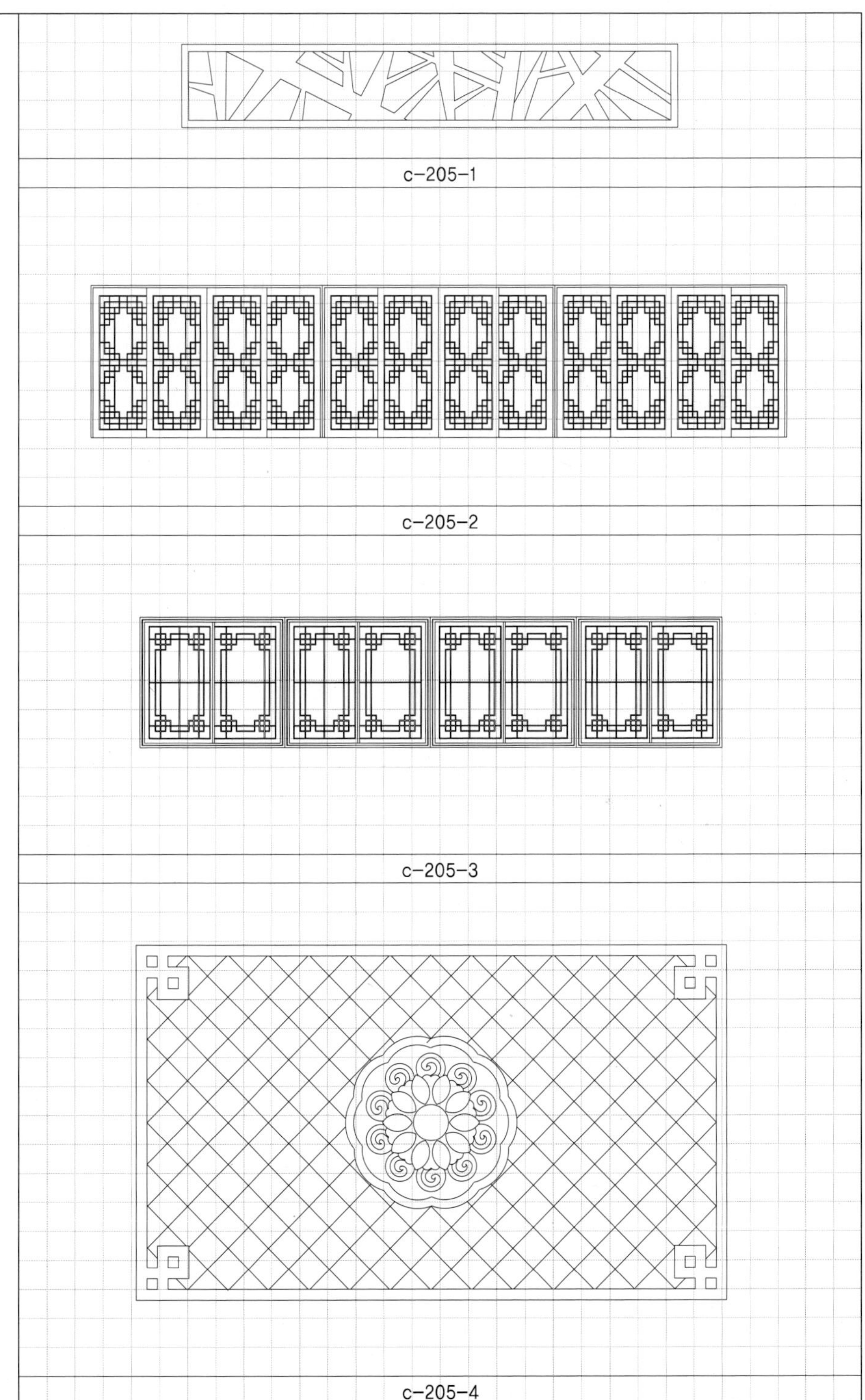

c-205-1

c-205-2

c-205-3

c-205-4

BLOCK

lighting

BLOCK

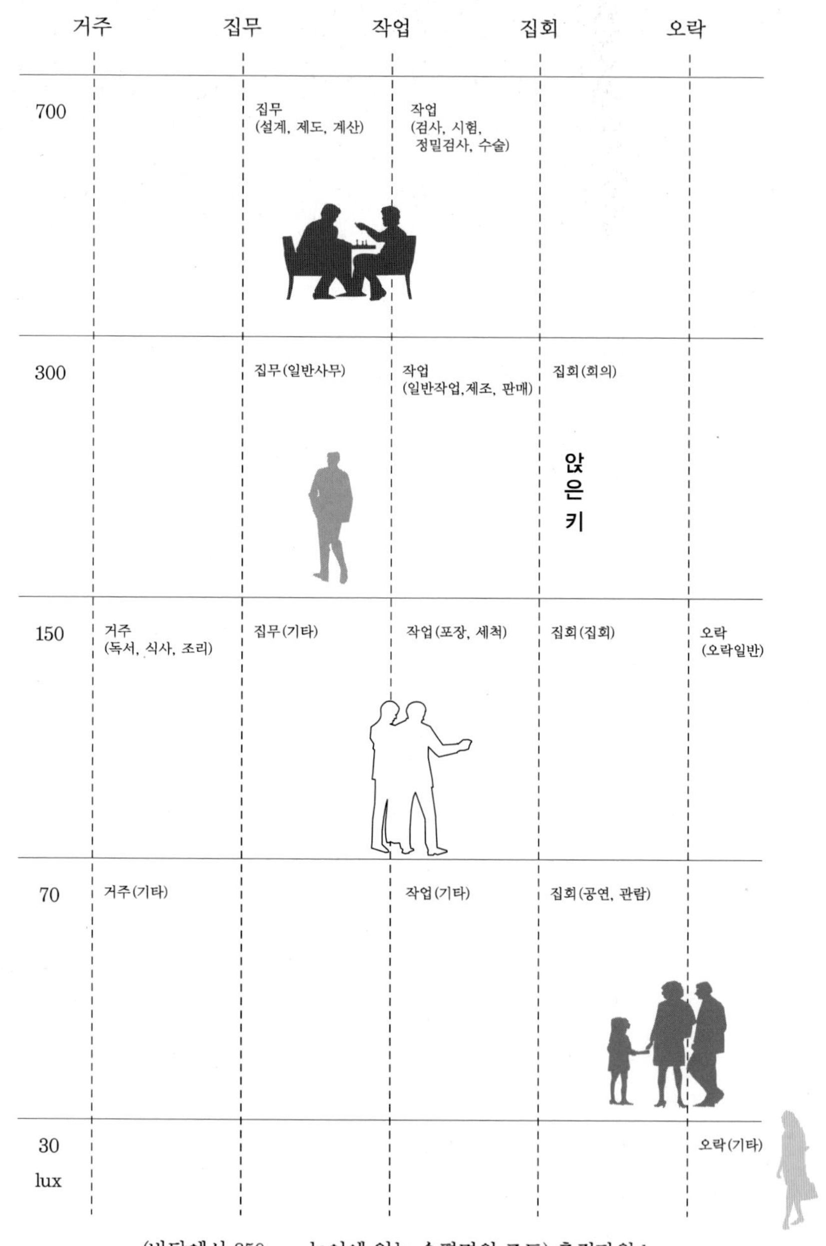

(바닥에서 850mm 높이에 있는 수평면의 조도) 측정단위 lux

■ 공간의 전반 조명 KS 조도 기준

조도	공간
60-100-150	회의실, 무대, 미술품 진열 전시 공간, 독서대, 탈의실, 목욕탕, 정원 중정
30-40-60	사교 행사장, 서가, 나이트, 수납고
15-20-30	계단 복도, 엘리베이터, 세면장 , 화장실
6-10-15	강당 객석, 복도
3-4-6 lux	상영중 극장, 방범

BLOCK

I-210-1	I-210-2	I-210-3	I-210-4	I-210-5	I-210-6	I-210-7	I-210-8	I-210-9	I-210-10
I-210-11		I-210-12	I-210-13	I-210-14	I-210-15	I-210-16	I-210-17	I-210-18	I-210-19
I-210-20	I-210-21	I-210-22	I-210-23	I-210-24	I-210-25	I-210-26	I-210-27	I-210-28	
I-210-29	I-210-30	I-210-31	I-210-32	I-210-33	I-210-34	I-210-35	I-210-36	I-210-37	
I-210-38	I-210-39	I-210-40		I-210-41		I-210-42		I-210-43	
I-210-44		I-210-45		I-210-46		I-210-47		I-210-48	
I-210-49	I-210-50	I-210-51	I-210-52	I-210-53	I-210-54	I-210-55	I-210-56	I-210-57	I-210-58
I-210-59		I-210-60	I-210-61	I-210-62	I-210-63	I-210-64	I-210-65	I-210-66	I-210-67
I-210-68	I-210-69	I-210-70	I-210-71	I-210-72	I-210-73	I-210-74	I-210-75	I-210-76	I-210-77
I-210-78	I-210-79	I-210-80	I-210-81		I-210-82	I-210-83	I-210-84	I-210-85	I-210-86
I-210-87		I-210-88		I-210-89					

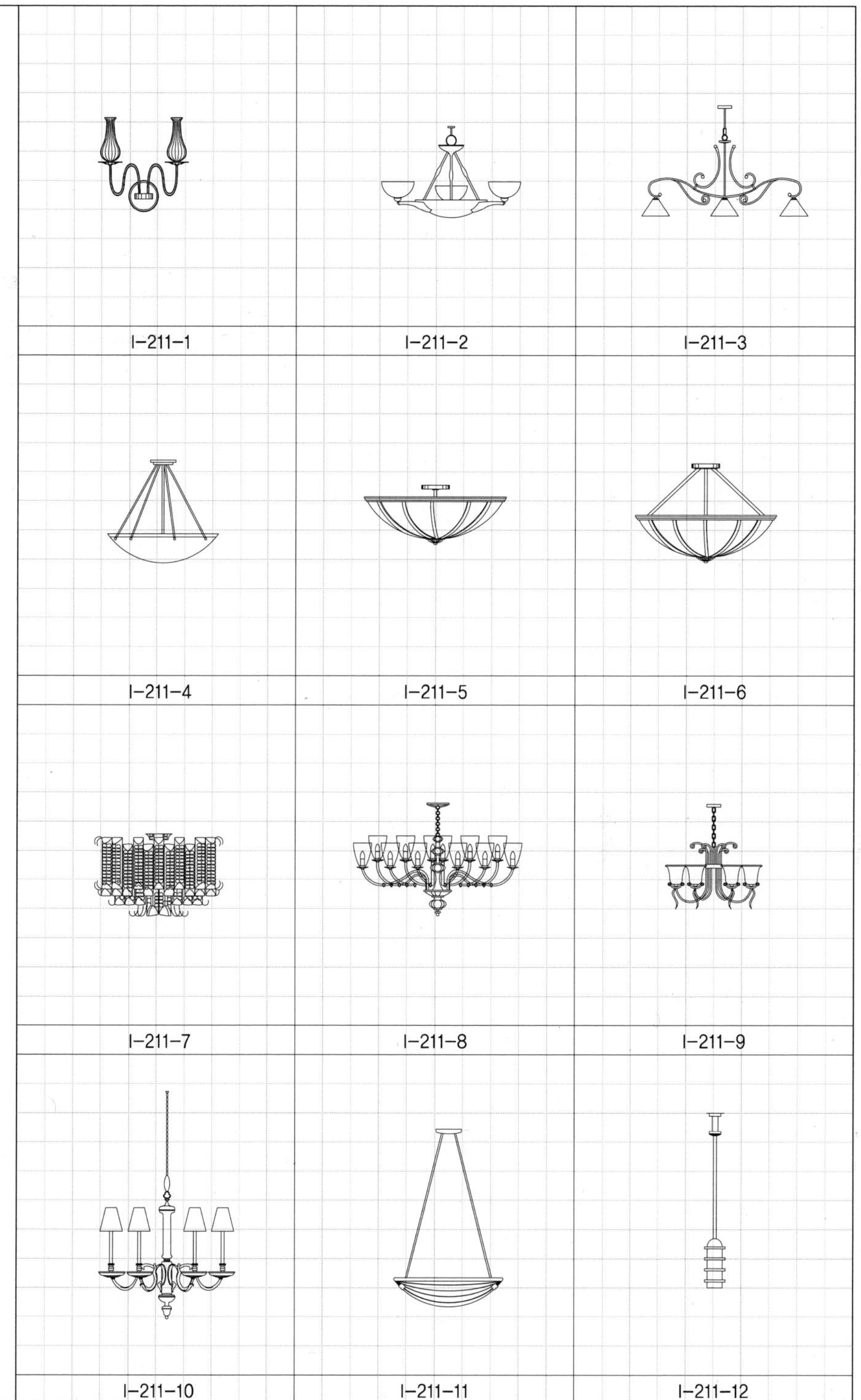

I-211-1
I-211-2
I-211-3
I-211-4
I-211-5
I-211-6
I-211-7
I-211-8
I-211-9
I-211-10
I-211-11
I-211-12
BLOCK

BLOCK

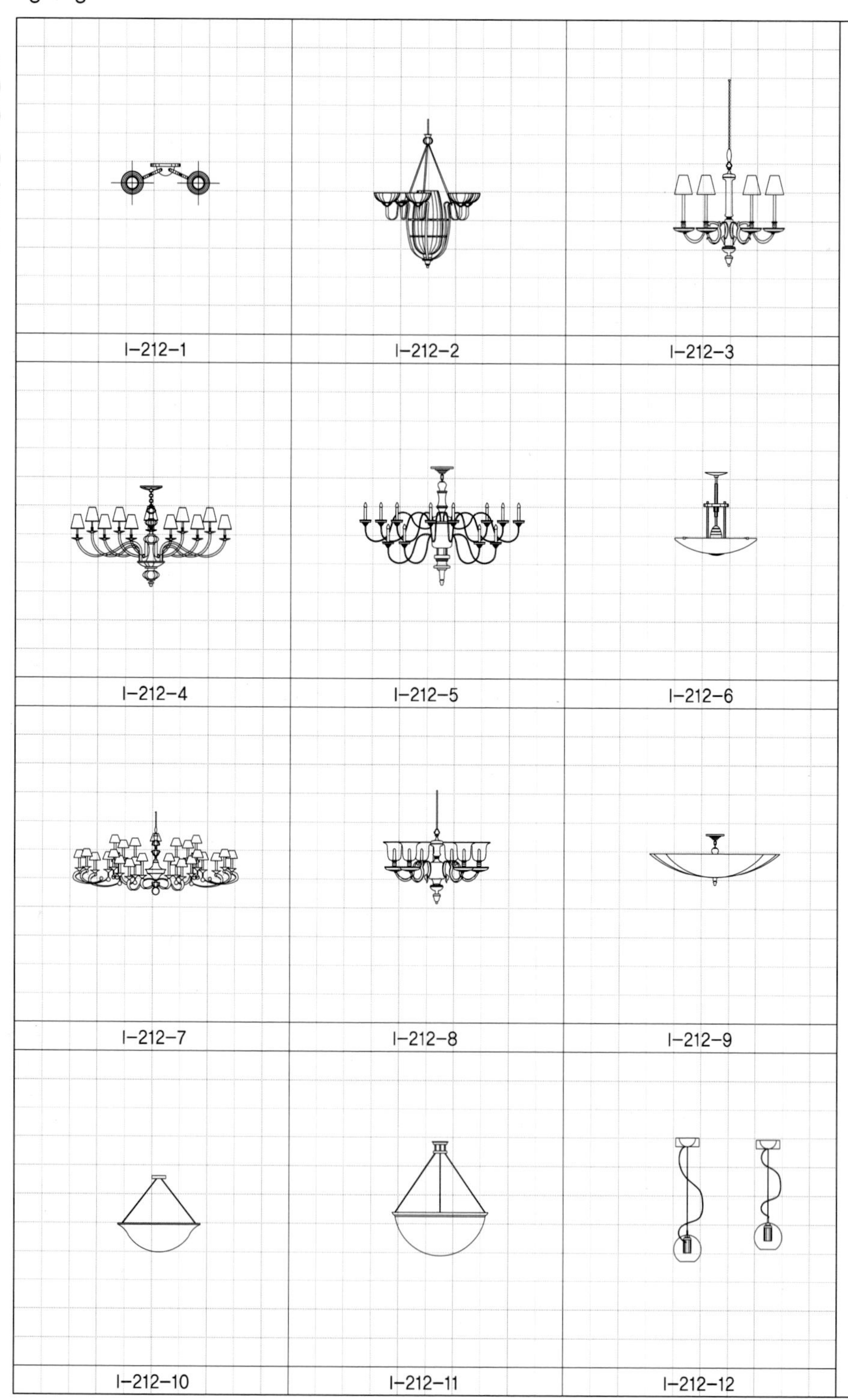

I-212-1	I-212-2	I-212-3
I-212-4	I-212-5	I-212-6
I-212-7	I-212-8	I-212-9
I-212-10	I-212-11	I-212-12

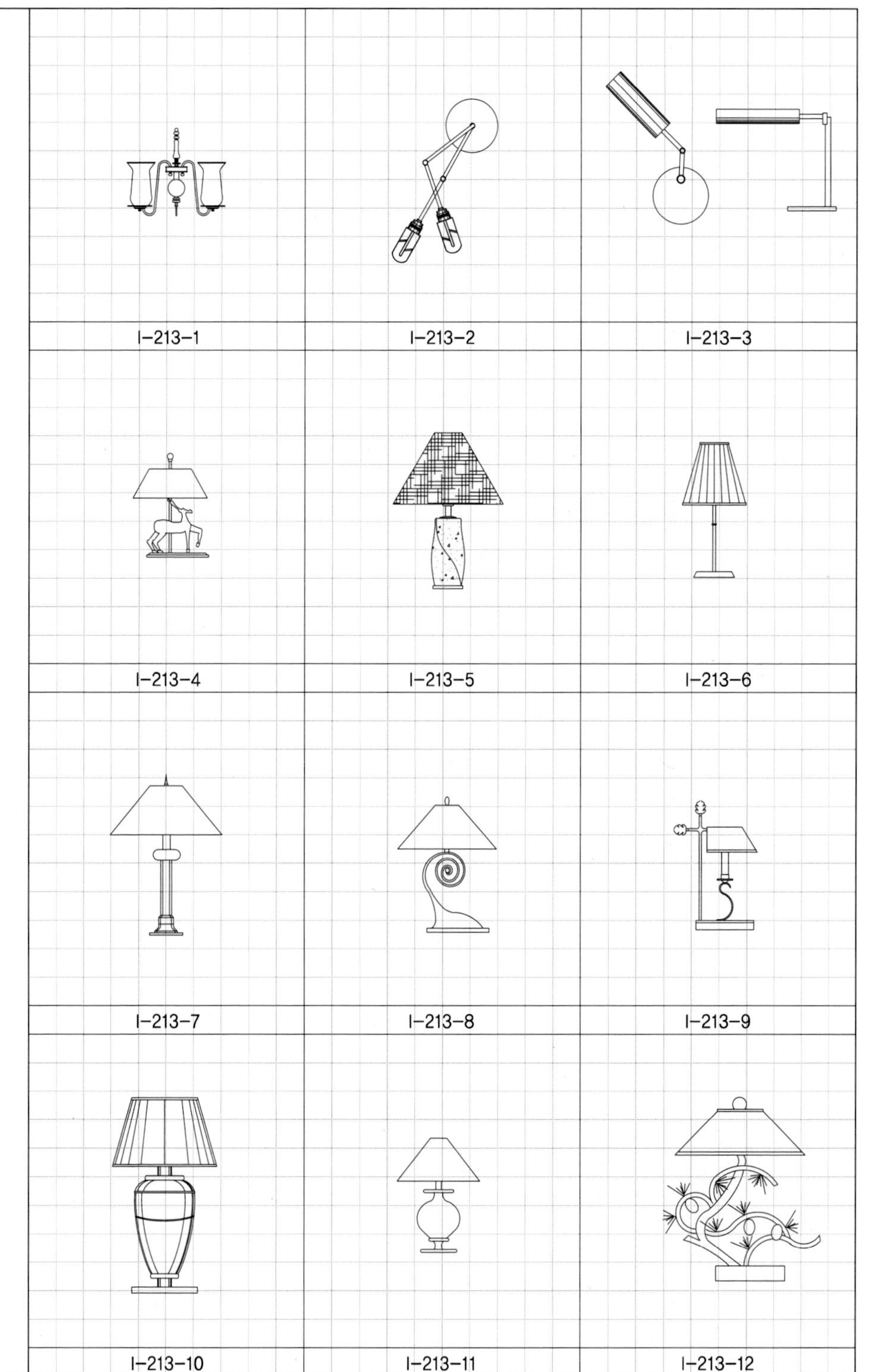

I-213-1	I-213-2	I-213-3
I-213-4	I-213-5	I-213-6
I-213-7	I-213-8	I-213-9
I-213-10	I-213-11	I-213-12

BLOCK

BLOCK

I-214-1
I-214-2
I-214-3
I-214-4
I-214-5
I-214-6
I-214-7
I-214-8
I-214-9
I-214-10
I-214-11
I-214-12

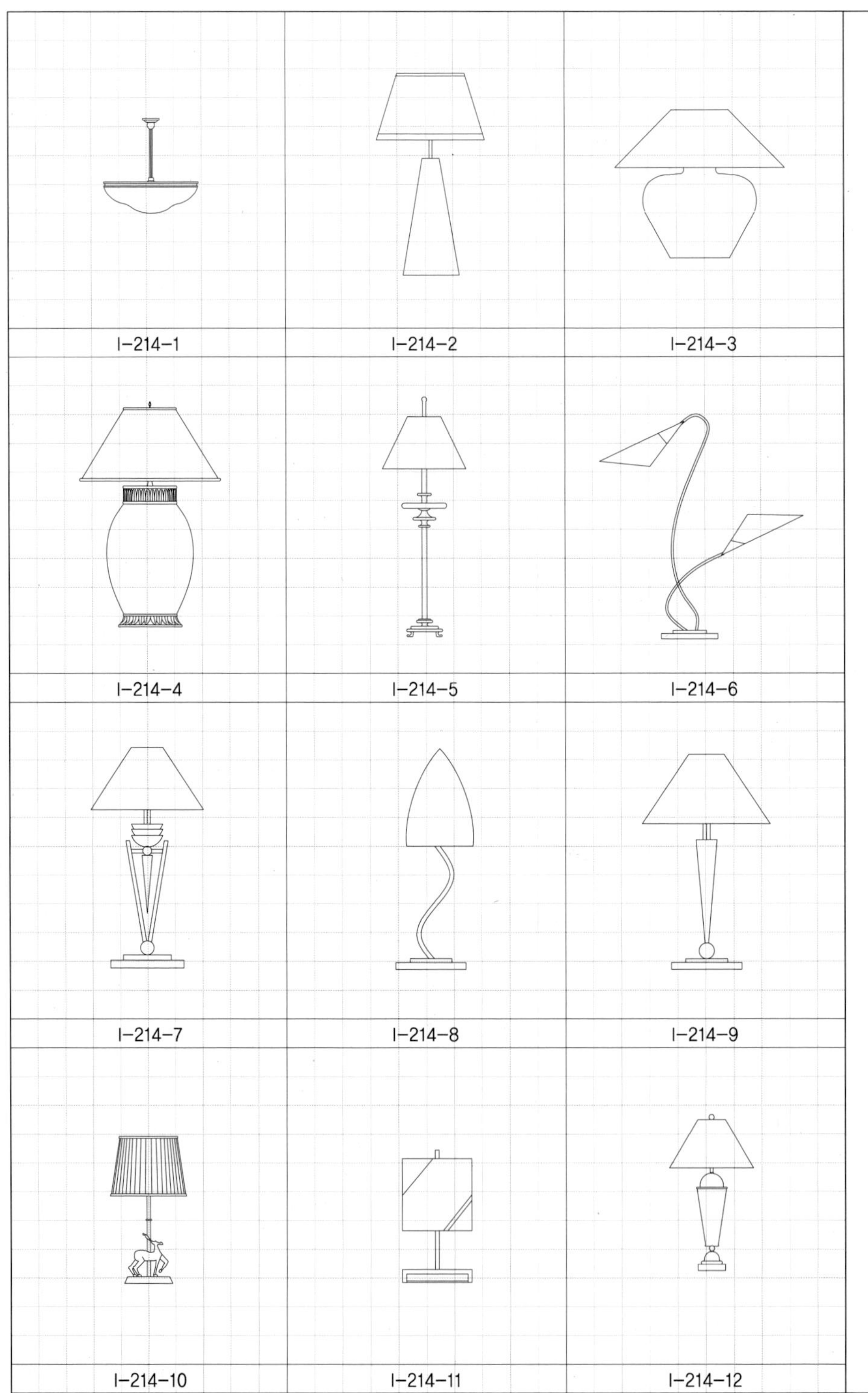

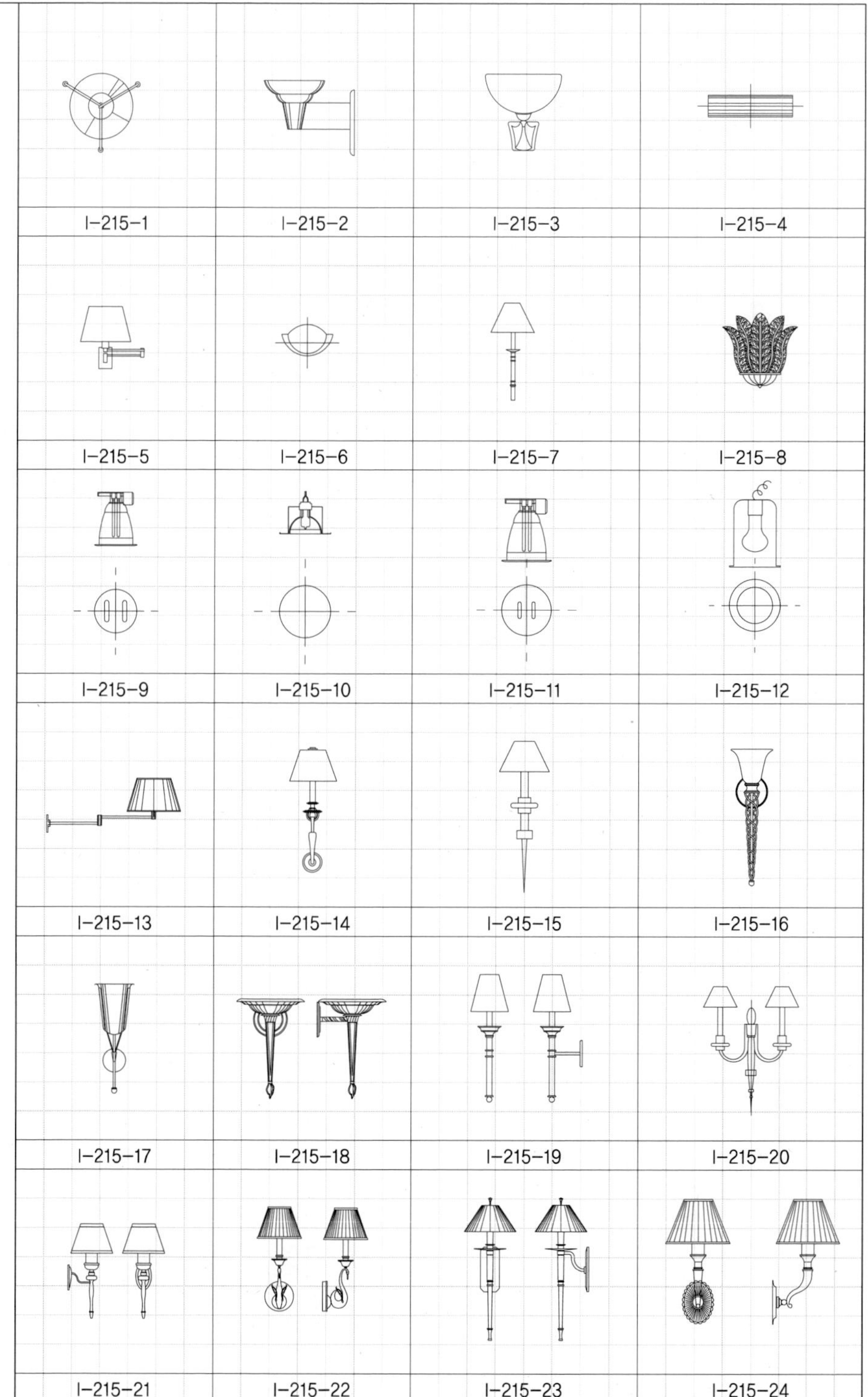

I-215-1	I-215-2	I-215-3	I-215-4
I-215-5	I-215-6	I-215-7	I-215-8
I-215-9	I-215-10	I-215-11	I-215-12
I-215-13	I-215-14	I-215-15	I-215-16
I-215-17	I-215-18	I-215-19	I-215-20
I-215-21	I-215-22	I-215-23	I-215-24

BLOCK

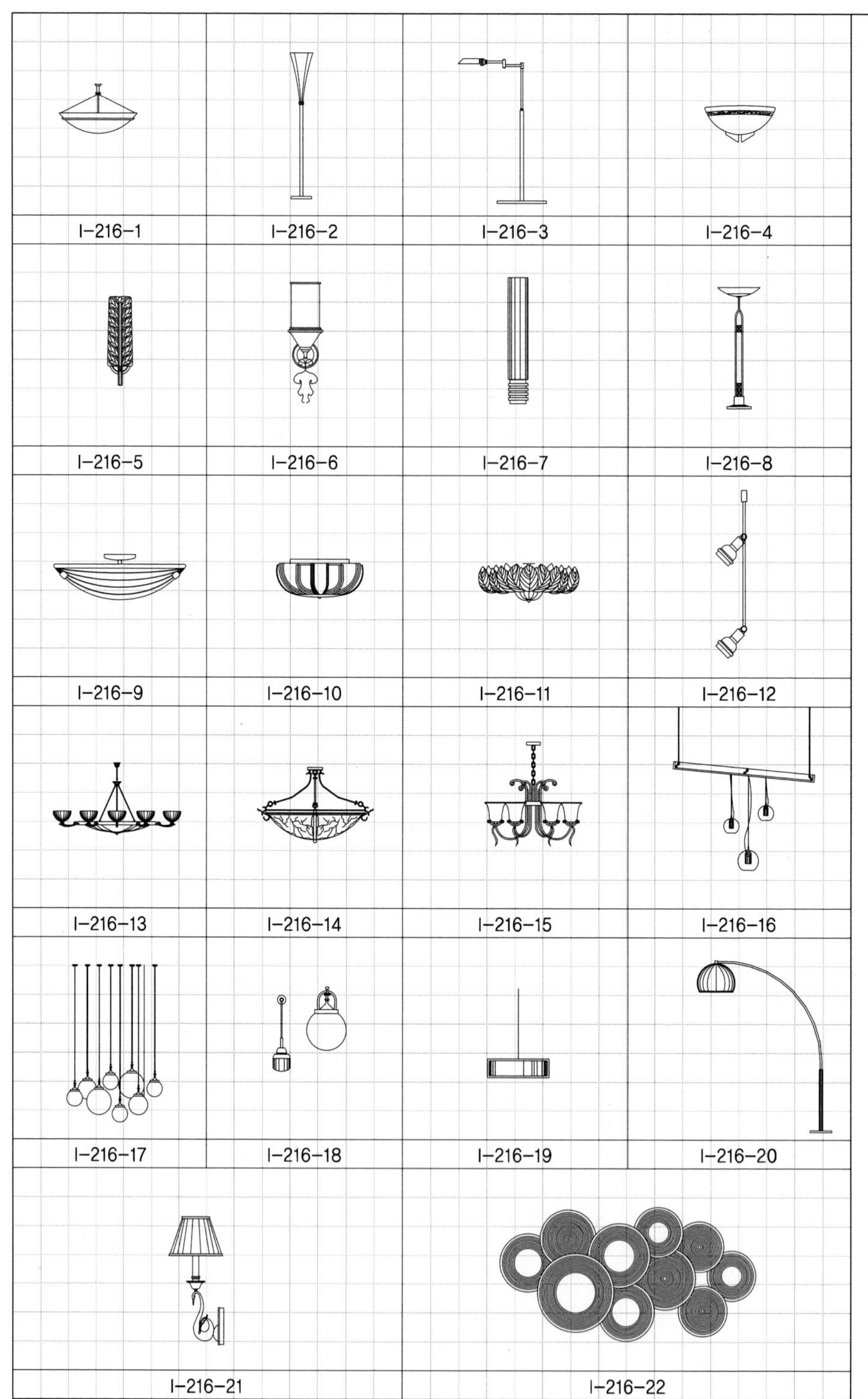

I-216-1	I-216-2	I-216-3	I-216-4
I-216-5	I-216-6	I-216-7	I-216-8
I-216-9	I-216-10	I-216-11	I-216-12
I-216-13	I-216-14	I-216-15	I-216-16
I-216-17	I-216-18	I-216-19	I-216-20
I-216-21		I-216-22	

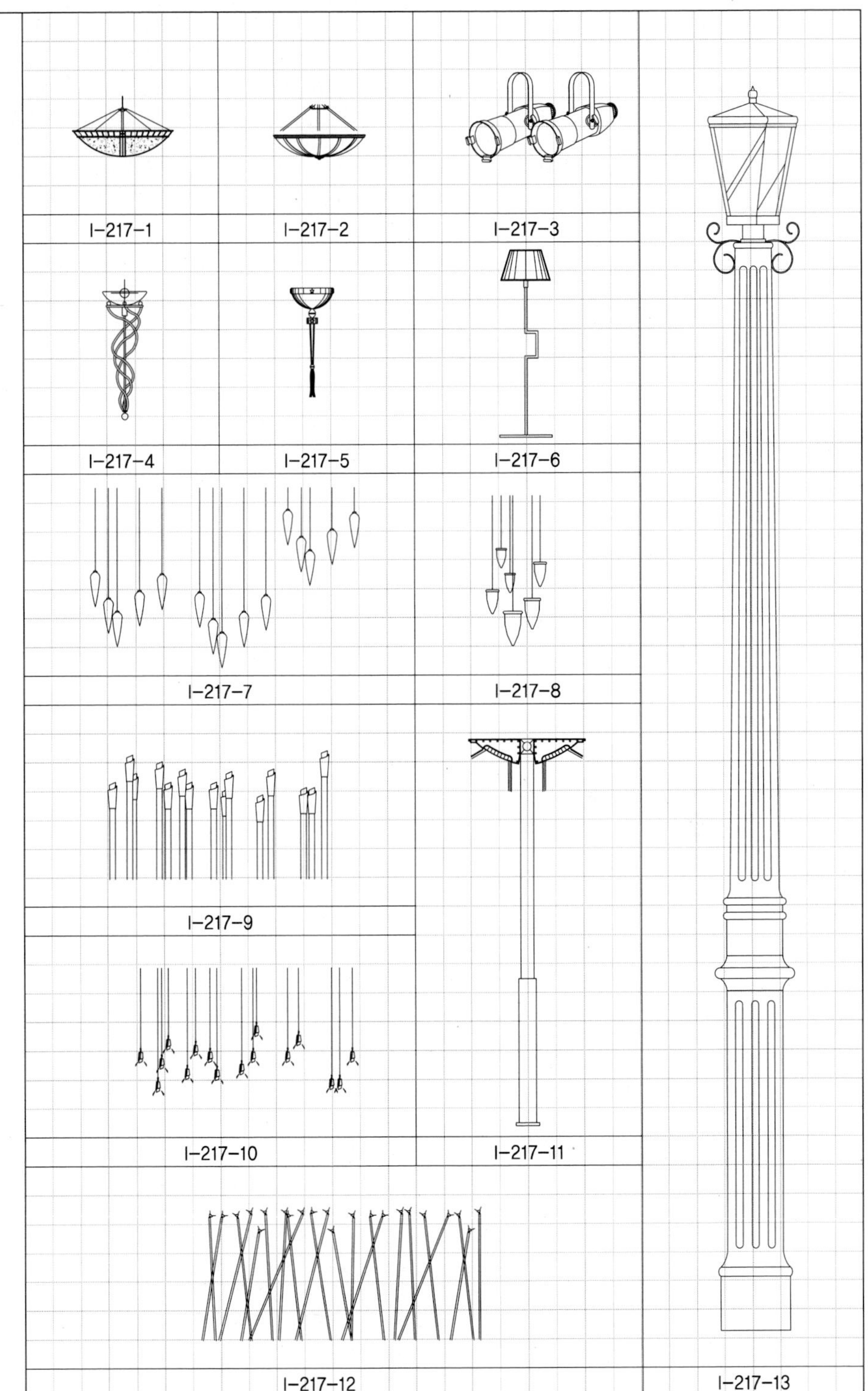

I-217-1
I-217-2
I-217-3
I-217-4
I-217-5
I-217-6
I-217-7
I-217-8
I-217-9
I-217-10
I-217-11
I-217-12
I-217-13

people

human scale
people

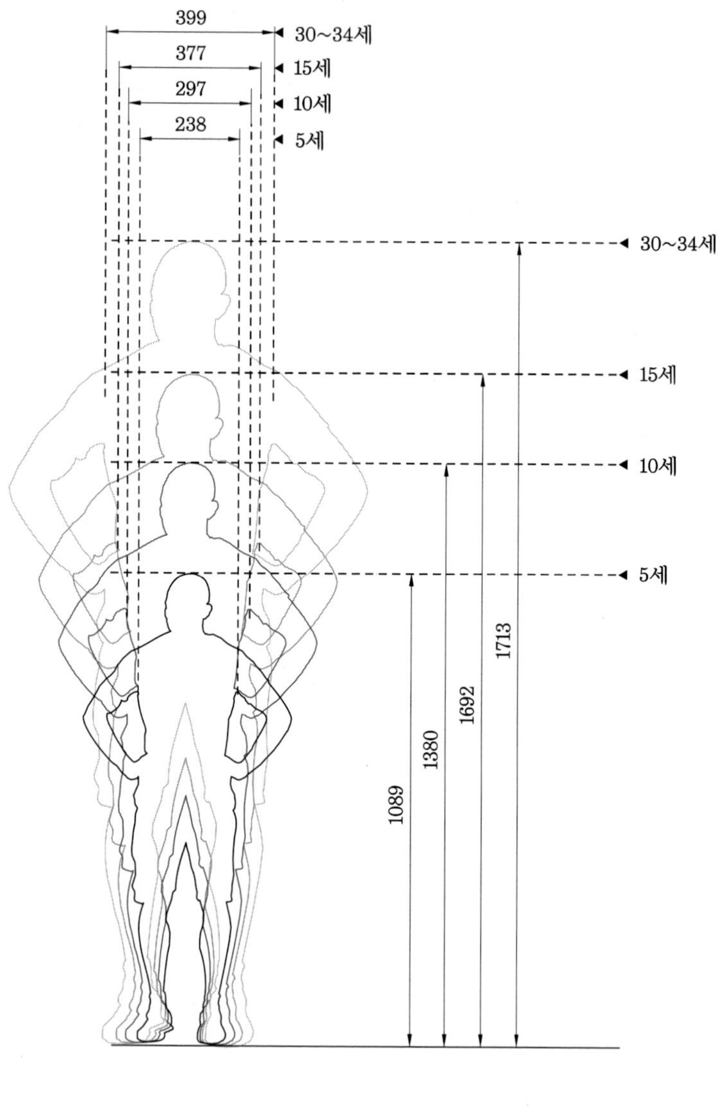

BLOCK
■ 남성 평균체형 치수
399
377
297
238
30~34세
15세
10세
5세
30~34세
15세
10세
5세
1089
1380
1692
1713
※출처 국제표준원

■ 여성 평균체형 치수

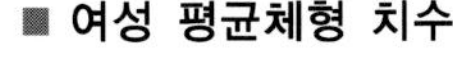

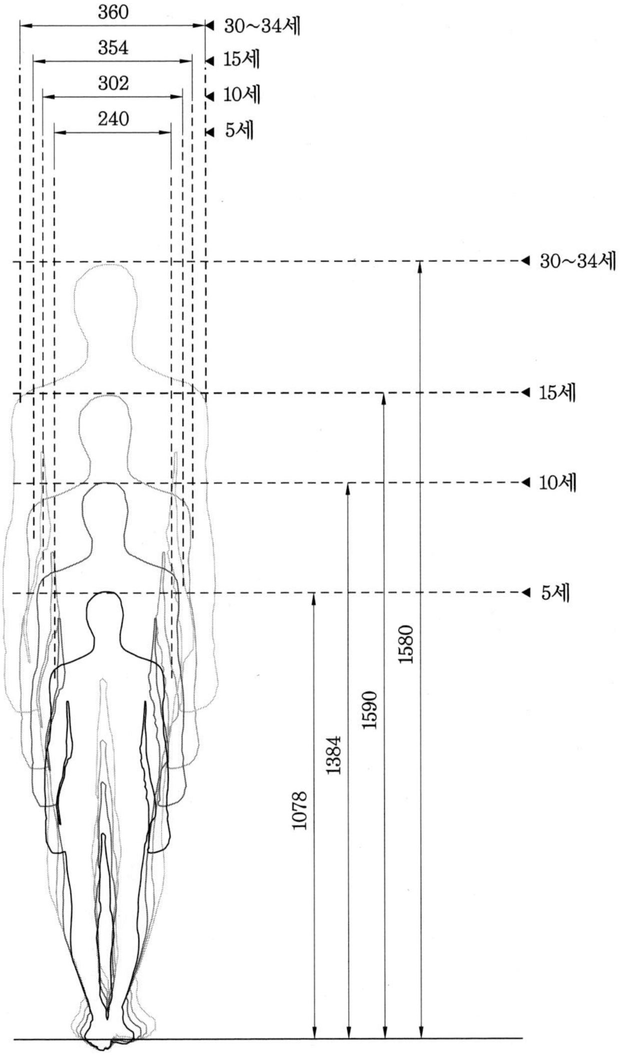
360
354
302
240
30~34세
15세
10세
5세
30~34세
15세
10세
5세
1078
1384
1590
1580

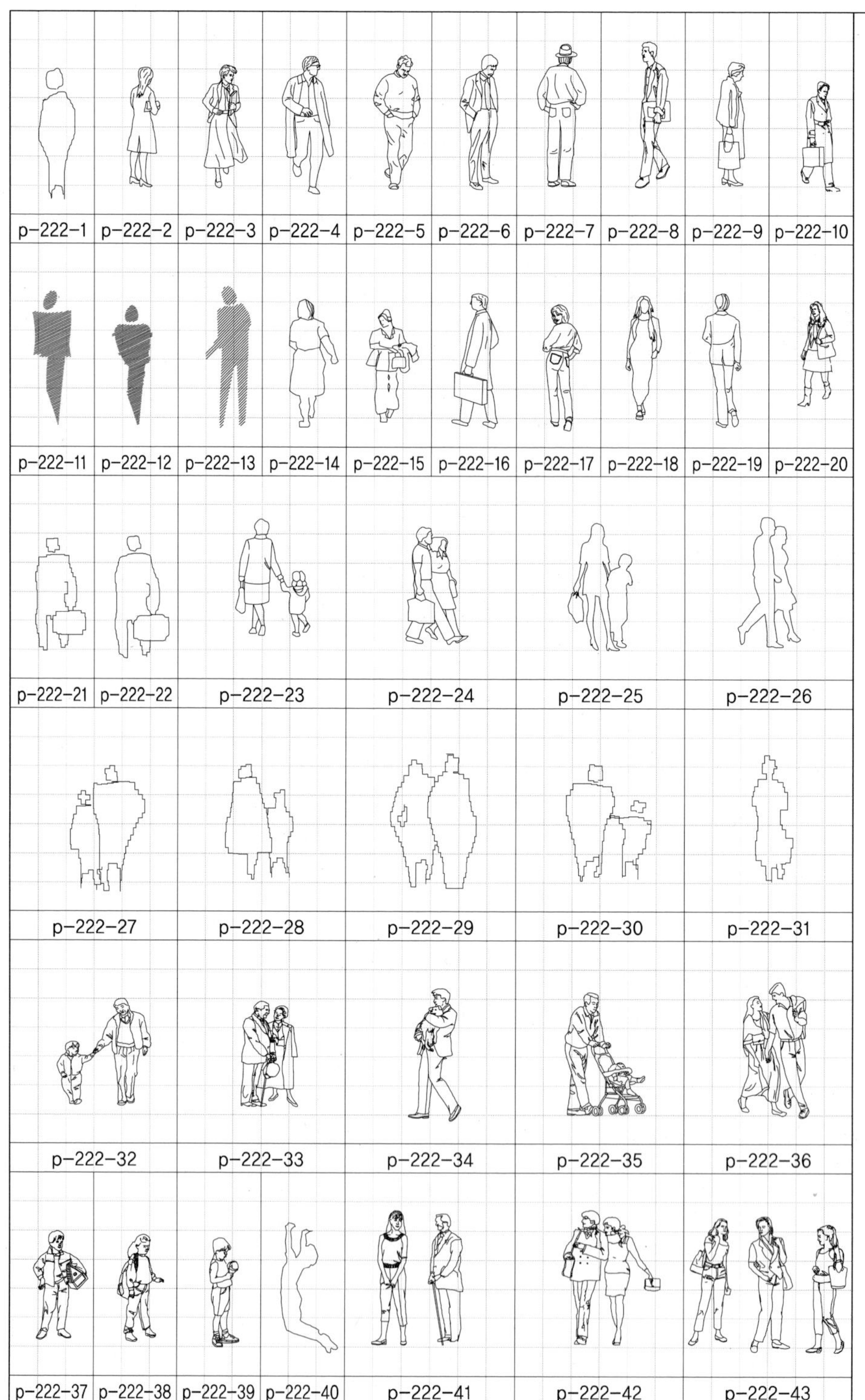

BLOCK
p-222-1 p-222-2 p-222-3 p-222-4 p-222-5 p-222-6 p-222-7 p-222-8 p-222-9 p-222-10
p-222-11 p-222-12 p-222-13 p-222-14 p-222-15 p-222-16 p-222-17 p-222-18 p-222-19 p-222-20
p-222-21 p-222-22 p-222-23 p-222-24 p-222-25 p-222-26
p-222-27 p-222-28 p-222-29 p-222-30 p-222-31
p-222-32 p-222-33 p-222-34 p-222-35 p-222-36
p-222-37 p-222-38 p-222-39 p-222-40 p-222-41 p-222-42 p-222-43

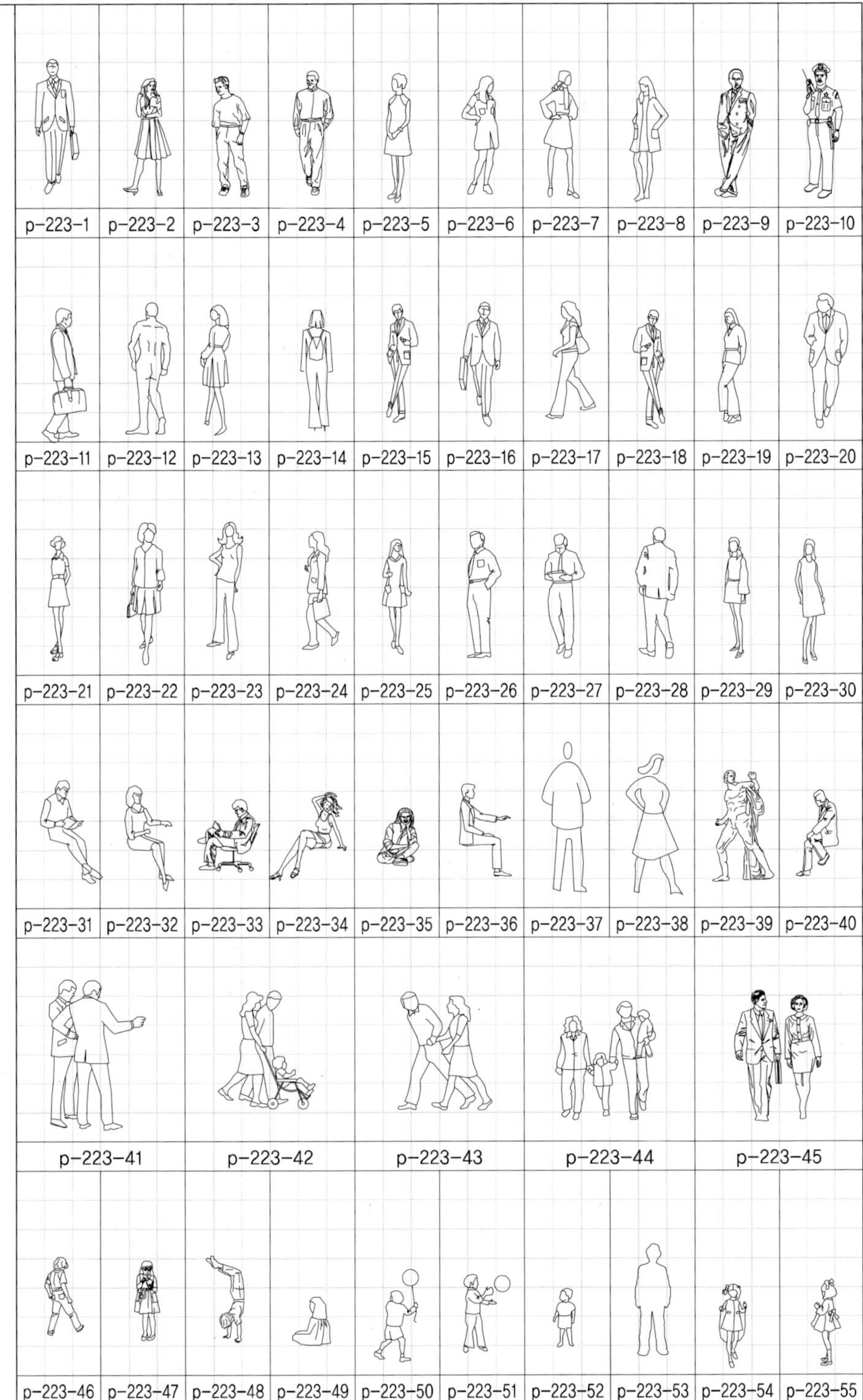

p-223-1	p-223-2	p-223-3	p-223-4	p-223-5	p-223-6	p-223-7	p-223-8	p-223-9	p-223-10
p-223-11	p-223-12	p-223-13	p-223-14	p-223-15	p-223-16	p-223-17	p-223-18	p-223-19	p-223-20
p-223-21	p-223-22	p-223-23	p-223-24	p-223-25	p-223-26	p-223-27	p-223-28	p-223-29	p-223-30
p-223-31	p-223-32	p-223-33	p-223-34	p-223-35	p-223-36	p-223-37	p-223-38	p-223-39	p-223-40
p-223-41		p-223-42		p-223-43		p-223-44		p-223-45	
p-223-46	p-223-47	p-223-48	p-223-49	p-223-50	p-223-51	p-223-52	p-223-53	p-223-54	p-223-55

BLOCK

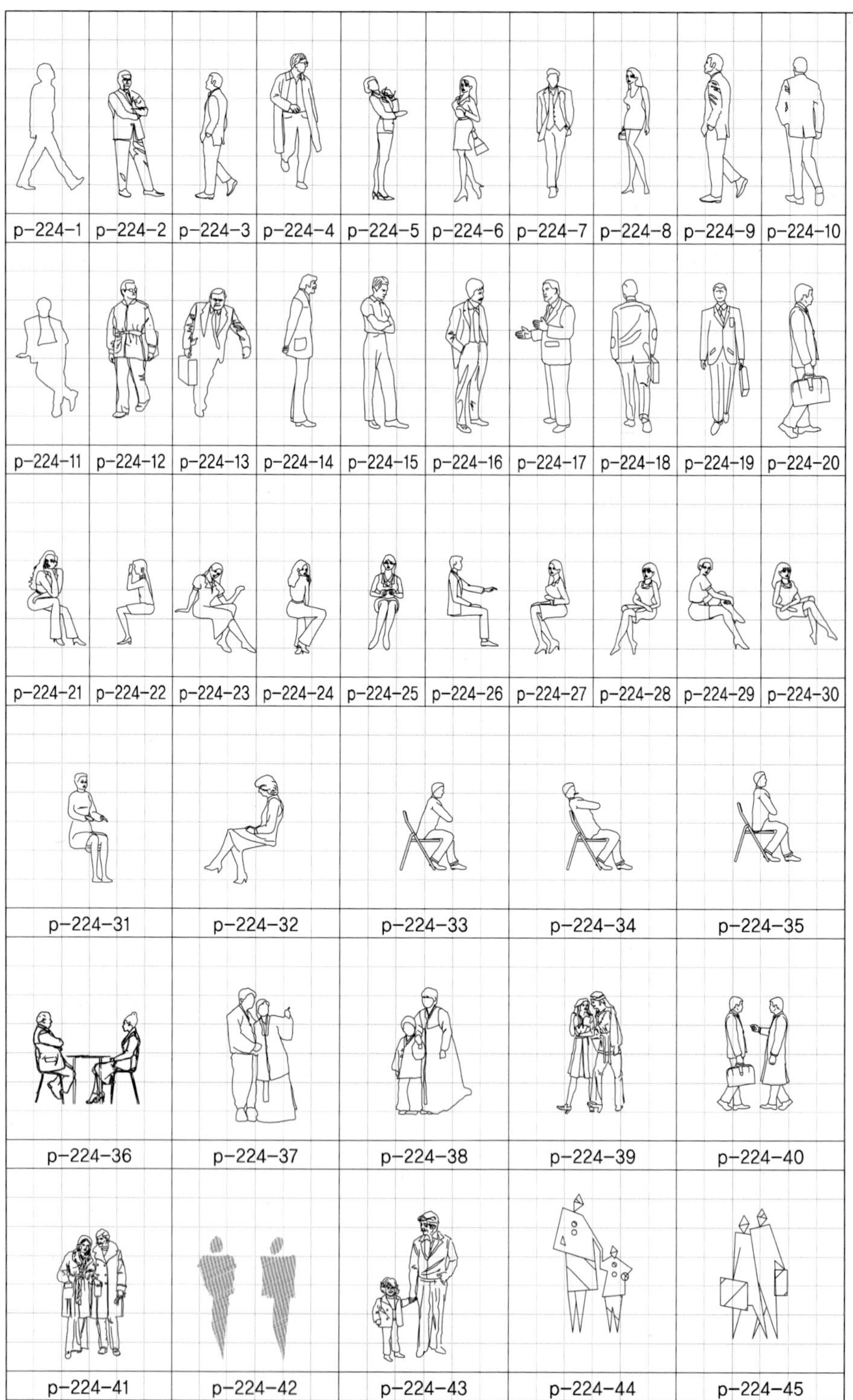

p–224–1 | p–224–2 | p–224–3 | p–224–4 | p–224–5 | p–224–6 | p–224–7 | p–224–8 | p–224–9 | p–224–10

p–224–11 | p–224–12 | p–224–13 | p–224–14 | p–224–15 | p–224–16 | p–224–17 | p–224–18 | p–224–19 | p–224–20

p–224–21 | p–224–22 | p–224–23 | p–224–24 | p–224–25 | p–224–26 | p–224–27 | p–224–28 | p–224–29 | p–224–30

p–224–31 | p–224–32 | p–224–33 | p–224–34 | p–224–35

p–224–36 | p–224–37 | p–224–38 | p–224–39 | p–224–40

p–224–41 | p–224–42 | p–224–43 | p–224–44 | p–224–45

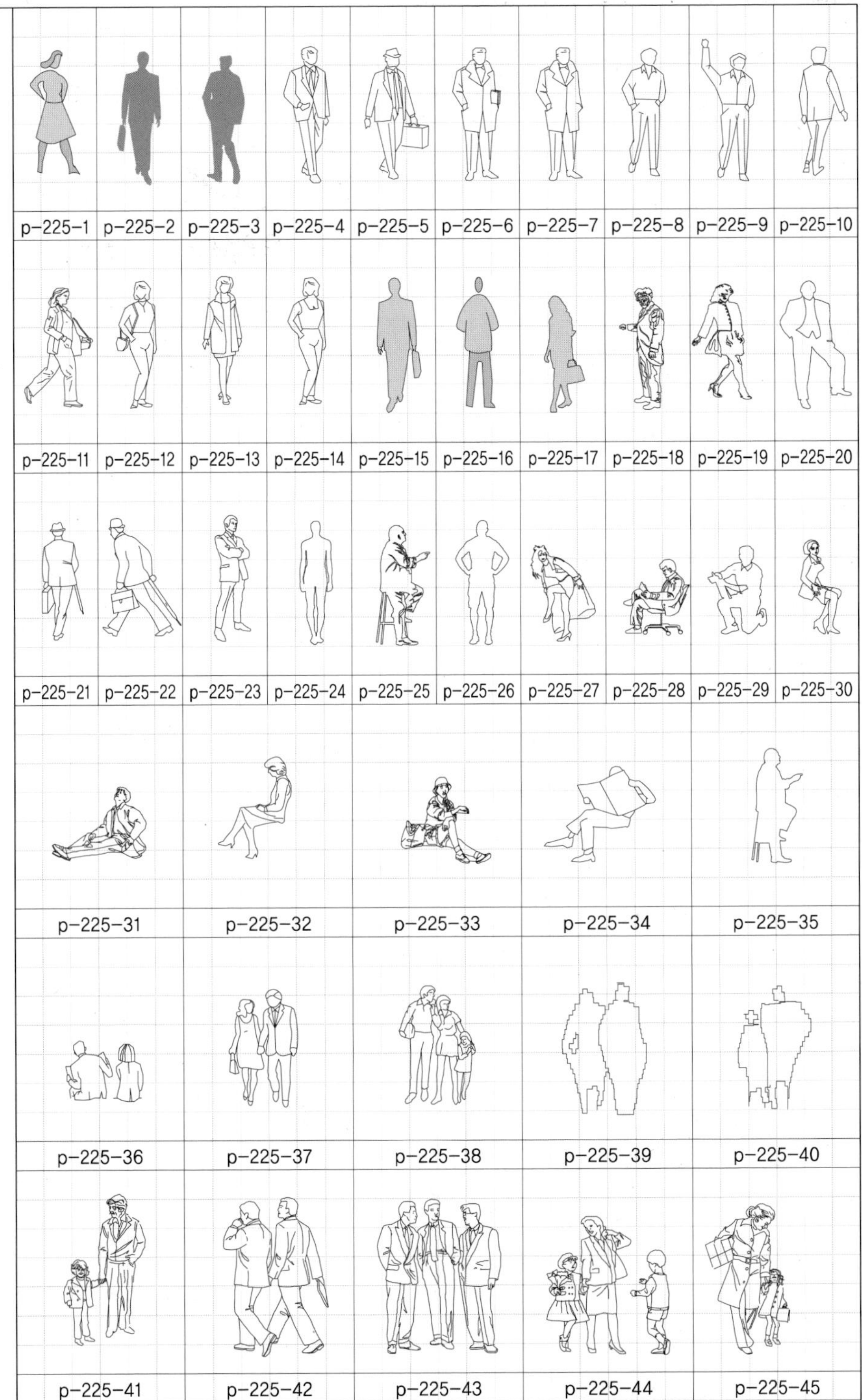

p-225-1
p-225-2
p-225-3
p-225-4
p-225-5
p-225-6
p-225-7
p-225-8
p-225-9
p-225-10
p-225-11
p-225-12
p-225-13
p-225-14
p-225-15
p-225-16
p-225-17
p-225-18
p-225-19
p-225-20
p-225-21
p-225-22
p-225-23
p-225-24
p-225-25
p-225-26
p-225-27
p-225-28
p-225-29
p-225-30
p-225-31
p-225-32
p-225-33
p-225-34
p-225-35
p-225-36
p-225-37
p-225-38
p-225-39
p-225-40
p-225-41
p-225-42
p-225-43
p-225-44
p-225-45

BLOCK

p-226-1	p-226-2	p-226-3	p-226-4	p-226-5	p-226-6	p-226-7	p-226-8	p-226-9	p-226-10
p-226-11	p-226-12	p-226-13	p-226-14	p-226-15	p-226-16	p-226-17	p-226-18	p-226-19	p-226-20
p-226-21	p-226-22	p-226-23	p-226-24	p-226-25	p-226-26	p-226-27	p-226-28	p-226-29	p-226-30

p-226-31	p-226-32	p-226-33	p-226-34	p-226-35
p-226-36	p-226-37	p-226-38	p-226-39	p-226-40
p-226-41	p-226-42	p-226-43	p-226-44	p-226-45

p-227-1
p-227-2
p-227-3
p-227-4
p-227-5
p-227-6
p-227-7
p-227-8
p-227-9
p-227-10
p-227-11
p-227-12
p-227-13
p-227-14
p-227-15
p-227-16
p-227-17
p-227-18
p-227-19
p-227-20
p-227-21
p-227-22
p-227-23
p-227-24
p-227-25
p-227-26
p-227-27
p-227-28
p-227-29
p-227-30
p-227-31
p-227-32
p-227-33
p-227-34
p-227-35
p-227-36
p-227-37
p-227-38
p-227-39

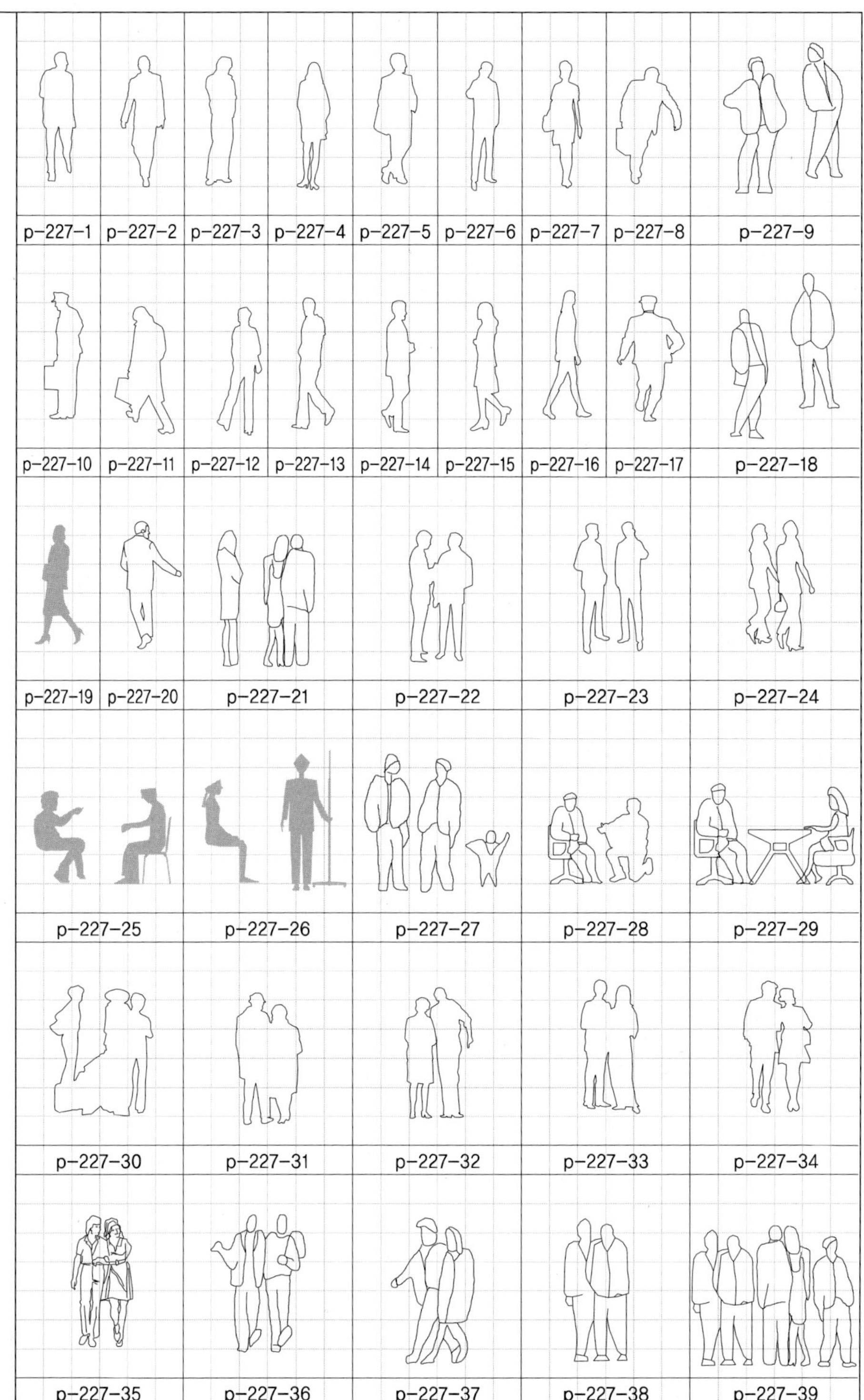

BLOCK

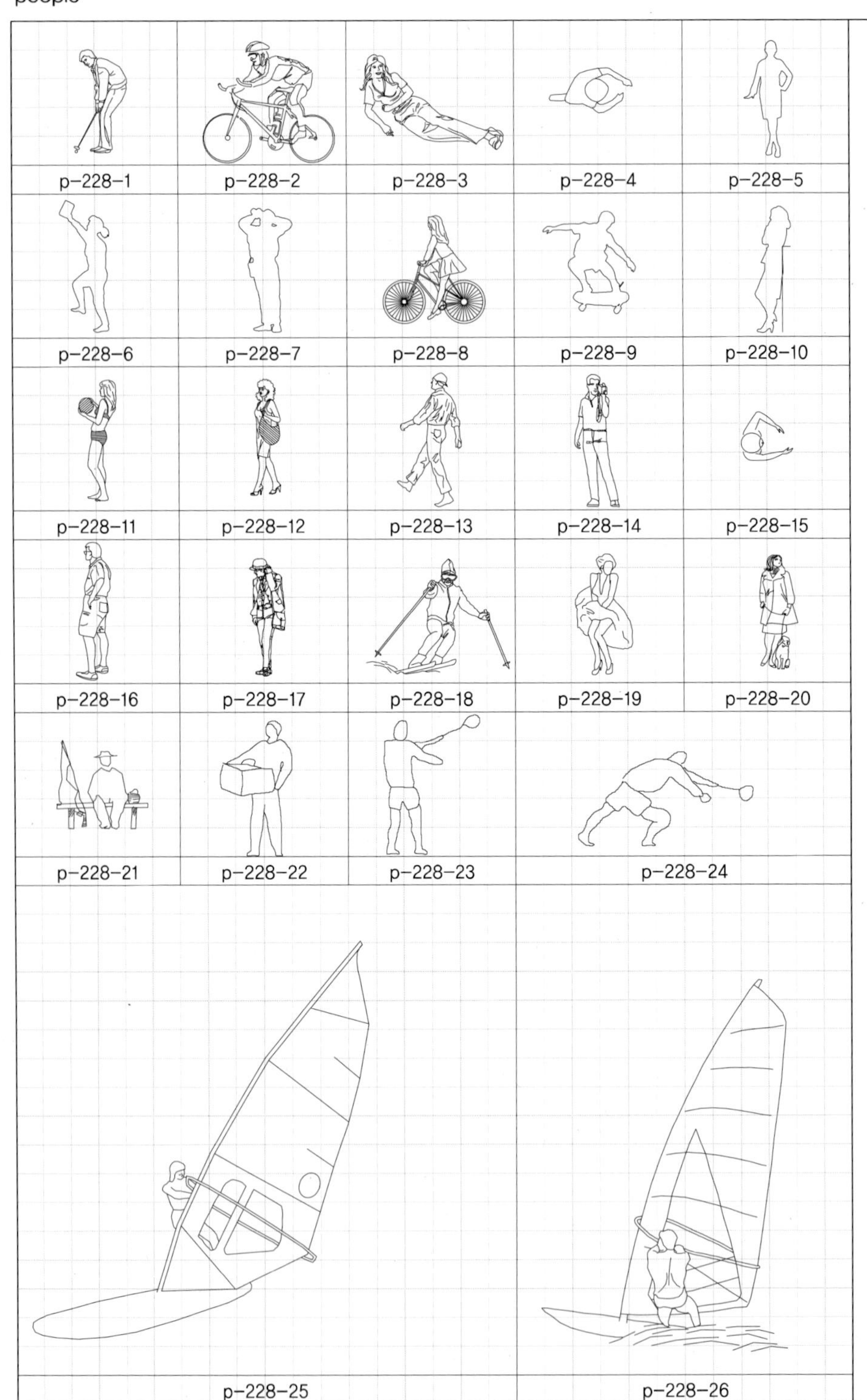

BLOCK
p-228-1
p-228-2
p-228-3
p-228-4
p-228-5
p-228-6
p-228-7
p-228-8
p-228-9
p-228-10
p-228-11
p-228-12
p-228-13
p-228-14
p-228-15
p-228-16
p-228-17
p-228-18
p-228-19
p-228-20
p-228-21
p-228-22
p-228-23
p-228-24
p-228-25
p-228-26

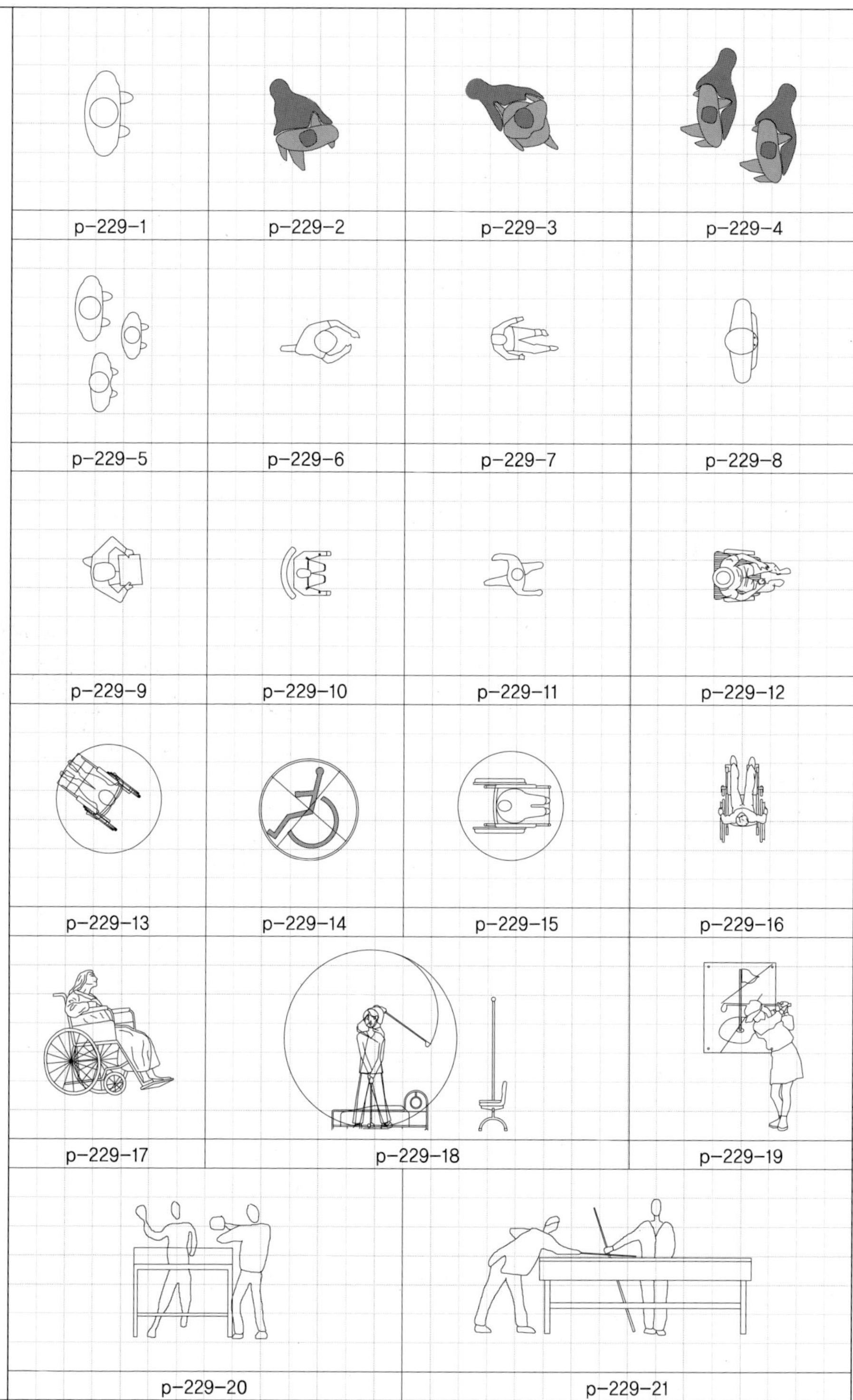

p-229-1	p-229-2	p-229-3	p-229-4
p-229-5	p-229-6	p-229-7	p-229-8
p-229-9	p-229-10	p-229-11	p-229-12
p-229-13	p-229-14	p-229-15	p-229-16
p-229-17	p-229-18		p-229-19
p-229-20		p-229-21	

BLOCK

BLOCK

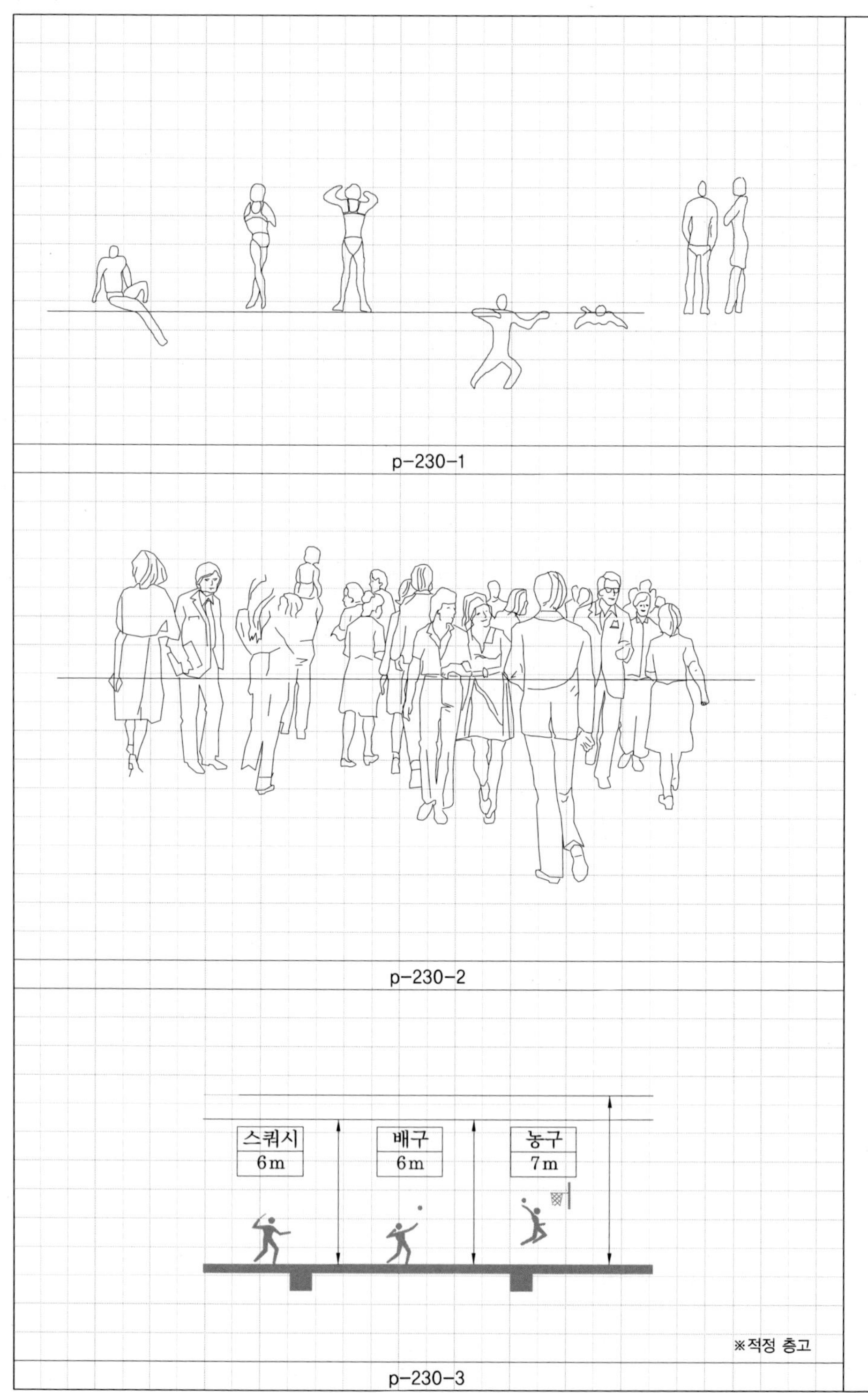

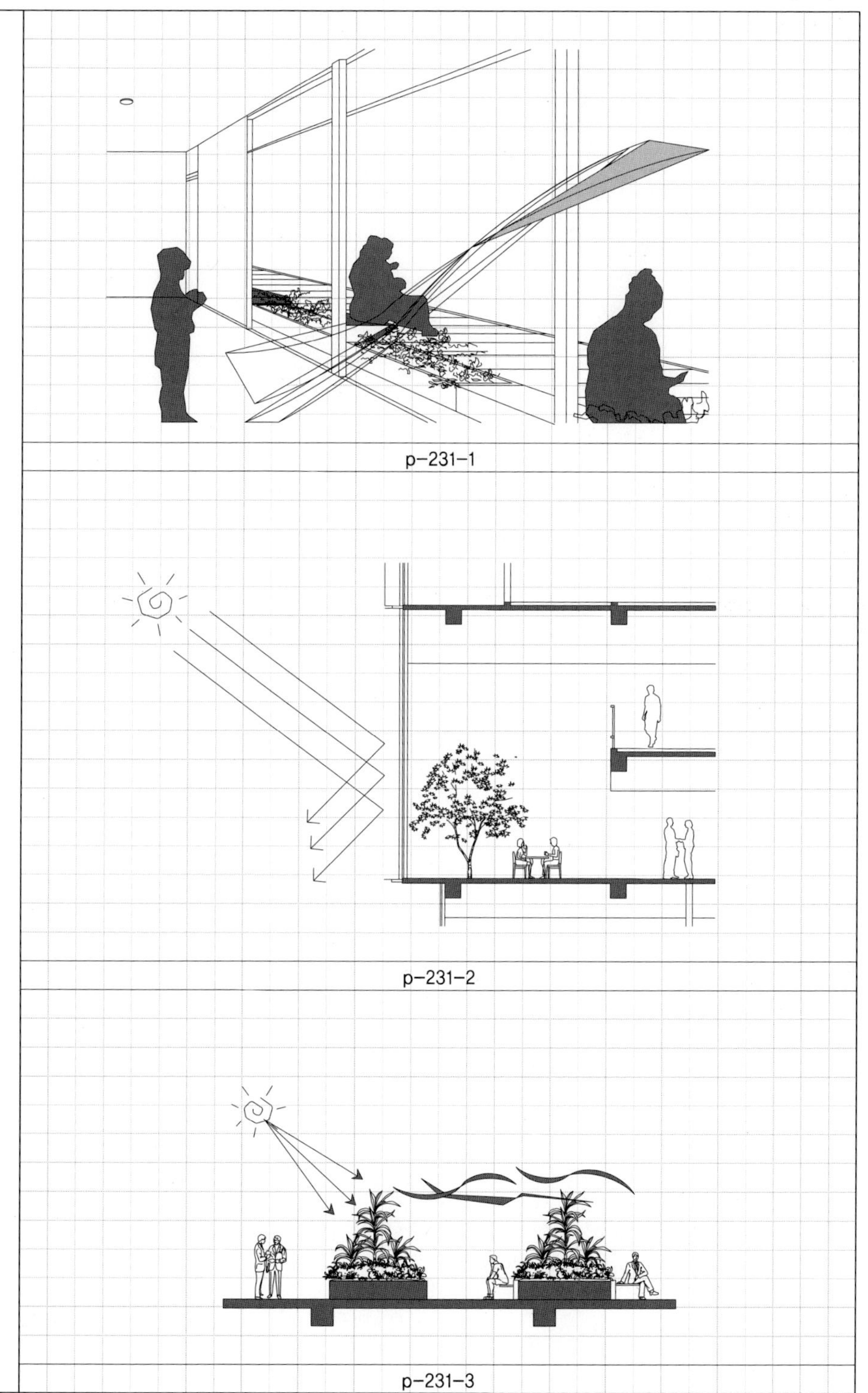

p−231−1

p−231−2

p−231−3

BLOCK

tree

human scale
tree

■ 식재 높이에 따른 스케일

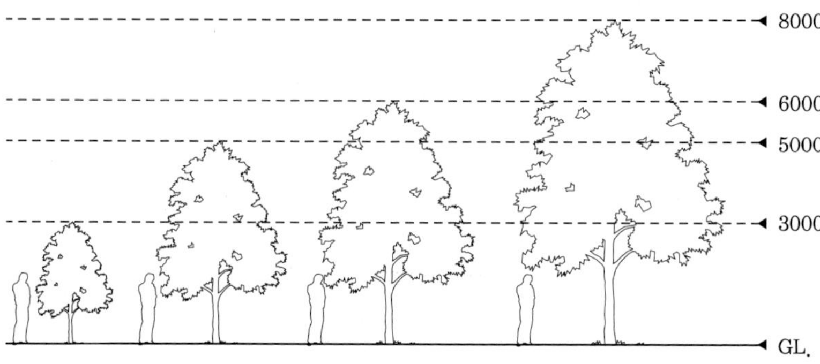

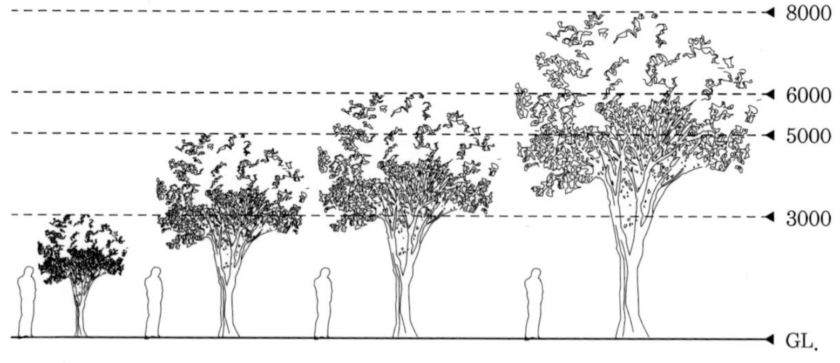

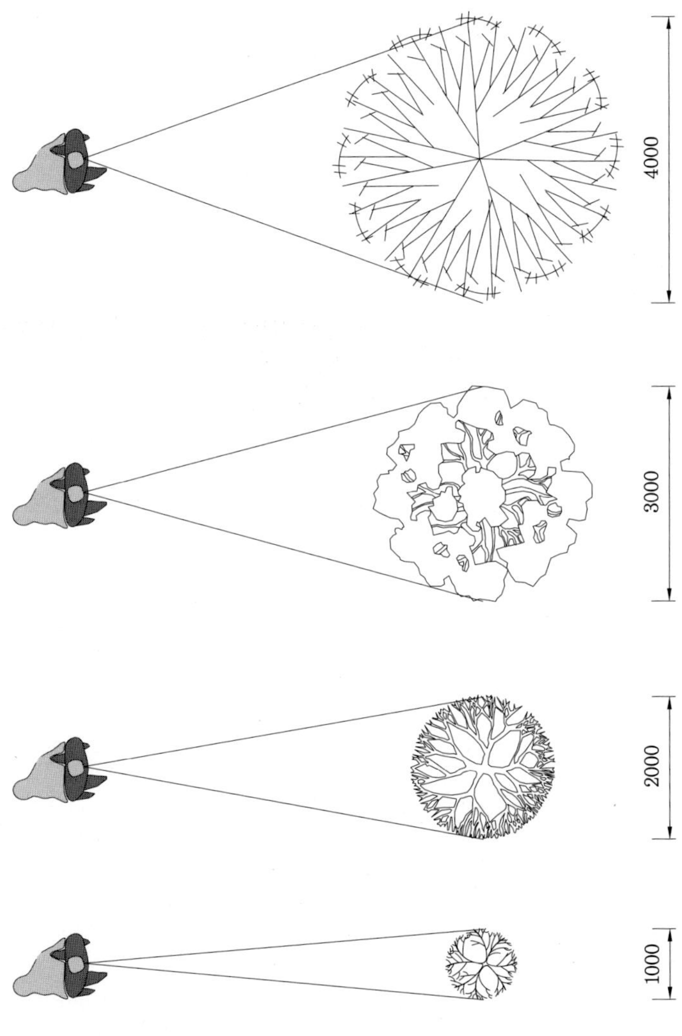

■ 식재 넓이에 따른 스케일
4000
3000
2000
1000
BLOCK

BLOCK

t-236-1	t-236-2	t-236-3	t-236-4	t-236-5	t-236-6	t-236-7	t-236-8	t-236-9	t-236-10
t-236-11	t-236-12	t-236-13	t-236-14	t-236-15	t-236-16	t-236-17	t-236-18	t-236-19	t-236-20
t-236-21	t-236-22	t-236-23	t-236-24	t-236-25	t-236-26	t-236-27	t-236-28	t-236-29	t-236-30
t-236-31	t-236-32	t-236-33	t-236-34	t-236-35	t-236-36	t-236-37	t-236-38	t-236-39	t-236-40
t-236-41	t-236-42	t-236-43	t-236-44	t-236-45	t-236-46	t-236-47	t-236-48	t-236-49	t-236-50
t-236-51	t-236-52	t-236-53	t-236-54	t-236-55	t-236-56	t-236-57	t-236-58	t-236-59	t-236-60
t-236-61	t-236-62	t-236-63	t-236-64	t-236-65	t-236-66	t-236-67	t-236-68	t-236-69	t-236-70
t-236-71	t-236-72	t-236-73	t-236-74	t-236-75	t-236-76	t-236-77	t-236-78	t-236-79	t-236-80
t-236-81	t-236-82	t-236-83	t-236-84	t-236-85	t-236-86	t-236-87	t-236-88	t-236-89	t-236-90
t-236-91	t-236-92	t-236-93	t-236-94	t-236-95	t-236-96	t-236-97	t-236-98	t-236-99	t-236-100
t-236-101	t-236-102	t-236-103	t-236-104	t-236-105	t-236-106	t-236-107	t-236-108	t-236-109	t-236-110
t-236-111	t-236-112	t-236-113	t-236-114	t-236-115	t-236-116	t-236-117	t-236-118	t-236-119	t-236-120

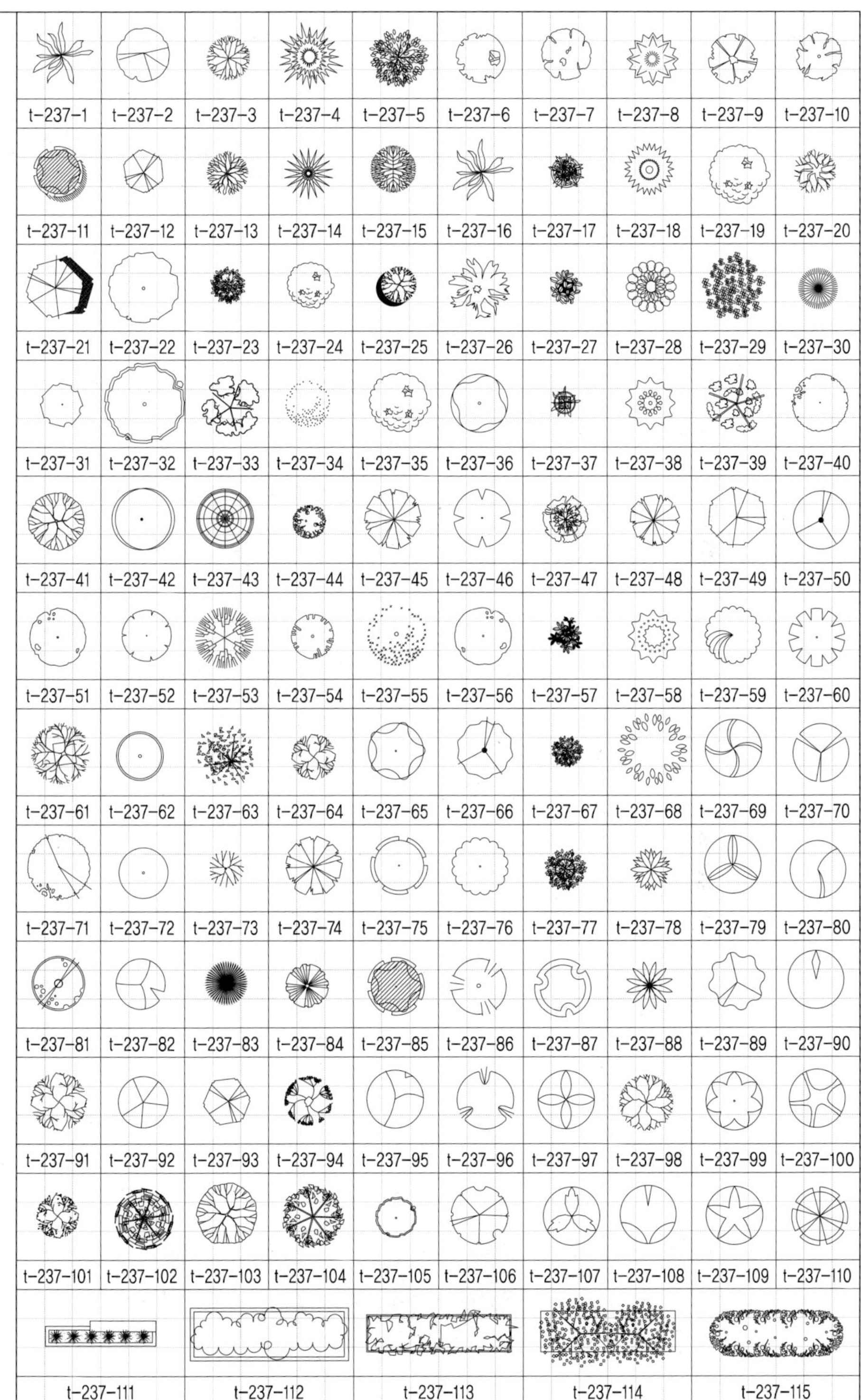

t-237-1	t-237-2	t-237-3	t-237-4	t-237-5	t-237-6	t-237-7	t-237-8	t-237-9	t-237-10
t-237-11	t-237-12	t-237-13	t-237-14	t-237-15	t-237-16	t-237-17	t-237-18	t-237-19	t-237-20
t-237-21	t-237-22	t-237-23	t-237-24	t-237-25	t-237-26	t-237-27	t-237-28	t-237-29	t-237-30
t-237-31	t-237-32	t-237-33	t-237-34	t-237-35	t-237-36	t-237-37	t-237-38	t-237-39	t-237-40
t-237-41	t-237-42	t-237-43	t-237-44	t-237-45	t-237-46	t-237-47	t-237-48	t-237-49	t-237-50
t-237-51	t-237-52	t-237-53	t-237-54	t-237-55	t-237-56	t-237-57	t-237-58	t-237-59	t-237-60
t-237-61	t-237-62	t-237-63	t-237-64	t-237-65	t-237-66	t-237-67	t-237-68	t-237-69	t-237-70
t-237-71	t-237-72	t-237-73	t-237-74	t-237-75	t-237-76	t-237-77	t-237-78	t-237-79	t-237-80
t-237-81	t-237-82	t-237-83	t-237-84	t-237-85	t-237-86	t-237-87	t-237-88	t-237-89	t-237-90
t-237-91	t-237-92	t-237-93	t-237-94	t-237-95	t-237-96	t-237-97	t-237-98	t-237-99	t-237-100
t-237-101	t-237-102	t-237-103	t-237-104	t-237-105	t-237-106	t-237-107	t-237-108	t-237-109	t-237-110

t-237-111	t-237-112	t-237-113	t-237-114	t-237-115

BLOCK

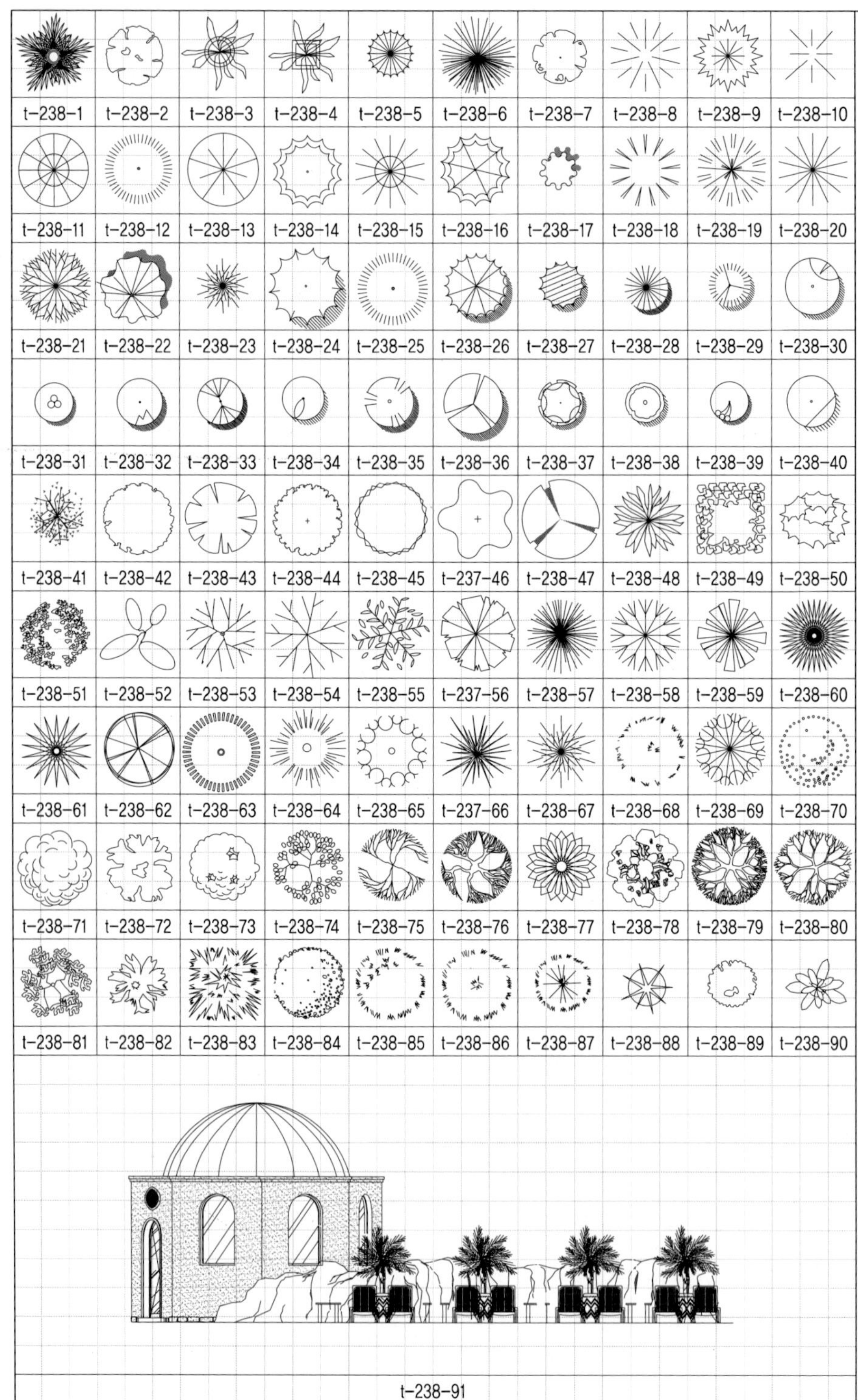

t-238-1	t-238-2	t-238-3	t-238-4	t-238-5	t-238-6	t-238-7	t-238-8	t-238-9	t-238-10
t-238-11	t-238-12	t-238-13	t-238-14	t-238-15	t-238-16	t-238-17	t-238-18	t-238-19	t-238-20
t-238-21	t-238-22	t-238-23	t-238-24	t-238-25	t-238-26	t-238-27	t-238-28	t-238-29	t-238-30
t-238-31	t-238-32	t-238-33	t-238-34	t-238-35	t-238-36	t-238-37	t-238-38	t-238-39	t-238-40
t-238-41	t-238-42	t-238-43	t-238-44	t-238-45	t-237-46	t-238-47	t-238-48	t-238-49	t-238-50
t-238-51	t-238-52	t-238-53	t-238-54	t-238-55	t-237-56	t-238-57	t-238-58	t-238-59	t-238-60
t-238-61	t-238-62	t-238-63	t-238-64	t-238-65	t-237-66	t-238-67	t-238-68	t-238-69	t-238-70
t-238-71	t-238-72	t-238-73	t-238-74	t-238-75	t-238-76	t-238-77	t-238-78	t-238-79	t-238-80
t-238-81	t-238-82	t-238-83	t-238-84	t-238-85	t-238-86	t-238-87	t-238-88	t-238-89	t-238-90

t-238-91

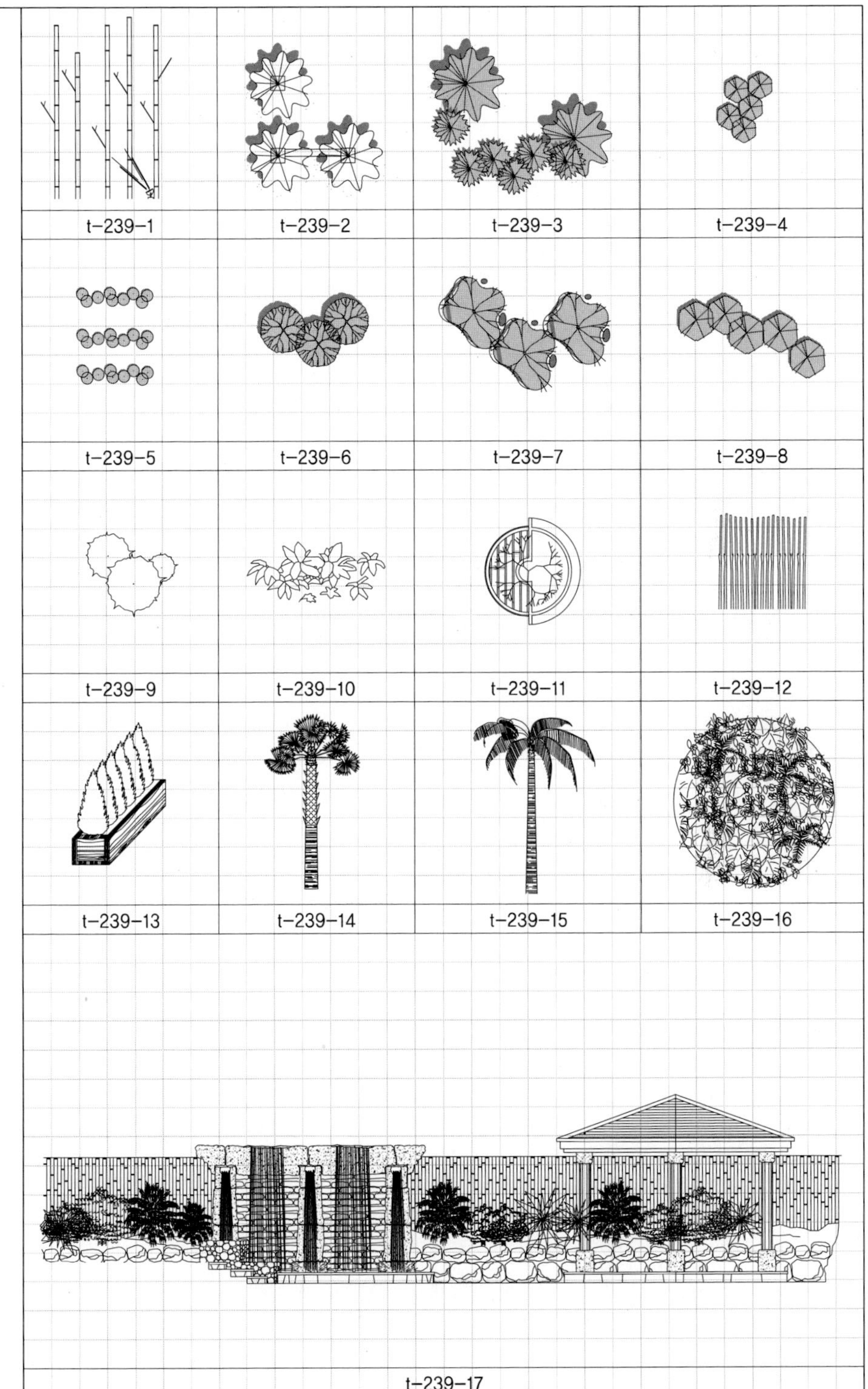

t-239-1
t-239-2
t-239-3
t-239-4
t-239-5
t-239-6
t-239-7
t-239-8
t-239-9
t-239-10
t-239-11
t-239-12
t-239-13
t-239-14
t-239-15
t-239-16
t-239-17
BLOCK

BLOCK

t-240-1	t-240-2	t-240-3	t-240-4	t-240-5
t-240-6	t-240-7	t-240-8	t-240-9	t-240-10
t-240-11	t-240-12	t-240-13	t-240-14	t-240-15
t-240-16	t-240-17	t-240-18	t-240-19	t-240-20
t-240-21	t-240-22	t-240-23	t-240-24	t-240-25
t-240-26	t-240-27	t-240-28	t-240-29	t-240-30
t-240-31	t-240-32	t-240-33	t-240-34	t-240-35

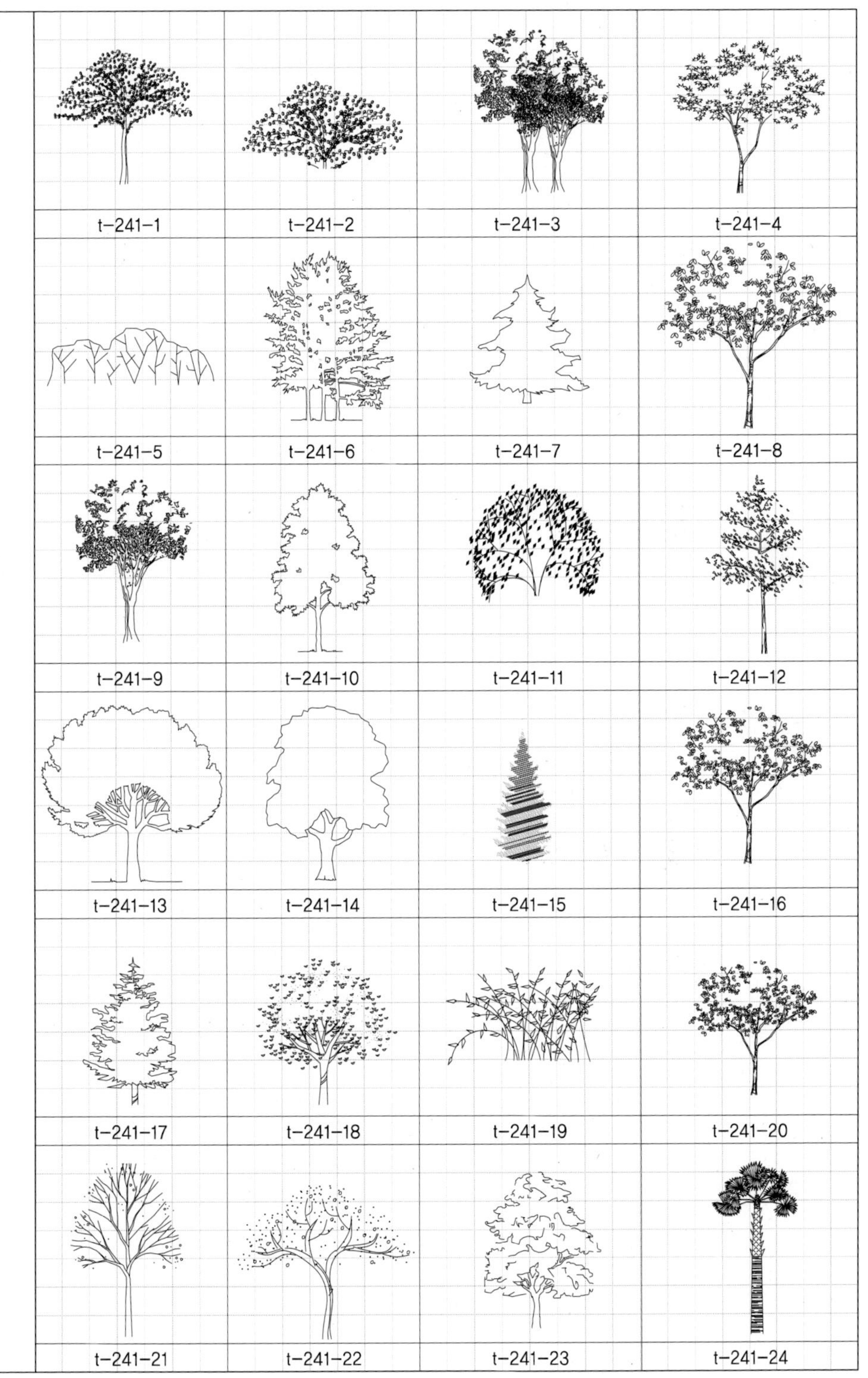

t-241-1
t-241-2
t-241-3
t-241-4
t-241-5
t-241-6
t-241-7
t-241-8
t-241-9
t-241-10
t-241-11
t-241-12
t-241-13
t-241-14
t-241-15
t-241-16
t-241-17
t-241-18
t-241-19
t-241-20
t-241-21
t-241-22
t-241-23
t-241-24
BLOCK

BLOCK

t-242-1	t-242-2	t-242-3	t-242-4	t-242-5
t-242-6	t-242-7	t-242-8	t-242-9	t-242-10
t-242-11	t-242-12	t-242-13	t-242-14	t-242-15
t-242-16	t-242-17	t-242-18	t-242-19	t-242-20
t-242-21	t-242-22	t-242-23	t-242-24	t-242-25
t-242-26	t-242-27	t-242-28	t-242-29	t-242-30
t-242-31	t-242-32	t-242-33	t-242-34	t-242-35
t-242-36	t-242-37	t-242-38	t-242-39	t-242-40

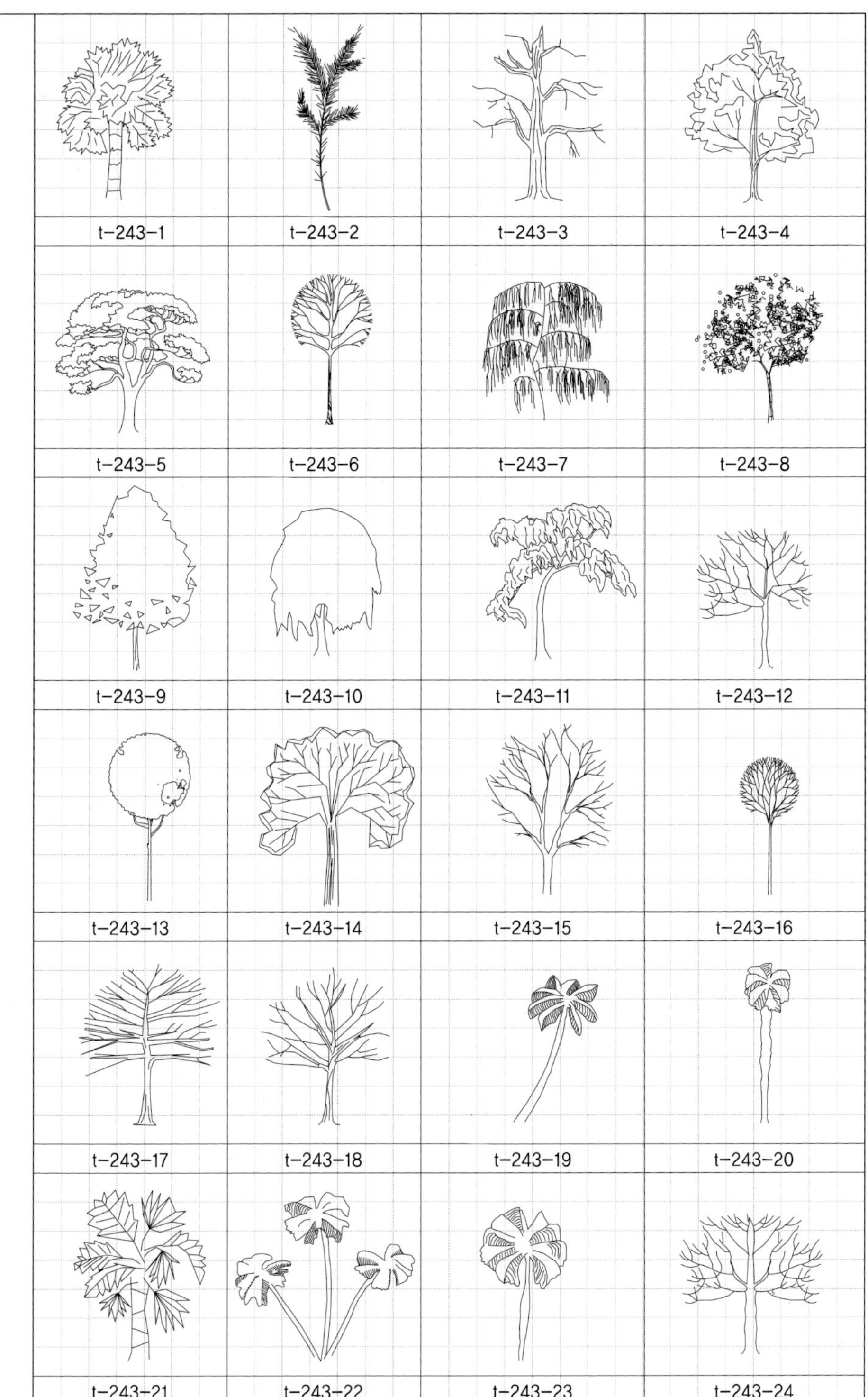

t−243−1	t−243−2	t−243−3	t−243−4
t−243−5	t−243−6	t−243−7	t−243−8
t−243−9	t−243−10	t−243−11	t−243−12
t−243−13	t−243−14	t−243−15	t−243−16
t−243−17	t−243−18	t−243−19	t−243−20
t−243−21	t−243−22	t−243−23	t−243−24

BLOCK

BLOCK

t-244-1
t-244-2
t-244-3
t-244-4
t-244-5
t-244-6
t-244-7
t-244-8
t-244-9
t-244-10
t-244-11
t-244-12
t-244-13
t-244-14
t-244-15
t-244-16
t-244-17
t-244-18
t-244-19
t-244-20
t-244-21
t-244-22
t-244-23
t-244-24

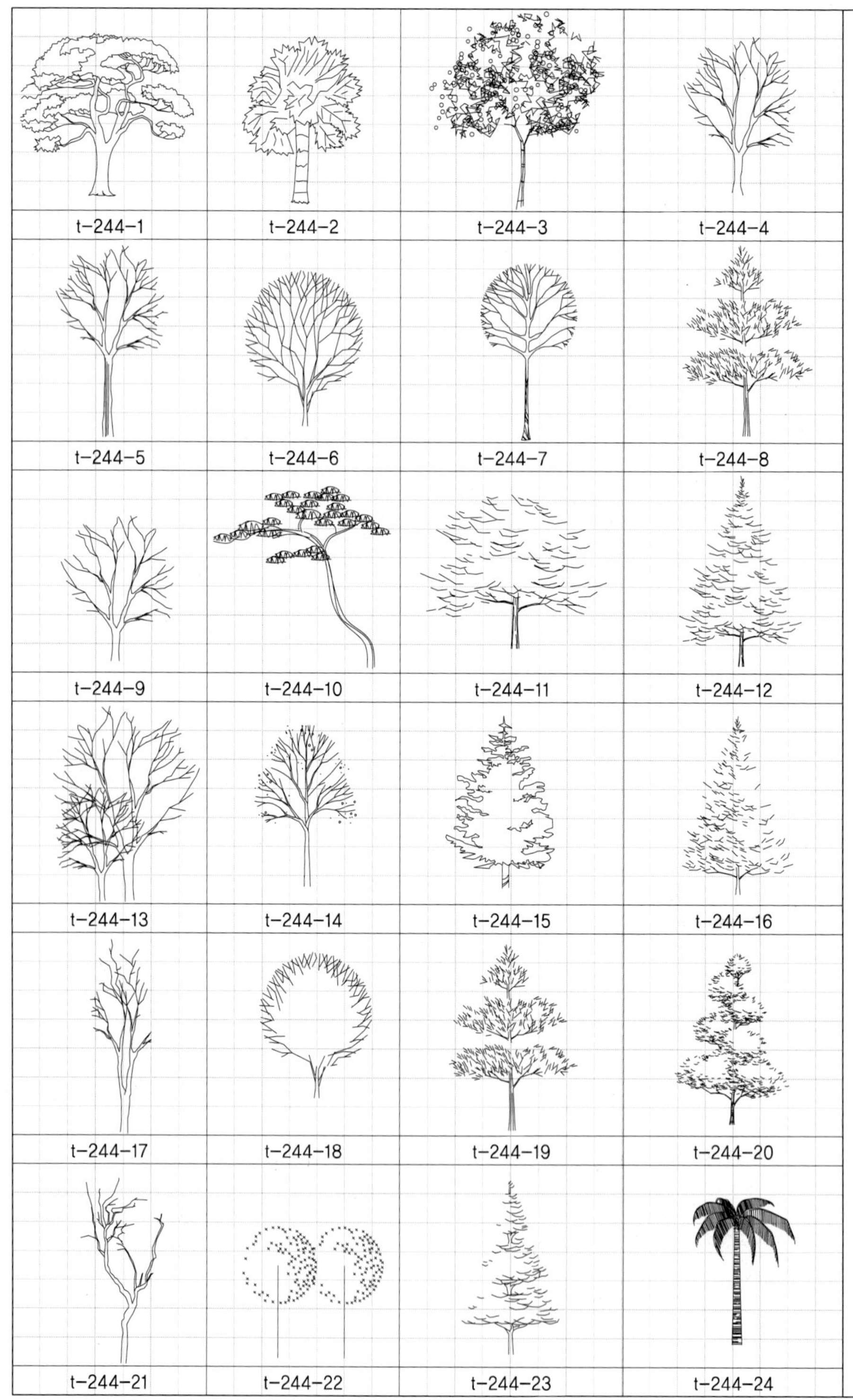

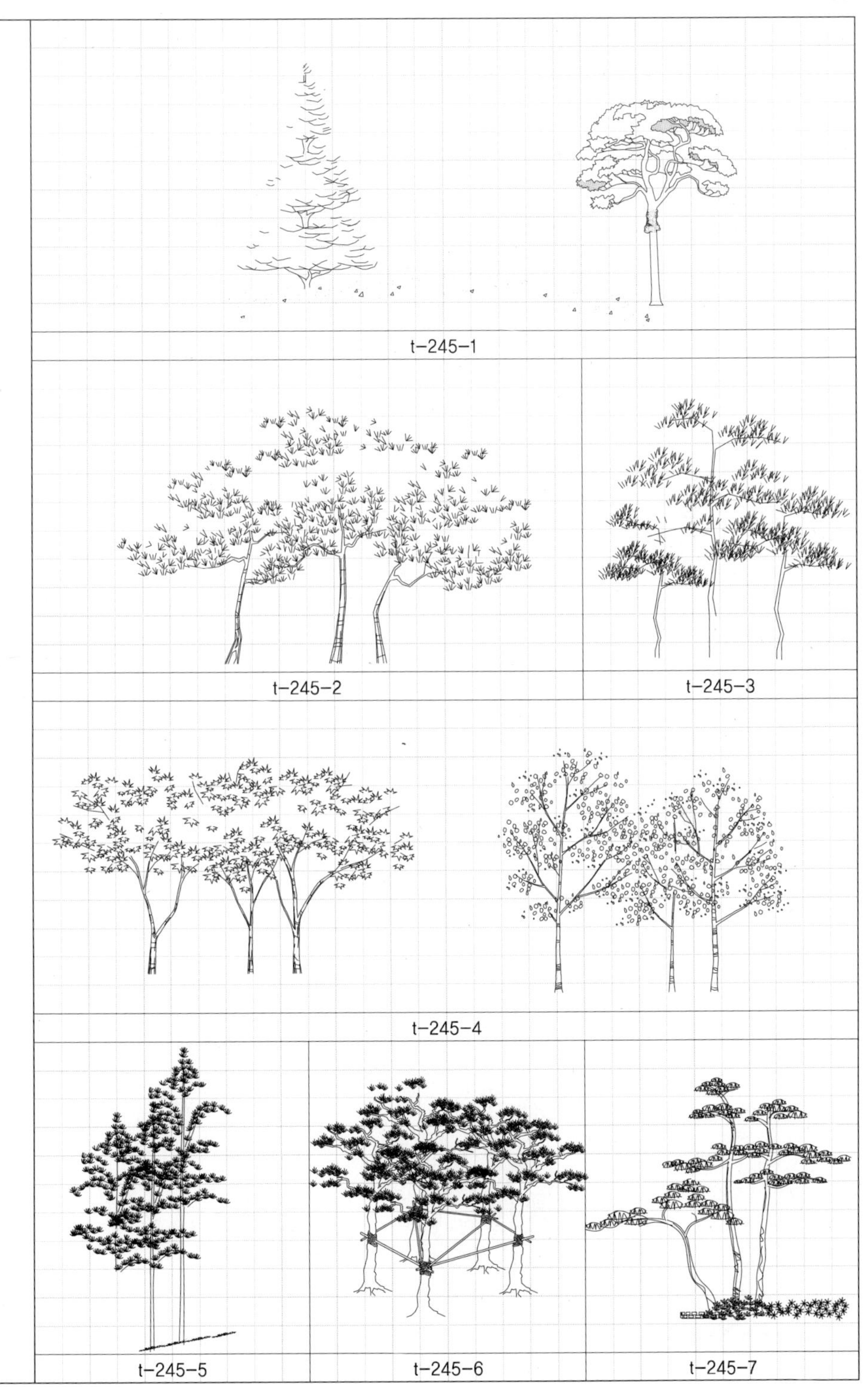

BLOCK

BLOCK

t-246-1
t-246-2
t-246-3
t-246-4
t-246-5
t-246-6
t-246-7
t-246-8
t-246-9
t-246-10
t-246-11

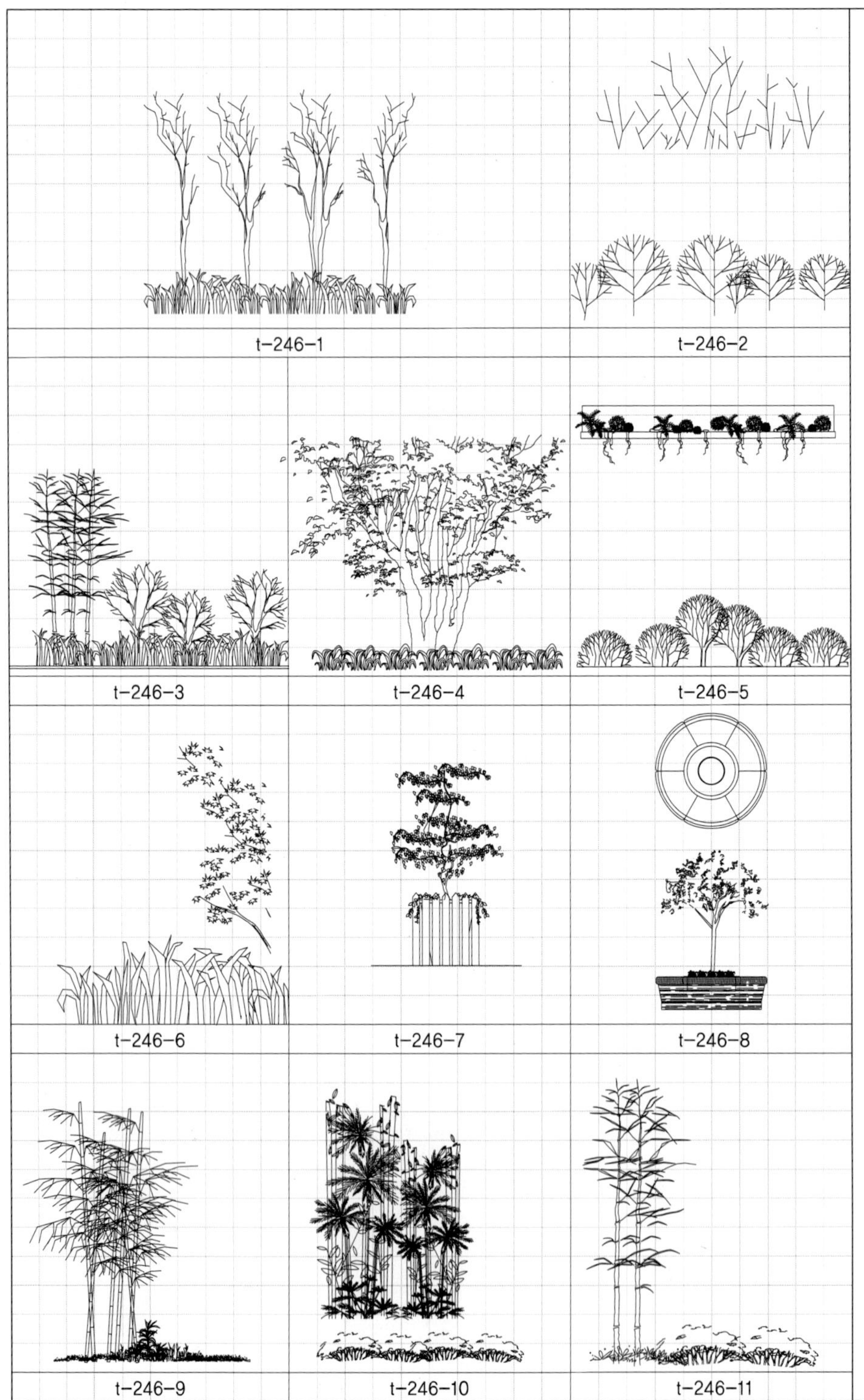

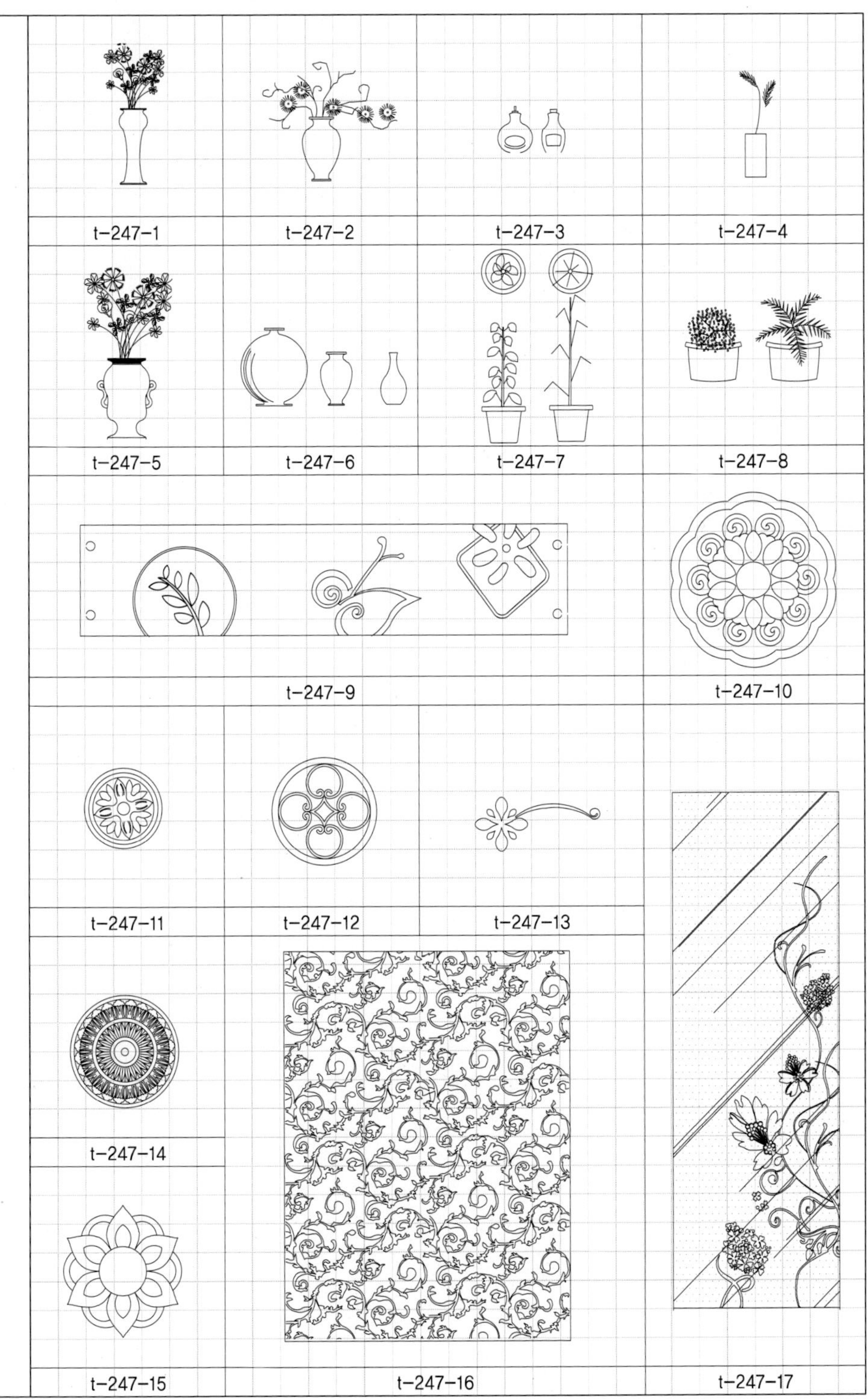

t-247-1
t-247-2
t-247-3
t-247-4
t-247-5
t-247-6
t-247-7
t-247-8
t-247-9
t-247-10
t-247-11
t-247-12
t-247-13
t-247-14
t-247-15
t-247-16
t-247-17
BLOCK

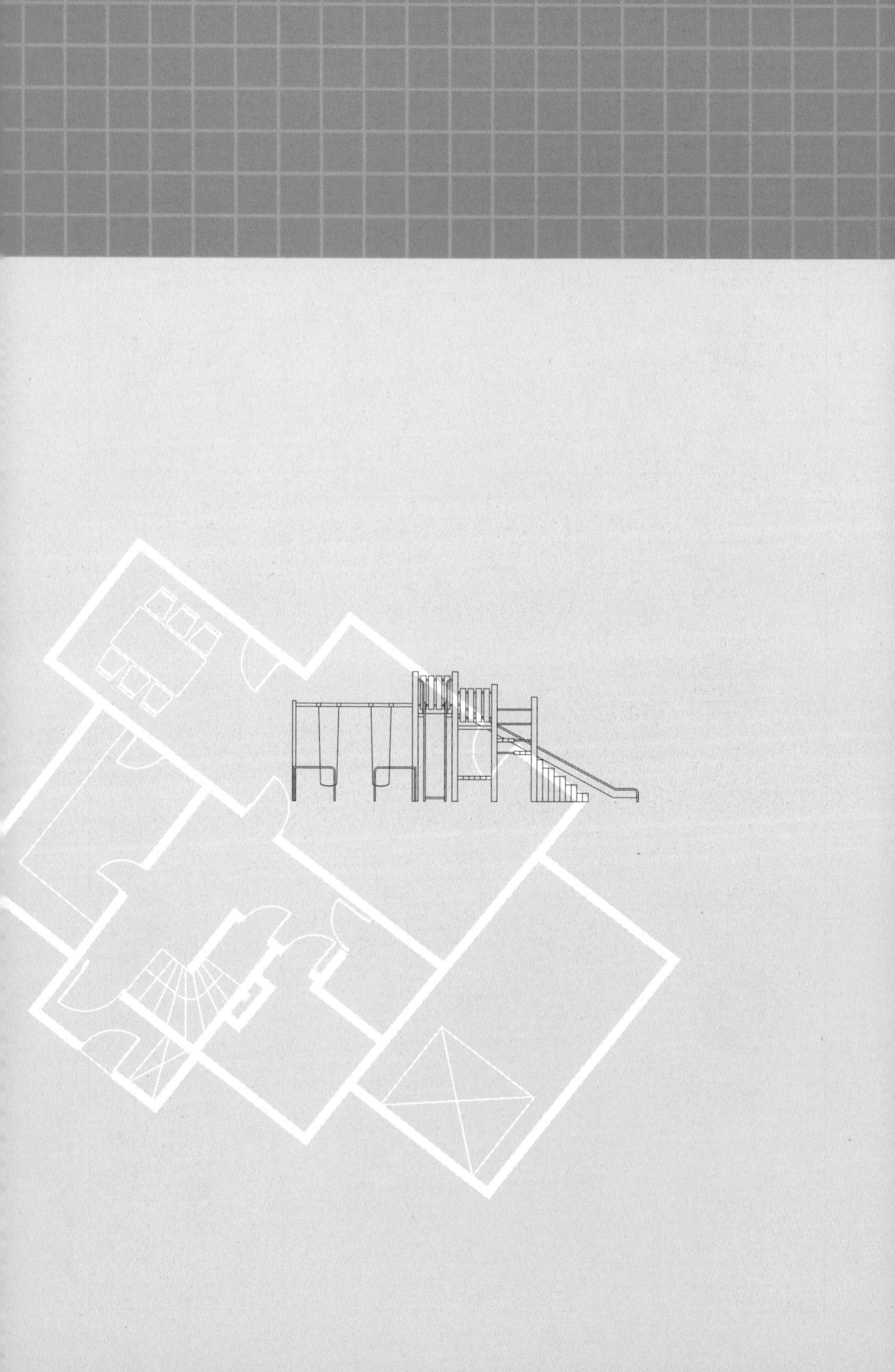

playground

human scale
playground

■ 36개월 미만 어린이가 사용할 수 없는 놀이기구 기준

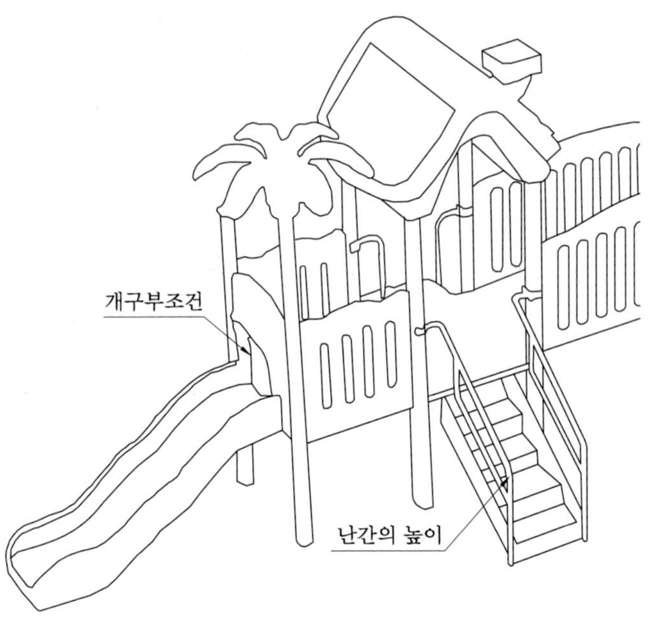

▼ 개구부조건

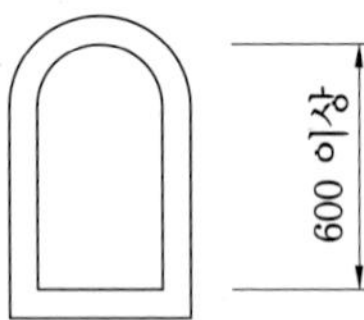

▼ 난간의 높이

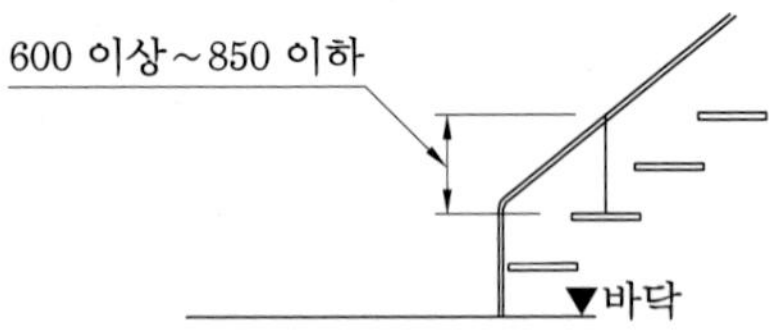

※출처 행정안전부, 국제표준원

보호난간 설치기준
▼ 5세 평균체형
183
1084
608
▼ 보호난간 설치기준
600 이상
▼ 상부
놀이기구 바닥
▼ 바닥
1000 이상 시 설치
▼ 울타리 설치기준
700 이상
▼ 바닥
울타리
2000 이상 시 설치

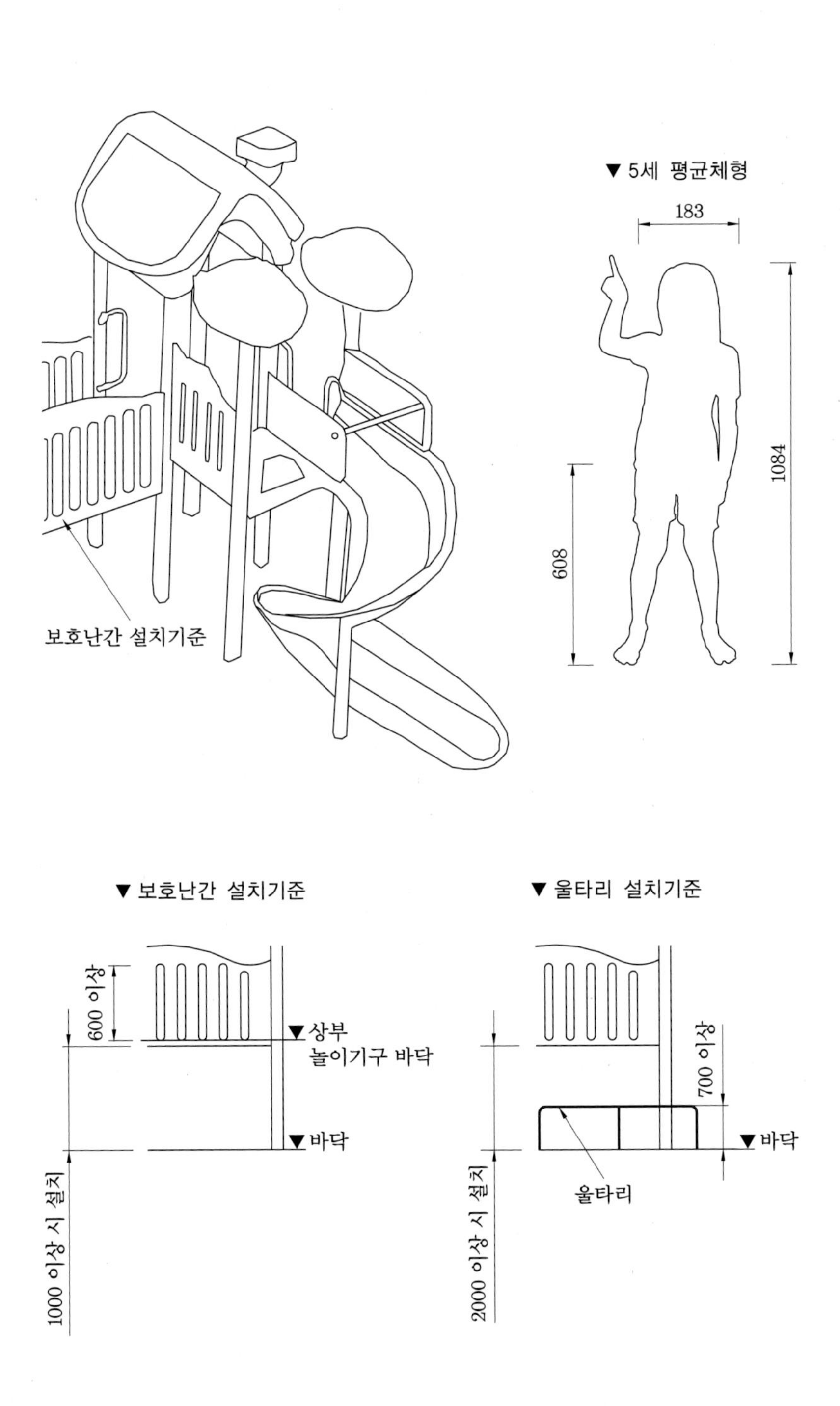

BLOCK

BLOCK

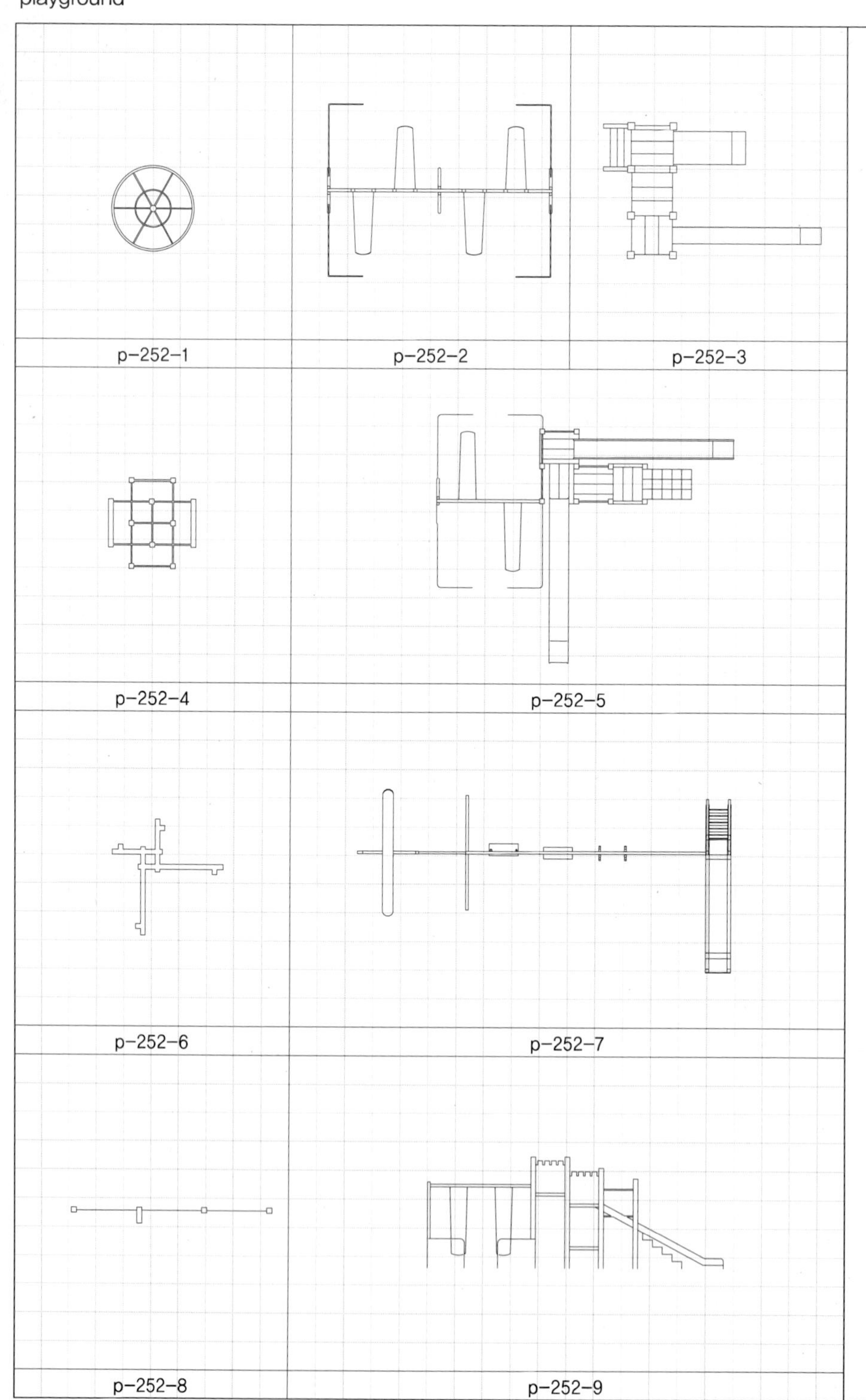

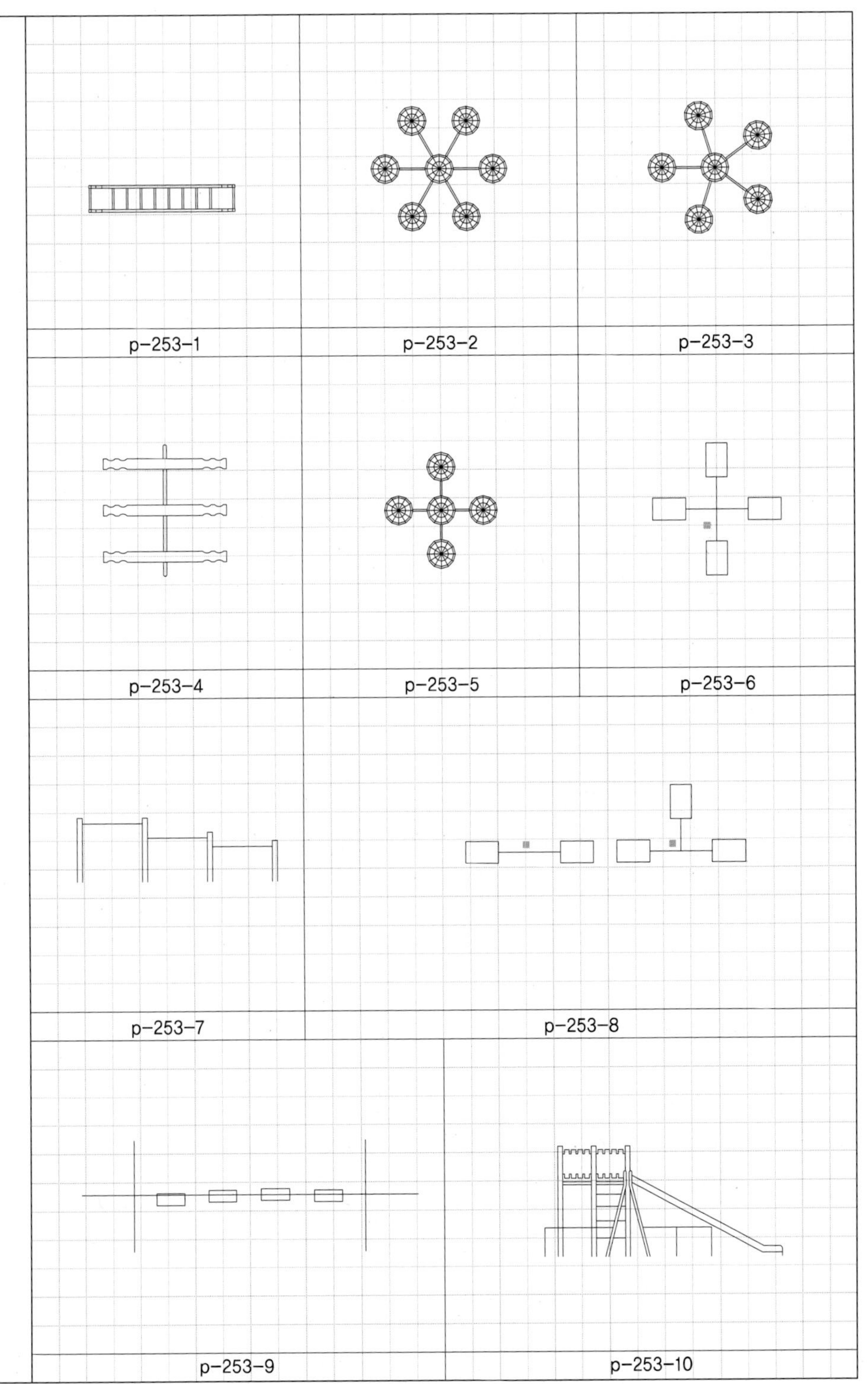

p-253-1	p-253-2	p-253-3
p-253-4	p-253-5	p-253-6
p-253-7	p-253-8	
p-253-9	p-253-10	

BLOCK

BLOCK

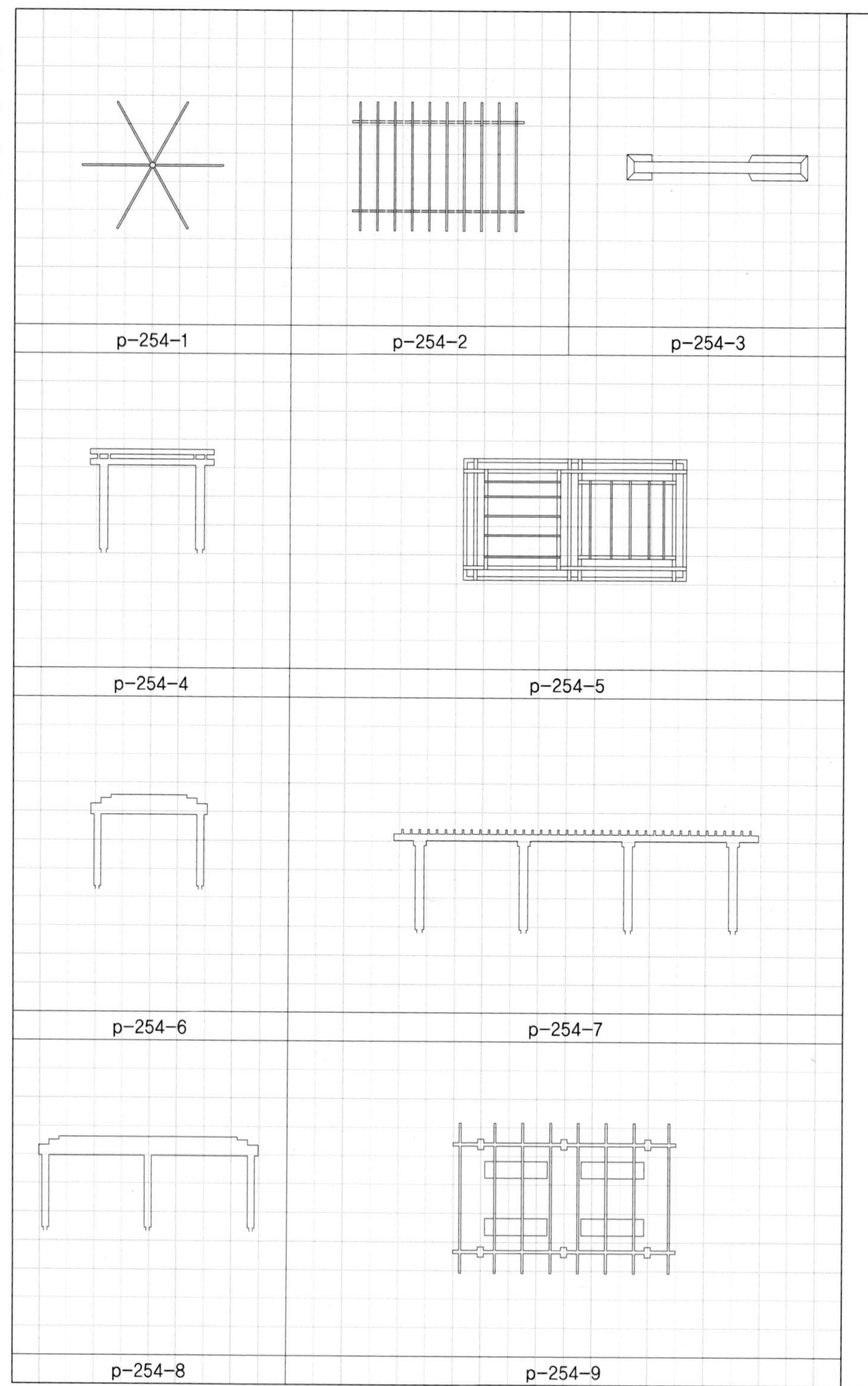

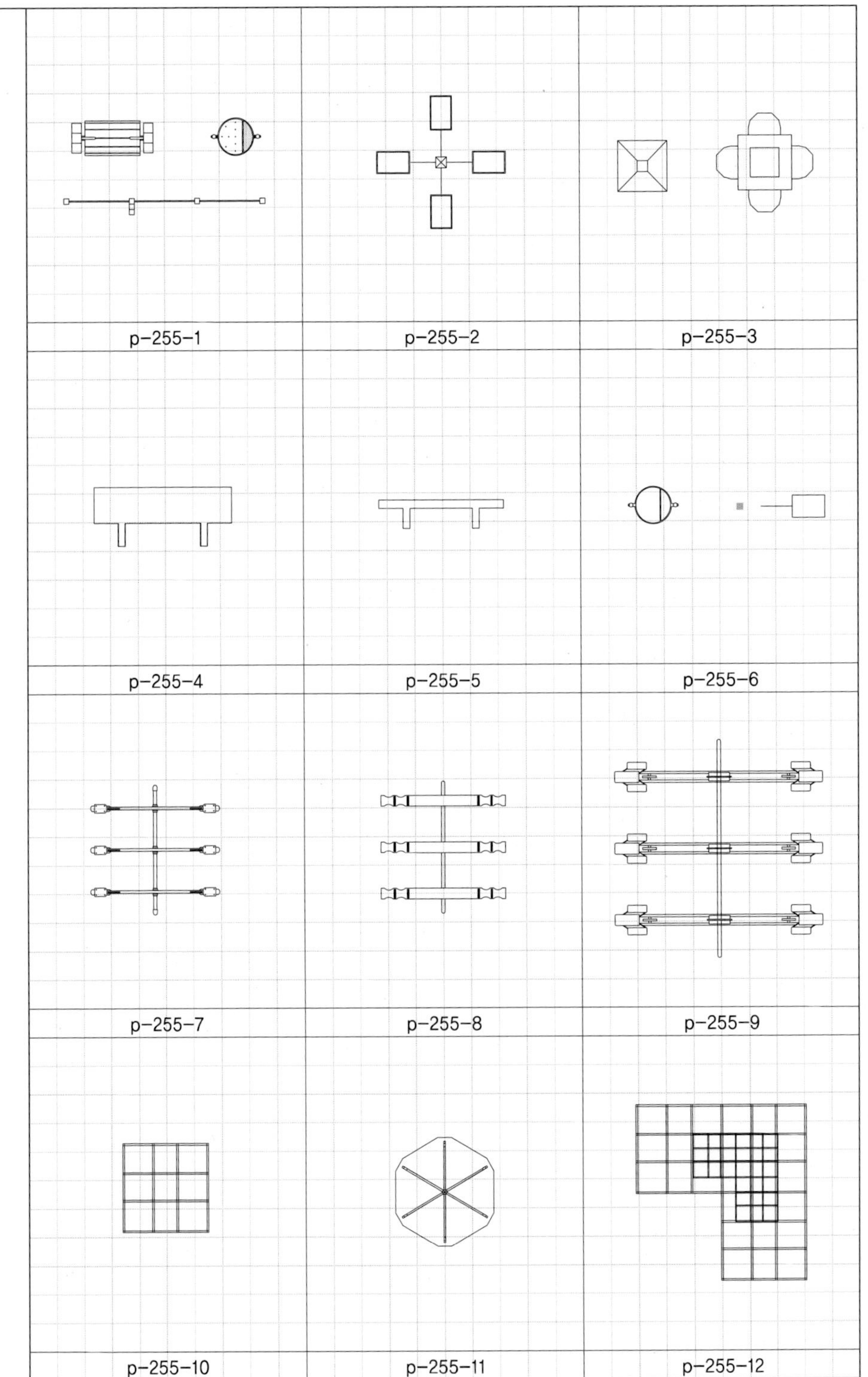

p-255-1
p-255-2
p-255-3
p-255-4
p-255-5
p-255-6
p-255-7
p-255-8
p-255-9
p-255-10
p-255-11
p-255-12
BLOCK

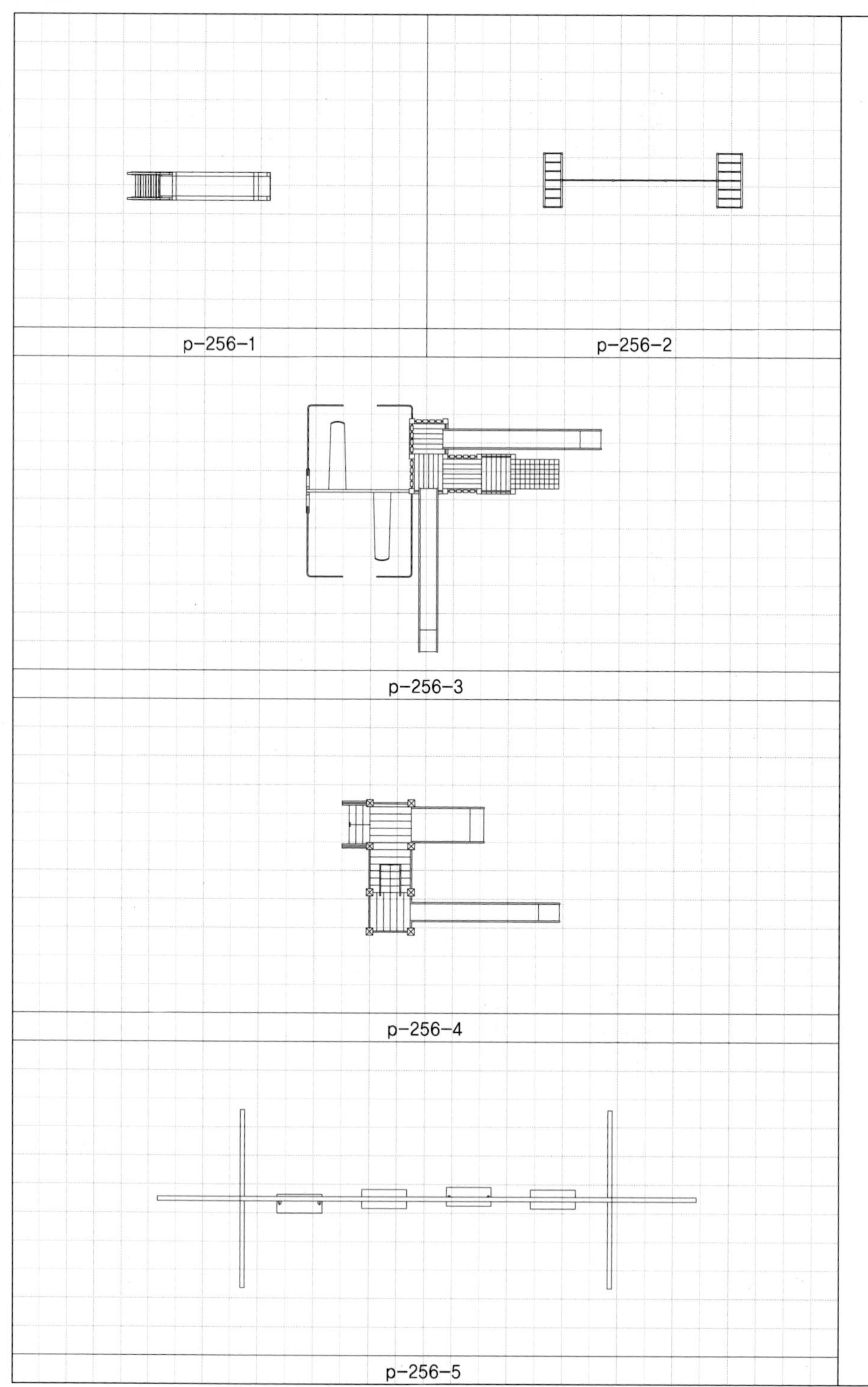

p-256-1
p-256-2
p-256-3
p-256-4
p-256-5

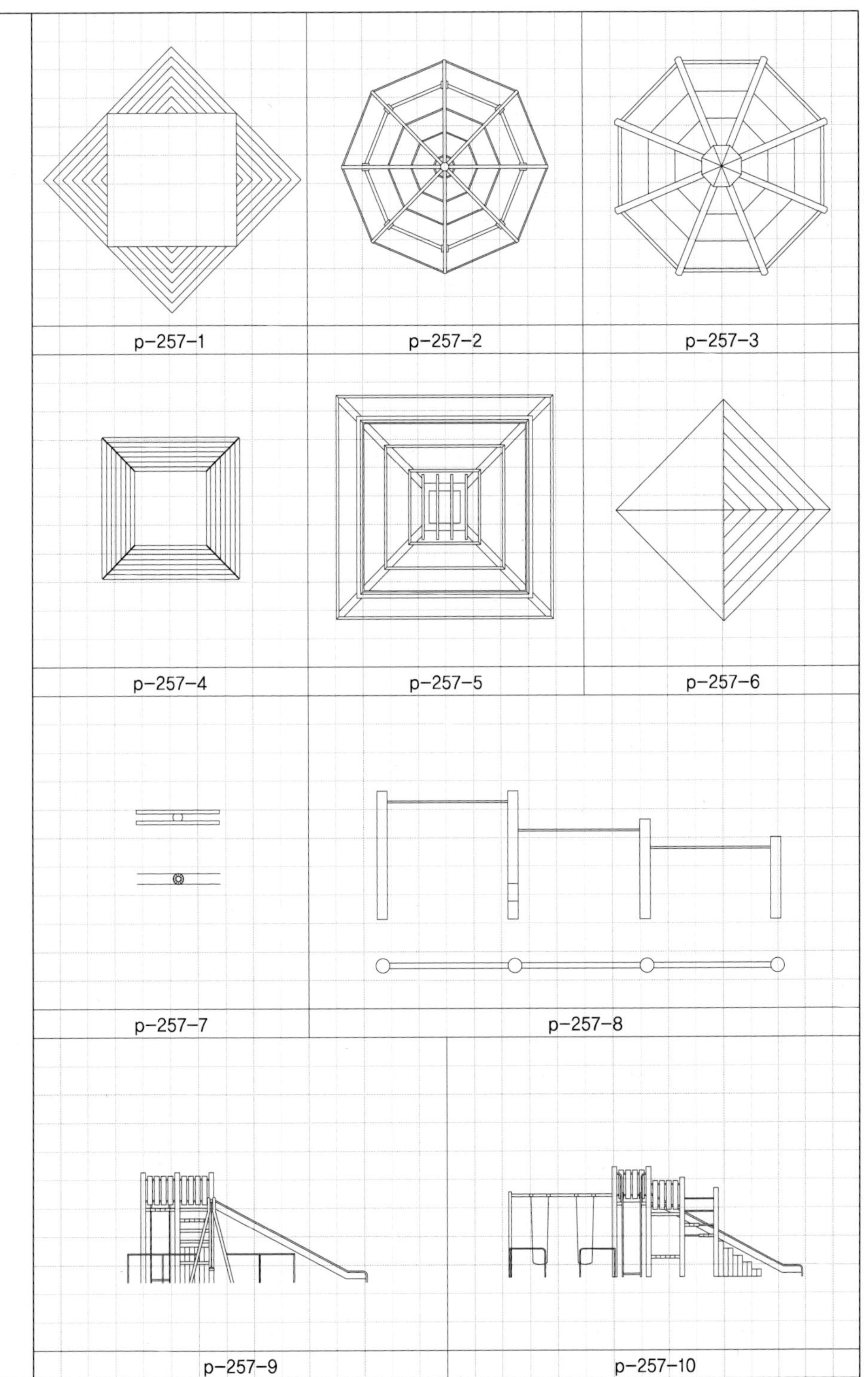

p-257-1
p-257-2
p-257-3
p-257-4
p-257-5
p-257-6
p-257-7
p-257-8
p-257-9
p-257-10
BLOCK

BLOCK

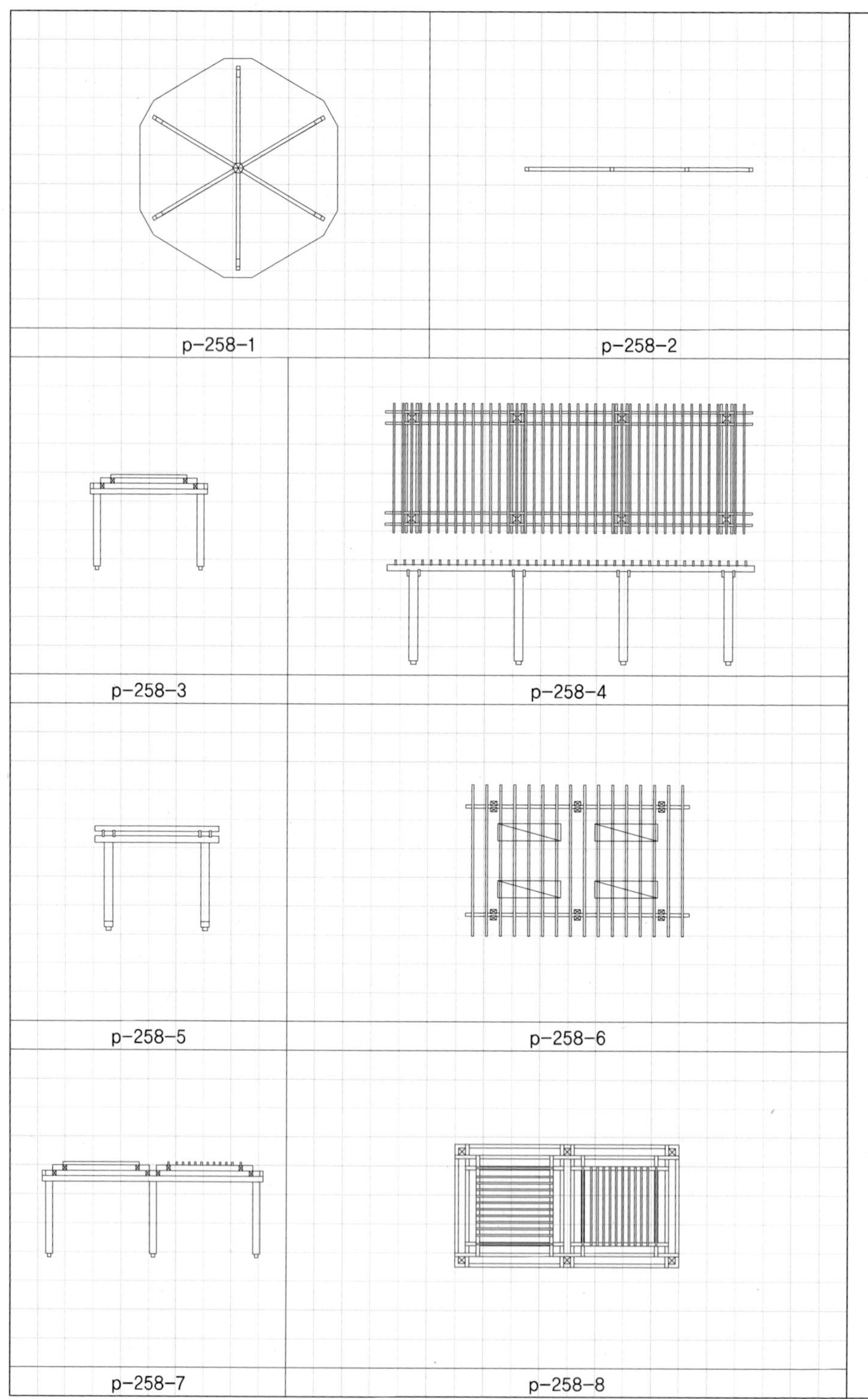

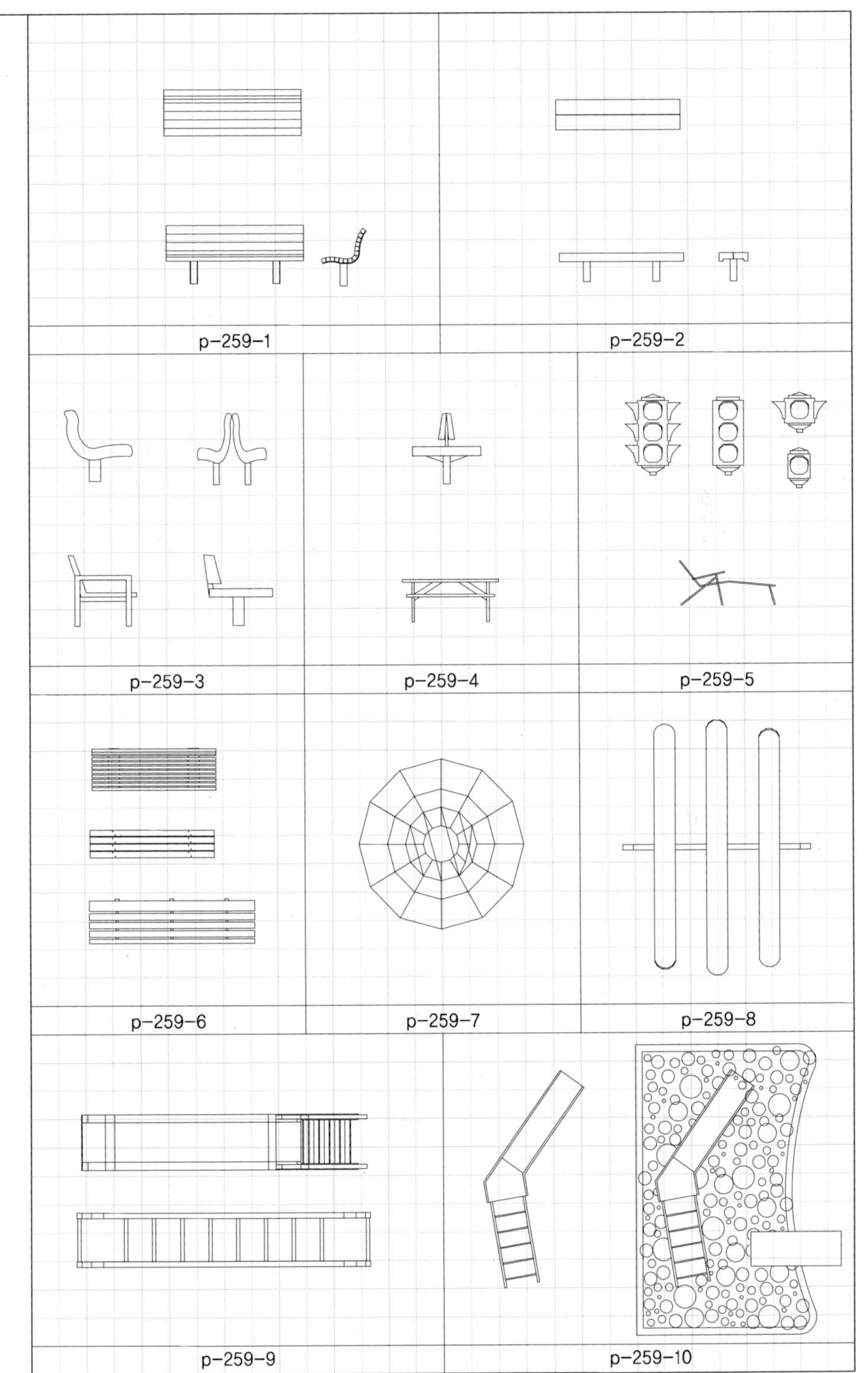

p-259-1

p-259-2

p-259-3

p-259-4

p-259-5

p-259-6

p-259-7

p-259-8

p-259-9

p-259-10

BLOCK

BLOCK

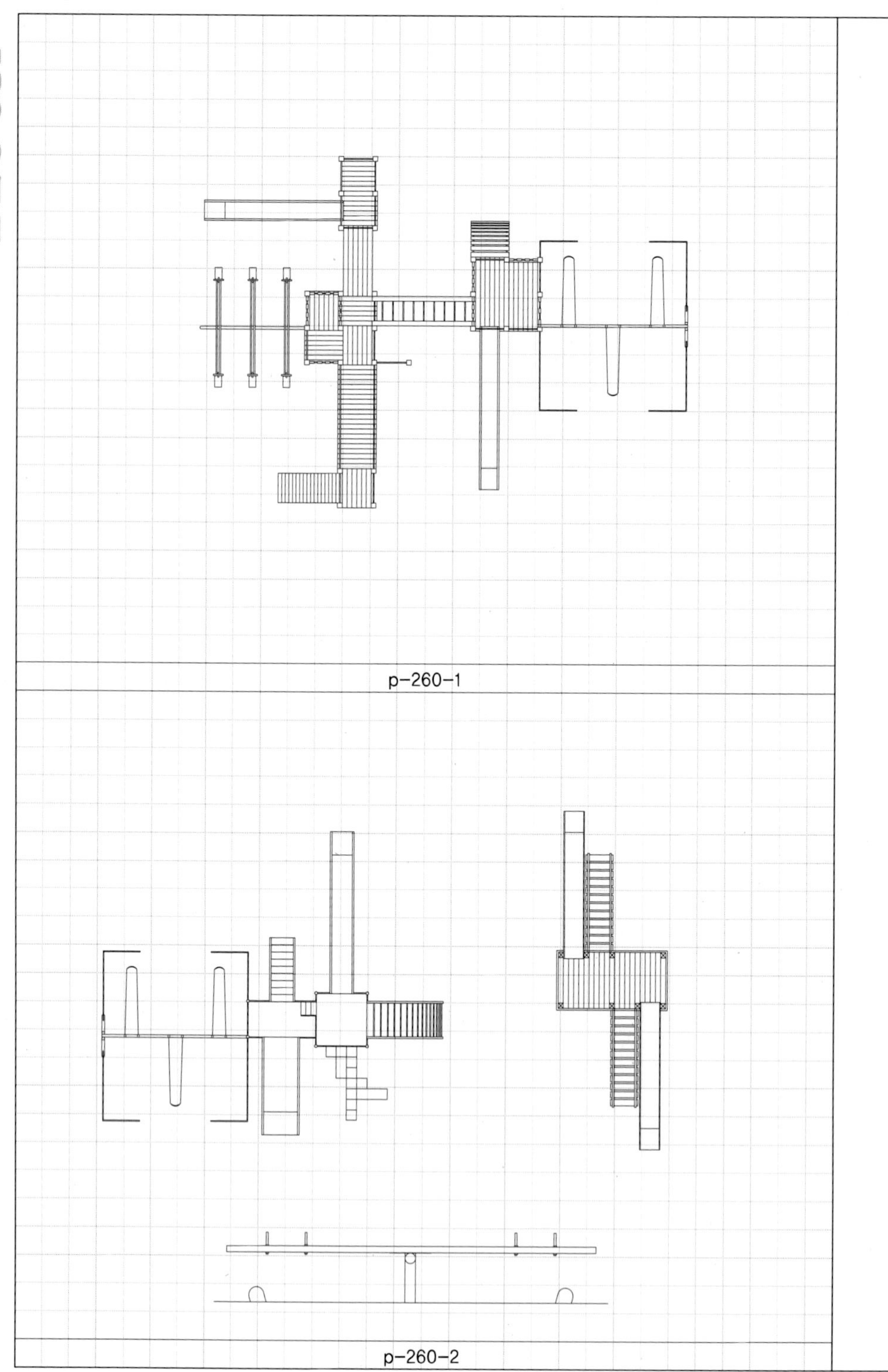

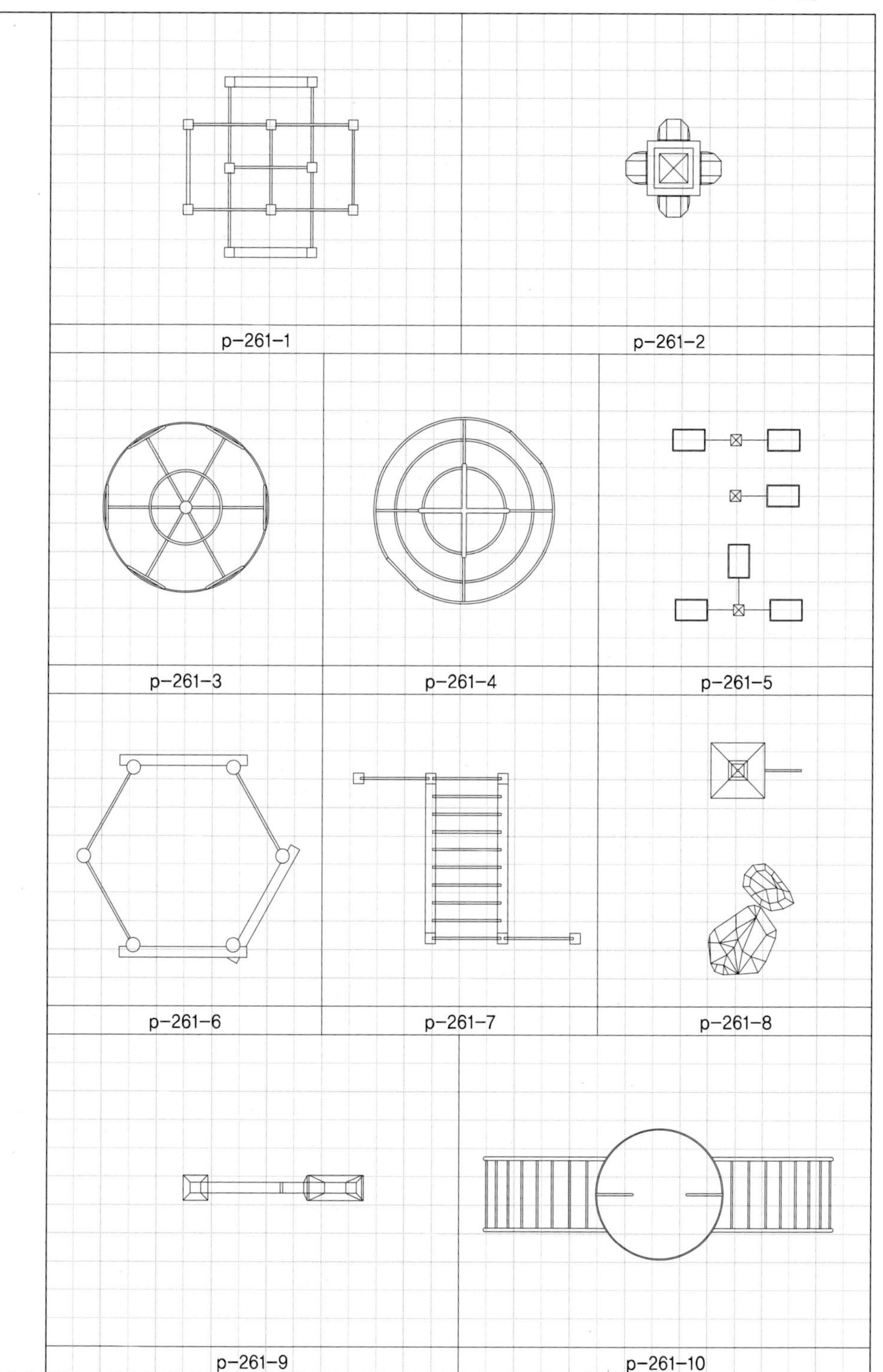

p−261−1

p−261−2

p−261−3

p−261−4

p−261−5

p−261−6

p−261−7

p−261−8

p−261−9

p−261−10

BLOCK

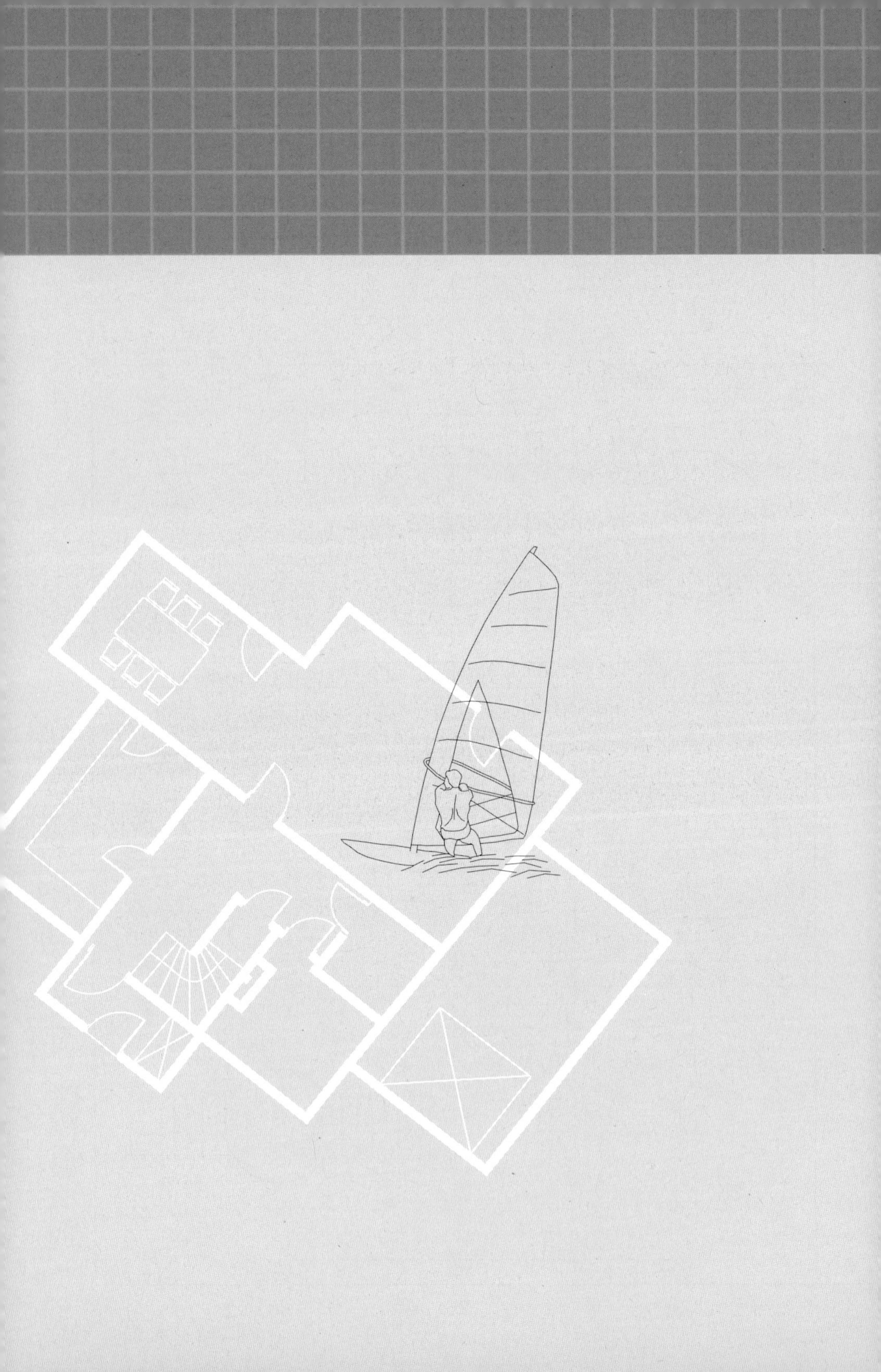

부록

[별표 1]

편의시설의 구조·재질 등에 관한 세부기준

[별표 1] 〈개정 1999.6.8, 2005.12.30, 2007.3.9〉

편의시설의 구조·재질 등에 관한 세부기준 (제2조 제1항관련)

1. 장애인 등의 통행이 가능한 접근로

가. 유효폭 및 활동공간

(1) 휠체어 사용자가 통행할 수 있도록 접근로의 유효폭은 1.2미터 이상으로 하여야 한다.

(2) 휠체어 사용자가 다른 휠체어 또는 유모차 등과 교행할 수 있도록 50미터마다 1.5미터×1.5미터 이상의 교행구역을 설치할 수 있다.

(3) 경사진 접근로가 연속될 경우에는 휠체어 사용자가 휴식할 수 있도록 30미터마다 1.5미터×1.5미터 이상의 수평면으로 된 참을 설치할 수 있다.

나. 기울기 등

(1) 접근로의 기울기는 18분의 1 이하로 하여야 한다. 다만, 지형상 곤란한 경우에는 12분의 1까지 완화할 수 있다.

(2) 대지 내를 연결하는 주접근로에 단차가 있을 경우 그 높이 차이는 2센티미터 이하로 하여야 한다.

다. 경계

(1) 접근로와 차도의 경계부분에는 연석·울타리 기타 차도와 분리할 수 있는 공작물을 설치하여야 한다. 다만, 차도와 구별하기 위한 공작물을 설치하기 곤란한 경우에는 시각장애인이 감지할 수 있도록 바닥재의 질감을 달리하여야 한다.

(2) 연석의 높이는 6센티미터 이상 15센티미터 이하로 할 수 있으며, 색상은 접근로의 바닥재 색상과 달리 설치할 수 있다.

라. 재질과 마감

(1) 접근로의 바닥표면은 장애인 등이 넘어지지 아니하도록 잘 미끄러지지 아니하는 재질로 평탄하게 마감하여야 한다.

(2) 블록 등으로 접근로를 포장하는 경우에는 이음새의 틈이 벌어지지 아니하도록 하고, 면이 평탄하게 시공하여야 한다.

(3) 장애인 등이 빠질 위험이 있는 곳에는 덮개를 설치하되, 그 표면은 접근로와 동일한 높이가 되도록 하고 덮개에 격자구멍 또는 틈새가 있는 경우에는 그 간격이 2센티미터 이하가 되도록 하여야 한다.

마. 보행장애물

(1) 접근로에 가로등·전주·간판 등을 설치하는 경우에는 장애인 등의 통행에 지장을 주지 아니하도록 설치하여야 한다.

(2) 가로수는 지면에서 2.1미터까지 가지치기를 하여야 한다.

2. 삭제 〈2007.3.9〉

3. 삭제 〈2007.3.9〉

4. 장애인전용주차구역

가. 설치장소

(1) 건축물의 부설주차장과 영 별표 1 제3호 카목 자동차관련시설 중 주차장의 경우 장애인전용주차구역은 장애인 등의 출입이 가능한 건축물의 출입구 또는 장애인용 승강설비와 가장 가까운 장소에 설치하여야 한다.

(2) 장애인전용주차구역에서 건축물의 출입구 또는 장애인용 승강설비에 이르는 통로는 장애인이 통행할 수 있도록 가급적 높이 차이를 없애고, 그 유효폭은 1.2미터 이상으로 하여야 한다.

나. 주차공간

(1) 장애인전용주차구역의 크기는 주차대수 1대에 대하여 폭 3.3미터 이상, 길이 5미터 이상으로 하여야 한다. 다만, 평행주차형식인 경우에는 주차대수 1대에 대하여 폭 2미터 이상, 길이 6미터 이상으로 하여야 한다.

(2) 주차공간의 바닥면은 장애인 등의 승하차에 지장을 주는 높이 차이가 없어야 하며, 기울기는 50분의 1 이하로 할 수 있다.

(3) 주차공간의 바닥표면은 미끄러지지 아니하는 재질로 평탄하게 마감하여야 한다.

다. 유도 및 표시

(1) 장애인전용주차구역의 바닥면에는 아래의 그림과 같이 장애인전용표시를 하여야 한다.

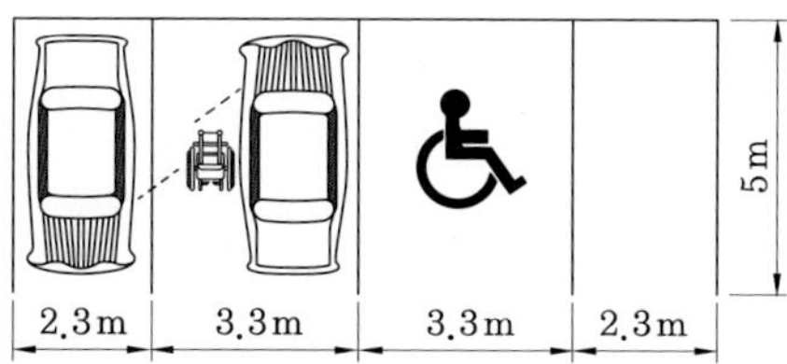

(2) 장애인전용주차구역 안내표지를 주차장 안의 식별하기 쉬운 장소에 부착하거나 설치하여야 한다. 이 경우 안내표지의 규격과 안내표지에 기재될 내용은 다음과 같다.

㈎ 장애인전용주차구역 안내표지의 규격은 가로 0.7미터, 세로 0.6미터로 하고, 지면에서 표지판까지의 높이는 1.5미터로 한다.

㈏ 안내표지에 기재될 내용은 다음과 같다.

> 장애인전용주차구역

• 장애인자동차표지가 부착된 자동차에 보행상장애가 있는 자가 탑승한 경우에만 주차할 수 있습니다.

- 이를 위반한 자에 대하여는 10만원 이하의 과태료를 부과합니다.
- 위반사항을 발견하신 분은 신고전화번호 ○○○-○○○○로 신고해 주시기 바랍니다.

5. 높이 차이가 제거된 건축물 출입구

가. 턱낮추기

건축물의 주출입구와 통로의 높이 차이는 2센티미터 이하가 되도록 설치하여야 한다.

나. 휠체어리프트 또는 경사로 설치

휠체어리프트 및 경사로에 관한 세부기준은 제11호 및 제12호의 휠체어리프트 및 경사로에 관한 규정을 각각 적용한다.

6. 장애인 등의 출입이 가능한 출입구(문)

가. 유효폭 및 활동공간

(1) 출입구(문)은 아래의 그림과 같이 그 통과유효폭을 0.8미터 이상으로 하여야 하며, 출입구(문)의 전면 유효거리는 1.2미터 이상으로 하여야 한다. 다만, 연속된 출입문의 경우 문의 개폐에 소요되는 공간은 유효거리에 포함하지 아니한다.

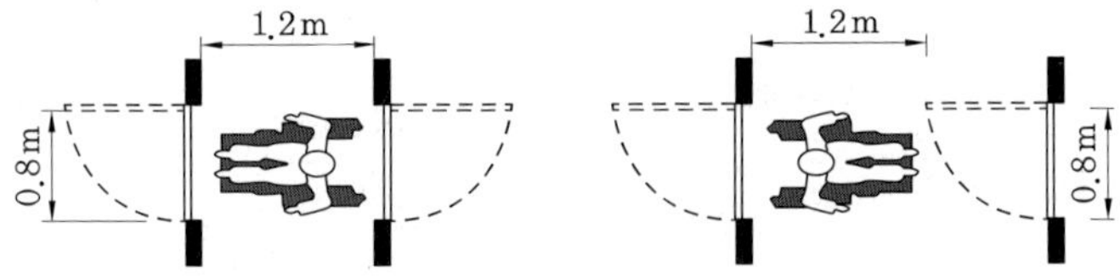

(2) 자동문이 아닌 경우에는 아래의 그림과 같이 출입문 옆에 0.6미터 이상의 활동공간을 확보할 수 있다.

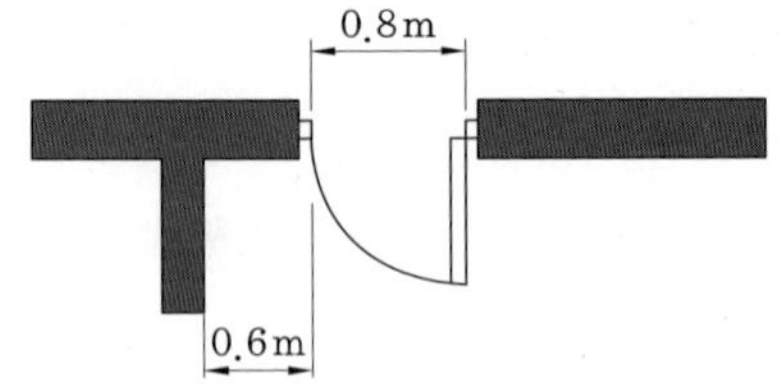

(3) 출입구의 바닥면에는 문턱이나 높이 차이를 두어서는 아니된다.

나. 문의 형태

(1) 출입문은 회전문을 제외한 다른 형태의 문을 설치하여야 한다.

(2) 미닫이문은 가벼운 재질로 하며, 턱이 있는 문지방이나 홈을 설치하여서는 아니된다.

(3) 여닫이문에 도어체크를 설치하는 경우에는 문이 닫히는 시간이 3초 이상 충분하게 확보되도록 하여야 한다.

(4) 자동문은 휠체어 사용자의 통행을 고려하여 문의 개방시간이 충분하게 확보되도록 설치하여야 하며, 개폐기의 작동장치는 가급적 감지범위를 넓게 하여야 한다.

다. 손잡이 및 점자표지판

(1) 출입문의 손잡이는 중앙지점이 바닥면으로부터 0.8미터와 0.9미터 사이에 위치하도록 설치하여야 하며, 그 형태는 레버형이나 수평 또는 수직막대형으로 할 수 있다.

(2) 건축물 안의 공중의 이용을 주목적으로 하는 사무실 등의 출입문 옆 벽면의 1.5미터 높이에는 방이름을 표기한 점자표지판을 부착하여야 한다.

라. 기타 설비

(1) 건축물 주출입구의 0.3미터 전면에는 점형블록을 설치하거나 시각장애인이 감지할 수 있도록 바닥재의 질감 등을 달리하여야 한다.

(2) 건축물의 주출입문이 자동문인 경우에는 문이 자동으로 작동되지 아니할 경우에 대비하여 시설관리자 등을 호출할 수 있는 벨을 자동문 옆에 설치할 수 있다.

7. 장애인 등의 통행이 가능한 복도 및 통로

가. 유효폭

복도의 유효폭은 1.2미터 이상으로 하되, 복도의 양 옆에 거실이 있는 경우에는 1.5미터 이상으로 할 수 있다.

나. 바닥

(1) 복도의 바닥면에는 높이 차이를 두어서는 아니된다. 다만, 부득이한 사정으로 높이 차이를 두는 경우에는 경사로를 설치하여야 한다.

(2) 바닥표면은 미끄러지지 아니하는 재질로 평탄하게 마감하여야 하며, 넘어졌을 경우 가급적 충격이 적은 재료를 사용하여야 한다.

(3) 삭제 〈2007.3.9〉

다. 손잡이

(1) 장애인전용시설의 복도측면에는 손잡이를 연속하여 설치하여야 한다. 다만, 방화문 등의 설치로 손잡이를 연속하여 설치할 수 없는 경우에는 방화문 등의 설치에 소요되는 부분에 한하여 손잡이를 설치하지 아니할 수 있다.

(2) 손잡이의 높이는 아래의 그림과 같이 바닥면으로부터 0.8미터 이상 0.9미터 이하로 하여야 하며, 2중으로 설치하는 경우에는 윗쪽 손잡이는 0.85미터 내외, 아랫쪽 손잡이는 0.65미터 내외로 하여야 한다.

(3) 손잡이의 지름은 아래의 그림과 같이 3.2센티미터 이상 3.8센티미터 이하로 하여야 한다.

(4) 손잡이를 벽에 설치하는 경우 벽과 손잡이의 간격은 5센티미터 내외로 하여야 한다.

(5) 손잡이의 양 끝부분 및 굴절부분에는 점자표지판을 부착하여야 한다.

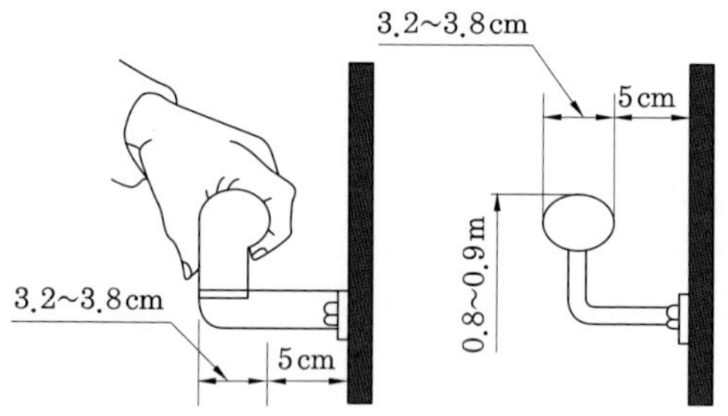

라. 보행장애물

(1) 통로의 바닥면으로부터 높이 0.6미터에서 2.1미터 이내의 벽면으로부터 돌출된 물체의 돌출폭은 0.1미터 이하로 할 수 있다.

(2) 통로의 바닥면으로부터 높이 0.6미터에서 2.1미터 이내의 독립기둥이나 받침대에 부착된 설치물의 돌출폭은 0.3미터 이하로 할 수 있다.

(3) 통로상부는 바닥면으로부터 2.1미터 이상의 유효높이를 확보하여야 한다. 다만, 유효높이 2.1미터 이내에 장애물이 있는 경우에는 바닥면으로부터 높이 0.6미터 이하에 접근방지용난간 또는 보호벽을 설치하여야 한다.

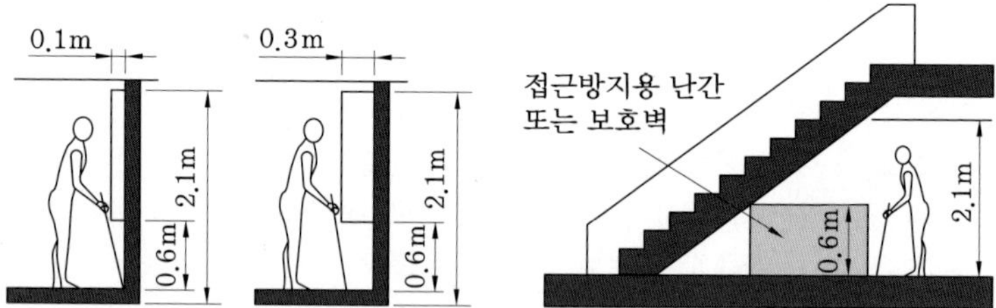

마. 안전성 확보

(1) 휠체어사용자의 안전을 위하여 복도의 벽면에는 바닥면으로부터 0.15미터에서 0.35미터까지 킥플레이트를 설치할 수 있다.

(2) 복도의 모서리 부분은 둥글게 마감할 수 있다.

8. 장애인 등의 통행이 가능한 계단

가. 계단의 형태

(1) 계단은 직선 또는 꺾임형태로 설치할 수 있다.

(2) 바닥면으로부터 높이 1.8미터 이내마다 휴식을 할 수 있도록 수평면으로 된 참을 설치할 수 있다.

나. 유효폭

계단 및 참의 유효폭은 1.2미터 이상으로 하여야 한다. 다만, 건축물의 옥외피난계단은 0.9미터 이상으로 할 수 있다.

다. 디딤판과 챌면

(1) 계단에는 챌면을 반드시 설치하여야 한다.

(2) 디딤판의 너비는 0.28미터 이상, 챌면의 높이는 0.18미터 이하로 하되, 동일한 계단(참을 설치하는 경우에는 참까지의 계단을 말한다)에서 디딤판의 너비와 챌면의 높이는 균일하게 하여야 한다.

(3) 디딤판의 끝부분에 아래의 그림과 같이 발끝이나 목발의 끝이 걸리지 아니하도록 챌면의 기울기는 디딤판의 수평면으로부터 60도 이상으로 하여야 하며, 계단코는 3센티미터 이상 돌출하여서는 아니된다.

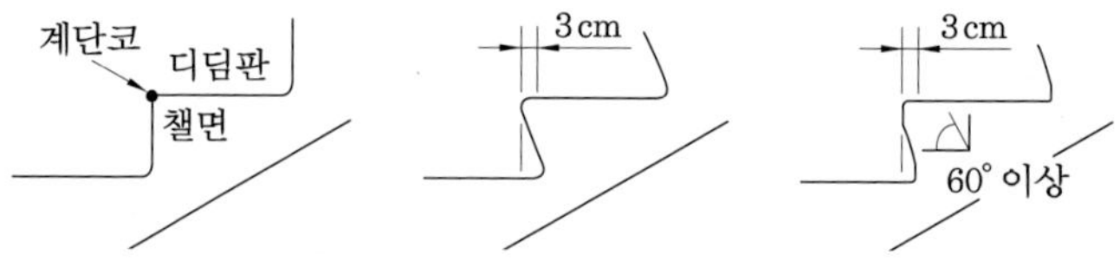

라. 손잡이 및 점자표지판

(1) 계단의 측면에는 손잡이를 연속하여 설치하여야 한다. 다만, 방화문 등의 설치로 손잡이를 연속하여 설치할 수 없는 경우에는 방화문 등의 설치에 소요되는 부분에 한하여 손잡이를 설치하지 아니할 수 있다.

(2) 경사면에 설치된 손잡이의 끝부분에는 0.3미터 이상의 수평손잡이를 설치하여야 한다.

(3) 손잡이의 양 끝부분 및 굴절부분에는 층수·위치 등을 나타내는 점자표지판을 부착하여야 한다.

(4) 손잡이에 관한 기타 세부기준은 제7호의 복도의 손잡이에 관한 규정을 적용한다.

마. 재질과 마감

(1) 계단의 바닥표면은 미끄러지지 아니하는 재질로 평탄하게 마감할 수 있다.

(2) 계단코에는 줄눈넣기를 하거나 경질고무류 등의 미끄럼방지개로 마감하여야 한다. 다만, 바닥표면 전체를 미끄러지지 아니하는 재질로 마감한 경우에는 그러하지 아니하다.

(3) 계단이 시작되는 지점과 끝나는 지점의 0.3미터 전면에는 계단의 폭만큼 점형블록을 설치하거나 시각장애인이 감지할 수 있도록 바닥재의 질감 등을 달리하여야 한다.

바. 기타 설비

  (1) 계단의 측면에 난간을 설치하는 경우에는 난간하부에 바닥면으로부터 높이 2센티미터 이상의 추락방지턱을 설치할 수 있다.

  (2) 계단코의 색상은 계단의 바닥재 색상과 달리 할 수 있다.

9. 장애인용 승강기

가. 설치장소 및 활동공간

  (1) 장애인용 승강기는 장애인 등의 접근이 가능한 통로에 연결하여 설치하되, 가급적 건축물 출입구와 가까운 위치에 설치하여야 한다.

  (2) 승강기의 전면에는 1.4미터×1.4미터 이상의 활동공간을 확보하여야 한다.

  (3) 승강장 바닥과 승강기 바닥의 틈은 3센티미터 이하로 하여야 한다.

나. 크기

  (1) 승강기 내부의 유효바닥면적은 폭 1.1미터 이상, 깊이 1.35미터 이상으로 하여야 한다. 다만, 신축하는 건물의 경우에는 폭을 1.6미터 이상으로 하여야 한다.

  (2) 출입문의 통과유효폭은 0.8미터 이상으로 하되, 신축한 건물의 경우에는 출입문의 통과유효폭을 0.9미터 이상으로 할 수 있다.

다. 이용자 조작설비

  (1) 호출버튼 · 조작반 · 통화장치 등 승강기의 안팎에 설치되는 모든 스위치의 높이는 바닥면으로부터 0.8미터 이상 1.2미터 이하로 설치하여야 한다. 다만, 스위치는 수가 많아 1.2미터 이내에 설치하는 것이 곤란한 경우에는 1.4미터 이하까지 완화할 수 있다.

  (2) 승강기 내부의 휠체어사용자용 조작반은 진입방향 우측면에 가로형으로 설치하고, 그 높이는 바닥면으로부터 0.85미터 내외로 하여야 한다. 다만, 승강기의 유효바닥면적이 1.4미터×1.4미터 이상인 경우에는 진입방향 좌측면에 설치할 수 있다.

  (3) 조작설비의 형태는 버튼식으로 하되, 시각장애인 등이 감지할 수 있도록 층수 등을 점자로 표시하여야 한다.

  (4) 조작반 · 통화장치 등에는 점자표지판을 부착하여야 한다.

라. 기타 설비

  (1) 승강기의 내부에는 수평손잡이를 바닥에서 0.8미터 이상 0.9미터 이하의 위치에 연속하여 설치하거나, 수평손잡이 사이에 3센티미터 이내의 간격을 두고 측면과 후면에 각각 설치하되, 손잡이에 관한 세부기준은 제7호의 복도의 손잡이에 관한 규정을 적용한다.

  (2) 승강기 내부의 후면에는 내부에서 휠체어가 180도 회전이 불가능할 경우에는 휠체어가 후진하여 문의 개폐 여부를 확인하거나 내릴 수 있도록 승강

기 후면의 0.6미터 이상의 높이에 견고한 재질의 거울을 설치하여야 한다.

(3) 각 층의 승강장에는 승강기의 도착 여부를 표시하는 점멸등 및 음향신호장치를 설치하여야 하며, 승강기의 내부에는 도착층 및 운행상황을 표시하는 점멸등 및 음성신호장치를 설치하여야 한다.

(4) 광감지식개폐장치를 설치하는 경우에는 바닥면으로부터 0.3미터에서 1.4미터 이내의 물체를 감지할 수 있도록 하여야 한다.

(5) 사람이나 물체가 승강기문의 중간에 끼었을 경우 문의 작동이 자동적으로 멈추고 다시 열리는 되열림장치를 설치하여야 한다.

(6) 각 층의 장애인용 승강기의 호출버튼의 0.3미터 전면에는 점형블록을 설치하거나 시각장애인이 감지할 수 있도록 바닥재의 질감 등을 달리하여야 한다.

(7) 승강기 내부의 상황을 외부에서 알 수 있도록 승강기 전면의 일부에 유리를 사용할 수 있다.

(8) 승강기 내부의 층수 선택버튼을 누르면 점멸등이 켜짐과 동시에 음성으로 선택된 층수를 안내해주어야 한다. 또한, 층수선택버튼이 토글방식인 경우에는 처음 눌렀을 때에는 점멸등이 켜지면서 선택한 층수에 대한 음성안내가, 두 번째 눌렀을 때에는 점멸등이 꺼지면서 취소라는 음성안내가 나오도록 하여야 한다.

(9) 층별로 출입구가 다른 경우에는 반드시 음성으로 출입구의 방향을 알려주어야 한다.

(10) 출입구, 승강대, 조작기의 조도는 저시력인 등 장애인의 안전을 위하여 최소 150LX 이상으로 하여야 한다.

10. 장애인용 에스컬레이터

가. 유효폭 및 속도
(1) 장애인용 에스컬레이터의 유효폭은 0.8미터 이상으로 하여야 한다.
(2) 속도는 분당 30미터 이내로 하여야 한다.

나. 디딤판
(1) 휠체어사용자가 승·하강할 수 있도록 에스컬레이터의 디딤판은 3매 이상 수평상태로 이용할 수 있게 하여야 한다.
(2) 디딤판 시작과 끝부분의 바닥판은 얇게 할 수 있다.

다. 손잡이
(1) 에스컬레이터의 양 측면에는 디딤판과 같은 속도로 움직이는 이동손잡이를 설치하여야 한다.
(2) 에스컬레이터의 양 끝부분에는 수평이동손잡이를 1.2미터 이상 설치하여야 한다.

(3) 수평이동손잡이 전면에는 1미터 이상의 수평고정손잡이를 설치할 수 있으며, 수평고정손잡이에는 층수·위치 등을 나타내는 점자표지판을 부착하여야 한다.

11. 휠체어리프트

가. 일반사항

(1) 계단 상부 및 하부 각 1개소에 탑승자 스스로 휠체어리프트를 사용할 수 있는 설비를 1.4미터×1.4미터 이상의 승강장을 갖추어야 한다.

(2) 승강장에는 휠체어리프트 사용자의 이용편의를 위하여 시설관리자 등을 호출할 수 있는 벨을 설치하고, 작동설명서를 부착하여야 한다.

(3) 운행 중 돌발상태가 발생하는 경우 비상정지시킬 수 있고, 과속을 제한할 수 있는 장치를 설치하여야 한다.

나. 경사형 휠체어리프트

(1) 경사형 휠체어리프트는 휠체어받침판의 유효면적을 폭 0.76미터 이상, 길이 1.05미터 이상으로 하여야 하며, 휠체어 사용자가 탑승가능한 구조로 하여야 한다.

(2) 운행 중 휠체어가 구르거나 장애물과 접촉하는 경우 자동정지가 가능하도록 감지장치를 설치하여야 하며, 안전판이 열린 상태로 운행되지 아니하도록 내부잠금장치를 갖추어야 한다.

(3) 휠체어리프트를 사용하지 아니할 때에는 지정장소에 접어서 보관할 수 있도록 하되, 벽면으로부터 0.6미터 이상 돌출되지 아니하도록 하여야 한다.

다. 수직형 휠체어리프트

수직형 휠체어리프트는 내부의 유효바닥면적을 폭 0.9미터 이상, 깊이 1.2미터 이상으로 하여야 한다.

12. 경사로

가. 유효폭 및 활동공간

(1) 경사로의 유효폭은 1.2미터 이상으로 하여야 한다. 다만, 건축물을 증축·개축·재축·이전·대수선 또는 용도 변경하는 경우로서 1.2미터 이상의 유효폭을 확보하기 곤란한 때에는 0.9미터까지 완화할 수 있다.

(2) 바닥면으로부터 높이 0.75미터 이내마다 휴식을 할 수 있도록 수평면으로된 참을 설치하여야 한다.

(3) 경사로의 시작과 끝, 굴절부분 및 참에는 1.5미터×1.5미터 이상의 활동공간을 확보하여야 한다.

나. 기울기

(1) 경사로의 기울기는 12분의 1 이하로 하여야 한다.

(2) 다음의 요건을 모두 충족하는 경우에는 경사로의 기울기를 8분의 1까지 완화할 수 있다.

　(가) 신축이 아닌 기존시설에 설치되는 경사로일 것

　(나) 높이가 1미터 이하인 경사로로서 시설의 구조 등의 이유로 기울기를 12분의 1 이하로 설치하기가 어려울 것

　(다) 시설관리자 등으로부터 상시 보조서비스가 제공될 것

다. 손잡이

(1) 경사로의 길이가 1.8미터 이상이거나 높이가 0.15미터 이상인 경우에는 양 측면에 손잡이를 연속하여 설치하여야 한다.

(2) 손잡이를 설치하는 경우에는 경사로의 시작과 끝부분에 수평손잡이를 0.3미터 이상 연장하여 설치하여야 한다.

(3) 손잡이에 관한 기타 세부기준은 제7호의 복도의 손잡이에 관한 규정을 적용한다.

라. 재질과 마감

(1) 경사로의 바닥표면은 잘 미끄러지지 아니하는 재질로 평탄하게 마감하여야 한다.

(2) 양 측면에는 휠체어의 바퀴가 경사로 밖으로 미끄러져 나가지 아니하도록 5센티미터 이상의 추락방지턱 또는 측벽을 설치할 수 있다.

(3) 휠체어의 벽면충돌에 따른 충격을 완화하기 위하여 벽에 매트를 부착할 수 있다.

마. 기타 시설

건물과 연결된 경사로를 외부에 설치하는 경우 햇볕, 눈, 비 등을 가릴 수 있도록 지붕과 차양을 설치할 수 있다.

13. 장애인 등의 이용이 가능한 화장실

가. 일반사항

(1) 설치장소

　(가) 장애인등의 이용이 가능한 화장실은 장애인 등의 접근이 가능한 통로에 연결하여 설치하여야 한다.

　(나) 장애인용 변기와 세면대는 출입구(문)와 가까운 위치에 설치하여야 한다.

(2) 재질과 마감

　(가) 화장실의 바닥면에는 높이 차이를 두어서는 아니되며, 바닥표면은 물에 젖어도 미끄러지지 아니하는 재질로 마감하여야 한다.

　(나) 화장실의 0.3미터 전면에는 점형블록을 설치하거나 시각장애인이 감지할 수 있도록 바닥재의 질감 등을 달리하여야 한다.

(3) 기타 설비

　(가) 화장실의 출입구(문) 옆 벽면의 1.5미터 높이에는 남자용과 여자용을 구별할 수 있는 점자표지판을 부착하여야 한다.

⑧ 세정장치·수도꼭지 등은 광감지식·누름버튼식·레버식 등 사용하기 쉬운 형태로 설치하여야 한다.

⑨ 장애인복지시설은 시각장애인이 화장실의 위치를 쉽게 알 수 있도록 하기 위하여 안내표시와 함께 음성유도장치를 설치하여야 한다.

나. 대변기

(1) 활동공간

① 건물을 신축하는 경우에는 대변기의 유효바닥면적이 폭 1.4미터 이상, 깊이 1.8미터 이상이 되도록 설치하여야 하며, 대변기의 좌측 또는 우측에는 휠체어의 측면 접근을 위하여 유효폭 0.75미터 이상의 활동공간을 확보하여야 한다. 이 경우 대변기의 전면에는 휠체어가 회전할 수 있도록 1.4미터×1.4미터 이상의 활동공간을 확보할 수 있다.

② 신축이 아닌 기존시설에 설치하는 경우로서 시설의 구조 등의 이유로 ①의 기준에 따라 설치하기가 어려운 경우에 한하여 유효바닥면적이 폭 1.0미터 이상, 깊이 1.8미터 이상이 되도록 설치하여야 한다.

③ 출입문의 통과유효폭은 0.8미터 이상으로 하여야 한다.

④ 출입문의 형태는 미닫이문 또는 접이문으로 할 수 있으며, 여닫이문을 설치하는 경우에는 바깥쪽으로 개폐되도록 하여야 한다. 다만, 휠체어 사용자를 위하여 충분한 활동공간을 확보한 경우에는 안쪽으로 개폐되도록 할 수 있다.

(2) 구조

① 대변기는 양변기 형태로 하되, 바닥부착형으로 하는 경우에는 변기 전면의 트랩부분에 휠체어의 발판이 닿지 아니하는 형태로 하여야 한다.

② 대변기의 좌대의 높이는 바닥면으로부터 0.4미터 이상 0.45미터 이하로 하여야 한다.

(3) 손잡이

① 대변기의 양 옆에는 다음의 그림과 같이 수평 및 수직손잡이를 설치하되, 수평손잡이는 양쪽에 모두 설치하여야 하며, 수직손잡이는 한쪽에만 설치할 수 있다.

② 수평손잡이는 바닥면으로부터 0.6미터 이상 0.7미터 이하의 높이에 설치하되, 한쪽 손잡이는 변기 중심에서 0.4미터 이내의 지점에 고정하여 설치하여야 하며, 다른쪽 손잡이는 회전식으로 하여야 한다. 이 경우 손잡이 간의 간격은 0.7미터 내외로 할 수 있다.

③ 수직손잡이의 길이는 0.9미터 이상으로 하되, 손잡이의 제일 아랫부분이 바닥면으로부터 0.6미터 내외의 높이에 오도록 벽에 고정하여 설치하여야 한다. 다만, 손잡이의 안전성 등 부득이한 사유로 벽에 설치하는 것이 곤란한 경우에는 바닥에 고정하여 설치하되, 손잡이의 아랫부분이 휠체어의 이동에 방해가 되지 아니하도록 하여야 한다.

㈜ 장애인 등의 이용편의를 위하여 수평손잡이와 수직손잡이는 이를 연결하여 설치할 수 있다. 이 경우 (다)의 수직손잡이의 제일 아랫부분의 높이는 연결되는 수평손잡이의 높이로 한다.

㈜ 화장실의 크기가 2미터×2미터 이상인 경우에는 천장에 부착된 사다리형태의 손잡이를 설치할 수 있다.

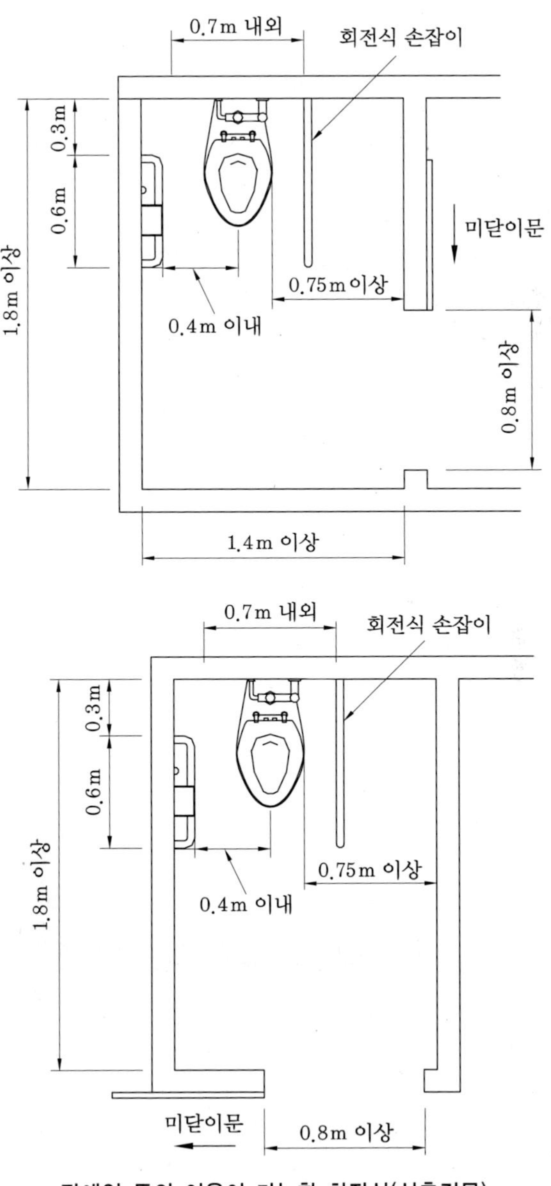

장애인 등의 이용이 가능한 화장실(신축건물)

BLOCK

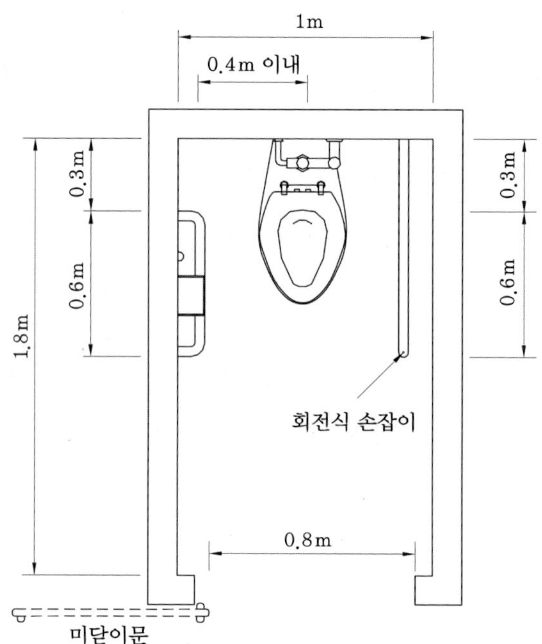

장애인 등의 이용이 가능한 화장실(신축이 아닌 기존시설)

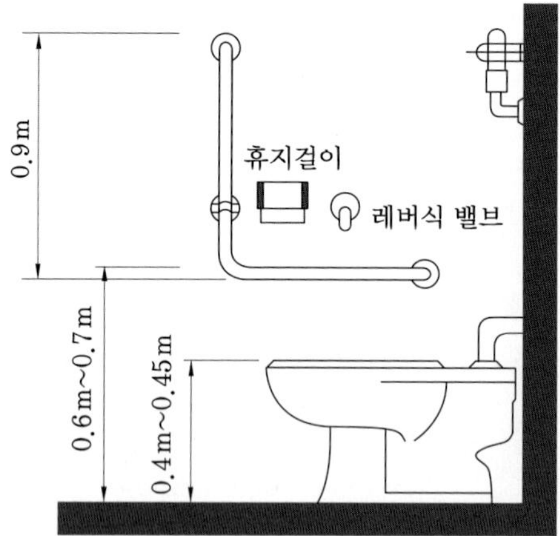

장애인 등의 이용이 가능한 화장실

(4) 기타 설비

㉮ 세정장치·휴지걸이 등은 대변기에 앉은 상태에서 이용할 수 있는 위치에 설치하여야 한다.

㉯ 출입문에는 화장실 사용 여부를 시각적으로 알 수 있는 설비 및 잠금장치를 갖추어야 한다.

㈐ 공공업무시설, 병원, 문화 및 집회시설, 장애인복지시설, 휴게소 등은 대변기 칸막이 내부에 세면기와 샤워기를 설치할 수 있다. 이 경우 세면기는 변기의 앞쪽에 최소 규모로 설치하여 대변기 칸막이 내부에서 휠체어가 회전하는데 불편이 없도록 하여야 하며, 세면기에 연결된 샤워기를 설치하되 바닥으로부터 0.8미터에서 1.2미터 높이에 설치하여야 한다.

다. 소변기

(1) 구조

소변기는 바닥부착형으로 할 수 있다.

(2) 손잡이

㈎ 소변기의 양 옆에는 아래의 그림과 같이 수평 및 수직손잡이를 설치하여야 한다.

㈏ 수평손잡이의 높이는 바닥면으로부터 0.8미터 이상 0.9미터 이하, 길이는 벽면으로부터 0.55미터 내외, 좌우 손잡이의 간격은 0.6미터 내외로 하여야 한다.

㈐ 수직손잡이의 높이는 바닥면으로부터 1.1미터 이상 1.2미터 이하, 돌출폭은 벽면으로부터 0.25미터 내외로 하여야 하며, 하단부가 휠체어의 이동에 방해가 되지 아니하도록 하여야 한다.

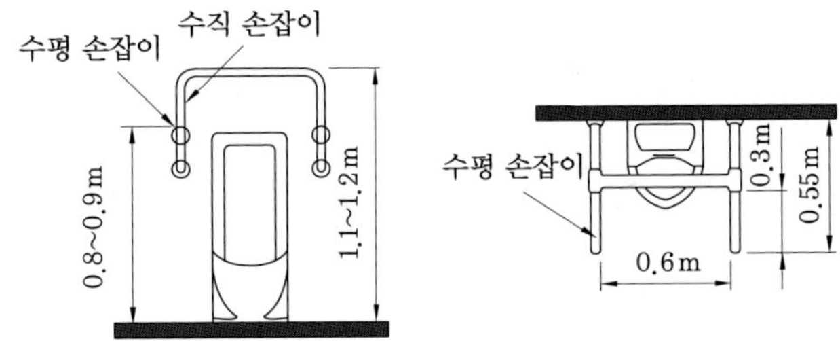

라. 세면대

(1) 구조

㈎ 휠체어사용자용 세면대의 상단높이는 바닥면으로부터 0.85미터, 하단높이는 0.65미터 이상으로 하여야 한다.

㈏ 세면대의 하부는 무릎 및 휠체어의 발판이 들어갈 수 있도록 하여야 한다.

(2) 손잡이 및 기타 설비

㈎ 목발사용자 등 보행곤란자를 위하여 세면대의 양 옆에는 수평손잡이를 설치할 수 있다.

㈏ 수도꼭지는 냉·온수의 구분을 점자로 표시하여야 한다.

㈐ 휠체어사용자용 세면대의 거울은 다음의 그림과 같이 세로길이 0.65미터 이상, 하단 높이는 바닥면으로부터 0.9미터 내외로 설치할 수 있으며, 거울상단부분은 15도 정도 앞으로 경사지게 하거나 전면거울을 설치할 수 있다.

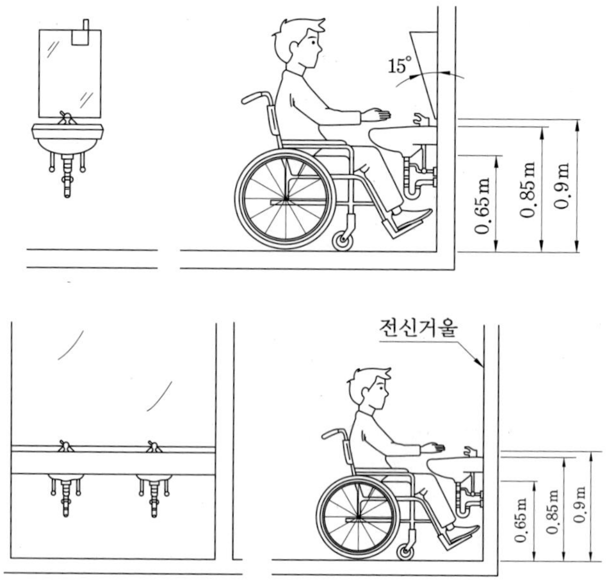

14. 장애인 등의 이용이 가능한 욕실

가. 설치장소

욕실은 장애인 등의 접근이 가능한 통로에 연결하여 설치하여야 한다.

나. 구조

(1) 출입문의 형태는 미닫이문 또는 접이문으로 할 수 있다.

(2) 욕조의 전면에는 휠체어를 탄 채 접근이 가능한 활동공간을 확보하여야 한다.

(3) 욕조의 높이는 바닥면으로부터 0.4미터 이상 0.45미터 이하로 하여야 한다.

다. 바닥

(1) 욕실의 바닥면 높이는 탈의실의 바닥면과 동일하게 할 수 있다.

(2) 바닥면의 기울기는 30분의 1 이하로 하여야 한다.

(3) 욕실 및 욕조의 바닥표면은 물에 젖어도 미끄러지지 아니하는 재질로 마감하여야 한다.

라. 손잡이

욕조 주위에는 수평 및 수직손잡이를 설치할 수 있다.

마. 기타 설비

(1) 수도꼭지는 광감지식·누름버튼식·레버식 등 사용하기 쉬운 형태로 설치하여야 하며, 냉·온수의 구분은 점자로 표시할 수 있다.

(2) 샤워기는 앉은 채 손이 도달할 수 있는 위치에 레버식 등 사용하기 쉬운 형태로 설치하여야 한다.

(3) 욕조에는 휠체어에서 옮겨 앉을 수 있는 좌대를 욕조와 동일한 높이로 설치할 수 있다.

(4) 욕실 내에서의 비상사태에 대비하여 욕조로부터 손이 쉽게 닿는 위치에 비상용 벨을 설치하여야 한다.

15. 장애인 등의 이용이 가능한 샤워실 및 탈의실

가. 설치장소

샤워실 및 탈의실은 장애인 등의 접근이 가능한 통로에 연결하여 설치하여야 한다.

나. 구조

(1) 출입문의 형태는 미닫이문 또는 접이문으로 할 수 있다.

(2) 샤워실(샤워부스를 포함한다)의 유효바닥면적은 0.9미터×0.9미터 또는 0.75미터×1.3미터 이상으로 하여야 한다.

다. 바닥

(1) 샤워실의 바닥면의 기울기는 30분의 1 이하로 하여야 한다.

(2) 샤워실의 바닥표면은 물에 젖어도 미끄러지지 아니하는 재질로 마감하여야 한다.

라. 손잡이

샤워실에는 장애인 등이 신체 일부를 지지할 수 있도록 수평 또는 수직손잡이를 설치할 수 있다.

마. 기타 설비

(1) 수도꼭지는 광감지식·누름버튼식·레버식 등 사용하기 쉬운 형태로 설치하여야 하며, 냉·온수의 구분은 점자로 표시할 수 있다.

(2) 샤워기는 앉은 채 손이 도달할 수 있는 위치에 레버식 등 사용하기 쉬운 형태로 설치하여야 한다.

(3) 샤워실에는 아래의 그림과 같이 샤워용 접이식의자를 바닥면으로부터 0.4미터 이상 0.45미터 이하의 높이로 설치하여야 한다.

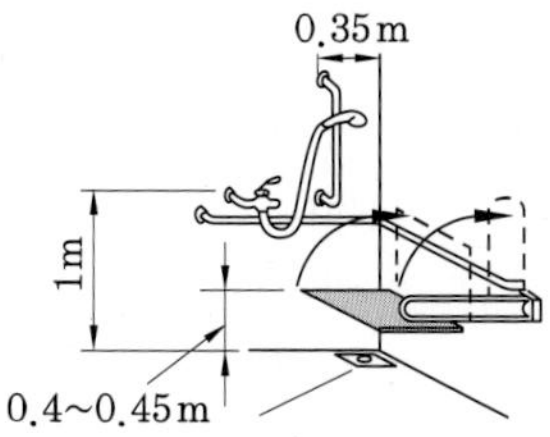

(4) 탈의실의 수납공간의 높이는 휠체어사용자가 이용할 수 있도록 바닥면으로부터 0.4미터 이상 1.2미터 이하로 설치하여야 하며, 그 하부는 무릎 및 휠체어의 발판이 들어갈 수 있도록 하여야 한다.

BLOCK

16. 점자블록

가. 규격 및 색상

(1) 시각장애인의 보행편의를 위하여 점자블록은 아래의 그림과 같은 감지용 점형블록과 유도용 선형블록을 사용하여야 한다.

(2) 점자블록의 크기는 0.3미터×0.3미터인 것을 표준형으로 하며, 그 높이는 바닥재의 높이와 동일하게 하여야 한다.

(3) 점형블록은 블록당 36개의 돌출점을 가진 것을 표준형으로 한다.

(4) 점형블록의 돌출점은 반구형·원뿔절단형 또는 이 두가지의 혼합배열형으로 하며, 돌출점의 높이는 0.6±0.1센티미터로 하여야 한다.

(5) 선형블록은 블록당 4개의 돌출선을 가진 것을 표준형으로 한다.

(6) 선형블록의 돌출선은 상단부 평면형으로 하며, 돌출선의 높이는 0.5±0.1센티미터로 하여야 한다.

(7) 점자블록의 색상은 원칙적으로 황색으로 사용하되, 바닥재의 색상과 비슷하여 구별하기 어려운 경우에는 다른 색상으로 할 수 있다.

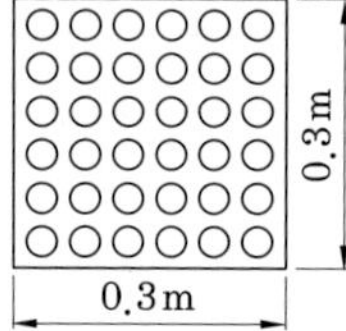

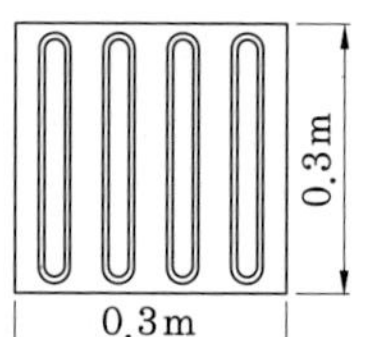

(8) 실외에 설치하는 점자블록의 경우 햇빛이나 불빛 등에 반사되거나 눈, 비 등에 미끄러지기 쉬운 재질을 사용하여서는 아니 된다.

나. 설치방법

(1) 점형블록은 계단·장애인용 승강기·화장실·승강장 등 시각장애인을 유도할 필요가 있거나 시각장애인에게 위험한 장소의 0.3미터 전면, 선형블록이 시작·교차·굴절되는 지점에 이를 설치하여야 한다. 다만, 시각장애인의 통행상 안전을 위하여 필요한 경우에는 0.3미터 내지 0.9미터의 범위 안에서 설치할 수 있다.

(2) 선형블록은 유도방향에 따라 평행하게 연속해서 설치하여야 한다.

17. 시각장애인 유도·안내설비

가. 점자안내판 또는 촉지도식 안내판

(1) 점자안내판 또는 촉지도식 안내판에는 주요시설 또는 방의 배치를 점자, 양각면 또는 선으로 간략하게 표시하여야 한다.

(2) 일반안내도가 설치되어 있는 경우에는 점자를 병기하여 점자안내판에 갈음할 수 있다.

(3) 점자안내판 또는 촉지도식 안내판은 점자안내표시 또는 촉지도의 중심선이 바닥면으로부터 1.0미터 내지 1.2미터의 범위 안에 있도록 설치하여야

한다. 다만, 점자안내판 또는 촉지도식 안내판을 수직으로 설치하거나 점자안내표시 또는 촉지도의 내용이 많아 1.0미터 내지 1.2미터의 범위 안에 설치하는 것이 곤란한 경우에는 점자안내표시 또는 촉지도의 중심선이 1.0미터 내지 1.5미터의 범위에 있도록 설치할 수 있다.

나. 음성안내장치

시각장애인용 음성안내장치는 주요시설 또는 방의 배치를 음성으로 안내하여야 한다.

다. 기타 유도신호장치

시각장애인용 유도신호장치는 음향·시각·음색 등을 고려하여 설치하여야 하고, 특수신호장치를 소지한 시각장애인이 접근할 경우 대상시설의 이름을 안내하는 전자식 신호장치를 설치할 수 있다.

18. 시각 및 청각장애인 경보·피난 설비

시각 및 청각장애인 경보·피난 설비는 소방기술기준에 관한 규칙이 정하는 바에 의한다. 이 경우 청각장애인을 위하여 비상벨설비 주변에는 점멸형태의 비상경보 등을 함께 설치하여야 한다.

19. 장애인 등의 이용이 가능한 객실 또는 침실

가. 설치장소

장애인용 객실 또는 침실(이하 "객실 등"이라 한다)은 식당·로비 등 공용공간에 접근하기 쉬운 곳에 설치하여야 하며, 승강기가 가동되지 아니할 때에도 접근이 가능하도록 주출입층에 설치할 수 있다.

나. 구조
 (1) 휠체어사용자를 위한 객실 등은 온돌방보다 침대방으로 할 수 있다.
 (2) 객실 등의 내부에는 휠체어가 회전할 수 있는 공간을 확보하여야 한다.
 (3) 침대의 높이는 바닥면으로부터 0.4미터 이상 0.45미터 이하로 하여야 하며, 그 측면에는 1.2미터 이상의 활동공간을 확보하여야 한다.

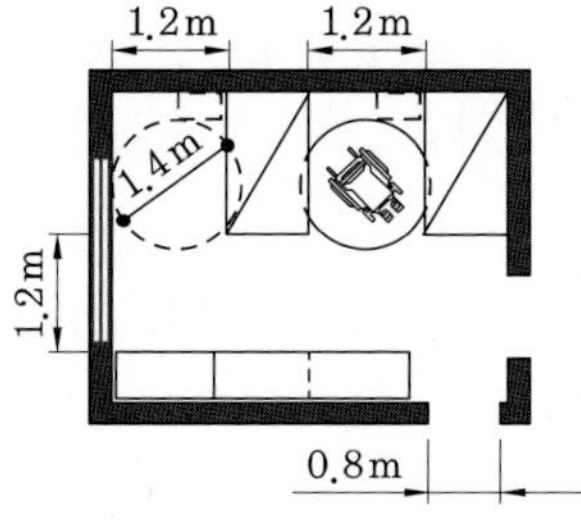

다. 바닥
 (1) 객실 등의 바닥면에는 높이 차이를 두어서는 아니된다.
 (2) 바닥표면은 미끄러지지 아니하는 재질로 평탄하게 마감하여야 한다.

라. 기타 설비
 (1) 객실 등의 출입문 옆 벽면의 1.5미터 높이에는 방이름을 표기한 점자표 지판을 부착하여야 한다.
 (2) 객실 등에 화장실 및 욕실을 설치하는 경우에는 제13호 및 제14호의 장애인 등의 이용이 가능한 화장실의 가. 일반사항 중 (2)의 (가)·(3)의 (나), 나. 대변기 중 (1)내지 (3)·(4)의 (가), 라. 세면대 및 장애인 등의 이용이 가능한 욕실의 나. 내지 마.의 규정을 적용한다.
 (3) 콘센트·스위치·수납선반·옷걸이 등의 높이는 바닥면으로부터 0.8미터 이상 1.2미터 이하로 설치하여야 한다.
 (4) 객실 등·화장실 및 욕실에는 초인종과 함께 청각장애인용 초인등을 설치하여야 한다.
 (5) 객실 등에는 건축물 전체의 비상경보시스템과 연결된 청각장애인용 경보설비를 설치하여야 한다.

20. 장애인 등의 이용이 가능한 관람석 또는 열람석

가. 설치장소
  휠체어사용자를 위한 관람석 또는 열람석은 출입구 및 피난통로에서 접근하기 쉬운 위치에 설치하여야 한다.

나. 관람석의 구조
 (1) 휠체어사용자를 위한 관람석의 유효바닥면적은 1석당 폭 0.9미터 이상, 깊이 1.3미터 이상으로 하여야 한다.
 (2) 휠체어사용자를 위한 관람석은 항상 비워 놓거나, 이동식 좌석을 사용하여 휠체어사용자를 위한 관람석을 마련하여야 한다.
 (3) 난청자를 위하여 자기(磁氣)루프, FM송수신장치 등 집단보청장치를 설치할 수 있다.

다. 열람석의 구조
 (1) 열람석 상단까지의 높이는 바닥면으로부터 0.7미터 이상 0.9미터 이하로 하여야 한다.
 (2) 열람석의 하부에는 무릎 및 휠체어의 발판이 들어갈 수 있도록 바닥면으로부터 높이 0.65미터 이상, 깊이 0.45미터 이상의 공간을 확보하여야 한다.

21. 장애인 등의 이용이 가능한 접수대 또는 작업대

가. 활동공간
  접수대 또는 작업대의 전면에는 휠체어를 탄 채 접근이 가능한 활동공간을 확보하여야 한다.

나. 구조
 (1) 접수대 또는 작업대 상단까지의 높이는 다음의 그림과 같이 바닥면으로

터 0.7미터 이상 0.9미터 이하로 하여야 한다.

(2) 접수대 또는 작업대의 하부에는 무릎 및 휠체어의 발판이 들어갈 수 있도록 바닥면으로부터 높이 0.65미터 이상, 깊이 0.45미터 이상의 공간을 확보하여야 한다.

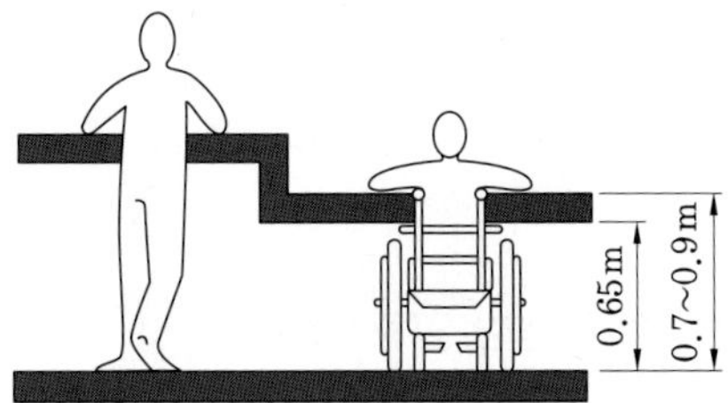

22. 장애인 등의 이용이 가능한 매표소·판매기 또는 음료대

가. 활동공간

매표소·판매기 또는 음료대의 전면에는 휠체어를 탄 채 접근이 가능한 활동공간을 확보하여야 한다.

나. 구조

(1) 매표소의 높이는 바닥면으로부터 0.7미터 이상 0.9미터 이하로 하여야 하며, 하부에는 무릎 및 휠체어의 발판이 들어갈 수 있도록 바닥면으로부터 0.65미터 이상, 깊이 0.45미터 이상의 공간을 확보하여야 한다.

(2) 자동판매기 또는 자동발매기의 동전투입구·조작버튼·상품출구의 높이는 0.4미터 이상 1.2미터 이하로 하여야 한다.

(3) 음료대의 분출구의 높이는 0.7미터 이상 0.8미터 이하로 하여야 한다.

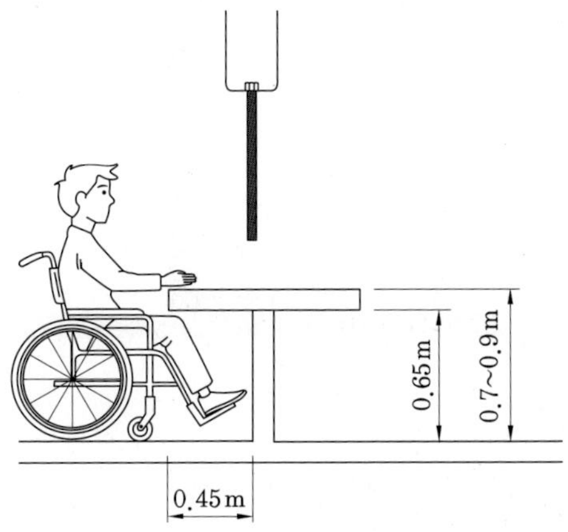

다. 기타 설비

(1) 자동판매기 및 자동발매기의 조작버튼에는 품목·금액·행선지 등을 점자로 표시하여야 한다.

    (2) 음료대의 조작기는 광감지식 · 누름버튼식 · 레버식 등 사용하기 쉬운 형태로 설치하여야 한다.

    (3) 매표소 또는 자동발매기의 0.3미터 전면에는 점형블록을 설치하거나 시각장애인이 감지할 수 있도록 바닥재의 질감 등을 달리하여야 한다.

23. 삭제 〈2007.3.9〉

24. 삭제 〈2007.3.9〉

25. 삭제 〈2007.3.9〉

26. 삭제 〈2007.3.9〉

27. 장애인 등의 이용이 가능한 공중전화

가. 설치장소

공중전화는 장애인 등의 접근이 가능한 보도 또는 통로에 설치하여야 한다.

나. 구조

    (1) 전화대의 하부에는 무릎 및 휠체어의 발판이 들어갈 수 있도록 바닥면으로부터 높이 0.65미터 이상, 깊이 0.25미터 이상의 공간을 확보하여야 한다.

    (2) 전화부스를 설치하는 경우에는 보도 또는 통로와 높이 차이를 두어서는 아니된다.

다. 이용자 조작설비

아래의 그림과 같이 동전 또는 전화카드 투입구, 전화다이얼 및 누름버튼 등의 높이는 바닥면으로부터 0.9미터 이상 1.4미터 이하로 하여야 한다.

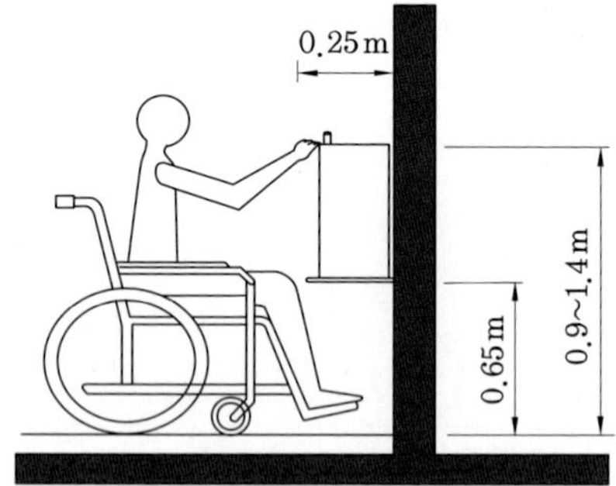

라. 기타 설비

지팡이 및 목발사용자가 몸을 지지할 수 있도록 전화부스의 양쪽에 손잡이를 설치하거나, 지팡이 및 목발을 세울 곳을 마련할 수 있다.

28. 장애인 등의 이용이 가능한 우체통

가. 설치장소

우체통은 장애인 등의 접근이 가능한 보도 또는 통로에 설치하여야 한다.

나. 구조

우체통 투입구의 높이는 0.9미터 이상 1.2미터 이하로 하여야 한다.

비고 : 위의 편의시설의 구조·재질 등에 관한 세부기준의 항목 중 "··할 수 있
다"로 규정된 사항은 장애인 등의 이용편의를 위한 권장사항임

29. 임산부 등을 위한 휴게시설

가. 설치장소

임산부 등을 위한 휴게시설은 휠체어 사용자 및 유모차가 접근가능한 위치
에 설치하여야 한다.

나. 구조

⑴ 임산부 등을 위한 휴게시설에는 수유실로 사용할 수 있는 장소를 별도
로 마련하되, 기저귀교환대, 세면대 등의 설비를 갖추어야 한다.

⑵ 기저귀교환대, 세면대 등은 휠체어사용자가 접근 가능하도록 가로 1.4
미터, 세로 1.4미터의 공간을 확보하고, 기저귀교환대 및 세면대의 상단
높이는 바닥면으로부터 0.85미터 이하, 하단 높이는 0.65미터 이상으로
하여야 하며, 하부에는 휠체어의 발판이 들어갈 수 있도록 설치하여야
한다.

⑶ 공간의 효율적인 이용을 위하여 기저귀교환대는 접이식으로 설치할 수
있다.

CAD BLOCK 모음집

2013년 1월 10일 인쇄
2013년 1월 15일 발행

저 자 : 이근호
펴낸이 : 이정일

펴낸곳 : 도서출판 **일진사**
www.iljinsa.com
140-896 서울시 용산구 효창원로 64길 6
전화 : 704-1616 / 팩스 : 715-3536
등록 : 제3-40호 (1979.4.2)

값 15,000 원

ISBN : 978-89-429-1325-1